纺织印染助剂实用手册

邢凤兰 王丽艳 高淑珍 等编著

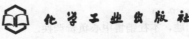

化学工业出版社

·北京·

本书在简介纺织品（棉、毛、丝、麻）生产工艺的基础上，按纺织助剂、印染助剂、后整理助剂共 420 个品种分别进行介绍。其中，纺织助剂 173 个，印染助剂 139 个，后整理助剂 108 个。对各品种从品名、别名、英文名、组成、分子式或结构式、性质、质量指标、制法、应用、生产厂家等各方面给予介绍，对重要品种以实例说明。

　　本书可作为纺织染整助剂的研究、生产、应用、管理、供销人员的工具书，也可作为大专院校相关专业的教学参考书。

图书在版编目（CIP）数据

纺织印染助剂实用手册/邢凤兰，王丽艳，高淑珍等编著．—北京：化学工业出版社，2014.7
ISBN 978-7-122-20515-5

Ⅰ．①纺…　Ⅱ．①邢…②王…③高…　Ⅲ．①印染助剂-技术手册　Ⅳ．①TS190.2-62

中国版本图书馆 CIP 数据核字（2014）第 083380 号

责任编辑：傅聪智　　　　　　　　　　文字编辑：王　琪
责任校对：边　涛　　　　　　　　　　装帧设计：王晓宇

出版发行：化学工业出版社（北京市东城区青年湖南街 13 号　邮政编码 100011）
印　　装：涿州市般润文化传播有限公司
710mm×1000mm　1/16　印张 21　字数 439 千字　　2014 年 10 月北京第 1 版第 1 次印刷

购书咨询：010-64518888　　　　　　　售后服务：010-64518899
网　　址：http://www.cip.com.cn
凡购买本书，如有缺损质量问题，本社销售中心负责调换。

定　　价：78.00 元

前 言 FOREWORD

　　纺织染整助剂是纺织品生产加工过程中的必需化学品，用以改善纺织印染品质，提高纺织品附加值，在纺织印染行业的发展中起着举足轻重的作用。本书在纺织品生产工艺介绍的基础上，以纺织染整助剂 420 个具体产品形式汇集为本手册。本书由四篇构成：第一篇为纺织品（棉、毛、丝、麻）生产工艺概述；第二篇为纺织助剂，介绍了 173 个品种；第三篇为印染助剂，介绍了 139 个品种；第四篇为后整理助剂，介绍了 108 个品种。对各品种从品名、别名、英文名、组成、分子式或结构式、性质、质量指标、制法、应用、生产厂家等各方面给予介绍，对重要品种以实例说明。

　　本书由邢凤兰、王丽艳、高淑珍、陈朝晖、尹彦冰、王则臻共同编写，由徐群主审。

　　本书在编写过程中参阅和引用了国内许多知名专家学者的专著，得到了相关企业提供的素材。在编写过程中得到了硕士研究生李兴涛、王超、孙小龙、高跃岳、李旭等的帮助。在此一并向他们表示衷心的感谢！

　　由于编者水平有限，书中不当之处在所难免，如蒙读者不吝指正，则不胜感激。

编著者

2014 年 6 月

目 录 CONTENTS

第一篇
纺织品生产工艺概述

第1章 棉纺印染产品生产工艺

棉纺印染行业的产品主要有纯棉印染产品和混纺印染产品。混纺印染产品中的化学纤维主要是涤纶。由于棉的吸湿性好、散热快，而涤纶的耐磨性、保型性好，所以涤棉混纺织物具有两者的优点。

棉纺印染行业所使用的染料品种和数量最多。使用的染料主要有活性染料、分散染料、还原染料、硫化染料以及不溶性偶氮染料等。这些染料的价格相对便宜，上染率不高，尤其是硫化染料，上染率只占 30%。棉混纺产品中的涤纶要用分散染料进行染色，虽然分散染料的上染率高，但染液中的填充剂高达 40% 左右。

纯棉及棉混纺织物的纺纱、织造是在纺织厂来完成的，而染色和印花是在印染厂来完成的。棉织物按照织造方法可以分为机织产品和针织产品。由于机织产品中经纱需要上浆，纬纱不需要上浆，而针织产品则不需要上浆，棉的印染生产工艺分为棉机织产品的生产工艺和棉针织产品的生产工艺。

1.1 棉机织产品生产工艺

1.1.1 棉机织产品的纺纱与织造

采摘下来的棉花直接进入纺织厂进行纺纱和织造加工成坯布。棉织物的染整加工是在专门的印染厂进行的。其纺纱和织造的工艺流程如下。

纺纱工艺流程分为粗纱棉纺系统和精纱棉纺系统，如图 1-1 和图 1-2 所示。

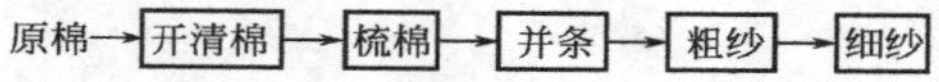

原棉 → 开清棉 → 梳棉 → 并条 → 粗纱 → 细纱

图 1-1 粗纱棉纺系统

原棉 → 开清棉 → 梳棉 → 精梳前准备 → 精梳 → 并条 → 粗纱 → 细纱

图 1-2 精纱棉纺系统

其中，开清棉是使纤维开松、除杂、均匀、混合，并织成合格的棉卷。梳棉是使棉卷梳理成单束纤维，进一步去除黏附在纤维上的细小杂质和疵点，并使细微的混合纤维制成均匀的棉条。并条是将 6～8 根梳棉棉条和精梳棉条进行并合、牵伸，以降低条子的重量不均匀率，使纤维伸直平行，同时对纤维进一步混合。粗纱是将并条棉牵伸变细，以减轻细纱机的牵伸负担，并加上捻度使纱条具有一定的强度，最后卷绕在筒管上。细纱是对粗纱牵伸、加捻，最后纺成具有一定号数、质量合乎标准的细纱，并卷绕在纱管上。经纱用的细纱经过络筒或再经并筒、捻线及摇纱等加工工序。纬纱用的细纱根据其是否直接装入梭子，分为直接纬纱和间接纬纱。上述工艺过程综合被称为粗梳棉纺系统。有些特殊用途的纱线要求具有良好的强度，因此要加强梳理以去除杂质和疵点，并去除一定长度以下的短纤维，需要在梳棉后再精梳。我们把包括精梳的纺纱流程称为精梳棉纺系统。

织造的工艺流程如图 1-3 所示。

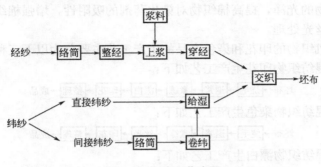

图 1-3　织造工艺流程

其中，络筒是把纱线生产的管筒绕在宝塔形筒子纱上，同时清除较大纱疵，并使绕卷密度和强度均匀，便于高速卷绕。整经是将一定根数的经纱按工艺要求宽度和密度平行而均匀地卷绕在经轴上。上浆是将整经后的经纱经过经纱机使经纱表面形成一层均匀的浆膜。棉纤维通常采用淀粉浆料，涤纶织物常采用聚乙烯醇（PVA）、聚丙烯酸酯等。将其加水调成一定浓度和稠度的糊状，并使经纱通过其中。经纱在织造过程中多次开口，受到反复拉伸，所以要求其表面光洁和耐磨，并有较好的弹性和强度及较高的捻度。因此经纱只有经过上浆后才能满足这一要求，而纬纱为了避免在织造过程中产生扭结，其捻度不能太高也不需上浆。穿经是将经纱按顺序穿过停经片、综眼和筘，以便织机织造。卷纬是将筒子纱卷绕成尺寸适合梭子的纬纱。织造是用装有纬纱的梭子在经纱间按一定顺序往复穿梭而成，织成坯布，再送印染厂加工。

1.1.2　棉机织物的印花和染色工艺

棉机织物在进行印花和染色加工之前要进行前处理加工。因为纯棉坯布按照棉纤维生长过程来说主要成分如下：纤维素（cellulose）94%，蛋白质（protein）1.3%，果胶物质（pectic matters）0.9%，灰分（ash）1.2%，蜡脂（wax）0.6%，有机酸（organic acid）0.8%，糖类（sugars）0.3%，其他物质如天然色素（other materials）0.9%。

此外，棉机织物还含有在纺纱织造过程中所上去的浆料以及在储存过程中所沾污的污物、油脂等人工杂质。

可见棉坯布上除了含有在织造过程中的浆料以及在储存过程中所沾污的污物等人工杂质，还含有果胶、蜡脂、半纤维素、灰分、糖类、含氮的物质以及天然色素等天然杂质。这些杂质的存在不仅影响织物的润湿性和渗透性，同时天然杂质基本存在于纤维的无定形区的孔隙之中，而印染加工就是染化药剂进入纤维无定形区的过程，这些杂质的存在会严重制约织物对染化药剂的吸附性，尤其是天然色素的存在会影响染色和印花产品的鲜艳度，因此这些杂质在织物进行印染加工前必须去除，即进行所谓的前处理加工。棉坯布的前处理加工过程主要是通过退浆去除人工杂质；通过煮练除去除了天然色素以外的天然杂质；通过漂白去除天然色素，同时为了提高棉织物的光泽，提高棉织物对染化药剂的吸附性，增强棉织物的尺寸稳定性，还要进行丝光处理。

因此，棉机织物的印花和染色产品的生产工艺主要分为以下三种。

纯棉和棉混纺织物印花生产工艺如下：

坯布→烧毛→退浆→煮练→漂白→印花→整理→成品

纯棉或棉混纺织物染色生产工艺如下：

坯布→烧毛→退浆→煮练→丝光→印花→整理→成品

纯棉或棉混纺织物漂白生产工艺如下：

坯布→烧毛→退浆→煮练→漂白→亚氧→氧漂→印花→整理→成品

下面我们介绍一下棉机织物的前处理、染色和印花的加工工艺。

1.1.2.1 棉机织物的前处理

棉坯布前处理的主要工序为：原布检验→翻布→打印→缝头→烧毛→退浆→煮练→漂白→丝光。

坯布的准备包括坯布检验、翻布（分批、分箱、打印）、缝头。坯布准备工作在原布间进行，经分箱、缝头后的坯布送往烧毛间。

坯布检验率一般在10％左右，也可根据工厂具体条件增减。检验内容为物理指标和外观疵点。物理指标如匹长、幅宽、重量、经纬纱密度和强度等；外观疵点如缺经、断纬、斑痕、油污、破损等。经检验查出的疵点可修整者应及时处理。严重的外观疵点除影响印染产品质量外，还可能引起生产事故，如织入的铜、铁等坚硬物质可能损坏染整设备的轧辊，并由此轧破织物，产生连续性破洞。对于漂白、染色、印花用坯布，应根据原坯布疵点情况妥善安排。

翻布时将纺织厂送来的布包（或散布）拆开，人工将每匹布翻平摆在堆布板上，把每匹布的两端拉出以便缝头。布头上可漏拉，摆布时注意正反面一致，也不能颠倒翻摆。翻布的同时进行分批、分箱。此时将加工工艺相同、规格相同的坯布划为一类，每批数量根据设备加工方式而定，如采用煮布锅煮练，则以煮布锅的容布量为一批；采用绳状连续练漂时，则以堆布池容量分批；采用平幅连续练漂时，通常以10箱布为一批。目前国内印染厂布匹运输仍使用堆布车（布箱），每箱布的多少可根据堆布车容量为准。由于绳状练漂是双头加工，分箱成双数。每箱布上附一张分箱卡片，标明批号、箱号、原布品种、日期等，以便管理检查。每箱布的两头距布头10～20cm处打上印章，打印油必须具有快干性，并能耐酸、碱、氧化剂及蒸煮。打印油都用炭黑与红车油自行调制。印章上标明品种、工艺、类别、批号、箱号、日期、翻布者代号，以便识别和管理。下织机织物长度一般为 30～120m，不能适应印染厂连续加工，因此必须将每箱布内各布头用缝纫机依次缝接成为一长匹。

另外，由于棉纤维是短纤维，棉织物的表面含有很多露在纱线中纤维末端而形成的绒毛，这些绒毛长短不一，不但会影响织物的光洁度和外观，而且在后续的染整加工过程中还会产生疵点，对于涤棉混纺织物来说，如果含有过多的绒毛，在热熔染色时可能会产生熔融的小球而烫伤织物，产生染疵。因此棉织物在进行染整之前事先要经过烧毛。烧毛的目的是为了除去织物表面的绒毛，改善织物的外观和光洁度，同时也会防止在后续加工过程中产生疵点，提高纺织品最终质量。

烧毛的过程主要是使织物通过炽热的金属板，待织物表面的绒毛升到着火点，烧去织物表面的绒毛。而由于织物本身的密度大，未等到织物本身升到着火点时，织物就已经离开炽热的金属板表面，这样可以在保证织物主体不受到损伤的情况下，烧毛就已经结束，从而达到烧毛的目的。织物经过烧毛后可以采用下面的标准对烧毛质量进行评价：1 级，未烧毛坯布；2 级，长毛较少；3 级，基本上没有长毛；4 级，仅有较整齐的短毛；5 级，毛烧净。

以上加工过程都属于机械加工。下面重点介绍一下化学加工。

（1）退浆

纤维在纺纱织造的过程中，特别是经纱在织造的过程中多次开口，受到反复拉伸，所以要求其表面光洁和耐磨，并有较好的弹性及较高的捻度。因此经纱只有通过上浆才能满足织造的要求。

经纱经过上浆对织造来说是有利的，但经过煮漂织造后又需要染色的纤维织物，浆料的存在会给染整加工带来一定的困难，因为浆料的存在不但会沾污工作液或耗用染料，甚至会阻碍染料与纤维的接触，使加工过程难以进行。因此，织物在进行染整加工之前，一定要经过退浆处理，尽可能地去除浆料，增强纤维织物的润湿渗透性，增强纤维织物对染化药剂的吸附性能，为后续加工创造有利条件。

棉及棉型织物上常见的浆料主要有淀粉及淀粉衍生物、天然胶类、聚乙烯醇等。

在实际的生产中，可根据织物的品种、浆料的组成情况、退浆的要求和工厂的设备选用不同的退浆方法。常见的退浆方法主要有碱退浆、酸退浆、酶退浆和氧化退浆。

① 碱退浆　一方面经纱上的浆料，无论是天然浆料还是化学浆料、羧甲基纤维素（CMC）、聚乙烯醇（PVA），在热碱的作用下都会发生溶胀，从凝胶状态转化为溶胶状态，而且与纤维的黏着变松，这样浆料便比较容易从织物上脱落下来；另一方面则是某些浆料如 CMC 和 PVA 在热碱液中的溶解度比较高，再经水洗具有良好的退浆效果。

碱退浆并不能使织物上所有的浆料全部退净，一般退浆率为 50%～70%，余下的浆料还需要靠以后的碱精练过程得以去除。碱退浆除了可以去除织物上的浆料外，还可以进一步去除碱精练过程中没有去除的一部分天然杂质。所以碱退浆和碱精练虽然是各有其主要目的的两个相对独立过程，但又是相互渗透、相互联系的两个过程。

由于碱退浆对浆料无化学分解作用或分解较少，水洗槽中的洗液往往具有较高的黏度，容易造成浆料对织物的再沾污现象，降低退浆效果和染色时造成匀染疵病。因此水洗时水量一定要充分，必要时还需要加以更换。

此外对于混纺织物来说，由于涤纶的耐碱性差，退浆时对烧碱的浓度、处理温度和时间应予以足够重视，而且水洗后布面上的 pH 值应维持在 7～8。其工艺参数如下：烧碱 5～8g/L，洗涤剂 1～2g/L，温度 80～100℃，时间 30～90min。

所经过的工艺流程是：经过烧毛的织物在平幅浸轧机上浸轧热的稀烧碱溶液（80℃）→平幅常压汽蒸设备汽蒸 30～90min→热水洗（85℃）→冷水洗→烘干→落布。

在棉织物印染厂中有大量稀碱液及废碱液，如丝光后的淡碱液、煮练后的废碱液均可用于碱退浆。虽然退浆效果较差，但适用于各类浆料，还能去除其他杂质和部分棉籽壳，且可降低成本，为不少印染厂所采用。

碱退浆操作是在烧毛后的灭火槽内浸轧碱液，槽内碱液浓度 3～5g/L，温度 80～85℃。轧去多余碱液后的织物进入导布圈成为绳状，再在绳状轧洗机上第二次轧碱，碱液浓度 5～10g/L，温度 70～80℃，并含少量润湿剂。然后堆在退浆池内，保温保湿堆置 6～12h。平幅退浆碱浓度一般在 10g/L 左右，在 100～102℃下汽蒸 1～1.5h。碱退浆后必须经热水、冷水充分洗涤，尤其是 PVA 浆更宜勤换洗液，避免 PVA 浓度增加再黏附在织物上。

碱退浆后经过水洗，再浸轧 5g/L 硫酸液，然后堆置约 1h，经充分水洗净。此法称为碱酸退浆法，用于含杂质较多的低档棉布及紧密织物（如府绸等棉织物）。碱酸退浆对去除棉纤维杂质及矿物质效果较好，并能提高半制品的白度及吸水性。碱酸退浆法的退浆率达 60%～80%。

② 酸退浆　酸退浆是在适当的条件下，稀硫酸对 PVA、PA 浆料无分解作用，但能使淀粉发生一定程度水解，并转化为水溶性较高的产物，易从布上洗去，获得退浆效果。然而处理时对温度、时间、浓度等指标应严格控制，否则会对纤维素纤维造成严重的损伤。

酸退浆可以应用于纤维素纤维织物的退浆，但很少单独使用，常与其他的退浆方法混合使用，例如碱-酸退浆或酶-酸退浆等。酸退浆，淀粉并未得到充分的水解，所以退浆率不太高。但酸退浆却有大量去除矿物盐类和提高织物白度的作用。酸退浆的工艺可以表示为：将经过碱退浆或酶退浆并经过充分水洗脱水的织物，再在稀硫酸溶液（4g/L）中浸轧（40～50℃）→堆置 45～60min→充分水洗→烘干→落布。

③ 酶退浆　生物酶退浆具有很大的市场发展潜力。α-淀粉酶是用枯草芽孢菌经发酵提炼精制而成的，能水解淀粉，分解 α-1,4-葡萄糖苷键，任意切断成长短不一的短链糊精和低聚糖，直链淀粉和支链淀粉均以无规则的形式分解，从而使淀粉糊的黏度迅速下降。耐高温的 α-淀粉酶是用地衣芽孢杆菌经发酵提炼精制而成的，

作用机理与α-淀粉酶的相同，具有耐高温的特性，在高温（95～97℃）条件下液化迅速，使用方便，对简化工艺、提高效率和降低成本具有明显的优越性。

淀粉酶水解成一系列的中间产物，并被水解成葡萄糖，是由作用方式不同的各种淀粉酶联合作用来完成的。淀粉酶中的主要组分如下。

a. 淀粉-1,4-糊精酶　能将淀粉分子链中的α-1,4-苷键在任意位置上切断，迅速形成糊精、麦芽糖和葡萄糖，而不作用于支链淀粉的1,6-苷键。这种酶的作用使淀粉糊的黏度迅速下降，有极强的液化能力，所以又称液化淀粉酶或α-淀粉酶。

b. 淀粉-1,4-葡萄糖苷酶　它是从淀粉链的非还原性的末端作用于α-1,4-苷键，将葡萄糖单元一个一个地切断，生成葡萄糖，不作用于支链淀粉的α-1,6-苷键。这种酶切断分子的速度没有前者快，淀粉酶的黏度下降速度也不是太快，但形成葡萄糖的累积量多，淀粉酶的还原能力上升速度快，故又称糖化酶或β-淀粉酶。

c. 淀粉-1,6-糊精酶　这种酶专门作用于支链淀粉的α-1,6-苷键，即去除支链，又称异淀粉酶或R-淀粉酶。

淀粉酶的各种组分对淀粉的作用方式如图1-4所示。

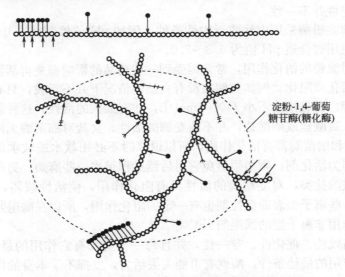

图1-4　淀粉酶的各种组分对淀粉的作用方式

●—→ 淀粉-1,4-糊精酶（α-淀粉酶）；—→ 淀粉-1,4-麦芽糖苷酶
（β-淀粉酶或糖化酶）；⋗—→ 淀粉-1,6-糊精酶（异淀粉酶）；
⊪—→ 淀粉-1,6-葡萄糖苷酶；○还原性末端

不同来源的酶不仅作用方式不同，退浆率也不同，而且适合温度和使用条件也不同。以前退浆所用的酶是从麦芽糖、酵母以及胰腺中得到的，多为粉状。现在淀粉酶绝大多数为液状的高活性的细菌酶。它们可以分为低温淀粉酶和高温淀粉酶。低温淀粉酶至今应用十分广泛，但高温淀粉酶却有明显的优点：较高的处理温度，浆料糊化充分，织物润湿充分，处理时间短；酶的活力高，退浆效率高；酶的活力不易钝化，易控制，重现性好；特别适合难以退浆的织物；可适合多种工艺，包括

用卷染机加工、轧-卷和轧-蒸等工艺。

目前在纺织物的染整加工中主要是利用淀粉酶，对纤维素纤维如棉等进行退浆。而且常用的淀粉酶是从枯草杆菌中提炼出来 BF7658 淀粉酶（又称细菌酶）和从动物胰腺中得到的胰酶。两者的主要成分都是 α-淀粉酶。

淀粉酶只对淀粉有消化作用，可用于含有淀粉浆料织物的退浆，对含有单纯化学浆料的织物，无退浆作用。

众所周知，酶具有催化作用的高效性、专一性和作用条件的缓和性。不同的酶都具有不同的作用条件。

酶的催化反应会随着温度的升高而加速，这一点与一般化学反应的规律是一样的，但酶本身的稳定性却随着温度的升高而降低。因此酶退浆时应选择最适宜的温度，以使酶的活性和活性稳定性都较高。

细菌淀粉酶在 40～85℃ 之间活性较高，在 20℃ 时仍有很强的活性，即使到 100℃ 时活性仍未完全消失。而胰酶的适宜温度比较低，仅为 40～55℃。

同时淀粉酶在不同 pH 值介质中的活性是不同的，以 pH 值在 6 左右为最高，而与活性稳定性并不一致。

一般细菌淀粉酶采用中性或近中性条件，例如 pH 值控制在 6.0～6.5 比较适宜。而胰酶使用时合适 pH 值为 6.8～7.0。

淀粉酶对淀粉的消化作用，常常因受到一些药品的影响而变得活泼或迟钝，这种现象称为活化或阻化。例如胰酶在没有食盐的情况下并不活泼，只有加入少量的食盐或氯化钾，而且浓度不小于 0.03mol/L，才有最大的活性。这种效果与 Cl$^-$ 有关，因为加入硫酸盐或磷酸盐，并不改变酶的活性。食盐对细菌酶无活化作用，而 $CaCl_2$ 对胰酶和细菌酶都有活化作用，所以退浆时不必用软水或软水剂。若退浆中使用氯化钙作为活化剂，则必须避免它对后续过程带来一些麻烦。另外，微量的重金属如铜、铁的盐类，对淀粉酶的活性具有阻化作用，使活性减弱，甚至完全消失。此外，一些离子型表面活性剂也有一定的阻化作用，所以在酶退浆中使用到润湿剂时，宜选用非离子型的润湿剂 JFC 等。

酶具有高效性、催化性、专一性，并且每一种酶都有它作用的最佳温度、pH 值。超过其作用的最佳条件，酶就有可能失去活力，发挥不了本身的作用。在退浆过程中最常使用的酶就是淀粉酶，有关淀粉酶的退浆工艺参数如下：宽温淀粉酶 1.5～3g/L，渗透剂适量，浴比 1：50，温度 90℃，时间 60min。

该加工工艺为：热水浸泡→配处理液→90℃保温处理 60min→水洗→烘干。

总之，酶的活性受温度、pH 值、活化剂及阻化剂等影响。一般来讲，BF7658 酶在 40～80℃ 之间、胰酶在 40～55℃ 之间活性较高。pH 值与活性及稳定性有关，BF7658 酶宜在 pH 值为 6.0～6.5，胰酶宜在 pH 值为 6.8～7.0 时使用最佳。水中的氯离子（Cl$^-$）及钙离子（Ca^{2+}）对酶有活化作用，因此常在酶退浆液中加入工业用食盐，但铜、铁离子有阻化作用，使淀粉酶活性降低，必须采取相应措施防止。胰酶退浆率可达 70%～80%，BF7658 酶达 85%。

④ 氧化退浆（oxidizing desizing）　所谓的氧化退浆是指采用一般的氧化剂。

采用氧化退浆的方法早已有过试验，但长期以来在生产上没有得到广泛应用。自合成纤维和化学浆料的使用日益增多后，氧化退浆才受到应有的重视。无论是天然的淀粉浆料还是化学浆料，虽然都可以采用碱退浆法，使织物上的大部分浆料得以去除，但由于洗下来的浆料未受到破坏，洗液黏稠，容易造成退下来的浆料对织物再沾污的现象，造成疵病。若采用氧化退浆，由于浆料已被氧化降解，不但水溶性增大，而且洗液的黏稠性也减小，避免了退下来的浆料对织物的再沾污现象，退浆效果显著。

常用的氧化退浆剂主要有次氯酸盐、过硫酸盐、过乙酸、过氧化氢或亚溴酸盐等。其中过氧化氢和亚溴酸盐在生产上已有应用。

亚溴酸盐是一种氧化剂，它的溶液在 pH 值大于 9 时稳定，等于 8 时发生分解。它不但能使浆料氧化发生分解，而且对纤维素纤维也有一定的氧化作用，然而在适当的条件下，对浆料的氧化速率较快，从而可以获得令人满意的退浆效果。

亚溴酸钠的退浆液中含有效溴 $0.5\sim1.5g/L$ 及适量润湿剂，退浆液 pH 值为 $9.5\sim10.5$，织物浸轧退浆液后于室温堆置约 0.5h 即可。亚溴酸钠还可用于溴-碱退煮一浴法，即退浆与碱煮练同浴进行，大大简化了工序。亚溴酸钠退浆率较高，对 PVA 浆料可达 $90\%\sim95\%$，而且不会因水洗时 PVA 浓度增大重新黏附在织物上，但因为亚溴酸钠价格较高，目前应用尚不广泛。过硫酸铵也是较好的退浆用氧化剂。

氧化剂退浆中使用较广的是双氧水-烧碱退浆法，通常采用一浴法，退浆液含双氧水 $4\sim6g/L$，烧碱 $8\sim10g/L$，润湿剂适量，织物浸轧退浆液后，于 $100\sim102℃$ 时汽蒸 $1\sim2min$，然后用 $80\sim85℃$ 热水洗净。氧化剂退浆主要用于 PVA 及其混合浆的退浆。

（2）煮练（scouring）

退浆洗净后的织物即可进入煮练工序。煮练是棉及棉型织物前处理工艺中的主要工序。众所周知，纤维素纤维除了含有纤维素纤维外，还含有半纤维素、果胶物质、木质素、碳水化合物、无机盐、色素等非纤维素成分，这些非纤维素成分统称为胶质。而色素的去除是通过漂白的过程来实现的。只有去除纤维中的这些非纤维素成分，才能使纤维具有良好的吸水性，以便于在后面的染整加工中，溶液能够均匀地透入织物、纱线或纤维的内部，从而提高加工质量，而且可以使织物的外观比较洁净。

煮练的目的是为了去除纤维中的天然杂质（即纤维素的伴生物），提高纤维的润湿渗透能力，提高纤维对染化药剂的吸附性能，有利于后面的染整加工。煮练主要采用碱煮，同时还加有一些其他的助剂。

煮练的工艺为碱煮→热水洗→热水洗→冷水洗。碱煮练工艺参数如下：氢氧化钠（烧碱）5%，碳酸钠（纯碱）15%，肥皂等润湿剂或乳化剂 $1\sim2g/L$，硅酸钠（水玻璃）$1\sim2g/L$，亚硫酸钠 $1\sim2g/L$，煮练温度 100℃，煮练时间 $95\sim120min$，升温时间 $30\sim40min$。

工艺参数中各组分的作用可以表示如下。

a. 碱的作用　天然的果胶物质是以果胶酸的钙镁盐的形式存在，在碱的作用下，水解成相应的酸的钠盐，转变成小分子的溶于水的物质而被去除；含氮的物质在碱的作用下，分解为氨基酸的钠盐，溶于水可以被去除；棉籽壳在碱的作用下溶胀，与纤维之间的黏着变松，从而从棉织物上脱落下来。

b. 肥皂等助剂的作用　蜡脂利用煮练液中肥皂的润湿和乳化的作用而被去除。

c. 硅酸钠的作用　煮练液中加入硅酸钠的作用，利用硅酸钠可以吸附煮练液中从亚麻纤维上下来的杂质，防止这些杂质对亚麻纤维造成再沾污现象。

d. 亚硫酸钠的作用　煮练时加入亚硫酸钠，一方面可以防止纤维素纤维由于带碱后被空气中的氧气所氧化；另一方面亚硫酸钠也可以去除亚麻纤维中的木质素。

e. 水洗的作用　碱煮练后必须经过充分的水洗，先用热水洗，否则下来的杂质会瞬间凝聚而沾在棉纤维上，造成杂质沾污现象。煮练过程结束后，纤维中的大部分杂质已经被去除，可以满足染整加工过程的要求。

（3）漂白（bleaching）

煮练之后，大部分杂质都已经被去除，但纤维中含有的天然色素要借助于漂白的过程加以去除。再就是织物虽经过煮练，尤其是常压汽蒸煮练，仍有部分杂质如棉籽壳未能全除去，通过漂白剂的作用，这些杂质可以完全去掉。天然色素之所以具有颜色，是由于色素中含有很长的共轭体系而发色，可以借助于氧化型漂白剂的氧化作用，使发色的体系断裂，从而达到消色的目的。在棉织物漂白时常用的漂白剂主要是氧化性的漂白剂。目前，棉织物的漂白主要采用次氯酸钠漂白或双氧水漂白或氯氧双漂或双氧漂几种工艺。各种漂白剂的效果不尽相同，它们各具有优缺点。下面主要介绍次氯酸钠漂白和双氧水漂白。

① 次氯酸钠漂白　次氯酸盐有两种最为常用，即漂白粉和次氯酸钠。

漂白粉是由生石灰吸收氯气制成的。分子式为 $Ca(OCl)_2Cl$，分子量为 127，为有浓氯臭的白色粉末。暴露于空气中，易吸收水分和二氧化碳而分解。应防止受热，受高温会爆炸，与有机物、易燃液体混合，能发热自燃，也应避免太阳光直接照射。储存时应与有机物、磷类隔离。长时间储存会降低水分。

而次氯酸钠是由电解食盐水生成的氯气通入烧碱溶液制成的。分子式为 $NaCl$，分子量为 74.45。商品为碱性水溶液，外观为微黄色。漂白粉使用时需要溶解，还有大量沉淀需要处理，易污染环境，次氯酸钠漂白后，直接水洗不易洗净，需要用酸洗，使其充分分解生成次氯酸钙，要洗去钙盐，以改善手感。次氯酸钠无此缺点，但是次氯酸钠浓度低，运输不便。在用电解法制造烧碱的地区比较方便。染整工厂常用次氯酸钠作为纤维织物的漂白剂。

次氯酸钠是一个强碱弱酸的盐，在水溶液中可以发生下面的水解：

$$NaOCl + H_2O \rightleftharpoons HOCl + NaOH$$

次氯酸钠一般以水溶液的形式供应，除了次氯酸钠外，商品中还含有一定数量的烧碱、食盐和少量的氯酸钠。

次氯酸钠遇酸能释放出氯气。其反应的过程可以表示如下：

$$2OCl^- + 4H^+ \rightleftharpoons Cl_2 + 2H_2O$$

有一些金属离子如钴、铜、铁离子等对它们的分解具有催化的作用，会产生氯气。

因此，次氯酸钠漂白时，漂液的浓度一般用加酸后释放出氯气的数量来进行计算，我们称之为有效氯的浓度。

次氯酸钠质量浓度（有效氯）的测定采用碘量法。测定次氯酸钠有效氯的原理是基于下面的反应方程式：

$$H_2O + NaOCl + 2KI \longrightarrow NaCl + I_2 + 2KOH$$

$$I_2 + 2Na_2S_2O_3 \longrightarrow 2NaI + Na_2S_4O_6$$

取一定体积的次氯酸钠漂液，在其中加入一定量的酸和稍过量的碘化钾，溶液中的次氯酸钠与碘化钾会发生反应产生碘单质，用已知浓度的硫代硫酸钠溶液滴定，并且用淀粉指示剂指示滴定到终点，根据消耗的硫代硫酸钠溶液的量，按照下式计算次氯酸钠的质量浓度（g/L）：

$$次氯酸钠的质量浓度即有效氯 = \frac{c(Na_2S_2O_3)V_1}{2V} \times 35.5$$

式中 $c(Na_2S_2O_3)$——硫代硫酸钠标准溶液浓度，mol/L；

V_1——耗用的硫代硫酸钠溶液体积，mL；

V——次氯酸钠漂液的体积，mL。

由于次氯酸钠具有很好的氧化性质，可以将天然色素中的发色共轭体系氧化破坏，从而达到消色的目的。

次氯酸钠漂白的主要工艺流程如下：浸轧漂液（温度为 20~30℃，漂液的浓度为 1~3g/L）→室温堆置 40~60min→立即水洗→浸酸（硫酸 1~3g/L）→堆置 15~30min→充分水洗→必要时可以浸轧硫代亚硫酸钠的水溶液进行脱氯→充分水洗、烘干。

其中浸酸的过程是为了除去织物上残存的次氯酸钠，防止以后对纤维织物造成强力的损伤，其过程可以用下面的方程式来表示：

$$6NaOCl + 3H_2SO_4 \Longleftrightarrow 3Na_2SO_4 + 2HCl + 2H_2O + 2Cl_2 + 2O_2$$

由于浸酸的过程中会有氯气释放，为了防止氯气残留在被加工的纤维织物上，我们可以用亚硫酸氢钠来除去氯气，进行脱氯处理。其过程可以用下面的方程式来表示：

$$NaHSO_3 + Cl_2 + H_2O \Longleftrightarrow NaHSO_4 + 2HCl$$

影响次氯酸钠漂白的因素主要有 pH 值、温度以及浓度等。

采用次氯酸钠进行漂白时，漂液的 pH 值一般控制在 9~10。因为在中性条件下进行氧化漂白，很容易对纤维素纤维造成潜在损伤，这种损伤只有在遇到强碱的条件下，才能表现出来；在强碱的状态下，再加上具有氧化性的漂白剂，会对纤维造成很大的损伤；在酸性的条件下进行漂白，会有大量的氯气释放，不但造成一定的环境污染，而且还腐蚀设备。所以采用次氯酸钠进行漂白时，主要在弱碱性条件下，pH 值为 9~10。

虽然温度越高，越有利于漂白过程的进行，但温度超过一定限度，同时也加速纤维素的氧化脆损，故温度一般控制在 20~30℃。当夏季气温超过 35℃时，应采取降温措施或调整其他工艺参数，如浓度、时间等，以保护纤维。

　　漂液浓度根据织物结构及煮练状况而定。漂液浓度以有效氯计算，因为制取次氯酸盐时，所得产品为混合物，如次氯酸钠中混有氯化钠，而氯化钠中的氯全无漂白作用。次氯酸盐中有效氯含量随储存时间延长而下降，漂白的时间一般控制在40～60min。因此在配制漂白液时，应对次氯酸盐进行分析，测定其有效氯含量，使漂白液中有效氯含量准确，以便控制生产工艺。漂白液中有效氯含量达到一定值后，织物白度不再增加。漂液有效氯含量过高，反而影响织物强力。印染工厂一般采取降低漂液有效氯浓度、延长漂白时间的方法，避免纤维强力过多损失。漂液的浓度一般控制在 1～3g/L。

　　织物氯漂后的酸洗，不能使分解出来的氯气彻底洗除，仍有少量氯气吸附在织物上。吸附有残余氯的织物在储存时将造成织物强力下降、泛黄，还将影响对于氯气敏感的染料染色。必要时应使用化学药剂与氯气反应彻底去氯。脱氯剂以过氧化氢为最好，过氧化氢除与氯气反应外，本身也是漂白剂，可以增加漂白效果。但一般多使用还原剂（如亚硫酸氢钠、大苏打等）处理。

　　次氯酸钠漂白的方式主要有淋漂及连续轧漂两种。

　　淋漂是将织物均匀地堆在淋漂箱内，用泵将漂液循环不断地喷洒在织物上，在常温下循环 1～1.5h，再经水洗、淋酸、水洗。淋漂是非连续性生产，目前已很少采用。连续轧漂是在绳状连续练漂联合机上浸轧漂液，在堆布箱中堆置后经水洗、轧酸堆置、洗净堆在堆布池中，等待开幅、轧水、烘干。

　　漂白液中次氯酸钠量以有效氯计算，煮布锅煮练的织物一般浸轧含有效氯1.5～2g/L 的漂液，常温堆置 1h 左右；平幅和汽蒸煮练织物漂白液含有效氯 2～3g/L，轧漂液后堆置 1h 左右。低档棉织物含杂质较高，浸轧时有效氯应提高0.5g/L。酸洗剂用硫酸，绳状织物硫酸浓度为 1～3g/L，平幅织物为 2～3g/L，轧酸后于 30～40℃堆置 10～15min。小型工厂也可在轧漂液后用人工堆布，堆在洗干净并铺有鹅卵石的地面上，堆布时必须注意劳动保护。

　　采用次氯酸钠进行漂白，成本低廉，设备简单，不需要特制的不锈钢设备，但劳动保护性差，容易对纤维造成强力的损伤，同时对于进一步去除织物上残留的杂质没有太大的帮助，对退浆和煮练的要求较高。

　　② 双氧水漂白　双氧水 H_2O_2 是一种良好的漂白剂。分子量为 34。双氧水为无色液体，能以任意比例与水互溶。常用的浓度为 30%，又称过氧化氢。过氧化氢是二元酸，在水中可离解成下式，在受热和日光照射下会分解得更快：

$$H_2O_2 \rightleftharpoons H^+ + HO_2^- \qquad K_a = 1.55 \times 10^{-12}$$

$$HO_2^- \rightleftharpoons H^+ + O_2^{2-} \qquad K_a = 1.0 \times 10^{-25}$$

生成的 HO_2^- 很不稳定，能按照下式分解：

$$HO_2^- \rightleftharpoons OH^- + (O)$$

同时，它又是一种亲核试剂，具有引发过氧化氢形成游离基的作用：

$$HO_2^- + H_2O_2 \longrightarrow HO_2 \cdot + HO \cdot + OH^-$$

过氧化氢也能发生下面的分解：

$$HOOH \longrightarrow 2HO\cdot$$

另外，在金属离子如亚铁离子、铁离子等作用下，可以使双氧水迅速发生复杂的分解，如下式所示：

$$Fe^{2+} + H_2O_2 \longrightarrow Fe^{3+} + HO\cdot + OH^-$$
$$Fe^{2+} + OH\cdot \longrightarrow Fe^{3+} + OH^-$$
$$H_2O_2 + HO\cdot \longrightarrow HO_2\cdot + H_2O$$
$$Fe^{2+} + HO_2\cdot \longrightarrow Fe^{3+} + HO_2^-$$
$$Fe^{3+} + HO_2\cdot \longrightarrow Fe^{2+} + H^+ + O_2$$
$$Fe^{3+} + HO_2^- \longrightarrow Fe^{2+} + HO_2\cdot$$

可见，金属离子可以导致双氧水的分解破坏，不但会造成双氧水的浪费，而且会降低漂白效果。另外，双氧水对热的稳定性差。双氧水遇过强的氧化剂时，呈现还原性。例如遇到高锰酸钾或次氯酸时，双氧水呈还原性，在工厂中漂液中双氧水的浓度就是用高锰酸钾溶液进行标定的。反应方程式如下：

$$2KMnO_4 + 5H_2O_2 + 3H_2SO_4 \longrightarrow 2MnSO_4 + K_2SO_4 + 8H_2O + 5O_2$$

取一定体积的双氧水漂液，用标准高锰酸钾溶液进行滴定，直至溶液呈现微红色并在30s内不消失，即滴定达到终点。根据消耗的高锰酸钾的量就可以按照下式计算双氧水的质量浓度（g/L）：

$$H_2O_2 \text{ 的质量浓度} = \frac{c(KMnO_4) \times V(KMnO_4) \times 5}{2V(H_2O_2)} \times 34$$

式中　$c(KMnO_4)$——高锰酸钾溶液浓度，mol/L；

$\quad\quad V(KMnO_4)$——滴定消耗的高锰酸钾溶液的体积，mL；

$\quad\quad V(H_2O_2)$——所取的双氧水漂液的体积，mL；

$\quad\quad 34$——双氧水的摩尔质量，mol/L。

也可以按照下式计算双氧水的分解率（%）：

$$\text{双氧水的分解率} = \frac{\text{漂前双氧水的质量浓度} - \text{漂后双氧水的质量浓度}}{\text{漂前双氧水的质量浓度}} \times 100\%$$

工业级双氧水的规格见表1-1。

表1-1　工业级双氧水规格

指　　标		一等品	合格品	指　　标	一等品	合格品
双氧水含量/%	≥	27.5	27.5	不挥发物/%	0.10	0.18
游离酸含量（以硫酸计）/%	≤	0.05	0.08	稳定度/%	97	93

目前有关过氧化氢漂白的机理还不十分清楚，但普遍的观点认为，在破坏天然色素的过程中起主要漂白作用的成分为 HO_2^-。从上面过氧化氢的离解和分解的作用过程来看，在碱性的条件下，多半过氧化氢都是以 HO_2^- 形式存在，当碱性很强的时候，还会引发过氧化氢形成游离基的反应，降低漂白的效果，溶液的稳定性差；在酸性的条件下，尤其是在金属离子存在的情况下，过氧化氢分解得更快，而且生成的 HO_2^- 的量很少，容易造成双氧水的氧化分解加速，来不及发挥漂白作

用，就已经氧化分解而浪费掉了。

影响过氧化氢漂白的因素如下。

a. 浓度的影响　与氯漂类似，当漂液内过氧化氢浓度达到 5g/L 时，已能达到漂白要求，浓度再增加，白度并不随之提高，反而导致棉纤维脆损。稀薄织物还可以适当降低漂液中过氧化氢浓度。

b. 温度的影响　过氧化氢的分解速率随温度升高而增加，因此可用升高温度的办法来缩短漂白时间，一般为 90~100℃时，过氧化氢分解率可达 90%，白度也最高。采用冷漂法则应增加过氧化氢浓度，并延长漂白时间，一般为 60~90min。

c. pH 值的影响　过氧化氢在酸性浴中比较稳定，工业用过氧化氢浓溶液含量为 30%~35%，其中常加入少量硫酸以保持稳定。在碱性浴中过氧化氢分解率随溶液 pH 值增大而增加，pH 值在 3~13.5 之间都有漂白作用，但 pH 值为 10~11 时，织物白度可达最佳水平，实际生产中也大多将漂液 pH 值调节至 10~11。

d. 漂白时金属离子的影响及稳定剂作用　水中铁盐、铜盐和铁屑、铜屑以及灰尘等，对过氧化氢都有催化分解作用，使过氧化氢分解为水与氧气，从而失去漂白作用。氧气渗透到织物内部，在漂白时的高温碱性条件下，将使纤维素纤维严重降解，常在织物上产生破洞。为防止上述疵病，可在漂液中加入适量稳定剂，以降低过氧化氢的分解速率。稳定剂中以水玻璃使用较早，水玻璃的稳定作用机理尚不十分清楚，推测是硅酸钙或硅酸镁胶体对有催化过氧化氢分解作用的金属离子产生吸附作用。水玻璃价格低廉易得，稳定效果好，但长期使用，容易在导辊等处形成难以除去的硅垢，影响织物质量。目前国内外都在研究使用非硅酸盐稳定剂，大都属于有机膦酸盐，效果也较好，不产生积垢，但价格高于硅酸盐，因此水玻璃在生产上仍继续使用。有时将含磷化合物与硅酸钠拼混使用，也取得较好效果。

采用过氧化氢进行漂白，兼有碱性处理的效果，对进一步去除纤维织物中的杂质有利，对退浆和煮练的要求不太高，对纤维的损伤程度低，无污染，绿色环保，漂白后织物的白度高，手感柔软；但由于金属离子对其的催化分解作用，须采用特制的不锈钢设备，造成漂白的成本升高。

（4）丝光（mercerizing）

丝光通常指的是纺织品在一定张力下用浓碱溶液来处理，以获得稳定的尺寸、良好的光泽，及提高对染化药剂吸附能力的一种加工过程。

纤维素纤维与氢氧化钠作用后生成纤维素钠盐。钠离子的水化作用很强，它们进入纤维时带进大量的水分子，使纤维发生溶胀，晶格发生变化。当碱的浓度很大时，这一作用是不可逆的，用水或稀碱液洗涤时，它们只能进入纤维的无定形区，而浓碱却能作用于纤维的结晶区。当纤维溶胀到一定程度后，棉纤维的横截面会从耳形变成圆形，纵向的天然扭曲消失，使织物具有良好的光泽；当然这种作用必须在一定张力的作用下才能获得，否则纤维会发生严重的收缩，但在有张力作用的时候，借助于浓碱对纤维大分子的增塑作用，分子间的作用力减弱，在外力的作用下会发生纤维大分子或基本结构单元之间的相对位移，运动到新位置上会建立新的分子间作用力，当织物离开丝光机械设备时，由于新位置上新作用力的阻止作用，使织物能长期保持这种丝光时的状态不变，从而会获得良好的尺寸稳定性。另外，由于浓碱不但可以作用于纤维的无定形区，而且还可以作用于纤维的结晶区，因此必然导致纤维无定形区的含量增大，从而增强纤维对于染化药剂的吸附能力。丝光的工艺条件如下：碱的浓度为 220～280g/L，温度为室温，时间在 30s 左右。

注意：丝光后一定要施加一定的张力，丝光结束后先用稀碱冲洗，再用热水洗，最后用冷水洗，才能保证丝光后的效果。

棉纤维用浓烧碱溶液浸透后，可以观察到棉纤维不可逆的剧烈溶胀，纤维横截面由扁平腰子形转变为圆形，纤维细胞腔也发生收缩，纵向的天然扭曲消失，长度缩短。棉纤维丝光前后的横截面比较如图 1-5 所示。

 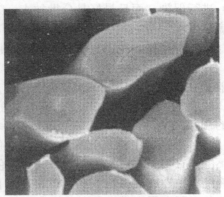

(a) 丝光前棉纤维   (b) 丝光后棉纤维

图 1-5　棉纤维丝光前后的横截面比较（SEM 照片）

如果在对纤维施加张力时浸浓碱，不使纤维收缩，此时纤维表面皱纹消失，成为十分光滑的圆柱体，对光线有规则地反射而呈现出光泽。若在张力持续存在时水洗去除纤维上碱液，就可以基本上把棉纤维溶胀时的形态保留下来，成为不可逆的溶胀，此时获得的光泽较耐久。由于烧碱能进入棉纤维内部，使部分结晶区转变为无定形区，去碱、水洗后这种状况也基本保留下来，棉纤维的吸附性能也因此大为增加。

可见，丝光后除了具有提高纤维织物光泽和稳定织物尺寸的作用外，主要是可以提高纤维织物对染化药剂的吸附性。

1.1.2.2　棉机织物的染色

棉机织物的染色主要采用直接染料、不溶性偶氮染料、活性染料以及还原染料进行染色。由于硫化染料染色的产品具有储存脆损现象，所以硫化染料至今很少应用于棉机织物的染色。因此下面主要介绍前四种染料对棉机织物的染色。

（1）直接染料的染色

直接染料的分子中含有磺酸基或羧基等水溶性的基团，是一种水溶性的阴离子的染料，因为它能对纤维直接上染，所以称为直接染料。

直接染料的色泽鲜艳，色谱齐全，染色方法简单，价格便宜。主要用于纤维素纤维的染色和印花，一般适用于棉纱的浸染，棉布也可以用性能比较良好的其他染料进行染色。直接染料也可以用于丝绸、皮革和纸张等的染色和印花。但由于直接染料具有水溶性，染色物的湿牢度比较差，可以对直接染料染色产品进行适当的后处理，以提高染色产品的湿牢度。

直接染料按照染色性能来分，主要有 A 类、B 类和 C 类。

A 类直接染料的分子量小，分子中水溶性基团的相对含量高，水溶性好，直接性差，扩散性和移染性好，匀染性好，但染品的湿牢度差。在温度比较低的情况下一般是在 60℃ 进行上染，温度高了反而会降低染料的平衡上染百分率。同时由于染料分子中水溶性基团的相对含量大，染色时必须加入一定量的电解质（如食盐）进行促染，而且最好是分批加入，染后应进行固色的后处理。染品的湿牢度才能满足要求。

C 类直接染料的分子量大，水溶性基团的相对含量低，水溶性差，直接性高，扩散性和移染性差，匀染性不好，但染品的湿牢度高。染色时的温度高，一般是在沸煮的情况下进行上染，温度低了反而会降低染料的平衡上染百分率。染色时盐的用量比较少，而且盐的用量应分批加入，防止产生染色不匀不透的现象。

而 B 类直接染料介于两者之间。染色温度一般在 80~90℃ 之间。

由于直接染料通常用于棉纱线的染色，因此通常采用浸染工艺。直接染料的水溶液呈现中性或弱碱性，在这样的条件下，纤维素纤维表面带有负电荷，而直接染料的色素阴离子也带有负电荷，染料的色素阴离子在向纤维表面转移的过程中会受到纤维表面负电荷的排斥作用，在染色条件下，只有那些具有足够能量的染料色素阴离子才能克服这种斥力所产生的能阻逐渐向纤维表面靠近，直至范德华引力大于库仑斥力，借助于范德华引力的作用，染料的色素阴离子拉向纤维的表面被纤维表面吸附，最后扩散进入纤维无定形区的内部，完成染料的上染。因此直接染料对于纤维素纤维的上染就是不断克服库仑斥力进入范德华引力起主要作用的范围内的过程，最后借助于范德华引力将染料的色素阴离子拉到纤维的表面，并进一步向纤维无定形区内部扩散，完成染料的上染过程。这就是直接染料的上染机理。

如果在染浴中加入食盐电解质，食盐电解质会电离出钠正离子和氯离子，氯离子会受到纤维表面的排斥，而钠正离子会受到纤维表面的吸引，依靠钠正离子对纤维表面负电荷的遮蔽作用，降低纤维表面负电荷对染料色素阴离子的排斥作用，降低染料向纤维表面转移的能阻，在一定条件下就会有更多能克服这种能阻的染料色素阴离子能够上染，从而增进染料上染，我们把食盐电解质的这种作用称为促染。可以提高染料的上染速率和染料的平衡上染百分率。

但同时也会使染液中的染料容易聚集和容易产生染色不匀不透的现象，为了避免这种情况的发生，可以采用分批加入、缓慢控制染料的上染速率的方法，达到既能提高染料的上染量，又能获得良好染色效果的目的。

在直接染料的染浴中加入食盐电解质后，纤维/水界面附近的离子分布和电位情况变化如图 1-6 所示。

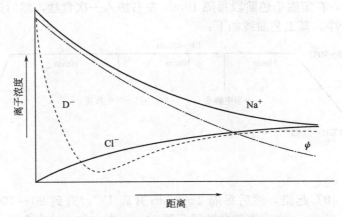

图 1-6　纤维/水界面附近的离子分布和电位情况变化

　　直接染料与纤维素纤维之间的结合力取决于染料的具体结构，有关直接染料与纤维之间的作用力目前有三种学说。一是范德华引力学说，因为直接染料与纤维素纤维都是大分子，分子量大，分子的直线性和平面性强，在染料和纤维之间能形成很强的范德华引力；二是氢键学说，因为直接染料与纤维素纤维大分子中都具有能形成氢键的基团，在染料和纤维之间会生成许多氢键；三是染料分子的聚集学说，直接染料是以单个的分子扩散进入纤维无定形区的内部，随着染色过程的结束，这些单个染料的大分子会在纤维无定形区内部聚集，染料的聚集体不足以能通过纤维的无定形区孔隙出来，这也是直接染料牢固地固着在纤维上的原因。目前关于这三种作用力哪种起主要的作用，还得视染料的具体结构来定，但无论哪种作用力起主要作用，另外两种作用力也起一定的作用。

　　直接染料应用于各类纺织品的染色，视纤维的种类和形态采用不同的染色方法。散纤维和纱线染色都是采用浸染法加工，织物染色多数采用卷染和轧染法生产。下面主要介绍一下浸染工艺。

　　直接染料的浸染工艺视直接染料的染色性能不同，其染色的工艺也不完全相同。

　　a. A类　40℃起染，然后每隔 1min 升高 1℃，升到 60～70℃后，定温染色 45～60min，在定温染色阶段每隔 10min 左右加入一次食盐，然后进行水洗，直至浮色去除干净。其工艺曲线如下：

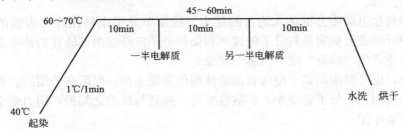

b. B类 40℃起染，然后每隔 1～2min 升高 1℃，升到 70～80℃后，定温染色 30～45min，在定温染色阶段每隔 10min 左右加入一次食盐，然后进行水洗，直至浮色去除干净。其工艺曲线如下：

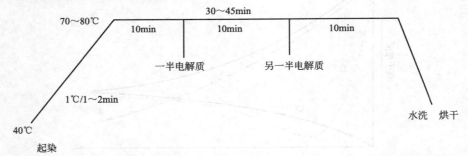

c. C类 40℃起染，然后每隔 2～3min 升高 1℃，升到 90～100℃或近沸煮后，定温染色 30min，在定温染色阶段每隔 10min 左右加入一次食盐，然后进行水洗，直至浮色去除干净。其工艺曲线如下：

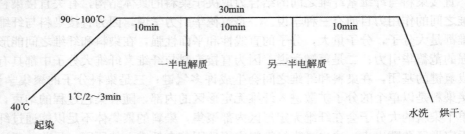

其中直接染料染色时，先用少量的冷水调成浆状，然后在不断搅拌的情况下逐渐地加入软化的热水，以使染料充分溶解。染料的用量应根据所染的纤维的色泽深度和浴比来定。一般染淡色时，染料的用量小于 0.2%（本书用量均以纤维或织物质量为基准）；染中色时，染料的用量为 0.2%～1%；染深色时，染料的用量大于 1%。

在直接染料染色时，可以采用食盐作为促染剂。食盐的加入量是由染料的水溶性的大小来决定的。直接染料染色时，食盐的加入量一般为 20～30g/L，若直接染料分子量比较小，水溶性基团的相对含量高时，必须加入食盐且加入量要稍微多一些，例如可以加到 50～80g/L。而且食盐在染色过程中一般都是分批加入的。但若直接染料的分子量大，水溶性基团的相对含量比较少，可以不加食盐，如果加入食盐，可以少加。

其中食盐电解质分批加入的目的是为了控制单分子染料在纤维表面的吸附速率，以使纤维表面吸附染料分子的速率和染料分子向纤维内部转移的速率之间取得平衡。防止产生"环染"或"白芯"现象。

此外，也可以用阳离子型的表面活性剂作为促染剂。但阳离子型的表面活性剂与直接染料相比，分子量要小，扩散性要好，并且与纤维之间的作用力要小，才可以起到促染作用。

起染的温度一般为 40℃，因为无论是哪种类型的直接染料，在常规的染浴中都是以胶体的分散状态存在，只有在加热到 40℃ 以后，染料的聚集体才会发生解聚，生成单分子分散状态染料，才能开始对纤维进行上染，因此起染的温度一般是 40℃。

温度对不同染料上染性能的影响是不同的。对于上染速率高、扩散性能好的直接染料，在 60～70℃ 得色最深，在 90℃ 以上上染率反而下降。这类染料染色时，为缩短染色时间，染色温度采用 80～90℃，染色一段时间后，染液温度逐渐降低，染液中的染料继续上染纤维，以提高染料的上染百分率。对于聚集程度高、上染速率慢、扩散性能差的直接染料，提高温度可以加快染料扩散，提高上染速率，并促使染液中的染料吸尽，提高上染百分率。在常规染色时间内，得到最高上染百分率的温度称为最高上染温度。根据最高上染温度的不同，生产上常把直接染料分成最高上染温度在 70℃ 以下的低温染料、最高上染温度在 70～80℃ 的中温染料和最高上染温度在 90～100℃ 的高温染料。在生产实践中，棉和黏胶纤维针织物通常在 95℃ 左右染色，真丝针织物的染色温度较低，因为过高的温度有损纤维光泽，其最佳染色温度为 60～90℃。适当降低染色温度、延长染色时间对生产有利。

对于 A 类直接染料来说，由于分子量小，水溶性好，聚集倾向小，升温的速度可以快一些，而对于 C 类直接染料，由于分子量大，水溶性差，聚集倾向大，升温的速度一定要慢一些，定温染色的时间没有必要延长。

直接染料应用于各类纺织品的染色，视纤维的种类和形态采用不同的染色方法。散纤维和纱线染色都是采用浸染法加工，织物染色多数采用卷染和轧染法生产。

直接染料应用于织物的卷染，与浸染比较，各具优缺点。卷染的浸透度及纤维的遮盖力虽不及绳状浸染，但对紧密织物的平挺度来说，则为浸染所不及，尤其对黏胶丝织物显得更为突出。采用松式卷染机染色，效果更好。

直接染料由于是水溶性的染料，因此存在染后水洗牢度比较差的缺点，但可以通过染色后处理以提高染色物的水洗牢度。为此常采取如下的措施。

① 金属盐后处理　所用的金属盐常用硫酸铜，由于有些直接染料具有类似于酸性媒染染料的特征，即具有能与二价铜离子形成螯合结构的配位基，这样的直接染料染色后可以用金属铜盐处理，一方面二价铜盐的配位数为 4，它的配位体可能一部分是由染料提供的，另一部分是由纤维提供的，在染料和纤维之间起到连接基或桥基的作用，提高染色物的水洗牢度；另一方面，二价铜离子可能与水溶性基团（如羧基等）络合，封闭水溶性基团或增大分子量，降低水溶性基团的相对含量，从而提高染色物的水洗牢度。与此同时，由于金属铜离子的络合，会使颜色转深变暗，日晒牢度获得提高。该金属铜盐处理的工艺参数如下：乙酸 5～15g/L，硫酸铜 5～20g/L，70℃ 处理 20～30min，然后在 60℃ 皂洗 30min，再水洗和烘干。

② 阳离子型的固色剂处理　由于直接染料通常是以磺酸基钠盐或羧基钠盐的形式存在，在水溶液中电离出染料的色素阴离子，如果该染料用阳离子型的固色剂处理后，染料的磺酸基负离子或羧基负离子会与四价氨基正离子发生库仑作用而结

合，从而起到封闭水溶性基团或增大分子量而降低水溶性基团，从而改善染色物的水洗牢度。常用的固色剂 Y 的结构如下：

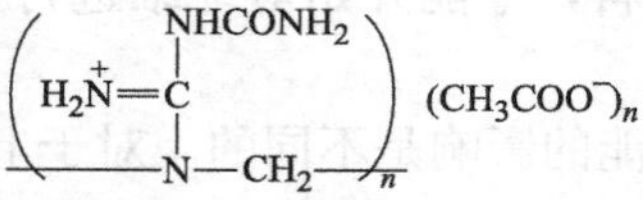

$$\left(\begin{array}{c} \text{NHCONH}_2 \\ | \\ H_2N^+\!=\!C \\ | \\ N\!-\!CH_2 \end{array} \right)_n (CH_3COO^-)_n$$

阳离子固色剂的固色工艺如下：固色剂 12～30g/L，乙酸 2mL/L，pH 值 5.5～6，温度 40～60℃，浸渍 20～30min，然后烘干。

含有反应性基团的阳离子固色剂与染料分子反应的同时，还能与纤维素纤维反应发生交联，形成高度多元化交联网状体系。反应性树脂固色剂，不但能在染料和纤维之间"架桥"形成大分子化合物，自身也能交联成网状结构。

③ 重氮化后再偶合　染料分子中具有能重氮化的氨基，染色后在纤维上进行重氮化，再用不溶性的偶合组分（如吡唑邻酮等）进行偶合。由于分子量变大，水溶性基团的相对含量降低，进而可以提高染色物的水洗牢度。

（2）不溶性偶氮染料的染色（冰染染料的染色）

不溶性偶氮染料分子中不含有磺酸基或羧基等水溶性基团，它是借助于重氮组分和偶合组分在纤维上发生偶合反应所生成的一类不溶性偶氮染料，即先使偶合组分色酚在碱性条件下上染到纤维上，然后再用芳伯胺重氮盐进行偶合显色，由于显色时要用冰冷的芳伯胺重氮盐，所以这类染料又称冰染染料。所用的偶合组分色酚，译名为纳夫托，因此这类染料又称纳夫托染料。色酚的结构如下：

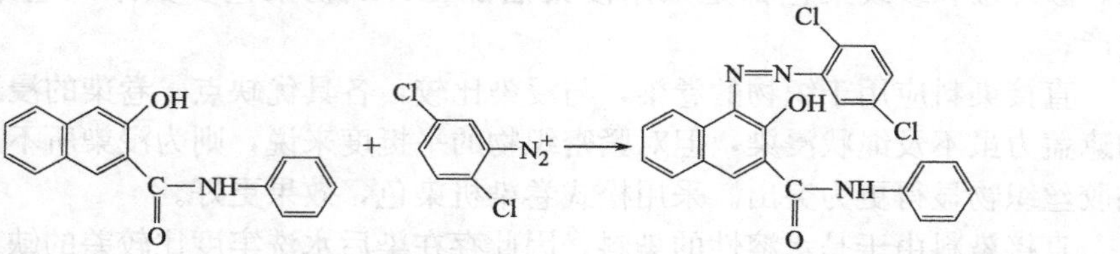

不溶性偶氮染料主要用于纤维素纤维的染色和印花，尤其在印花方面应用得最多。该类染料色泽鲜艳，色谱齐全，且分子中不含有水溶性基团，所以染色物产品的湿牢度好。但该类染料不适合于染淡色，染淡色时覆盖率比较差，而且产品的日晒牢度也会随着染色物颜色深度的降低而降低。另外，该类染料染色物的摩擦牢度比水溶性染料所染织物的差。

从不溶性偶氮染料的定义中不难看出，该类染料的染色工艺流程为：色酚打底→脱液→烘干→重氮盐偶合显色→淋洗→皂煮→水洗。

随着染料工业的发展，不溶性偶氮染料常用的偶合组分和重氮组分的品种不断增多。重氮组分可以芳伯胺的形式出现，称为色基，即使用时需要先重氮化，后显色。后来染料厂为了简化染色工序，将色基重氮化后再经稳定化处理，使其以稳定的重氮盐形式存在，即使用时无需再重氮化，直接溶于水就可以应用于显色，我们将其称为色盐。再后来，为了减少不溶性偶氮染料印花时色酚（即偶合剂）对纺织品地色的沾污，简化印花工序，又生产了专门用于印花的不溶性偶氮染料，即快色素、快磺素、快胺素和中性素。下面主要介绍一下不溶性偶氮染料的染色工艺。

不溶性偶氮染料的染色工艺主要有两种：一种为连续轧染；另一种为浸染。

① 连续轧染　该染料的连续轧染工艺是先将色酚溶解在烧碱溶液中，使不溶性的色酚转变成溶于水的且对纤维具有亲和力的色酚的钠盐，浸轧被染物，使色酚的钠盐均匀地分布在纺织品的纤维或纱线的组织空隙中，经过烘干完成色酚钠盐的上染，烘干后冷却，防止在后续浸轧色酚重氮盐时引起重氮盐的分解，至此偶合组分以其钠盐的形式完成了对被染物的上染。接着进行浸轧重氮盐显色液，完成重氮组分的上染，进入饱和汽蒸箱汽蒸，使偶合反应快速进行，即使偶合组分和重氮组分在织物上发生偶合反应，生成不含有水溶性基团的偶氮染料色淀染着在纤维织物上，之后为了去除浮色，使生成的色淀发生重新的聚集和分布以获得均匀的色泽和良好的牢度，需要进行淋洗、皂煮和水洗，最后经过烘干、冷却、落布，最终完成不溶性偶氮染料的染色。具体的工艺流程如下：浸轧色酚打底液→烘干→冷却→浸轧色酚重氮盐显色液→饱和汽蒸箱汽蒸→淋洗、皂煮、水洗→烘干→冷却→落布。

为了保证染色产品质量，要加强各工序的控制。

浸轧色酚打底液的温度为 $70\sim80℃$，轧余率为 $70\%\sim80\%$；在色酚钠盐打底过程中应注意以下几个方面。

a. 打底液中烧碱的量应适当过量，保证偶合组分以其溶于水的钠盐的形式存在。

b. 打底液中有时要加入少量的食盐，依靠钠正离子对纤维素纤维表面负电荷的作用，降低色酚钠盐的阴离子向纤维表面转移的能阻，增进染料的上染，达到促染的目的。

c. 有时在打底液中要加入少量的甲醛，提高色酚钠盐水溶液的稳定性。可以用下面的方程式来表示：

因为这样可以在羟基的邻位引入羟甲基，保护羟基的邻位。显色时，羟甲基可脱落，并恢复偶合能力。但甲醛对人体皮肤有刺激作用。

d. 打底后的纺织品不能长期暴露于空气中，一方面避免被染物上的色酚钠盐转变成色酚，降低偶合能力，另一方面防止被染物上色酚的钠盐被空气中的氧气氧化，从而失去偶合能力。以上两个方面可以用下面的两个方程式来表示：

因此，打底液工艺参数主要由色酚、烧碱、润湿剂 JFC 或乙醇、食盐、甲醛等组成。但由于甲醛对人体皮肤具有刺激性，一般很少加入。

烘干的目的是为了使纤维表面的色酚充分扩散进入纤维的内部，完成色酚钠盐的上染。在烘干的过程中应注意防止产生泳移。采取的措施主要有两种：一种是控制烘干条件，即先采用远红外线均匀快速烘干，烘干至含湿率小于 20％时，再换用烘筒烘干或热风烘干；另一种是在打底液中加入大分子的防泳移剂。

冷却的目的是为了防止对重氮盐的破坏和分解，因为重氮盐对热的稳定性差。

浸轧重氮盐显色液主要由色基的重氮盐、少量的食盐组成，食盐的作用主要是为了防止色酚的脱落。由于重氮盐的热稳定性差，一般显色液的温度为 0～5℃，常用冰冷却。同时为了保证进入纤维无定形区内部的色酚充分发生偶合反应，色基的重氮盐应适当过量。

饱和汽蒸箱汽蒸的目的是为了使偶合反应迅速尽快地进行，否则布上的碱和重氮盐中的酸会发生 pH 值之间的相互干扰，即布上的碱会使重氮盐发生分解或使重氮盐转变成失去偶合能力的反式重酸盐，与此同时，重氮盐中的酸也会使布上的色酚的钠盐转变成色酚，降低或丧失偶合能力，这些都会使显色过程难以实现。因为偶合反应是亲电取代反应，重氮盐正离子的正电性越强，偶合反应的速率越大。因此为了使显色过程顺利进行，还要控制显色液的 pH 值。重氮盐上含有的吸电子基团越多，吸电性越强，显色液的 pH 值可以稍微高一点。一般根据重氮盐上吸电子基团的多少和吸电性的强弱，显色液的 pH 值可以为 pH＝4～5（HAc＋NaAc）、pH＝6～7 或 pH＝7～8.2（用硫酸铵或氯化铵和硫酸共同调节）。

淋洗、皂煮和水洗的目的是为了去除浮色，使生成的色淀重新发生一定程度的聚集和分布，以获得均匀的色泽和良好的牢度。

② 浸染 浸染时色酚打底液的温度为 20～30℃，参考的浸染工艺参数如下：色酚的量 10～20g/L，温度为 30℃，时间为 30～45min，NaOH 的量应适量（3.6g/L、2.7g/L 和 5.4g/L），少许的 NaCl，少量的润湿剂 JFC。

其相关的注意事项与轧染的相同。浸轧色酚打底液后应进行脱液，脱液的目的是脱去多余的色酚。防止在显色过程中消耗过多的重氮盐；防止产生大量的浮色，增加后处理的负担。脱液后将色酚打底的纺织品浸入用冰冷却的重氮盐显色液中，使偶合反应迅速尽快地进行，减少色酚被溶落下来的机会；减少布上的碱性色酚和酸性重氮盐之间发生 pH 值之间的相互干扰。显色时根据重氮盐的结构可以将 pH 值控制在 pH＝4～5、pH＝7～8.2、pH＝6～7 和 pH＝5.5～6.5，之后再进行染色后处理，与轧染的完全相同。

不溶性偶氮染料的浸染工艺流程如下：色酚钠盐的打底→脱液→重氮盐显色→淋洗、皂煮、水洗→烘干→冷却→落布。

（3）还原染料的染色

还原染料又称士林染料，分子中不含有磺酸基或羧基等水溶性基团，不溶于水，但分子中至少含有两个或两个以上的羰基，染色时，在碱性保险粉等还原剂存在条件下，还原染料能被还原成溶于水的对纤维具有亲和力的隐色体钠盐，上染到纤维上后（称为隐色体的上染），再利用空气中的氧气或其他氧化剂（如过氧化氢等）的氧化作用，转变成原来的不溶性的染料而固着在纤维上（称为显色过程），我们把具有这种结构特征的染料，称为还原染料。

还原染料主要用于纤维素纤维织物的染色和印花。而暂溶性还原染料由于价格昂贵，则主要用于纤维素纤维淡色产品的染色和印花。

还原染料既有优点，又有缺点。优点是还原染料的色泽鲜艳，色谱齐全，皂洗牢度很高，日晒牢度也很高，尤其是其鲜艳的绿色是其他染料所无法比拟的。还原染料主要应用于纤维素纤维染色，是纤维素纤维染色中的一种高级染料。最常用的还原染料有紫色、蓝色、绿色、棕色、灰色、橄榄绿色等。缺点是还原染料的染色工艺比较复杂，染料的价格昂贵，色谱中缺少鲜艳的红色，有些黄色、橙色品种对纤维具有光敏脆损现象，即会使被染色的纤维在日晒过程中，发生严重的氧化损伤。与此同时，因为还原染料隐色体的初染率很高，再加上染色时染液中电解质的种类多和含量高，故染色时很容易造成染色不匀不透的现象，因此染色时应注意工艺条件的控制，只有这样才能保证染色产品的质量。

还原染料主要用于纤维素纤维的染色。其染色方式有隐色体染色、悬浮体染色和隐色酸染色三种。

所谓隐色体染色就是将染料用碱性保险粉还原成溶于水的对纤维具有亲和力的隐色体钠盐，使染料保持充分的还原状态，在碱性条件下对纤维素纤维进行上染。隐色体染色工艺在染色时需要注意的事项主要有以下三个方面：染料应保持充分的还原状态；溶液需具有一定的碱性；浸染时织物切勿露出水面。隐色体染色时由于溶液中电解质的含量较高，初染率较高，故易出现染色不匀不透现象。该染色法属于间歇式染色方式，一般用于纱线等的染色。

所谓悬浮体染色就是将染料细粉调成悬浮液，均匀地浸轧在织物表面上，让细小的染料颗粒透入纱线和纤维的空隙，然后在织物上还原上染。其工艺流程为：织物浸轧悬浮液（二浸二轧）→远红外线均匀快速烘干，然后烘筒烘干或热风烘干（80～90℃）→透风冷却→浸轧碱性保险粉还原液（30℃以下）→饱和汽蒸（102℃汽蒸 45～60s）→氧化→水洗、皂煮、水洗。悬浮体染色可用于筒子纱染色，可以克服隐色体染色时的不匀不透现象。属于连续式染色方式，一般用于工厂中对布匹的染色。

所谓隐色酸染色就是染色时，先将染料用碱性保险粉还原成隐色体钠盐，然后倒入加有分散剂的稀乙酸溶液中制得隐色酸的悬浮体，织物浸轧隐色酸后，再以碱性保险粉溶液处理，最后进行氧化和水洗、皂煮和水洗。该工序复杂，目前较少采用。

还原染料染色时，可采用浸染、卷染或轧染的方法。一般纱线及针织物大都用浸染，机织物大都用卷染和轧染，一般都包括下述四个基本过程。

可见，无论采取哪种染色方式和方法，其染色的一般工艺流程都包括下面几个过程：还原→隐色体上染→氧化显色→水洗→皂煮→水洗。下面分别介绍一下这几个过程。

① 还原染料的还原 还原染料隐色体的电位标志着还原染料被还原的能力。

所谓还原染料隐色体的电位指的是将一定浓度的染料用碱性保险粉溶液还原成隐色体，在一定的条件下用氧化剂赤血盐［$K_3Fe(CN)_6$］滴定，染料被氧化开始析出时所测得的铂电极和饱和甘汞参比电极之间的电动势，它标志着还原染料被还原的能力。一般还原染料隐色体的电位越高，隐色体的氧化能力越高。因此染料就越容易被还原，需要缓和的还原条件。

另外，从还原过程中隐色体溶液在最大吸收波长处光密度变化和时间的关系，可以求出染料的还原速率。还原速率可以用半还原时间表示。

还原反应的温度越高，还原反应的速率越快。温度每提高 20℃，还原染料的还原速率可提高 2.5～4 倍。

反应物的浓度越高，反应速率越快。根据反应物的浓度不同，还原染料的反应可分为干缸还原和全浴还原两种。

所谓干缸还原就是在染色前，先将染料放在比较小的容器中，在染料和碱性保险粉浓度都比较高的情况下还原，然后再将隐色体钠盐溶液加入染浴中，而不是直接在染浴中进行还原。它适合于还原速率比较低的染料的还原。

所谓全浴还原就是直接在染浴中所进行的还原。它适合于还原速率比较高的染料的还原。

对于还原能力不同的还原染料应采用不同的还原方式。这样可避免引起还原染料的过度还原、酰氨基的水解和脱卤现象。

还原染料还原时所用的还原剂主要有碱性保险粉、雕白粉、二氧化硫脲以及氢硼化钠。其中碱性保险粉是最常用的还原剂。

碱性保险粉是白色粉末状物质，它的化学性质很活泼，在空气中受潮会迅速分解，放出热量，甚至燃烧，产生绿色火焰；在酸性条件下，会释放出二氧化硫；在碱性条件下，具有很强的还原能力，随温度的升高，还原能力升高，但染料的氧化分解加快。超过 60℃ 时，染料的分解更快，因此保险粉应在温度不超过 60℃ 的情况下使用。

因为保险粉的价格较贵，而且在染色过程中大部分保险粉被氧化分解而浪费，因此在染色中应尽量避免保险粉与空气接触，使用的温度一般不超过 60℃。

注意：由于保险粉分解时往往有酸性产物生成，因此使用时需加适量碱。

② 隐色体上染　根据浸染时所需要的上染温度、烧碱浓度和保险粉浓度随染料性质的不同，分为甲、乙、丙三种染色方法。三种染色方法的比较见表 1-2。

表 1-2　三种染色方法的比较

染色方法	上染温度/℃	烧碱浓度/(g/L)	保险粉浓度/(g/L)
甲类	50～60	10～16	4～12
乙类	45～50	5～9	3～10
丙类	20～30	4～8	2.5～9

染料品种不同，采用的染色方法不同；分子量大的，聚集倾向大，上染温度高；反之亦然；初染率比较高的，虽然上染温度低，但仍可以获得很高的上染百

分率。

③ 氧化显色　隐色体钠盐的氧化要在一定的碱性条件下进行。其原因为：只有隐色体钠盐才能很快被氧化，而隐色酸的氧化速率很慢；防止生成蒽酚酮结构而影响染料的上染和产品的色泽。

隐色体氧化的方法主要有三种：一般是在空气中氧化或在淋洗过程中借助于空气中的氧气氧化；对于氧化速率快的隐色体钠盐，为了防止发生过氧化反应，应先用碳酸氢钠溶液淋洗再氧化，会更有效；对于氧化速率慢的隐色体钠盐，为了防止其长时间暴露在空气中，被空气中的酸性气体酸化，变成难以氧化的隐色酸，可以采用30％的过氧化氢或2～3g/L的过硼酸钠氧化剂溶液淋洗。

④ 皂煮　皂煮的目的是去除浮色和使生成的色淀重新发生一定程度的聚集和分布，以获得均匀的色泽和良好的牢度。

（4）活性染料的染色

活性染料是水溶性阴离子型染料，其分子中除了含有磺酸基或羧基等水溶性基团，还具有能与纤维中的官能团（如—OH、—NH₂、—CONH等）发生反应的活性基，是所有应用类型染料中唯一能与纤维形成共价键结合的染料，它与其他水溶性染料，如直接染料、酸性染料相比，如果染色后水洗浮色去除充分，染色物可具有良好的皂洗牢度和摩擦牢度。

活性染料的色泽鲜艳，色谱齐全，得色均匀，使用方便，成本低廉。但活性染料与纤维发生反应的同时，也会发生水解，生成水解染料，即失去与纤维发生反应的能力，因而会降低染料的利用率，同时活性染料与纤维结合的共价键在酸性或碱性条件下也会发生断裂，造成活性染料的固色率降低，此外，某些活性染料的耐氯牢度比较差，日晒牢度也只有3级左右。

活性染料的结构与其他的染料不同，可以用下面的通式来表示：

$$W—D—B—Re$$

式中　W——磺酸基或羧基等水溶性基团；

　　　D——活性染料的母体结构，一般是匀染性的酸性染料、酸性媒染染料或结构简单的直接染料；

　　　B——将染料母体与活性基连接的基团，即桥基，一般为—NH等；

　　　Re——能与纤维中的官能团发生反应的活性基。

具有一个或一个以上能与纤维中的官能团形成共价键结合的活性基，是这类染料的主要结构特征。染料的活性基一般是通过连接基和染料母体相连的。母体中大多有1～3个磺酸基或羧基等水溶性基团。

例如下列结构的活性染料：

活性染料的分类方法有很多种。通常是按染料分子中活性基的不同进行分类的，主要有单活性基的活性染料（如 X 型、KN 型、K 型）以及多活性基的活性染料（如 HE 型等）。各种类型的活性染料的染色方法主要有浸染、连续轧染和冷轧堆三种。下面主要介绍一下活性染料的染色工艺。

在介绍活性染料的染色工艺之前，先介绍一下活性染料与纤维素纤维之间的反应及其影响反应速率的因素。

① 活性染料与纤维素纤维之间的反应　活性染料的反应性主要取决于活性染料分子中的活性基，此外，还与染料分子中的母体结构、连接基等因素有关，活性染料分子中活性基的种类不同，其反应机理也不同。现简要介绍如下。

a. 卤代杂环类活性染料与纤维素纤维的反应机理　卤代杂环类活性染料与纤维素纤维之间发生亲核取代反应。以一氯均三嗪类活性染料为例，其反应历程如下：

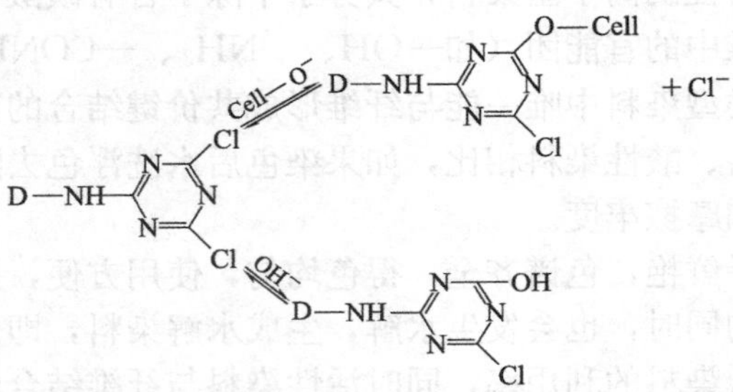

在染料与纤维素纤维反应的同时伴随活性染料的水解，水解之后的染料与纤维素纤维的反应活性降低，甚至失去与纤维之间的反应活性。

b. β-羟基乙砜硫酸酯活性染料与纤维素纤维的反应机理　β-羟基乙砜硫酸酯活性染料与纤维素纤维之间发生的是消去亲核加成反应。KN 型活性染料与纤维素纤维之间的反应属于消去亲核加成反应，其反应历程如下：

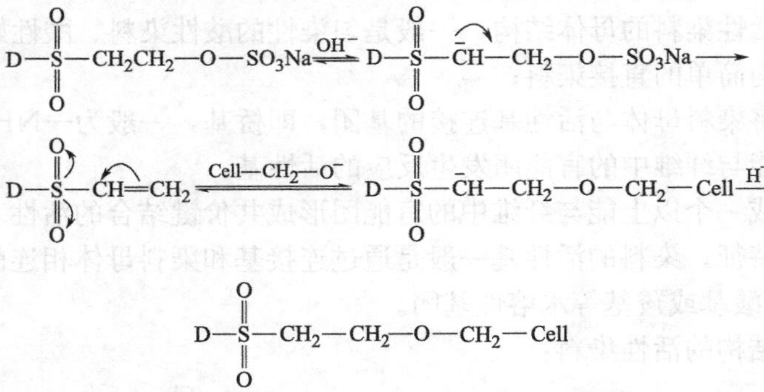

因此凡是影响消去亲核加成反应的因素都会影响该反应的进行。

直接染料、酸性染料和活性染料虽然都是水溶性阴离子型染料，但由于活性染料与纤维之间发生了共价键结合，故染色物的水洗牢度要高一些。然而活性染料在与纤维发生共价键结合的同时，必定会伴随一定量活性染料的水解，水解的染料对纤维的亲和力低，基本上失去了与纤维之间的反应活性，再加上活性染料与纤维之间形成的共价键在一定条件下也会发生不同程度的水解，即发生活性染料与纤维之间共价键的断裂，因此造成了活性染料的利用率和固色率都比较低，这是活性染料染色的缺点。所以，如何提高活性染料的利用率和固色率，一直是染整工作者普遍关注的问题。

② 活性染料对纤维素纤维的染色工艺　活性染料可以用于纤维素纤维、蛋白质纤维以及聚酰胺纤维染色。活性染料由于能与纤维中的有关官能团发生化学反应，所以活性染料在上染过程中，应避免边上染边发生固色反应，否则会出现染色不匀不透现象，活性染料的一般染色工艺流程为：中性吸附→碱性固色→水洗→皂煮→水洗。

下面以纤维素纤维为例介绍一下活性染料的染色工艺。活性染料可以采用浸染、连续轧染以及冷轧堆三种染色方法进行染色。

a. 浸染工艺　浸染工艺主要用于小批量、多品种的生产以及纤维或纱线等的染色。几种常见类型活性染料的浸染染色工艺曲线如下。

X 型活性染料：

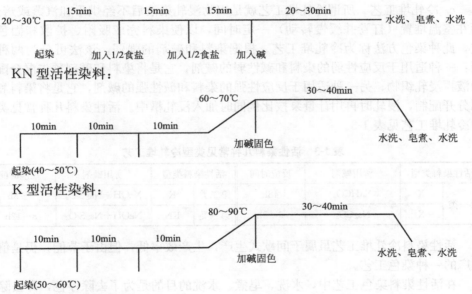

KN 型活性染料：

K 型活性染料：

相关的工艺参数如下。

染色工艺参数为：染料 0.2%～3%，盐 10～20g/L，浴比 1:（30～50），温度 20～60℃，时间 30～40min，pH 值 6～7。

固色工艺参数为：碱 10～20g/L，pH 值 9～10，温度 20～90℃，时间 30～45min。

b. 连续轧染工艺　工厂对布匹的染色普遍采用连续轧染工艺。连续轧染工艺主要有一浴法和两浴法两种。

（a）一浴法连续轧染　一浴法连续轧染是将染料和碱剂置于同一染浴中的染色

方法。此法适用于染料的反应性弱、碱剂的碱性也弱的活性染料。其工艺流程为：浸轧→烘干→汽蒸或焙烘（100～102℃，1～3min；180～200℃，30～40min；160℃，4min）→水洗、皂煮、水洗。

一浴法连续轧染通常选用小苏打（5～20g/L）作为碱剂，因为它只有在汽蒸或焙烘时才充分发挥碱剂的固色作用。适用于一浴法连续轧染的活性染料主要有一氯均三嗪类、乙烯砜类以及卤代嘧啶类等反应性弱或中等的染料，该染料在汽蒸或焙烘前一般不发生固色反应。在一浴法连续轧染染液中通常加入尿素助剂（起吸湿、助溶、溶胀纤维的作用），但尿素助剂一般不用于乙烯砜类染料，因为它易与尿素发生化学反应而影响染料色光。

（b）两浴法连续轧染　两浴法连续轧染适用于反应性强的染料和碱性强的碱剂，其工艺流程如下：浸轧染液→烘干后再浸轧碱液（内加元明粉20～30g/L）→汽蒸或焙烘→皂煮→水洗。

两浴法连续轧染工艺中 X 型活性染料通常选用 Na_2CO_3（5～20g/L）作为碱剂；K 型活性染料通常选用 $NaOH+Na_2CO_3$ 作为碱剂；KN 型活性染料通常选用 HCOONa 代替 $NaHCO_3$ 作为碱剂。

c. 冷轧堆工艺　所谓冷轧堆工艺就是织物浸轧染液后不经烘干和汽蒸或焙烘，而在室温堆置（打卷并缓慢转动）一定时间，以使染料完成吸附、扩散和固色反应，此种染色方法称为冷轧堆工艺。根据染料和碱剂的强弱，该法可分为两种类型：一种适用于反应性弱的染料和碱性弱的碱剂，它是将染料和碱剂预先混合配成染液再浸轧织物；另一种适用于反应性强的染料和碱性强的碱剂，它是将染料和碱剂分开配制，浸轧时再用计量泵按比例同时加入浸轧槽中。活性染料几种常见类型的冷轧堆工艺见表1-3。

表1-3　活性染料几种常见类型冷轧堆工艺

活性染料类型		所用碱剂	反应时间	活性染料类型		所用碱剂	反应时间
第一类	X	$NaHCO_3$	48h	第二类	K	$NaOH+Na_2SiO_3$	6～8h
	X	Na_2CO_3	6～8h	第三类	KN	$NaOH+Na_2SiO_3$	8～12h

活性染料冷轧堆工艺虽属于间歇式生产，生产效率低，但由于节能，仍是值得推广的一种染色工艺。

在活性染料染色工艺中，水洗、皂煮、水洗的目的是为了去除浮色，即去除上染纤维而未与纤维反应的染料、水解的染料以及发生共价键断裂的染料，以获得良好的染色牢度。

虽然直接染料、不溶性偶氮染料、还原染料以及活性染料都可以应用于纤维素纤维织物的染色，但由于直接染料水洗牢度差、不溶性偶氮染料耗能大、还原染料价格昂贵等缺点，目前应用最广泛的为活性染料染色。

在染色过程中除了染料之外，为了提高染色产品的质量等，染色时还需要加入一些其他的助剂（如匀染剂、固色剂以及分散剂等）。

匀染剂有天然纤维匀染剂、合成纤维匀染剂和混纺织物匀染剂等，作为匀染剂的条件是能使染料缓慢被纤维吸附或可使深色部分染料向浅色部分扩散，不降低染色坚牢程度。凡是具有缓染和移染作用的助剂均称为匀染剂。

固色剂种类有三大类，即阳离子表面活性剂、无表面活性的季铵盐和树脂系固色剂，固色剂会使染料结成不溶于水的染料盐，或使染料分子增大而难溶于水，以提高染色的牢固程度。

分散剂是染料加工和染料应用中不可缺少的助剂，它可使染料颗粒分散达到 $1\mu m$ 左右，有助于颗粒粉碎，保持染料分散稳定性。分散剂多为各种类型的表面活性剂，包括阴离子型、阳离子型、非离子型、两性型和高分子型等。

1.1.2.3 棉机织物的印花

棉机织物的印花所用的染料与棉机织物染色所用的染料相同。但为了获得清晰的彩色花纹图案，防止发生渗化，需要将染料、糊料、交联剂、润湿剂、助溶剂等调制成印花色浆。调制的印花色浆属于非牛顿性的流体，其黏度随着切应力的增大而降低，在印花时，由于刮板的刮挤而黏度下降印在织物上，之后，印版及刮板抬起，切应力变小，黏度增大，从而防止渗化，然后经过蒸化、水洗、皂煮、水洗，完成印花色浆中染料向纤维内部的转移以及糊料等的去除，获得鲜艳的图案和手感良好的印花纺织品。

（1）印花糊料

印花糊料是指加在印花色浆中能起增稠作用的高分子化合物。印花糊料在加入印花色浆之前，一般先在水中溶胀，制成一定浓度的稠厚的胶体溶液，这种胶体溶液称为印花原糊。印花原糊由亲水性高分子化合物制成，可分为天然高分子化合物及其衍生物、合成高分子化合物、无机化合物和乳化糊四大类。

① 淀粉　按其来源可分为小麦淀粉和玉米淀粉。淀粉难溶于水，在煮糊过程中，发生溶胀、膨化而成糊。淀粉的主要特点是煮糊方便，成糊率和给色量都较高，印制花纹轮廓清晰，蒸化时无渗化。但存在渗透性差、洗涤性差、手感较硬、大面积印花给色均匀性不理想等缺点。主要用于不溶性偶氮染料、可溶性还原染料等印花的色浆中，还可与合成龙胶等原糊混用。

② 海藻胶　硬水中的钙镁离子能使海藻酸钙糊生成海藻酸钠或海藻酸镁沉淀，大大降低了羧酸的阴荷性，也降低了原糊分子与染料间相互排斥的作用，降低了染料的给色量。海藻酸钠遇重金属离子会析出凝胶，故在原糊调制时，加入 0.5% 的六偏磷酸钠，以络合重金属离子并软化水。海藻酸钠糊具有流动性和渗透性好、得色均匀、易洗除、不沾花筒和刮刀、手感柔软、可塑性好、印制花纹轮廓清晰、制糊方便等优点。海藻酸钠在 pH 值为 6~11 时较稳定，pH 值高于或低于此范围均有凝胶产生。

③ 合成龙胶　是由槐树豆粉醚化而制成的，它的主要成分为甘露糖和半乳糖的多糖类高分子化合物。合成龙胶成糊率高，印透性、均匀性好，对各类糊料相容性好，印花得色均匀，印后易从面料上洗除。常用于不溶性偶氮染料的印花，但不适用于活性染料印花。

④ 乳化糊　是利用两种互不相溶的溶液，在乳化剂的作用下，经高速搅拌而

成的乳化体。其中一种液体成为连续的外相，而另一种液体成为不连续的内相，分为油/水型乳化体和水/油型乳化体两大类。为了保证乳化糊的稳定，常加入羟甲基纤维素、海藻酸钠、合成龙胶等保护胶体。用于印花的乳化糊以油/水型为宜。乳化糊不含有固体，烘干时即挥发，得色鲜艳，手感柔软，渗透性好，花纹轮廓清晰、精细，但乳化糊制备时需使用大量煤油，烘干时挥发会造成环境污染。乳化糊主要作为涂料印花糊料，常与其他原糊拼混制成半乳化糊使用。

（2）交联剂

交联剂的主要作用是提高黏合剂的固着能力，使印花有较好的牢固性能，还可降低焙固温度，缩短焙固时间，但用量要适当，否则会引起织物手感不佳。

（3）乳化剂

乳化剂的加入是为了得到良好的乳化增稠剂，一般采用端基封闭的烷基酚聚氧乙烯醚，再用异氰酸酯封闭端基物。

（4）其他助剂

涂料印花助剂还有柔软剂、扩散剂和消泡剂等。

1.2　棉针织产品生产工艺

1.2.1　棉针织产品的织造

按织造方法分，有纬编针织面料和经编针织面料两类。

纬编针织面料常以棉纱为原料，采用平针组织、变化平针组织、罗纹平针组织、双罗纹平针组织、提花组织、毛圈组织等，在各种纬编机上编织而成。它的品种较多，一般有良好的弹性和延伸性，织物柔软，坚牢耐皱，毛型感较强，且易洗快干。不过它的吸湿性差，织物不够挺括，且易于脱散、卷边。

经编针织面料常以棉为原料织制而成。它具有纵向尺寸稳定性好、织物挺括、脱散性小、不会卷边、透气性好等优点。但其横向延伸性、弹性和柔软性不如纬编针织物。

1.2.2　棉针织物染色和印花

棉针织物染整生产过程包括练漂、碱缩、上蜡、染色、印花、整理等工序。它对改善针织物外观、改善使用性能、提高产品质量、增加花色品种等有重要作用。

（1）练漂

棉针织物练漂的主要工序有煮练、漂白、碱缩、上蜡等。其中煮练、漂白等加工原理、所用试剂与棉布相同。但棉针织物是由线圈联结而成的，纱线之间的空隙较大，易于变形，不能经受较大的张力，故加工时必须采用松式加工设备。其煮练和漂白的工艺流程、工艺参数及工艺条件如下。

煮练（连续汽蒸煮练法）工艺流程为：织物→浸轧煮练液（三浸三轧）→汽蒸→热水洗→冷水洗→酸洗→冷水洗→中和→冷水洗。

工艺参数为：烧碱 12～18g/L，亚硫酸钠 0～3g/L，磷酸三钠 0～1g/L，润湿剂 1～3g/L，硫酸 3～6g/L，纯碱 0.5～1.5g/L。

工艺条件为：轧碱温度＞90℃，轧液率 200%，汽蒸温度 95～100℃，汽蒸时间 90～180min。

漂白（连续汽蒸漂白法）工艺流程为：浸轧漂液→汽蒸→热水洗（60～80℃）→冷水洗。

工艺参数为：过氧化氢（100%）2.5～4.5g/L，36%硅酸钠（相对密度1.4）9～15g/L，30%烧碱 0～3g/L，润湿剂 0.5～3g/L。

工艺条件为：pH 值 10.5～11，浸轧温度 80～95℃，轧液率 130%～200%，汽蒸温度 95～100℃，汽蒸时间 90～100min。

（2）碱缩

棉针织物碱缩是指棉针织物以松弛状态用浓碱处理的过程。棉纤维在浓烧碱液中膨化，织物收缩，织物密度和弹性增大，对组织疏松的汗布等织物加工，碱缩包括三个步骤，即浸轧碱液、堆置收缩和洗涤去碱。碱缩的工艺参数如下：碱液浓度 140～200g/L，碱缩温度 15～20℃，碱缩时间 5～20min。

（3）上蜡

经练漂的棉针织物，棉纤维的油蜡物质去除后，纤维间的摩擦力增大。在缝纫时，因纤维不易滑移，针头易把纤维扎断而使织物产生针孔，影响穿着牢度。为解决这一问题，除严格控制工艺条件外，还同时进行柔软处理，即上蜡，将脱水后的织物浸轧石蜡乳液，再经脱液烘干即可。

（4）染色、印花

棉针织物的染色、印花与棉布基本相同，不再复述。染色时应采用绳状染色机等松式加工设备。印花采用手工印花或平版布动印花。用新开发的阳离子涂料对纯棉针织物染色。通过分析染色浴比、阳离子涂料用量、染色温度、染色时间和匀染剂用量等工艺因素对染色效果的影响，优化了棉针织物染色工艺，其工艺参数如下：阳离子涂料 2%～15%，匀染剂 1227 2～6g/L，涂料牢度提升剂 DM-2592 10～30g/L。

印花工艺设计，采用活性圆网印花。棉针织汗布活性印花产品有手感柔软、穿着舒适、自然的特性，深受崇尚天然的欧美人的喜爱。但由于针织汗布结构疏松，布面均匀度极差，易变形、卷边，在针织汗布圆网印花加工过程中，生产难度较大。通过近几年不断摸索、改进，大大提高了针织汗布圆网印花生产效率，提高了对花的精确度。现在以 32S 全棉针织汗布（组织为纬平针）为例做一分析。

工艺流程如下：坯布退卷→进缸煮漂→出缸脱水、剖幅→定型→印花→蒸化（102～105℃，5～10min）→绳状水洗柔软→定型整理→卷筒。

由于针织物丝光成本比较高，全棉针织物汗布活性印花一般不采用丝光工艺，故得色量较低，另外，针织物采用绳状水洗，极易造成白地沾色，综合各方面因素，进行生产试验，获得了较好的印花染料配方工艺。针织汗布活性印花工艺参数如下：活性染料 0～10%，尿素 5%～20%，小苏打 1%～3%，纯碱 0～0.5%，防染盐 S 1%，六偏磷酸钠 0.25%，混合糊料 60%～70%。

第2章 毛纺染整产品生产工艺

2.1 原毛与毛条

从羊身上剪下来的羊毛称为原毛，也称剪取毛。纤维中除了含有蛋白质纤维外，还含有羊脂、羊汗以及草籽、蒿杆等植物性的杂质。此外，还含有天然的色素及沾污的一些泥土和污物。这些杂质的存在，不但影响羊毛纤维的润湿性和渗透性，也会影响羊毛织物的外观，影响羊毛纤维织物对于染化药剂的吸附性能，影响后面染整加工过程的进行。因此原毛要经过前处理后再加工成毛条。其前处理的工艺过程为：选毛→开毛→洗毛→炭化→漂白等工序。

选毛指的是根据羊毛的产地和生长的部分进行分类，以做到优质优用。开毛指的是对呈块状的羊毛进行开松除杂，去除羊毛纤维中的泥土等固体杂质。两种加工工序都属于物理加工。而洗毛、炭化以及漂白属于化学加工，下面主要介绍一下这三种化学加工。

2.1.1 洗毛

洗毛的目的是利用物理和化学作用去除羊毛纤维中的羊脂、羊汗以及黏土、污物等杂质，以增进羊毛纤维的润湿性和渗透性。

羊脂是高级脂肪酸和胆甾醇作用形成的酯类化合物以及少量的游离醇类和脂肪酸类。而羊汗是各种脂肪酸的混合物以及少量的氨基酸和无机盐类。

洗毛用剂应具备的基本功能是：吸附润湿作用，以降低水溶液的表面张力；乳化分散作用，使洗下的油污和杂质稳定地悬浮在溶液中；增溶作用，能增加物质在洗液中的溶解度，并易从羊毛上除去；不损伤羊毛，不腐蚀设备等。洗毛用剂种类很多，过去多用肥皂和纯碱，称为皂碱洗毛。20 世纪 60 年代以来，已广泛使用合成洗涤剂。合成洗涤剂在洗涤中具有良好的润湿、乳化、去污、增溶和起泡沫等性能，在抗硬水和高温下少损伤纤维方面胜于肥皂。为了防止碱对羊毛的损伤，可以利用非离子型合成洗涤剂，并用食盐、硫酸钠作为助剂，称为中性洗毛。在用合成洗涤剂洗毛时，加入硫酸铵作为助剂的，称为铵碱洗毛。硫酸铵在洗液中起中和作用，防止碱损伤羊毛，生成的氨可皂化脂肪酸，有利于洗涤效果的持久性。在洗毛溶液中，洗剂浸湿羊毛，使羊汗和可溶性杂质溶解，羊毛脂中的游离脂肪酸皂化，不能皂化的羊毛脂、醇和不溶于水的污垢杂质则被洗剂包围和吸附，在温度和机械作用下分裂、破碎、乳化成为胶体微粒与羊毛分离，稳定地悬浮在洗液中，从而达到洗净羊毛的目的。

洗毛方法很多，用水和各种洗涤剂洗毛的称为乳化洗毛法，用有机溶剂洗毛的称为溶剂洗毛法。洗毛设备也有多种形式，在乳化洗毛中广泛使用的是耙式洗毛机，此外，还有喷射洗毛机、滚筒洗毛机、超声波洗毛机等。还有各种类型的溶剂洗毛设备，但费用较高，安全防护复杂，使用较少。

洗毛工艺与洗毛质量关系很大，除洗剂选择外，洗剂的浓度、洗液的温度和洗毛用水也有影响。洗含脂量多的原毛，洗剂用量相应增加；含醇类物质多的羊毛脂比较难洗，须增加洗剂用量，洗液的温度一般应高于羊毛脂的熔点。对难乳化的羊毛脂须提高洗液温度，但温度过高会使羊毛产生毡并、发黄和手感粗糙等不良结果，一般采用的洗毛温度是45～55℃。中性洗毛时因使用合成洗剂不致损伤羊毛，可以适当提高洗液温度，一般为48～60℃。洗毛应用软水，否则会多耗洗剂。

洗毛废液经过提取羊毛脂、除去污垢杂质后再行回用。羊毛脂可做润滑剂、防冻剂、高级工业产品的特殊整理试剂和制作农药的渗透剂。精制的羊毛脂可用作发膏、香皂、香脂配料等化妆品和制作医疗用的烧伤、烫伤药膏等。羊毛脂回收的方法很多，较多采用的有离心法和沉淀萃取法。此外，还有酸裂解法、溶剂法等。离心法是利用油脂、水和泥沙三者的不同密度，在离心力作用下分离出羊毛脂。这种方法回收效率较低，一般在40%以内。沉淀萃取法是用混凝沉淀剂将洗毛废液中的羊毛脂沉淀蓄积，得到含脂污泥，然后用有机溶剂从污泥中提取羊毛脂，回收率可达到70%～90%。

2.1.2 炭化

炭化的目的是为了去除原毛中植物性的杂质，如草籽、蒿杆以及麻屑等，以免给梳理纺纱带来困难，而且影响外观和造成染疵。

炭化的原理是利用羊毛纤维与纤维素纤维对于无机酸的不同耐性，由于无机酸在一定的条件下，可以使纤维素纤维发生水解，形成脆弱的水解纤维素，经烘干碾碎，除尘后将之与羊毛纤维分离。

散毛炭化的工艺流程及参数如下：浸水（20～30min，带液率30%）→浸酸（45g/L）→脱酸（带液率36%～38%，含酸量6%～8%）→烘干（60～80℃）→焙烘（100℃，30～45min）→机械除尘→清水水洗中和（用1%～2%碳酸钠溶液中和）。

2.1.3 漂白

羊毛纤维由于不耐含氯的氧化剂，所以双氧水是羊毛纤维漂白时最常使用的漂白剂。其漂白的工艺参数如下：双氧水的浓度32%～36%，pH值8～9，温度50～55℃，时间2h。

原毛经过上述前处理加工后就变成洗净毛。

2.2　毛粗纺染整产品生产工艺

2.2.1　毛条的生产工艺

　　毛条制造是把洗净毛加工成精梳毛条的过程，任务是根据精梳毛纱的品质要求，将洗净毛按不同的原料比例搭配、混合加油，然后梳理，除去草杂、毛粒、短纤维，使其排列成为平行紧密的单纤维状态，最后制成一定重量的精梳毛条。

　　毛条制造工艺流程主要分为五个步骤：原料（羊毛洗净毛）和毛加油→精纺梳毛→针梳成条→精梳成条→针梳成球。

　　和毛是将羊毛、各种化学纤维等进行初步混合除杂、开松并加入适量和毛油，增加原料的润滑性和柔软性，消除或尽量减少静电，以便于下一道工序使用。

　　精纺梳毛是将已和毛及具有一定长度的化学纤维等原料进行开松、除杂、混合、梳理，成为具有一定重量的毛条，供下一道工序使用。

　　针梳成条是用针梳机将精纺梳毛后的毛条进行梳理、顺直纤维，并制成重量均匀和混合均匀的纤维条，以供下一道工序使用。

　　精梳成条是通过精梳机将针梳过后的毛条清除较短纤维以及纤维中的扭结粒（毛粒、棉结、草屑等），使纤维进一步伸直、平行，最终制成粗细比较均匀的精梳条。

　　针梳成球是指精梳后的毛条通过末道针梳机形成一根粗细结构均匀、具有一定单位重量的连续条子，并制成一个球状。

　　毛条制造完成之后，就可以用打包机把毛条打包发货了。

　　散状净毛通过梳毛机制成毛条。毛条中纤维大部分呈弯钩状，用交叉式针梳机将纤维反复梳直，然后喂入精梳机，梳去不符合工艺要求的短纤维和残存的草杂、毛粒，通过复洗烘干，去除油污和染色条的浮色，并使纤维条定型不易回缩。复洗前后还要再经针梳机并合牵伸，最后制成符合标准单位重量的精梳毛条。在纺制精纺花呢用毛纱时，一般采用毛条染色。由于染色会使毛条中纤维的整齐度受到影响，还需通过复精梳，即将理条、精梳、整条工序重复一次。精梳毛条在纺纱前通常要经过一定时间的储放，使其中纤维结构回复平衡状态。

　　毛织物品种很多，各种织物在组织结构、呢面状态、风格特征、用途以及原料等方面存在差异，因此，整理加工的工艺和要求也不一样。毛织物按加工工艺不同，可分为精纺毛织物和粗纺毛织物。

2.2.2　毛粗纺产品的生产工艺

　　粗纺毛织物按粗纺工艺流程加工，纱线较粗，一般为单股50tex以上（20公支以下）。所用原料的纤维长度比较短，新羊毛的使用量也比较少。在一般情况下，新羊毛所占的比重约为60%，其他原料都是精梳短毛、下脚毛、边嵌毛和再生纤维等。有些产品还掺加少量黏胶纤维、棉花和合成纤维等。粗纺毛织物在整理过程中大部分采取缩绒、起毛等工序，工艺比精纺毛织物复杂一些，可以充分利用整理工艺来改变产品的外观和实物质量。当然也有少数是采取光面整理的。毛粗纺产品散毛染色工艺的工艺过程如下：

散毛→染色→梳毛制条→粗纱→细纱→整经→打纬→织造→洗呢→缩呢→整理→产品

在上述流程中，毛条经过多次梳理后制成毛网，再制成粗纱、细纱、整经和打纬，然后进行织造。

粗纺毛织物的细度较粗，整理前织物组织稀松，整理后要求织物紧密厚实，富有弹性，手感柔顺滑糯，织物表面有整齐均匀的绒毛，光泽好，保暖性强。根据上述风格特点，粗纺毛织物的整理内容主要有缩呢、洗呢、剪毛及蒸呢等。

毛织物在洗涤液中洗除杂质的加工过程称为洗呢。洗呢主要是去除毛坯中油污、杂质，使织物洁净。原毛在纺纱之前已经过洗毛加工，毛纤维上的杂质已被洗除，但在染整加工之前，毛织物上含有纺纱、织造过程中加入的和毛油、抗静电剂、浆料等物质，还有沾污的油污、灰尘等，这些杂质的存在，将会对毛织物的染色和手感等造成不良影响，故必须在洗呢过程中将其除去。洗呢是利用洗涤剂对毛织物的润湿和渗透，再经过一定的机械挤压、揉搓作用，使织物上的污垢脱离织物并分散到洗涤液中加以去除。在洗呢过程中除要洗除污垢和杂质外，还要防止羊毛损伤，更好地发挥其固有的手感、光泽和弹性等特性；减小织物摩擦，防止呢面发毛或产生毡化现象；适当保留羊毛上的油脂，使织物手感滋润。最后，还要用清水洗净织物上残余的净洗剂等，以免对织物的染色等加工造成不利影响。

洗呢效果和洗后织物的风格与洗涤剂种类、洗呢工艺条件有密切的关系，因此，应根据织物的含杂质情况、品种和加工要求等合理选择。洗涤剂的种类很多，常用的有阴离子表面活性剂和非离子表面活性剂等，如肥皂、雷米邦 A、净洗剂 LS、净洗剂 209、净洗剂 105 以及平平加 O 等。不同洗涤剂的净洗效果及洗后织物的手感不同。肥皂去污力强，洗后织物手感丰满、厚实，但遇硬水会产生皂垢并沾附在织物上，影响产品手感和光泽。净洗剂 LS 和净洗剂 209 能耐酸、碱及硬水，洗后织物手感松软，但洗呢时间过长会使呢面发毛。净洗剂 105 去污力强，但洗后织物手感较差。采用不同洗涤剂混合复配，可以提高洗涤效果。

洗呢温度应根据织物原料、洗涤剂种类和洗液 pH 值等因素确定。温度高有利于洗涤剂对织物的润湿、渗透，可提高洗涤效果。但温度过高，洗呢时间过长，特别是洗液呈碱性时，易使纤维损伤，手感粗糙，光泽萎暗，呢面发毛。因此，一般毛织物的洗呢温度在 40℃左右。洗呢时间要根据织物含油污程度、织物结构和风格要求等确定。厚重紧密织物的洗呢时间宜稍长一些，匹染薄型织物的洗呢时间可稍短一些。一般精纺毛织物的洗呢时间为 45～90min，粗纺毛织物为 30～60min。

洗呢液 pH 值的选择应综合考虑净洗效果和羊毛的损伤。pH 值高，净洗效果好，但纤维损伤大。一般肥皂洗呢时 pH 值以 9～10 为宜，合成洗涤剂洗呢时 pH 值为 7～9。

缩呢是投入一定量的缩呢剂，在一定的温度和压力下，使织物的宽度和长度有一定的收缩，并使织物的表面增加一层绒毛，手感柔软，增加厚实感，提高其保暖性。

缩呢是在一定的湿热和机械力作用下，使毛织物产生缩绒毡合的加工过程。缩呢的目的是使毛织物收缩，质地紧密厚实，强力提高，弹性、保暖性增加。缩呢还可使毛织物表面产生一层绒毛，从而遮盖织物组织，改进织物外观，并获得丰满、柔软的手感。缩呢是粗纺毛织物整理的基本工序，需要呢面有轻微绒毛的少数精纺织物品种可进行轻缩呢。羊毛纤维集合体在水中经无定向外力作用下会缠结起来，这种现象称为缩绒或毡缩。毡缩的结果是纤维互相缠结，集合体变得密实，绒毛突出，织物尺寸减小，织纹模糊不清，强力增大。关于羊毛毡缩的机理，目前尚没有统一的认识。羊毛表面有鳞片，并从纤维根部向尖部依次叠盖，因而使得从纤维根部到尖部（顺鳞片）方向的滑动和从尖部到根部（逆鳞片）方向的滑动存在着摩擦差，这种现象被称为定向摩擦效应。当纤维集合体受到搅动时，由于定向摩擦效应，造成纤维向根部的单方向累积运动。外力去除后，由于纤维鳞片相互交错"咬合"，因而产生毡缩。羊毛纤维的弹性、卷曲、吸湿溶胀以及鳞片的胶化等性能，对其毡缩性都有重要的影响。毛织物的缩呢整理正是基于上述原理进行的。

毛织物缩呢可分为酸性缩呢、中性缩呢和碱性缩呢三种方法。在 pH 值小于 4 或大于 8 的介质中，羊毛伸缩性好，定向摩擦效应大，织物缩绒性好，面积收缩率大。而 pH 值为 4～8 或大于 10 时，则缩绒性较差，且 pH 值大于 10 时羊毛也易受损伤。因此，一般碱性缩呢 pH 值以 9～10 为宜。酸性缩呢 pH 值在 4 以下较好。如有良好的缩剂配合，在中性条件下也可获得较好的缩呢效果。缩剂的作用主要是使纤维易于润湿溶胀，以利于鳞片张开，并通过润滑作用促进纤维移动及相互交错，产生缩绒效果。常用的缩剂有肥皂、合成洗涤剂及酸类物质等，其中采用肥皂或合成洗涤剂在碱性条件下的缩呢是目前使用较多的一种方法，缩呢后织物手感柔软、丰满、光泽好，常用于色泽鲜艳的高、中档产品。酸性缩呢以硫酸或乙酸为缩剂，缩呢速度快，纤维抱合紧，织物强度及弹性好，落毛少，但缩呢后织物手感粗糙，光泽较差。中性缩呢选择合适的合成洗涤剂为缩剂，在中性到近中性条件下缩呢，纤维损伤小，不易沾色，但缩呢后织物手感较硬，一般适用于要求轻度缩呢的织物。

由于粗纺毛织物要求表面要覆盖一层短而平整的绒毛，所以缩呢后要进行起毛、刷毛、剪毛、蒸呢以及压呢等加工。

粗纺毛织物除了少数品种之外，一般都要经过起毛。精纺毛织物一般不经过起毛。所谓的起毛就是利用机械作用将纤维的末端从纱线中均匀地挑出来，使布面产生一层绒毛。使毛织物柔软丰满，保暖性增强，而且绒毛掩盖织纹，光泽和花型柔和美丽。

剪毛前刷毛是为了去除织物表面的散纤维和机械性杂质，同时可以使织物表面的绒毛竖起，以利于剪毛；剪毛后刷毛是为了去除剪下来的毛屑，并使绒毛顺着一个方向，增进织物的光泽美观。

无论是粗纺毛织物还是精纺毛织物，起毛后都需要进行剪毛。粗纺毛织物剪毛的目的是为了使表面平整，手感柔软，增进光泽；精纺毛织物剪毛的目的是为了使呢面洁净，织纹清晰，改善光泽；涤毛、涤黏混纺织物剪毛的目的是为了剪去较长的纤维，避免在烧毛中产生熔融的小球而烫伤织物。

蒸绸和蒸呢都是利用蚕丝、羊毛以及化学纤维在湿热状态下的热定型的机理，消除呢坯中不均匀的内应力，获得持久的定型；使织物柔软而富有弹性，充分发挥毛织物优良的性能；使织物表面平整，形状和尺寸形态稳定，降低缩水率，获得柔软而富有弹性的手感，并消除由烘筒烘燥或轧光加工带来的"极光"，而使织物的光泽柔和。

压呢是毛织物干整理的最后一道工序，其主要目的是使呢面平整，身骨挺括，手感滑润，并具有良好的光泽。类似于棉、丝织物的轧光整理。一般粗纺毛织物只需要轻度压呢或不经过压呢加工。

染色主要使用酸性染料、酸性媒染染料、酸性络合染料；毛混纺织物中的化学纤维染色主要使用分散染料、直接染料和阳离子染料，有一定的染色残液与相当数量的漂洗废水，并且呈中性。

整理是最后一道工序，主要包括起毛、剪毛、定型等，最后完成加工过程。

2.3 毛精纺产品生产工艺

由于精纺产品多为薄型织物，纤维长，其纺纱工艺要求相对严格。精纺毛织物的结构紧密，细度较细，整理后要求呢面光洁平整，织纹清晰，光泽自然，手感丰满，且有滑、挺、爽的风格和弹性，有些织物还要求呢面略具短齐的绒毛。为了达到上述整理要求，精纺毛织物的整理内容主要有烧毛、煮呢、洗呢、剪毛、蒸呢及电压等。大多数织物侧重于湿整理。

毛织物以平幅状态在一定的张力和压力下于热水中处理的加工过程称为煮呢。煮呢的目的是使织物产生定型作用，从而获得良好的尺寸稳定性，避免织物在后续加工或使用过程中产生变形和褶皱等现象，同时煮呢还可使织物呢面平整、外观挺括、手感柔软且富有弹性。羊毛纤维分子之间存在着氢键、二硫键和盐式键等交联，在湿热及张力作用下，这些交联会削弱或被拆散，去除张力后，羊毛会发生收缩。如果在张力下使羊毛经受较高温度和较长时间处理，纤维分子间就会在新的位置上重新建立比较稳定的交联，从而获得定型的效果。

煮呢的工艺条件对整理效果和产品质量有很大影响。从定型效果看，煮呢温度越高，定型效果越好，但温度过高易使羊毛纤维损伤，强度下降，手感粗糙，染色织物还会褪色、变色或沾色。一般白坯煮呢为 80～95℃，染后复煮为 70～85℃。煮呢时间应根据煮呢温度而定。煮呢温度高，所需时间短；温度低，所需时间长。一般采用稍低温度、较长时间煮呢可获得较好的定型效果。正常煮呢温度下，煮呢时间约需 1h。煮呢液 pH 值较高时，定型效果较好，但易损伤纤维；pH 值过低，又易造成纤维过缩。一般白坯煮呢 pH 值以 6.5～7.5 为宜；色坯煮呢时，为防止染料溶落，并使织物获得良好的光泽和手感，煮呢液 pH 值宜为 5.5～6.5。煮呢时的张力和压力以及煮呢后织物的冷却方式对织物风格有很大影响。织物所受张力和压力大，煮后呢面平整挺括，手感滑爽，有光泽，适用于薄型平纹织物；张力和压力小，煮呢后织物手感柔软、丰满，织纹清晰，适宜于中厚型织物。煮呢后织物冷却方式有突然冷却、逐步冷却和自然冷却三种。突然冷却的织物手感挺爽，适用于薄型织物；逐步冷却的织物手感柔软、丰满；自然冷却的织物手感柔软、丰满、弹性足，光泽柔和持久，适用于中厚型织物。

精纺毛织物的洗呢、剪毛和蒸呢类似于粗纺毛织物。但精纺毛织物一般都要经过压呢。

压呢是毛织物干整理的最后一道工序，其主要目的是使呢面平整，身骨挺括，手感滑润，并具有良好的光泽。类似于棉、丝织物的轧光整理。

压呢所用的设备主要有连续式生产的回转式压呢机和间歇式生产的电热式压呢机两种。

连续回转式压呢机（又称烫呢机）的结构如图 2-1 所示。

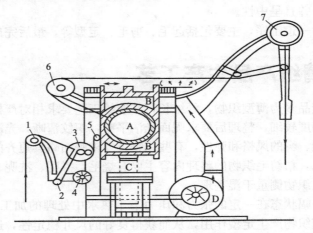

图 2-1 连续回转式压呢机结构

A—辊筒；B—上下托床；C—活塞；D—风扇

1,2—导辊；3—张力架；4—打呢辊；5—开幅辊；6—上导辊；7—牵引辊

连续回转式压呢机可以应用于粗纺毛织物和毛型织物的整理。主要是将具有一定含湿率的织物，通过大辊和托床之间加热（大辊中间和大辊及托床中间的空隙通过蒸汽）加压，同时由于大辊的表面刻有斜纹，从而使织物表面的绒毛呈有规则的排列，达到压呢的效果。

间歇电热式压呢机的结构如图 2-2 所示。

间歇电热式压呢机主要由上压板、电热板、硬纸板等组成，织物折叠后，在水压机上按规定加压并通电加热，保持温度处理一定时间。

连续回转式压呢机为连续式生产，操作简单，处理后的织物往往带有强烈的光泽，所以常安排在蒸呢后；而电热式压呢机属于间歇式生产，而且与前者相比，电热式压呢机的温度低，但压力较大且受压时间长，因此光泽柔和持久，手感滑润，呢面平整，并富有弹性。一般精纺毛织物都要经过电压加工。

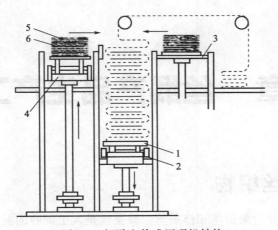

图 2-2　间歇电热式压呢机结构

1—夹呢车；2—中台面；3—右台面；4—左台面；5—纸板；6—电热板

毛精纺条染生产工艺流程如下：

毛条→染色→复精洗→复精梳→粗纱→筒子→整经→打纬→织造→烧毛→煮呢→

洗呢→修补→蒸呢→给湿→电压→成品

毛精纺坯染生产工艺流程如下：

毛条→梳毛→复精洗→粗纱→筒子→整经→打纬→织造→修补→染色→湿整理→干整理→成品

2.4　绒线产品生产工艺

高粗绒线生产工艺流程如下：

油梳毛条→精梳→复精梳→粗纱→细纱→并线→捻线→摇线→绞纱→洗线→染色→脱水→成品

细绒线生产工艺流程如下：

干梳毛条→精梳→复精梳→粗纱→细纱→并线→合股→摇线→绞纱→洗线→染色→脱水→成品

2.5　毛纺织产品染色工艺所需染料与助剂

毛织物的染色主要用酸性染料、酸性媒染染料、酸性含媒染料。对于毛混纺织物，根据混纺的化学纤维的种类可以选用阳离子染料、分散染料以及直接染料等染色。

在毛纺织产品生产过程中，由于所用纤维的品种不同，其所用的主要染料和助剂也各不相同。

如果是涤毛混纺织物，需要用分散染料染涤纶；如果是毛腈混纺织物，需要用阳离子染料染腈纶；如果是棉毛混纺织物，除了用到前处理助剂（如烧碱、双氧水、硅酸钠等），还可能用到活性染料、还原染料以及直接染料等。

第3章　丝绸产品生产工艺

3.1　天然丝织物

蚕丝（真丝）分为桑蚕丝和柞蚕丝。桑蚕丝是人工饲养的蚕产出的蚕丝，光泽好，手感柔软，穿着舒适，是高档纺织面料；而柞蚕丝是野生的蚕产出的蚕丝，白度和手感不如桑蚕丝，但其耐酸性、抗碱性优于桑蚕丝。

蚕丝的主要成分是丝素和丝胶以及少量蜡质、色素和无机物等。其组成成分见表 3-1。

表 3-1　蚕丝的组成成分

成分	丝素	丝胶	蜡质	碳水化合物	色素	灰分
含量/%	70～80	20～30	0.4～0.8	1.2～1.6	约0.2	约0.2

桑蚕丝中除了丝胶外，其他的杂质都附着在丝胶上，所以只要丝胶去除，则附着在丝胶上的杂质也就一并去除了，甚至对于非浅色的真丝产品脱胶后可以不进行漂白；而柞蚕丝中天然色素不是全部存在于丝胶上，所以脱胶后要进行漂白。目前纺织厂使用的真丝主要是桑蚕丝。

3.1.1　真丝的脱胶与制丝工艺

丝素和丝胶的主要成分都是蛋白质，但氨基酸的比例和结构不同。组成丝素的蛋白质分子是很少含有支链的线状结构，分子之间排列紧密，分子之间的作用力大，空隙小，对染化药剂吸附性差，是丝织物的原料；而组成丝胶的蛋白质分子含有较大支链，分子之间的作用力小，空隙大，对染化药剂敏感，易溶于水，并且不易染色。

但丝胶易溶于水，当温度高于 60℃时，丝胶是很容易从丝素上脱落下来的。

由于丝素和丝胶的微观结构不同，染化药剂很容易进入丝胶的内部，不易进入丝素的内部，这样我们可以在保证丝素不受到严重损伤的情况下，去除丝胶以及附着在丝胶上的其他的杂质，因此丝纤维的前处理又称脱胶。

由蚕茧制成生丝的过程称为制丝。天然丝是从蚕茧上抽出的，由于丝纤维很细，为了适应丝产品要求，由数根蚕丝合并而成生丝。制丝的工艺流程如下：

蚕茧收购→剥茧→选茧→煮茧→缫丝→复摇→绞丝→成品

煮茧是在40℃左右水中将蚕茧浸泡,使单根丝能从蚕茧上剥离下来;缫丝是将蚕茧浸泡在滚水中抽丝的过程。又分为以下几步:

索绪→ 理绪 → 添绪 → 集绪 → 捻鞘 → 卷绕 →干燥

索绪是将绪丝从茧层表面引出;理绪是除去杂乱的绪丝,加工成一茧一丝的有绪丝;添绪是把几根丝合并到一起;集绪是为了去除丝条上的水分和疵点;捻鞘是使丝条前后段相互绞捻增加抱合,散发水分,提高丝条圆度;缫丝是在缫丝机上进行的。

3.1.2　真丝产品的织造

真丝是唯一的天然长丝纤维,在不同的织机上可以制成绸、缎、绉、锦、罗、绫等。

真丝产品的织造过程如下:

原料检验→ 浸渍 → 络丝 → 并丝 → 捻丝 → 定型 → 成绞 → 卷纬 → 整经 → 浆经 →经纱→ 织造 →成品

绢丝纺织生产工艺如下:

原料→ 选剔除杂 → 精练 → 水洗 → 烘干 → 调和 → 开棉 → 切棉 → 圆棉 → 精棉 → 精棉配合 → 制条 → 并条 → 粗纺 → 精纺 → 并丝 → 捻丝 → 摇丝 →成品

用各种真丝短纤维加工而成的织物称为绢,主要以茧衣、废丝等为原料,其原料虽然低档,但其绢丝产品为高档丝织品。

3.1.3　真丝产品的染色和印花

真丝产品的染色和印花工艺流程如下:

坯绸→ 织物精练 →　染色 → 后整理 →染色产品
　　　　　　　　　 漂白 → 印花 → 固色 → 后整理 →印花产品

精练是为了去除剩余的丝胶、捻丝和织造过程中所沾的油脂、浆料、色浆、染料等,使纤维柔软,纤维间胶着点分开,达到疏松状态,以利于其后的纺纱和织造。精练主要有碱精练、酸精练和酶精练。目前使用较多的是碱精练,使用的化学助剂为纯碱、泡花碱。而柞蚕丝精练后尚需进行漂白,漂白主要使用双氧水。

染色时使用的染料主要是酸性染料、直接染料、活性染料及相应的助剂。在染色过程中产生一定的废水,但由于染料的上染百分率高,废水色度低,有机污染物的浓度低,废水的可生物降解性能好。

印花主要采用酸性染料进行印花,同时要用到增稠剂、交联剂等一些化学助剂。

3.2　人造丝产品

人造丝是用天然纤维素作为原料,经化学方法加工制得的长丝。主要品种有黏胶人造丝、醋酯人造丝和铜铵人造丝等。广泛用于丝织、针织和棉织工业等。在纺织行业中使用最多的人造丝就是黏胶纤维。

黏胶纤维的生产过程是将经过煮练和漂白后的纸浆在 17.5％的烧碱溶液中浸渍 1～4h 后，压去多余的液体，然后将由此得到的碱纤维素加以粉碎、放置，进行"老化"，使之均匀反应，平均分子量适当地降低，经过老化后的碱纤维素，用二硫化碳处理，生成纤维素磺酸酯，再将生成物溶解到 4％～6％的氢氧化钠溶液中成为黏胶溶液，然后由纺丝头纺出。黏胶纤维实际上是降解了的纤维素纤维，其聚合度在 250～500 之间，具有其独特的性质。例如有光泽、吸湿性好，但机械强度、耐磨性差；对于酸、碱、氧化剂较敏感；染色性能好；容易变形。

人造丝产品染色和印花生产工艺流程如下：

人造丝坯布 → 精练 →〈 染色 → 整理 → 染色产品 ; 印花 → 固色 → 整理 → 印花产品 〉

由于人造丝是一种丝质的人造纤维，由纤维素所构成，正是由于它是一种纤维素纤维，故许多性能都与其他纤维如棉和亚麻纤维的性能相同。

3.3 合成纤维产品

人造纤维和合成纤维中不含有天然的杂质，只含有在纺纱和织造过程中所上去的油剂、浆料和抗静电剂以及在储存过程中所沾污的灰尘、污物等。只要在染色前用净洗剂清洗就可以去除。所以合成纤维的前处理过程非常简单。主要包括退浆、精练、松弛加工和热定型等。

退浆剂主要采用碱剂；精练剂主要是非离子和阴离子表面活性剂的复配物；松弛处理主要是将纤维在纺丝、加捻、织造时所产生的内应力消除，并对加捻织物产生解捻作用而形成绉效应。织物在松弛状态下，经湿热、助剂和机械搓揉等作用，纤维大分子运动性能增加，在促进内应力释放的同时，纬丝发生充分的收缩，沿纬向呈现不规则的波浪形屈曲，而经向呈现规则的波浪形屈曲，从而使绸面形成凹凸不平的屈曲效应即绉效应。

预定型是指织物退浆、精练和松弛加工后所进行的热定型，称为预定型。其目的是消除织物在松弛起绉时产生的绉痕和提高织物的尺寸热稳定性，有利于后续加工。

除此之外，涤纶织物可以经过碱减量加工进行仿真丝和仿丝绸处理。所谓的涤纶碱减量处理是使涤纶织物在一定温度下（一般是 100℃），用一定浓度的烧碱处理（20～30g/L），在促进剂作用下进行减量，减量率一般为 8％～20％。通过减量使涤纶纤维纱线表面产生水解，并使表面涤纶发生脱落，形成不规则凹坑和龟裂，从而消除织物的极光，并使纤维的纤度不同程度地变细，使其外表更接近于天然丝，增加纤维空隙率，提高了织物的透气性。使织物光泽柔和而更接近于天然丝，手感柔软滑爽，富有弹性。因此碱减量工艺产生一定量较高浓度的、含有较难降解物质的有机废水，是较难处理的印染废水之一。

仿真丝织物的染色主要使用分散染料、阳离子染料，常用的助剂是各类的匀染剂和扩散剂。

仿真丝织物的印花主要使用各类染料和相应的糊料及黏合剂。

3.4　产品使用的主要助剂

棉、麻、毛和丝织物前处理所用的助剂主要有退浆剂、净洗剂、润湿和渗透剂、分散剂、乳化剂、稳定剂；染色加工使用的主要助剂除了直接染料、活性染料、还原染料、不溶性偶氮染料染棉和麻等纤维素纤维，酸性染料染羊毛、蚕丝等蛋白质纤维外，还会使用匀染剂、促染剂、固色剂、润湿和渗透剂、净洗剂、乳化剂、分散剂；印花加工使用的主要助剂为黏合剂、交联剂、渗透剂等；后整理加工主要使用荧光增白剂、防缩整理剂、阻燃整理剂、防皱整理剂、拒水整理剂、柔软整理剂等。除此之外，在毛织物整理过程中使用的主要助剂还有抗菌防蛀整理剂、缩呢剂等。

合成纤维除了用分散染料染色外，在染整加工过程中使用的主要助剂有净洗剂、抗静电整理剂、易去污整理剂等。

第4章 麻纺产品生产工艺

用作服装的麻纤维主要有苎麻、亚麻和黄麻。其中苎麻和亚麻的品质良好。苎麻和亚麻可纯纺加工成麻织物，其织物制成成衣后，穿着挺括，吸湿散热快，是夏季服装的良好面料。

麻纤维收割后，从麻茎上剥取麻皮，并从麻皮上刮去表皮得到麻的韧皮，经晾干后成为麻纺织厂的原料，称为原麻。原麻中含有大量的杂质，其中以多糖胶状物质为主，这些胶状物质大多包围在纤维的表面，把纤维胶合在一起而形成坚固的片条状。纺纱前必须把胶质去除，并使麻的单纤维分离，这一过程称为脱胶。

4.1 麻及麻纤维的脱胶

麻为韧皮纤维，韧皮中除了含有纤维素之外，还含有半纤维素、果胶物质、木质素等非纤维素成分，这些统称为胶质，去除麻纤维中的胶质物质可获得可纺性纤维，称为脱胶。

麻纤维通常采用化学脱胶和生物脱胶，目前比较常用的为化学脱胶。

4.1.1 苎麻脱胶工艺

苎麻的化学脱胶生产工艺如下：

扎把→浸酸→冲洗→高压二次煮练→水洗→打纤→酸洗→水洗→漂白→精练→给油→烘干→精干麻

扎把是将质量相近的麻束扎成 0.5～1.0kg 的小把，为煮练做准备。

打纤又称敲麻，是利用机械的槌击和水的喷洗作用，将已经过碱液破坏的胶质从纤维表面清除，使纤维松散、柔软。

酸洗是利用 1～2g/L 的硫酸中和纤维上的残胶等有色物质，使纤维进一步松散、洁白。

4.1.2 亚麻脱胶工艺

通常采用化学脱胶或生物脱胶，亚麻脱胶的具体工艺如下：

亚麻原茎→选茎与束捆→浸渍→干燥→破茎→打麻→打成麻

浸渍又称沤麻，一般在亚麻厂专门车间进行，利用烧碱或微生物来破坏亚麻纤维中的胶质。将原麻浸在清水中，再加入各种脱胶剂来实现。

破茎是将亚麻茎中的木质部分压碎、打断，使木质与纤维分离。

打麻是为了把破茎后的麻屑、木质、杂质去除，从而获得可纺性的亚麻纤维。

4.2 麻纤维的纺织

4.2.1 苎麻纺织过程

苎麻的纺织过程如下：

精干麻→软麻→梳麻→牵伸并条→粗纱→细纱→并纱→捻线→织造→成品

其中，软麻是借助于机械作用使纤维柔软，并去除纤维表面的胶质和杂质等；梳麻是使纤维开松，并进一步梳理，使各种纤维混合均匀；牵伸并条是使纤维平直化，提高其均匀度。

4.2.2 亚麻纺织过程

脱胶后的亚麻纤维称为打成麻，由于其质量和纤维的长短有差异，其纺织工艺也不同。

长麻纤维织物较轻薄、挺括。其生产工艺流程如下：

成条→并条→粗纱→酸洗→煮练→漂白→(染色)→细纱→络纱→织造→成品

短麻纤维织物较厚。其生产工艺流程如下：

联合梳麻→并条→粗纱→酸洗→煮练→漂白→(染色)→细纱→络纱→织造→成品

（1）酸洗（acid washing）

一般用的是硫酸，浓度为 3～4g/L，温度不超过 40～45℃，酸洗的时间为 30～60min，有时为了将亚麻中的铁去除干净，可以用草酸来进行酸洗。

酸洗的目的主要有以下几个方面。

① 由前面有关亚麻纤维中的化学组分及性质可知，亚麻纤维中含有许多化学杂质，其中半纤维素和果胶物质对于酸的稳定性比较差，易为酸水解。果胶中的钙、镁盐，在酸的作用下会变成果胶酸，易于在以后的碱煮过程中去除。所以亚麻纤维在进行染整的前处理加工之前，多采用先酸洗后碱煮的加工工艺。

② 亚麻纤维中含有的过氧化氢酶，在酸洗的过程中被破坏，防止在氧漂的过程中引起双氧水的氧化分解，浪费双氧水，降低漂白的效果。

③ 亚麻纤维含有一些金属类的杂质，另外在亚麻最初沤麻时，由于水分子中含有一定的铁等金属离子，它们在酸洗的过程中大部分会变成溶于水的金属盐而被去除，否则在双氧水和次氯酸钠漂白的过程中，这些金属离子会对漂白剂的氧化分解起到催化的作用。同时有一些金属离子在染色的过程中，容易与染料分子产生一定的结合，导致染液中的染料聚集或使染色物的颜色发生变化，影响染色产品的质量和档次。

④ 在氧漂和碱煮后进行酸洗，对于去除碱和减少落纱以后的灰尘等都是非常有利的，因为纤维素纤维可以吸收碱，有一部分多糖类的物质吸碱后会发黏，单独用水洗不易洗净，如果用酸洗，可以减少其黏性，还可以水解部分的多糖类物质，

使其易于去除。

⑤ 亚麻酸洗作为最后一道工序时，必须将酸洗尽。否则在干燥的过程中由于布上酸的浓度增高，会使亚麻纤维素纤维发生苷键的水解反应，导致纤维的聚合度下降，强力降低。检查布上的含酸量可以用 pH 试纸测定，布上的 pH 值一般不要低于 6，就可以了。

（2）煮练（scouring）

煮练的目的主要有去除大部分的天然杂质；增强纤维的润湿性和渗透性；提高对染化药剂的吸附性，有利于后面的染整加工；提高亚麻纤维的分裂度，有利于纺纱和织造。煮练的工艺流程为：碱煮→热水洗→热水洗→冷水洗。煮练的工艺参数为：氢氧化钠（烧碱）7.5%，碳酸钠（纯碱）15%，肥皂等润湿剂或乳化剂0.4g/L，硅酸钠（水玻璃）0.4g/L，亚硫酸钠 2g/L，煮练温度 100℃，煮练时间2h，升温时间 45min。

其中各组分的作用如下。

① 碱的作用　在煮练过程中纤维素中的聚糖类的半纤维素和果胶物质在碱的作用下，水解成相应的酸的钠盐和低聚糖，转变成小分子的溶于水的物质而被去除；含氮的物质在碱的作用下，分解为氨基酸的钠盐，溶于水可以被去除。

② 肥皂的作用　蜡脂借助于肥皂的润湿和乳化以及增溶作用而被去除。

③ 硅酸钠的作用　利用硅酸钠可以吸附煮练液中从亚麻纤维上下来的杂质，防止这些杂质对亚麻纤维造成再沾污现象，同时也可以吸附煮练液中的铁等金属离子。

④ 亚硫酸钠的作用　可以防止亚麻纤维由于高温碱煮时的氧化损伤；利用亚硫酸钠的还原作用可以去除亚麻纤维中的木质素，麻屑中的木质素经过亚硫酸钠作用后，再经过漂白的工序容易去除。

⑤ 六偏磷酸钠的作用　可以去除煮练液中的钙、镁等金属离子，防止它们影响煮练效果。

⑥ 热水洗两次，再冷水洗　否则下来的杂质会瞬间凝聚而沾在亚麻纤维中，造成杂质沾污现象。

粗纱煮练后纺成细纱的成分的变化见表 4-1。

表 4-1　粗纱煮练后纺成细纱的成分的变化 ［细纱成分（绝对干重）］

种　类	纤维素	木质素	蜡脂	果胶	含氮的物质	多缩戊糖	灰分
粗纱不经煮练纺成细纱的成分/%	72.9	4.6	2.1	3.7	0.35	3.3	0.86
粗纱煮练纺成细纱的成分/%	83.9	4.09	1.7	1.32	0.11	2.47	—

（3）漂白（bleaching）

亚麻纤维的漂白常采用的是亚氧双漂，即先用亚氯酸钠进行漂白，再用双氧水进行漂白。漂白的目的主要是为了去除天然色素，提高产品的白度，提高染色和印花产品的鲜艳度，改善纤维织物的外观，同时可以去除煮练过程中没有被去除的天然杂质，提高前处理的效果。

亚氯酸钠的分子式为 $NaClO_2$，分子量为 90.45，固体，一般含量为 80%~82%；液体浓度为 10%~40%。加热到 175℃以上才分解；亚氯酸钠有毒，致死量为 10~12g。与酸接触，会放出大量的具有强烈腐蚀性且剧毒的二氧化氯气体。加入硝酸钠可以抑制其对金属设备的腐蚀作用。

漂白时主要利用亚氯酸钠在酸性条件下释放出具有强烈氧化性、腐蚀作用的二氧化氯气体，它不但可以破坏亚麻纤维中的天然色素，而且更加重要的是，二氧化氯溶解纤维中的果胶和木质素，具有很强的去杂能力，这对于含杂比较多的亚麻纤维织物的处理尤为重要。

亚氯酸钠在水中的溶解度为 9%，溶液呈现弱碱性，是一种可水解的盐。

$$NaClO_2 + H_2O \rightleftharpoons HClO_2 + NaOH$$

溶液的 pH 值降低，亚氯酸会逐渐地增加。同时亚氯酸也会发生电离，可以表示如下：

$$HClO_2 \rightleftharpoons H^+ + ClO_2^-$$

在 pH 值大于 3.5 时，几乎全部电离。

在酸性的条件下可以按下式分解：

$$2H^+ + 5ClO_2^- \longrightarrow 4ClO_2 \uparrow + Cl^- + 2OH^-$$

$$3ClO_2^- \longrightarrow 2ClO_3^- + Cl^-$$

$$ClO_2^- \longrightarrow 2(O) + Cl^-$$

其中二氧化氯气体是黄绿色的气体，沸点为 11℃，密度是空气的 2.3 倍，是具有强烈刺激性气味的有毒气体，能侵蚀人的黏膜，危害人的健康，也是一种对金属具有强烈腐蚀性的气体，因此要采用特制的不锈钢设备，也可以在漂液中加入硝酸钠保护剂或双氧水抑制剂，以降低其腐蚀性。

亚氯酸钠漂白的工艺参数如下：pH 值一般为 4.0~4.5，温度一般为 40~45℃，时间以 30~90min 为宜，亚氯酸钠的浓度 8~12g/L。

而且漂白后漂液残留的亚氯酸钠一般不超过 0.05g/L，如果残留多，可以用亚硫酸钠或双氧水降低其含量。常用的活化剂主要有酸类（乙酸或甲酸）、释酸类（硫酸铵或氯化铵）、氧化后形成的酸（甲醛或六亚甲基四胺）、水解后形成的酸（酯类）。

防止漂液在配制的过程中就形成二氧化氯这种有毒的气体。

亚氯酸钠漂白的工艺流程如下：浸漂液（亚氯酸钠浓度 8~12g/L，pH 值为 4.0~4.5，加入少量的双氧水抑制剂或硝酸钠保护剂）→浸泡（温度 40~45℃，时间 30~90min）→水洗→脱氯（可以先浸酸，再浸硫代亚硫酸钠，条件同次氯酸钠漂白）→水洗→完成漂白过程。

亚氯酸钠用于棉织物漂白时的最大优点是，在不损伤纤维的条件下，能破坏色素及杂质。亚氯酸钠又是化纤的良好漂白剂，漂白织物的白度稳定性比氯漂及氧漂的织物好，但是亚氯酸钠价格较贵，对设备腐蚀性强，需用钛金属或钛合金等材料，而且漂白过程中产生有毒二氧化氯气体，设备需有良好的密封，因此在使用上受到一定限制，目前多用于涤棉混纺织物的漂白。

亚漂与氯漂、氧漂不同之处是，在酸性条件下漂白，在酸性条件下的反应较为复杂，此时产生的亚氯酸较易分解，生成一些有漂白作用的产物，据此认为，其中二氧化氯的存在是漂白的必要条件。二氧化氯化学性质活泼，兼有漂白及溶解木质素和果胶质的作用，且去除棉籽壳能力较强，因此亚漂对前处理要求不高，甚至织物不经过退浆即可漂白，工艺路线较短，尤其适用于合纤织物。但不经过退浆、煮练直接亚漂的织物，一般吸水性较差，在漂液中加入适量非离子表面活性剂，可提高织物吸水性能。亚漂后再经过一次氧漂，织物的白度及吸水性均有提高。若织物在先进行退浆、煮练后再进行亚漂，就可适当降低亚氯酸钠用量，但工艺流程较长。

亚漂是在酸性浴中进行漂白，酸性强弱对亚氯酸的分解率有较大影响，直接加强酸调节 pH 值是不合适的，一般常利用加入活化剂来控制 pH 值，常用活化剂有：释酸剂，如无机铵盐；能在漂白过程中被氧化成酸的物质，如甲醛及其衍生物六亚甲基四胺；水解后形成酸的酯类，如酒石酸二乙酯等；也可用弱酸，如乙酸、甲酸。另外，加入某些缓冲剂（如焦磷酸盐），可以提高亚漂液的稳定性，避免低 pH 值时有二氧化氯逸出。

亚漂常用工艺与氧漂类似，可以用平幅连续轧蒸法，也可以根据设备情况采用冷漂工艺。亚漂连续轧蒸法工艺流程如下：轧漂液→汽蒸→水洗→去氯→水洗。

涤棉混纺漂白织物漂白液含亚氯酸钠 12~25g/L、硫酸铵（活化剂）5~10 g/L、平平加 O 5~10g/L，室温时轧漂白液，100~102℃汽蒸 1~1.5h，水洗后在亚硫酸氢钠（1.5~2g/L）及碳酸钠（1.5~2g/L）溶液中浸轧，堆置后充分水洗。

亚氯酸钠漂白织物白度好，对纤维损伤小，具有强烈的去除果胶、含氮的物质以及木质素的作用，对退浆、煮练的要求低，尤其适用于亚麻纤维织物的漂白和去杂过程，可以将在煮练过程中没有去除的木质素等杂质去除干净，提高亚麻前处理的效果。

但由于在漂白的过程中有二氧化氯气体的产生，造成了一定的环境污染，同时又要求特制的不锈钢设备，造成了漂白成本的升高。因此目前工厂中亚氯酸钠主要用于高档棉织物以及亚麻纤维产品的漂白。

亚麻纤维的漂白通常采用亚氧双漂，即亚氯酸钠漂白一次，再用双氧水漂白一次。通常采用煮布锅进行前处理。其中双氧水的漂白工艺类似于棉织物。

（4）麻纺产品的染色

麻纤维织物的染色工艺类似于棉纤维织物染色工艺。主要使用直接染料、活性染料、还原染料等的染色。

纺织品除了要进行前处理、染色和印花加工之外，还要进行后整理加工。织物的整理是纺织品染整加工的最后一道工序，是通过一定的物理或化学的方法，采用一定的机械设备，改善织物的外观和手感，提高服装的服用性能，充分发挥纤维本身的优良性能和赋予纤维织物本身不具备的一些其他的特殊性能，从而提高产品的质量和档次，提高产品的附加值，提高产品在国内外市场上的竞争能力。

织物的整理从广义上来讲，包括织物自下织机以后所进行的一切改善和提高织物品质的加工过程，而且常将染色以及染色以前的加工过程称为湿整理，将染色后的加工过程称为干整理。从狭义上来讲，织物的整理指的是在实际染整生产中将织物的练漂、染色和印花等以外的改善和提高织物品质的加工过程，它包括织物的一般整理、其他整理和特种整理。

织物整理的内容十分丰富，但织物整理的目的主要有以下几个方面。

① 使织物的门幅整齐划一或尺寸形态稳定　主要有定幅整理、热定型整理、防缩整理、防皱整理等。

② 改善织物的手感　主要有柔软整理、硬挺整理。

③ 增进和美化织物的外观　主要有电光、轧光、轧纹、起毛、刷毛、剪毛、缩呢等整理。

④ 增进织物的耐用性　主要采用一定的化学方法，提高织物对日光、微生物以及气候等的耐用性，延长织物的使用寿命，主要有防虫防蛀整理等。

⑤ 赋予织物其他特殊的服用性能　根据织物的用途，采用一定的化学方法赋予织物一些其他特殊的性能，主要有易去污整理、防水整理、阻燃整理以及抗菌等整理过程。

织物整理的方法主要包括以下几种。

① 机械整理　主要是采用一定的机械设备对织物进行物理加工。例如定幅整理、轧光、电光、轧纹整理、起毛、刷毛、剪毛整理、防缩以及防毡缩整理、蒸绸、蒸呢、轧呢整理、合成纤维的热定型等。

② 化学整理　主要采用化学方法，借助一定的机械设备对织物进行加工。例如柔软整理、硬挺整理、增白整理、丝织物的增重整理。

③ 特种整理　对于一些特殊用途的织物，需要赋予纤维织物本身不具备的一些特殊的性能，可以通过一些化学方法对织物进行加工。例如阻燃整理、防皱整理、易去污整理、防水整理等。

组成织物的纤维的种类不同，对各类织物一般整理的要求不同，相应的其整理过程也不同。对于棉及棉型织物来说，要求具有良好的尺寸稳定性和白度，有时要求具有仿麻、仿丝、仿毛的效果。需要进行的相应的整理过程为定幅、防皱整理、上篮、上浆或柔软、轧光、电光、轧纹、起毛、割绒等整理；对于丝织物（包括纯化纤的长丝织物）来说，要求要充分发挥丝绸的优良性能，如光泽悦目，手感光滑、柔软，吸湿性和干弹性良好，具有其他的效果。需要进行的相应整理过程为定幅、轧光、蒸绸、柔软、硬挺或增重等整理；对于毛及毛型织物或纯化纤中长纤维织物来说，要求精纺毛织物整理后具有清晰的花纹表面，而粗纺毛织物要求表面具有短而平整的绒毛；混纺织物具有稳定的尺寸。需要进行的相应整理过程为蒸呢、轧呢、热定型、防缩和防皱等整理。

参　考　文　献

[1]　王菊生. 染整工艺原理（第一～四册）[M]. 北京：中国纺织工业出版社，1994：134-138.

[2]　陈英. 染整工艺试验教程 [M]. 北京：中国纺织出版社，2004：56-130.

[3]　[日]黑木宣彦著. 染色理论化学（上册）[M]. 陈水林译. 北京：纺织工业出版社，1983：130-134.

[4]　尹仲民译，毛振鹏校. 直接染料染棉织物中的超声波的应用染色动力学[J]. 印染译丛，1986：37-43.

[5]　吴宏仁，吴立峰. 纺织纤维的结构与性能[M]. 北京：纺织工业出版社，1985：40-78.

[6]　金咸穰. 染整工艺试验[M]. 北京：纺织工业出版社，1985：89-123.

[7]　阎克路. 染整学教程（第一分册）[M]. 北京：中国纺织出版社，2009：156-172.

[8]　赵涛. 染整工艺与原理（第二分册）[M]. 北京：中国纺织出版社，2009：180-192.

[9]　曾林泉. 纺织品前处理336问[M]. 北京：中国纺织出版社，2011：45-77.

[10]　[英]布罗德贝特著. 纺织品染色[M]. 马渝茳，陈英等译. 北京：中国纺织出版社，2004：15-20.

[11]　范学荣. 纺织品染整工艺学[M]. 北京：中国纺织出版社，2008：68-110.

[12]　郭翔宇，刘宏曼，王勇. 黑龙江省亚麻业的优势与面临的挑战[J]. 中国麻业，2002：43-45.

[13]　宋心远，沈煜如. 新型染整技术[M]. 北京：中国纺织出版社，1999：125-126.

[14]　姜锡瑞，段钢. 新编酶制剂实用技术手册[M]. 北京：中国轻工业出版社，2002：132-133.

第二篇

纺织助剂

第5章 浆 料

5.1 概述

　　棉、坯布和化纤的混纺物在织造之前所用经纱一般都要进行上浆浆纱，即将一种特别的黏着剂涂在经纱表面，产生不使纱线表面发毛的薄膜，使纱线四周伸出的毛羽黏附于纱的条干上，增加经纱的光洁度，从而减少经纱在织造过程中的断头，进而减少织机停台次数和时间。浆纱所使用的原料就是浆料。为保证经纱工艺性能，要求浆料具有很高的黏着力和较低的吸湿性、再黏性，浆膜柔韧、富有弹性且能起到消除静电作用，对有色经纱施行上浆时应不改变色泽，具有防腐蚀性，同时易干，并能从织物上被洗除。在保证经纱质量条件下，采用价廉物美的原料作为浆料，以降低成本。浆料中包括黏着剂、分解剂、中和剂、减摩剂、柔软剂、吸湿剂、防腐剂、浸透剂及溶剂。

　　目前，浆料的发展很快，种类也很多，最初经纱主要用各种天然淀粉及其简单变性物（如酸化淀粉、氧化淀粉等）作为棉纱上浆的浆料。长丝上浆则主要采用各种动物胶。20世纪50年代后，由于各种化学纤维陆续问世，以及各种新型织机的发展，开始使用变性天然高聚物浆料（如变性淀粉、纤维素衍生物等）及合成浆料（如聚乙烯醇、聚丙烯酸等）。随着现代高速织机和高速高压上浆工艺的采用，浆料的种类不断增加，如各种共聚浆料、特种浆料及聚酯浆料。浆料按其来源可分为天然浆料、变性浆料、合成浆料和聚酯浆料四类。各类又按其化学组成与结构的不同而分成许多种。组合浆料和即用浆料可简化上浆配方和调浆操作，有利于稳定浆纱质量，是浆料发展的一个方向。

5.2 主要品种介绍

0501 甲酯浆

　　【别名】　MAP浆料

　　【英文名】　methyl acrylate paste

　　【组成】　丙烯酸甲酯、丙烯酸乙酯、丙烯酸丁酯、丙烯酸盐、丙烯酰胺、苯乙烯、乙酸乙烯的共聚物

　　【性质】　乳白色胶状物，含固量14%，溶于水。能使织物织造时滑爽，伸缩小，柔软，减小断头率。

【质量指标】

指标名称	指 标	指标名称	指 标
外观	乳白色胶状物	pH 值	6～8.5
醇解度/%	98.8～100	黏度/mPa·s	22～28
灰分/%	>1.0	含固量/%	14

【制法】 由多种不饱和酯按比例共聚制得。

【应用】 甲酯浆 S-811 和 S-811A 用作丝绸上浆剂，S-811B 和 S-812 用作涤棉和涤纶长丝上浆剂。

【生产厂家】 泰兴市佳鑫纺织浆料有限公司，武汉远城科技发展有限公司，苏州市美昌化工厂，嘉兴市精化化工有限公司，湖北麻城天安化工有限公司等。

0502 聚丙烯酸甲酯浆料

【别名】 2-丙烯酸甲酯的均聚物；聚甲基丙烯酸酯；聚丙烯酸甲酯；聚甲基丙烯酸甲酯（工业级）；有机玻璃（工业级）；聚甲基丙烯酸甲酯（彩色）；有机玻璃（彩色）

【英文名】 polymethylacrylate paste；propenoicacid methylester homopolymer；methylacrylatehomopolymer；polymethacrylates

【组成】 丙烯酸甲酯与丙烯腈及丙烯酸按一定比例的三元共聚物

【分子式】 $(C_4H_6O_2)_x$

【性质】 室温下不发黏或很少发黏，夏天气温高时呈现较稀软状态。具有好的黏结性和弹性。伸长率可达 750%。强度较差。拉伸强度 6.9MPa。溶解性随分子量而异，分子量越大，溶解性越差，通常可溶于丙酮、乙酸乙酯、二氯乙烷、二甲苯等。不溶于乙醇、饱和烃、四氯化碳、甲苯等，织物上浆后易退浆，相容性好，对纤维有较强的黏着力。

【质量指标】

指标名称	指 标	指标名称	指 标
外观	乳白色黏稠液体	密度/(g/cm³)	1.22
玻璃化温度/℃	6	折射率	1.479

【制法】 将相当于单体总量 3% 的乳化剂加入聚合釜中，加入去离子水搅拌溶解，升温至 60℃ 加入 0.4% 的过硫酸铵作为引发剂，接着加入 30% 的混合单体。待温度升至 80℃ 左右，缓缓加入剩余的 70% 单体。单体加完后，升温至 95～98℃ 搅拌 0.5h，冷却，用水调 pH 值，得成品。

【应用】 具有黏附力强、成膜性好、易溶于水等性能，质量稳定可靠，使用时操作简便，效果良好，主要用于纺织工业中经纱上浆，本品适用于涤纶、纯棉或混纺等织物。

【生产厂家】 江苏省无锡县纺织印染助剂厂，武汉大华伟业化工有限公司，广州厚载化工厂，上海旋鸿化工厂，武汉远城科技发展有限公司。

0503　SB 低再黏性丙烯酸酯浆料

【别名】　SB 浆料；丙烯酸酯浆料

【英文名】　acrylate paste SB

【组成】　丙烯酸酯

【性质】　浅黄色透明或半透明黏稠液体。

【质量指标】

指标名称	指标	指标名称	指标
外观	浅黄色透明或半透明黏稠液体	pH 值	7~8
		黏度(5%水溶液,40℃)/mPa·s	65~75

【制法】　由丙烯酸甲酯、丙烯酸、丙烯腈按一定比例共聚而成。

【应用】　主要应用于涤纶、锦纶、低弹涤纶及醋酸纤维等经纱的浆料。

【生产厂家】　武汉远城科技发展有限公司，河南开封化工三厂，济南利博化工有限公司，南京捷鑫化工贸易有限公司，南京四诺精细化学品有限公司等。

0504　聚乙烯醇

【别名】　PVA；聚乙烯醇浆糊；聚乙烯醇薄膜；维尼纶；聚乙烯醇纤维；聚乙烯醇（17-99 型）；聚乙烯醇（17-88 型）

【英文名】　polyvinyl alcohol；polyvinyl alcohol polymer；poval；PVA

【组成】　高分子化合物

【分子式】　$(C_2H_4O)_n$

【性质】　PVA 为白色固体粉末，相对密度（25℃/4℃）1.27~1.31（固体）、1.02（10%溶液），熔点 230℃，玻璃化温度 75~85℃，在空气中加热至 100℃以上慢慢变色、脆化。加热至 160~170℃脱水醚化，失去溶解性，加热到 200℃开始分解。超过 250℃变成含有共轭双键的聚合物。折射率 1.49~1.52，热导率 0.2W/(m·K)，比热容 1~5J/(kg·K)，电阻率 $(3.1~3.8)×10^7Ω·cm$。溶于水，为了完全溶解一般需加热到 65~75℃。不溶于汽油、煤油、植物油、苯、甲苯、二氯乙烷、四氯化碳、丙酮、乙酸乙酯、甲醇、乙二醇等。微溶于二甲基亚砜。120~150℃可溶于甘油，但冷却至室温时成为胶冻。PVA 遇碘显现蓝色，与淀粉相似，但 PVA 不发霉，不会被细菌破坏。因而 PVA 退浆时不能用淀粉酶来退浆，用水溶解是最好的退浆方法。

【质量指标】　聚乙烯醇产品标准（CP2010）

指标名称	指标	指标名称	指标
外观	白色固体粉末	炽灼残渣/%	≤0.5
黏度/mPa·s	3~70	酸值/(mg KOH/g)	≤3.0
pH 值	4.5~6.5	醇解度/%	85~89
干燥失重/%	≤5.0	重金属含量/(μg/g)	≤10

【制法】　聚乙烯醇多是由聚乙酸乙烯酯在碱性催化剂或酸性催化剂存在下水解而得。应用最广的是在无水甲醇或乙醇中的醇解法（再酯化）。200kg 聚乙酸乙烯

酯溶于 1000L 无水甲醇，于 4～5h 内加热至 50℃。然后把物料冷却至 30～35℃，添加 100L 1.5％的氢氧化钠溶液，随后再在 4～5h 内又加入 150～250L。随着时间的延续，物料的黏度下降，同时析出聚乙烯醇。

$$\begin{array}{c}\left[\begin{array}{cc} H & H \\ | & | \\ C - C \\ | & | \\ OCOCH_3 & H \end{array}\right]_n + nCH_3OH \xrightarrow[30\sim35℃]{NaOH} \left[\begin{array}{cc} H & H \\ | & | \\ C - C \\ | & | \\ OH & H \end{array}\right]_n + nCH_3CO_2CH_3\end{array}$$

【应用】 主要用于纺织行业经纱浆料、织物整理剂、维尼纶纤维原料；PVA 主要用于纯涤或涤棉纱上浆，具有良好的黏着性、成膜性，但对于高支的纯棉纱也需要一部分 PVA 和丙烯酸浆料混合使用。

【生产厂家】 哈尔滨环邦化工有限公司，深圳市维特耐新材料有限公司，苏州中远化工厂，济南川维化工有限公司，常州市天怡工程纤维有限公司等。

0505　聚丙烯酰胺浆料

【别名】 PAM；絮凝剂 3 号

【英文名】 polyacrylamide paste；acrylamide resin

【组成】 聚丙烯酰胺

【分子式】 $(CH_2CHCONH_2)_n$

【性质】 白色或微黄色粉末，密度（23℃）1.32g/cm³，玻璃化温度 188℃，软化温度近于 210℃，溶于水，不溶于乙醇、丙酮等有机溶剂。水溶液在 pH 值为 1～10 时，黏度变化很小，pH 值大于 10 时，黏度显著增大。

【质量指标】

指标名称	PAM 阴离子	PAM 非离子	PAM 阳离子	PAM 复合离子
外观	白色或微黄色粉末	白色或微黄色粉末	白色或微黄色粉末	白色或微黄色粉末
粒径/mm	<2	<2	<2	<2
含固量/%	≥88	≥88	≥88	≥88
溶速/min	≤1.5	≤1.5	≤1.5	≤1.5
不溶物/%	<2	<2	<2	<2
分子量/10⁴	500～2400	300～600	300～800	800～1500
水解度/%	13～30	5～15	离子度 5～50	10～20

【制法】 由丙烯腈与水在骨架铜催化剂作用下直接反应，生成聚丙烯酰胺，再经离子交换、聚合、干燥等工序即得成品。

【应用】 用作纺织工业助剂，添加一些其他化学品可配制成化学浆料，用于纺织品上浆，可以提高黏着性、渗透性和脱浆的性能，使纺织品具有防静电性，减小上浆率，减少绞浆斑、织布机断头和落物。所形成的皮膜延伸度好、坚韧。也用作织物整理剂。

【生产厂家】 沈阳九方科技有限公司，新乡市聚创化工有限公司，西安市永佳化工厂，沈阳鑫科华聚丙烯酰胺厂等。

0506　甲基纤维素

【别名】 纤维素甲醚；MC；甲基纤维素（药用）

【英文名】　methyl cellulose；cellulose methyl ether；methocel；MC；cellulose methylether

【组成】　纤维素的醚类衍生物（纤维素）—O—CH₃

【性质】　为类白色纤维状至粉末状；无臭，无味。广泛用于建筑施工、建材、分散性涂料，壁纸糊料，聚合助剂，除漆剂，皮革、油墨、造纸等分别用作增稠剂、黏结剂、保水剂、成膜剂、赋形剂等。在 $80\sim90℃$ 的热水中溶胀成澄清或微浑浊的胶体溶液，并且随温度的高低与溶液互相转变。在无水乙醇、丙酮、氯仿或乙醚中不溶。平均分子量 $186.86n$（n 为聚合度），为 $18000\sim200000$。所成膜具有优良的韧性、柔曲性和透明度，因属于非离子型，可与其他的乳化剂配伍，但易盐析，溶液 pH 值在 $2\sim12$ 范围内稳定。视密度 $0.30\sim0.70g/cm^3$，密度约 $1.3g/cm^3$。工业上甲基纤维素的理论取代度（DS）为 $1.5\sim2.0$，松散密度 $0.35\sim0.55g/cm^3$。密闭，在干燥处保存。

【质量指标】

指标名称	指　标	指标名称	指　标
外观	类白色纤维状至粉末状	取代度(DS)	1.3～2.0
凝胶温度(2%水溶液)/℃	50～55	水分/%	≤5.0
甲氧基含量/%	26～33	黏度(20℃,2%水溶液)	15～4000
水不溶物/%	≤2.0	/mPa·s	

【制法】　以氯甲烷作为醚化剂对碱纤维素进行醚化，再在热水中加入草酸、盐酸进行脱水、洗涤至中性，最后经干燥、磨细而得。

【应用】　织物手工印花时用作印花胶黏剂。也可用于织物硬挺整理剂。

【生产厂家】　武汉济森医药化工有限公司，上海至鑫化工有限公司，文安县科亚纤维素厂，石家庄优甫化工有限公司，浙江海申化工厂等。

0507　羧甲基纤维素

【别名】　羧基甲基纤维素；羧甲基纤维素钠；CMC

【英文名】　carboxy methyl cellulose

【组成】　纤维素衍生物

【分子式】　$[C_6H_7O_2(OH)_2OCH_2COONa]_n$

【性质】　羧甲基纤维素（CMC）属于阴离子型纤维素醚类，外观为白色或微黄色絮状纤维粉末或白色粉末，无臭，无味，无毒；易溶于冷水或热水，形成具有一定黏度的透明溶液。溶液为中性或微碱性，不溶于乙醇、乙醚、异丙醇、丙酮等有机溶剂，可溶于含水 60% 的乙醇或丙酮溶液。可作为 O/W 型或 W/O 型乳化剂。有良好的分散力和结合力，对油和蜡质具有乳化能力。有吸湿性，对光和热稳定，黏度随温度升高而降低，溶液在 pH 值为 $2\sim10$ 时稳定，pH 值低于 2 有固体析出，pH 值高于 10 黏度降低。变色温度 227℃，炭化温度 252℃，2%水溶液表面张力 71mN/m。

【质量指标】　羧甲基纤维素钠质量指标（GB/T 12028—2006）

指标名称	指标	指标名称	指标
水分及挥发物/%	≤10	醚化度	0.50~0.70
黏度(1%水溶液,25℃)/mPa·s	5~40	有效成分(以干基计)/%	55
pH 值(1%水溶液,25℃)	8.0~11.5	多种无机盐含量之和①/%	5

① 多种无机盐含量之和是指除氯化物之外的无机盐，包括碳酸盐（以 Na_2CO_3 计）、硅酸盐（以 SiO_2 计）、硫酸盐（以 Na_2SO_3 计）、磷酸盐（以 Na_3PO_4 计）等的含量之和。

【制法】 CMC 的主要化学反应是纤维素和碱生成碱纤维素的碱化反应以及碱纤维素和一氯乙酸的醚化反应。

第一步，碱化：$[C_6H_7O_2(OH)_3]_n + nNaOH \longrightarrow [C_6H_7O_2(OH)_2ONa]_n + nH_2O$

第二步，醚化：$[C_6H_7O_2(OH)_2ONa]_n + nClCH_2COONa \longrightarrow [C_6H_7O_2(OH)_2OCH_2COONa]_n + nNaCl$

【应用】 羧甲基纤维素（CMC）为无毒、无味的白色絮状粉末，性能稳定，易溶于水，其水溶液为中性或碱性透明黏稠液体，可溶于其他水溶性胶及树脂，不溶于乙醇等有机溶剂。CMC 可作为黏合剂、增稠剂、悬浮剂、乳化剂、分散剂、稳定剂、上浆剂等。用于纺织、印染工业，纺织行业将 CMC 用于棉、丝、毛、化学纤维、混纺等织物的经纱上浆；还用于印染浆的增稠剂、纺织品印花及硬挺整理剂。用于上浆剂，能提高溶解性及黏度，并容易退浆；作为硬挺整理剂，其用量在95%以上；用于上浆剂，浆膜的强度、可弯曲性能明显提高；CMC 对大多数纤维均有黏着性，能改善纤维间的结合，其黏度的稳定性能确保上浆的均匀性，从而提高织造的效率。还可用于纺织品的整理剂，特别是永久性的抗皱整理，增强织物耐久性。

【生产厂家】 石家庄市建鑫纤维素有限公司，成都市思羽化工有限公司，山东阳谷江北化工有限公司，河北盛利达纤维素厂，成都山马生物科技有限公司等。

0508 纤维保护剂

【别名】 POLYTEX；保护剂

【英文名】 fibre-protecting agent；fibre protective agent

【组成】 聚氧乙烯脂肪酸酯与蛋白质混合物

【性质】 外观呈均匀液体，易溶于冷水。pH 值近中性偏碱性，两性离子。具有很好的抗氧化性和热稳定性。

【质量指标】

指标名称	指标	指标名称	指标
外观	乳白色至淡黄色液体	离子性	非离子
pH 值(1%水溶液)	7.0~9.0	相容性	可与荧光增白剂、树脂整理剂同浴
水溶性	稀释 3000 倍不破乳		

【制法】 ① 筒子纱及针织物缝纫性改进。用量为 1%~3%或视情况而定。
② 与免烫整理树脂 EMT 同浴。用量为 20~30g/L 或视具体情况而定。

【应用】 本品适用于各种纤维及织物，用作缝纫性改进剂；与树脂整理剂同浴使用，可提高织物的撕破强力和耐磨性，赋予织物滑爽的手感。

【生产厂家】 江苏省海安石油化工厂，无锡宜澄化学有限公司，河北清河多维康助剂有限公司等。

0509 浆纱膏

【英文名】 sizing paste

【组成】 软脂酸与动物油的混合物

【性质】 本品是优良的浆纱助剂，能使淀粉浆料不发脆，增加浆膜的柔软性，减少经纱的脆断和落浆。具有优良的水溶性，退浆容易，不影响织物的染色和印花。

【质量指标】

指标名称	指标	指标名称	指标
外观	白色或淡黄色糊状物	pH 值(1%乳液)	9～10

【制法】 由软脂酸、动物油及弱碱混合乳化而成。

【应用】 为阴离子表面活性剂，是优良的浆纱助剂。能使淀粉浆料不发脆，增加浆膜的柔软性，减少经纱的脆断和落浆。本品具有优良的水溶性，退浆容易。不影响织物的染色和印花。本品用于纯化纤织物、混纺织物、纯棉织物的经纱上浆。

【生产厂家】 武汉大华伟业化工有限公司，曲阜市东方化工助剂厂，江苏省泰州市长城助剂厂，湖北华安化工有限公司。

0510 合成浆料 H-501

【别名】 喷水织机用合成浆料 H-501

【英文名】 synthetic sizing material H-501；spray water loompaste H-501

【组成】 由丙烯酸、丙烯酸酯等单体在溶剂中聚合而成的丙烯酸酯类共聚物

【性质】 合成浆料 H-501 为乳白色半透明黏稠液体，可用水以任意比例稀释，无悬浮物。有良好的稳定性，10%水溶液 24h 不分层，本品安全无毒。

【质量指标】

指标名称	指标	指标名称	指标
外观	乳白色半透明黏稠液体	黏度(10%,25℃)/Pa·s	0.005～0.011
有效组分/%	20±1	pH 值	7.0～8.5

【制法】 丙烯酸及其酯类在一定条件下发生共聚后，再以氨中和而得。

【应用】 合成浆料 H-501 为喷水织机专用浆料，适用于涤纶的上浆，稀释时温度在 60℃以上，把浆料调制至所需浓度时，温度控制在 40～50℃开始上浆。丙烯酸酯浆料与聚乙烯醇不能混用，因为两者亲水性及物化性不同，导致不易清洗。

【生产厂家】 桑达化工（南通）有限公司，上虞市第四化工厂等。

0511 浆料 DT

【英文名】 sizing material DT

【组成】 丙烯酸及其酯的共聚物铵盐

【性质】 浆料 DT 属于阴离子型,外观为无色或淡黄色黏稠液体。溶于水,可用水以任意比例稀释。2%水溶液 pH 值为 7～8,可与非离子和阴离子表面活性剂配伍同浴使用,而不能与酸和阳离子表面活性剂混用,否则会出现沉淀而失去浆料 DT 的应有性能。本品黏合力强,上浆均匀,成膜光滑坚韧,退浆容易。

【质量指标】

指标名称	指 标
上浆设备	K144 改型五烘筒上浆机(浸浆)
织物经密/(根/cm)	30～40(涤纶低弹丝)
浆比	1∶8 左右
浆液浓度/格	3.2(糖量计)
浆液黏度/s	80(40℃,用恩氏黏度计测)
浆槽温度/℃	60～65
烘筒温度	热风不超过 130℃,烘筒表面<105℃
烘筒蒸汽压力/Pa	15.68×10^4,17.64×10^4,19.6×10^4,19.6×10^4,17.64×10^4(五烘筒)
线速/(m/min)	13～15

【制法】 丙烯酸及其酯聚合后,与氨反应而得。

【应用】 浆料 DTT 适用于低弹涤纶的经纱上浆,是合成纤维织造时的一种优良成膜集束材料。使用时按所需浆液浓度,将浆料 DT 溶于 60～70℃ 的热水中即可上浆。

【生产厂家】 苏州天华纺织技术服务有限公司,四川成都市油漆化工总厂,江苏新想纺织新材料有限公司。

0512 变性淀粉浆料 BA-87

【英文名】 modified starch size BA-87

【组成】 变性淀粉

【性质】 白色或类白色粉末或颗粒,在冷水中即可膨化为黏稠的浆料。浆料具有黏度稳定性好、黏着性和渗透性好、浆膜弹性好、与 PVA 浆料相容性好等特色。

【质量指标】 FZ/T 15001—2008

指标名称	指 标		
外观	白色或类白色的粉末或颗粒	白色或类白色的粉末或颗粒	白色或类白色的粉末或颗粒
水分/%	≤14.0	≤14.0	≤14.0
细度/%			
粉状(100 目筛的通过率)	≥99	≥99	≥99
颗粒状(20 目筛的通过率)	≥98	≥98	≥98
斑点/(个/cm²)	≤1.2	≤1.2	≤1.2
酸度/mL	≤1.8	≤1.8	≤1.8
pH 值			
淀粉乙酸酯	6.0～7.0	6.0～7.0	6.0～7.0
其他变性淀粉	6.0～8.0	6.0～8.0	6.0～8.0

指标名称	指　标		
灰分(干基)/%			
淀粉磷酸酯	0.85	0.85	0.85
其他变性淀粉	0.50	0.50	0.50
蛋白质含量(酶变性淀粉除外)/%	≤0.50	≤0.50	≤0.50
黏度(6%,95℃)/mPa·s	高黏度,>25	中黏度,12～25	低黏度,<12
黏度最大偏差率/%	≤15①	≤15①	≤15①
黏度热稳定性/%	高黏度,≥90	中黏度,≥85	低黏度,≥80

① 最小偏差±1mPa·s。

【制法】 用玉米淀粉经化学变性处理而得。

【应用】 广泛用于纯棉、涤棉等纱线的上浆，并可代替部分化学浆料（可替代 30%～50%的 PVA），降低浆纱成本。易于退浆，有较好的织造效果。使用时先将 BA-87 在水中浸泡 10min，投入 PVA 共同浸泡搅拌 10min，升温到 65～70℃，再 加入其他浆料和助剂等加热到 95℃。在固定体积基础上，用黏度值调整，然后保 温 30min 备用。

【生产厂家】 广西大学淀粉化工研究所，北京纺织科学研究所，巩义市富华催 干剂厂，山东恒达工贸有限公司，河北信佳生物淀粉科技有限公司等。

0513　HLK 型喷水织机专用浆料

【英文名】 sizing agent HLK for jet loom；sizing agent for jet loom

【组成】 丙烯酸、丙烯酸酯共聚物铵盐

【性质】 具有亲水和疏水两种基团，具有调浆方便、退浆容易等优点。浆纱时 渗透力强，抗静电。经丝上浆后挺括、耐磨。

【质量指标】

指标名称	指　标	指标名称	指　标
外观	淡黄色半透明胶体	pH 值	7～8
含固量/%	25±1	黏度(恩格拉)/s	56±2

【制法】 由丙烯酸、丙烯酸酯在引发剂的作用下聚合，然后将溶液用碱调整至 中性，调浆后即得到 HLK 型专用浆料。

【应用】 HLK 型浆料适用于喷水织机的锦纶、涤纶经丝上浆。

【生产厂家】 武汉远城科技发展有限公司，辽宁省海城有机化工厂。

0514　FR-SF 型喷水织机专用浆料

【英文名】 sizing agent FR-SF for jet loom

【组成】 丙烯酸类共聚物

【性质】 用于涤纶长丝高速织造的喷水织机专用浆料。溶液与硬水物质具有良 好的混用性，可无限地稀释于水中。在有酸类、多价金属离子（如铜、铝、锌和铁 离子）以及阳离子物质存在时，本品可能产生难溶沉淀物。

【质量指标】

指标名称	指　标
外观	微黄色至绿光黄色,不透明至微浑浊低黏度液体
含固量/%	25(相当于折射计值22%～23%,20℃)
pH 值(10%水溶液)	6.8～7.5
密度(20℃)/(g/cm³)	1.05
黏度(25℃,DIN 51562)/(mm²/s)	30～500
COD/(mg O₂/g)	420

【制法】　丙烯酸共聚而成。

【应用】　本品具有良好的油剂配伍性、纤维亲和力与黏结力,用于高速织造的喷水织机上浆,上浆速度快,可达500m/min,在上浆过程中会形成一层黏结性良好的薄膜,这样就有效地减少了织机与经丝的摩擦。可以用所有类型的织机来进行高效率的织造。

【生产厂家】　上海申致化工科技有限公司,无锡瑞贝纺织品实业有限公司,郑州国宏纺织品有限公司等。

0515　NBJ型喷水织机专用浆料

【英文名】　sizing agent NBJ for jet loom

【组成】　丙烯酸酯共聚物

【性质】　外观为微黄色黏稠液体,含固量25%～40%,pH值为7～8,溶于常温水及温热水中。

【质量指标】

指标名称	指　标	指标名称	指　标
外观	微黄色黏稠液体	含固量/%	25～40
pH 值	7～8		

【制法】　将丙烯酸和丙烯酸酯加入聚合釜中,加入去离子水加热溶解,加入适量的分子量调节剂,升温至40℃滴加10%的过硫酸铵水溶液,滴毕后在70～80℃下搅拌1h。用氨水中和,加入增稠剂、增塑剂调浆得成品。

【应用】　本品为喷水织机专用浆料,适用于锦纶丝、涤纶长丝及涤纶膨体纱条喷水织造的上浆。

【生产厂家】　张家港市华盛化学有限公司,浙江省宁波化工研究设计院,武汉远城科技发展有限公司,杭州市化工研究所。

0516　喷水织机浆料 SP-25

【英文名】　water jet loom sizing material SP-25

【组成】　丙烯酸、甲基丙烯酸及其酯类共聚物

【性质】　喷水织机浆料 SP-25 外观为蓝色透明胶状液体,可用水以任意比例稀释为水溶性胶状液体,无毒,不燃,不腐蚀。

指标名称	指 标	指标名称	指 标
外观	蓝色透明胶状液体	pH 值	7～8

【制法】 丙烯酸、甲基丙烯酸酯类在一定的技术条件下共聚而成。

【应用】 本品为喷水织机专用浆料，适用于涤纶、尼龙及真丝的上浆。

【生产厂家】 上海申致化工有限公司，昌邑市古城纺织浆料厂，曲阜市润海化工有限公司，泰兴市扬洗福利化工厂，湖州霞美日化有限公司。

0517 经纱上浆剂 MVAc

【英文名】 warp sizing agent MVAc；warp dressing agent MVAc

【组成】 乙酸乙烯酯与顺丁烯二酸酯的聚合物铵盐

【性质】 MVAc 经纱上浆剂外观为微黄色至棕黄色半透明黏稠液体，pH 值为 6.5～7.5，易溶于热水中，不受碱的影响，不耐酸，遇酸和重金属盐则生成难溶物质，与聚乙酸乙烯及羧甲基纤维素有较好的互溶性。

【质量指标】

指标名称	指 标	指标名称	指 标
外观	微黄色至棕黄色半透明黏稠液体	水溶性	易溶于热水
pH 值	6.5～7.5		

【制法】 由乙酸乙烯酯与顺丁烯二酸酯类乳液聚合，并用氨水中和而成。

【应用】 MVAc 能与聚乙烯醇及羧甲基纤维素混用，用作涤棉经纱上浆剂。MVAc 与 PVA 及羧甲基纤维素配合使用时，先将 PVA 及羧甲基纤维素用水溶解，加热至 90℃，保温 3h 后加氢氧化钠及有关助剂，再加 MVAc，然后加热 0.5～1h 即可上浆使用。

【生产厂家】 吴江市金诚精细化工有限公司，苏州市莱德纺化有限公司，普洱永吉生物技术有限责任公司，宝鸡市泽天化工公司。

0518 水溶性蜡 BZW-2

【英文名】 water-soluble wax BZW-2

【组成】 非离子表面活性剂，聚氧乙烯、聚氧丙烯醚及嵌段共聚物的复配物

【性质】 水溶性蜡 BZW-2 属于非离子型，外观为浅黄色片状固体，无臭，pH 值为 6～8，冷却后无漂浮物。耐冻，耐酸，耐碱，耐还原剂和氧化剂。本品无毒，不燃，不损伤皮肤。可与各类型表面活性剂混合使用，但不能同时与阳离子和阴离子表面活性剂同浴混用，否则会出现沉淀。本品具有优良的平滑性、分散性、乳化性和匀染性。

【质量指标】

指标名称	指 标	指标名称	指 标
外观	浅黄色片状固体	黏度(50℃)/mPa·s	$\geq 3 \times 10^{-5}$
含固量/%	≥99	凝固点/℃	≤40
pH 值	6～8	降黏率/%	≥80

【制法】

① 脂肪醇 →〔加聚反应〕(环氧乙烷)→〔加聚反应〕(环氧丙烷)→ 脂肪醇聚氧乙烯聚氧丙烯醚

② 环氧乙烷和环氧丙烷嵌段共聚反应。将①、②两者混配熔融搅匀再成型。

【应用】　用于纺织工业，是一种新型纺织用蜡。可降低织布断头率 60％，提高织布机工作效率 3％，能杜绝暗斑、蜡丝，提高产品质量。

【生产厂家】　山东滨州化工厂，安丘市华实化学有限责任公司，上海新诺化工有限公司，上海焦耳蜡业有限公司等。

0519　水溶性乳蜡 DHL-2

【英文名】　water-soluble textile wax DHL-2

【组成】　脂肪酸酯、聚氧乙烯、聚氧丙烯醚等

【性质】　乳白色膏状物。可与任意比例的水混合。耐酸、碱、氧化剂、还原剂，耐冻。无臭，不燃。

【质量指标】

指标名称	指标	指标名称	指标
外观	乳白色膏状物	pH 值(2％水溶液)	7～8
有效物含量/％	≥98	皂化值/(mg KOH/g)	≥60
熔点/℃	46～56		

【制法】　脂肪酸酯、聚氧乙烯、聚氧丙烯醚等按比例混合而成。

【应用】　具有优良的平滑性、分散性、乳化性。作为经纱上浆剂，在织造过程中能降低断头率、提高织布机效率，并易于退蜡。可和其他浆料混用。

【生产厂家】　陕西西安大华化工有限公司，广州市朗尔化工助剂有限公司，上海施德化学品有限公司，许昌诚达纺织原料有限公司。

0520　水溶性纺织蜡 SW-3

【英文名】　water-soluble wax SW-3

【组成】　高碳脂肪酸、脂肪醇、聚氧乙烯醚

【性质】　水溶性纺织蜡 SW-3 属于非离子型，外观为浅黄色片状物。溶于水，1％水溶液 pH 值为 6～7，退浆方便。能降低浆纱摩擦系数，增加润滑性，降低断头率。

【质量指标】

指标名称	指标	指标名称	指标
有效成分/％	100	pH 值(1％水溶液)	6～7
外观	浅黄色薄片	HLB 值	12.75
熔点/℃	47.5	最高热失重温度/℃	235
水溶性检查(1％水溶液)	分散稳定	最低热失重温度/℃	57.8

【制法】　以高碳酸及高碳醇与环氧乙烷进行加聚反应而制得。

【应用】 水溶性纺织蜡主要用于浆纱表面上蜡，保护浆膜，降低浆纱摩擦系数，增加润滑性，减小纱线断头率，对提高织造效率及布面质量起着很大作用，坯布经染色后色泽均匀。使用时，将其直接放入蜡槽，温度控制在 95℃左右，调节蜡辊压力使上蜡量控制在 0.2%～0.3%。上蜡量不宜过高，过高会在定片眼上有蜡屑，影响上蜡均匀性；上蜡量过低则会影响润滑效果。

【生产厂家】 上海施德化学品有限公司，上海助剂厂有限公司，无锡瑞贝纺织品实业有限公司，许昌市诚达纺织原料有限公司等。

参 考 文 献

[1] 周学良. 精细化学品助剂［M］. 北京：化学工业出版社，2008.

[2] 张海峰. 合理选用浆料、提高浆纱质量［J］. 印染助剂，1996，2：36-37.

[3] 王耀，王春娇. 丙烯酸酯浆料聚合研究［J］. 四川纺织科技，2004，2：12-14.

[4] ［日］深田要，一见辉彦著. 经纱上浆［M］. 刘冠洪译. 北京：纺织工业出版社，1980.

[5] 王中华. 油田化学品［M］. 北京：中国石化出版社，2001.

[6] 朱毓芷，姚予梁. SW-3 水溶性浆纱后上蜡［J］. 上海纺织科技，1986，6：17-21.

[7] 周永元. 纺织浆料学［M］. 北京：中国纺织出版社，2004.

[8] 刘馨，张晓东，黄洪颐，等. 固体丙烯酸 SA 浆料的性能与应用［J］. 棉纺织技术，1999，27（2）：31-33.

[9] 李广芬，张友权，陈雷，等. 变性淀粉在纺织工业中的应用［J］. 印染，1998，1：35-38.

[10] 张瑞文. 连续纺丝和织造用浆料技术与研究（汇编）［M］. 新乡：网络出版公司，2003.

[11] 郭腊梅. 凝聚法合成固态丙烯酸酯浆料［J］. 印染助剂，2001，1：22-23.

[12] 周菊兴. 合成树脂与塑料工艺［M］. 北京：化学工业出版社，2000.

[13] 梁豪祥，董洪才，王晓敏. SX-5 浆料的性能研究与生产应用［J］. 现代纺织技术，2001，9（1）：13-15.

[14] 王志刚. 纺织染整助剂实用手册［M］. 北京：化学工业出版社，2003.

[15] 荣瑞萍，范雪荣，曹旭勇，等. 聚丙烯酸类浆料的浆液浆膜性能［J］. 棉纺织技术，2003，31（3）：138-140.

[16] 陈涛. 纺织染整助剂手册［M］. 北京：中国轻工业出版社，2011.

第6章 净洗剂

6.1 概述

从固体表面除去污垢的过程称为洗涤，在洗涤中起主要作用的化学物质称为洗涤剂。洗涤剂与污垢以及污垢与固体表面之间发生一系列物理化学作用，如润湿、渗透、乳化、分散、增溶、发泡等，并借助于机械搅动，污垢从固体表面脱离下来，悬浮于介质中而被除去。附着在各种固体表面的污垢，用简单、安全且不损伤固体表面的去除方法，是借助于洗涤剂。洗涤剂的去污性因污垢的种类和使用条件等有很大差别，所以在实际应用中应根据各自的目的选择。

洗涤剂在纺织工业中常被称为净洗剂（detergents），洗涤剂在纤维纺织印染中应用很广。如羊毛纤维的原毛表面附着很多羊毛脂等，必须进行脱脂处理；为了提高丝绸的光泽和手感，须除去覆盖在丝绸表面的丝胶蛋白；原棉虽然几乎是纯纤维组成的，但还含有少量棉蜡和果胶等要除去；合成纤维虽然没有天然纤维那样的杂质，但在纺织加工中常常使用油剂或抗静电剂，所以要进行洗涤除去油剂；织物在染色和印花后，要除去未固色的染料等，这些都需要洗涤过程。

在纺织染整工业上，过去主要以肥皂作为净洗剂。现在已经被合成洗涤剂所取代。合成洗涤剂是一种或多种表面活性剂及助洗剂的复配品。主要是阴离子和非离子表面活性剂，如烷基磺酸盐、烷基苯磺酸盐、脂肪醇硫酸盐、油酸甲胺乙磺酸盐、烷基聚氧乙烯醚、烷基酚聚氧乙烯醚、脂肪酰乙醇胺、聚醚等，都是重要的净洗剂。阳离子和两性表面活性剂只在特殊的条件下使用，用量很少。

6.2 主要品种介绍

0601 烷基苯磺酸钠

【别名】 DBS

【英文名】 sodiumalkylbenzenesulfonate

【组成】 烷基苯磺酸钠（缩写为 ABS 或 LAS）

【分子式】 $RC_6H_4SO_3Na$

【结构式】 R—⟨⟩—SO_3Na R=C_{11}~C_{13}

【性质】 烷基苯磺酸钠属于阴离子型，外观为白色或淡黄色粉末固体。无臭，易溶于水，活性物含量为 30%～40%，不皂化物含量为 3%（以 100% 活性物计），pH 值为 7～8。耐酸，耐碱，耐硬水，耐氧化剂，耐热。无毒，不损伤皮肤。与非离子、阴离子助剂混用。本品具有去污、润湿、发泡、乳化、分散等表面活性。

【质量指标】

指标名称	指 标	指标名称	指 标
活性物含量/% 不皂化物含量（以 100% 活性物计）/%	30～40 3	pH 值	7～8

【制法】 由直链烷基苯（LAB）用三氧化硫或发烟硫酸磺化生成烷基磺酸，再中和制成。

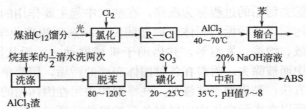

【应用】 ABS 可用作润湿剂、乳化剂、洗涤剂、分散剂。本品易氧化，起泡力强，去污力高，易与各种助剂复配，使用方便，并能提高羊毛脂的回收量。用作洗毛剂时用量为原毛或毛坯质量的 2%～3%；用于丝织物活性染料染色后处理洗涤剂，卷染染色后用 ABS 3g/L，另加纯碱 0.5g/L，绳状浸染后处理用本品 1g/L，另加纯碱 0.5g/L，需注意不能与阳离子表面活性剂同浴使用。ABS 常与 AEO 等非离子表面活性剂复配使用。ABS 最主要用途是配制各种类型的液体、粉状、粒状洗涤剂及擦净剂和清洁剂等。

【生产厂家】 广州庆盛化工有限公司，深圳市渊博化工有限公司，北京市京香化工厂，北京日化二厂，辽宁旅顺化工厂，南京金陵石化有限责任公司烷基苯厂，徐州汉高洗涤剂有限公司等。

0602　工业净洗剂 703

【英文名】 industry detergent 703

【组成】 烷基苯磺酸钠与脂肪醇聚氧乙烯醚等的复配物

【结构式】 R—⟨ ⟩—SO₃Na　ABS

RO(C₂H₄O)ₙH　AEO

【性质】 工业净洗剂 703 属于阴离子型，外观为无色或淡黄色透明液体，无异味，可与水以任意比例混溶，1% 水溶液 pH 值为 7.5～8.5，不溶于非极性溶剂。本品耐酸，耐碱，耐寒，耐热，耐氧化剂和还原剂，耐光，耐 500mg/L 以下的硬水。可与非离子、阴离子、两性表面活性剂或染料混用，但不能与阳离子化合物同浴使用。本品对皮肤无刺激、无毒，对生物无伤害，生物降解性能好。具有优良的净洗、渗透、乳化、去污和扩散性能，对棉、麻、毛、化纤及染料有一定亲和力。

【质量指标】

指标名称	指 标	指标名称	指 标
外观	无色或淡黄色透明液体	耐硬水/(mg/L)	≤500
pH 值(1%水溶液)	7.5~8.5		

【制法】 将 ABS 与 AEO 及助洗剂复配而成。

【应用】 可用作印染助剂及工业净洗剂。使用此产品时,温度不宜超过100℃,pH 值不宜低于 3,否则会影响各种性能。当冬天温度低于−2℃时,产生乳白色沉淀,可摇匀使用,不会影响使用性能。

【生产厂家】 南京洗涤剂厂。

0603 工业洗涤剂 YR-301

【英文名】 industry detergent YR-301

【组成】 主要成分为烷基苯磺酸钠

【结构式】 R—⟨苯环⟩—SO₃Na

【性质】 工业洗涤剂 YR-301 属于阴离子型,外观为白色或淡黄色膏状物。溶于水,pH 值为 8~9,耐碱,耐弱酸,耐硬水,不与金属盐形成沉淀,无毒,对皮肤无刺激。可与非离子、阴离子表面活性剂混用。本品具有洗涤、乳化、扩散、渗透、促染、匀染、脱脂等性能。

【质量指标】

指标名称	指 标	指标名称	指 标
外观	白色或淡黄色膏状物	杂质/%	≤0.5
水溶性	可溶	pH 值	8~9
活性物含量/%	≥28~30		

【制法】 由阴离子表面活性剂为主,复配其他表面活性剂而制得。

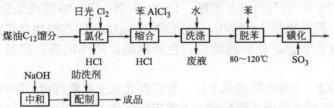

【应用】 工业洗涤剂 YR-301 可用作棉布煮练助剂,在棉、麻、毛、丝、化纤等织物印染前处理和后处理,可缩短煮练时间和洗涤时间。用作洗毛剂时,用量为原毛或毛坯质量的 2%~3%,去污及去油效果均佳,并能提高羊毛脂的回收率。还用作丝织物染色后的洗涤剂。丝织物染色后 YR-301 用作后处理洗涤剂,在卷染染色后处理时用 YR-301 3g/L,另加 Na₂CO₃ 0.5g/L;绳状浸染时染色后处理用YR-301 1g/L,另加 Na₂CO₃ 0.5g/L。使用时将本品加入适量温水中,充分搅拌溶解后,再放入被洗涤物进行洗涤,洗液浓度一般要大于 0.2%。

【生产厂家】 辽宁本溪市石油化学厂,北京日化二厂。

0604　净洗剂 LS

【别名】　力散泊 LS（Lissapol LS）；对甲氧基脂肪酰氨基苯磺酸钠

【英文名】　detergent LS

【组成】　对甲氧基脂肪酰氨基苯磺酸钠

【分子式】　$C_{25}H_{46}NNaO_5S$

【结构式】　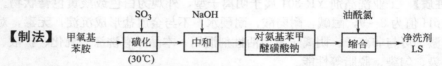

【性质】　本品为米棕色粉末，易溶于水，耐酸，耐碱，耐硬水，耐一般电解质，耐煮沸，不耐次氯酸盐漂白液，具有优良的钙皂分散、洗涤、渗透、起泡、乳化、匀染、柔软等性能。属于阴离子表面活性剂。

【质量指标】

指标名称	指标	指标名称	指标
活性组分含量/%	≥65	洗涤力	与标准品近似
扩散力（与标准品比）/%	100±5	pH 值	7~8

【制法】

```
                    SO3        NaOH                                    油酰氯
甲氧基   →    磺化    →    中和    →    对氨基苯甲    →    缩合    →   净洗剂
苯胺         (30℃)                    醚磺酸钠                          LS
```

【应用】　用作毛织品的净洗和渗透助剂，也用于活性染料、冰染染料的印染织物后处理、去除浮色等。用作净洗剂和钙皂扩散剂，适用于高级毛织品的净洗和渗透，能使织物手感柔软、丰满，亦可作还原酸性染料的匀染剂。用作钙皂分散剂，在硬水中与肥皂拼用不产生钙皂沉淀。如织物上有钙皂沉积，用 1g/L 的 LS 溶液去除。毛织品的净洗，原毛、毛纱、绒线均可用本品洗涤，洗后手感柔软，不毡缩，用量为 1~2g/L。印染织物在皂煮、冰染的染料显色浴中常有污垢，容易积聚于织物表面，加 1~1.5g/L LS 溶液、1~2g/L Na_2CO_3 溶液洗涤去除。还原染料用量为 1g/L，活性染料 1~2g/L，Na_2CO_3 0.5g/L。印花织物皂煮液中加 LS 0.3~1g/L，可防止沾色，使白地洁白，色泽鲜明。用作助染，用量为织物质量的 0.2%~0.4%。

【生产厂家】　上虞市第四化工厂，浙江劲光化工有限公司，徐州成正精细化工有限公司，浙江闰土股份有限公司，上虞市创峰化工厂。

0605　胰加漂 T

【别名】　依捷邦 T；FX 洗涤剂；万能皂；洗涤之王；（Z）-2-(甲基氧代-9-十八碳烯基）氨基乙磺酸钠盐；洗涤剂 808；净洗剂 209；N,N-油酰甲基牛磺酸钠；洗涤剂 209；N-油酰基-N-甲基牛磺酸钠

【英文名】　Igepon T；Hostapon T；detergent 209

【组成】　N,N-油酰甲基牛磺酸钠

【分子式】　$C_{21}H_{40}NNaO_4S$

【性质】 外观为淡黄色胶状液体，温度低于 10℃时，放置一段时间后，发生浑浊，流动性下降，但温度升高时，又自动恢复原状，质量不发生变化。本品呈微碱性，易溶于热水，在冷水中溶解较慢。其 0.1%的溶液在 pH 值为 11~12 的碱性介质中不浑浊，也无沉淀。本品有优良的净洗、匀染、渗透及乳化性能，其净洗能力在有电解质存在时有所提高（食盐比硫酸钠效果更佳）。净洗能力、钙皂扩散能力优于太古油。在酸、硬水和金属盐中不受影响，泡沫稳定性良好。

【质量指标】

指标名称	指 标	指标名称	指 标
外观	淡黄色胶状液体	氯化物/%	≤6.0
不皂化物/%	≤2.0	乙醇不溶物/%	<1.0
脂肪酸皂/%	≤2.0	pH 值	7.2~8.0
有效成分/%	≥18		

【制法】 首先用油酸和三氯化磷反应制备油酰氯，然后用油酰氯与甲氨基乙基磺酸钠进行酰基化反应。最后调 pH 值至 7.2~8.0。

【应用】 胰加漂 T 广泛用于印染工业，在毛纺和丝纺工业中用作精练剂、洗涤剂、匀染剂。在香波配制中用作发泡剂、清洗剂。用作毛织品染色前处理时用量为 0.5~1.0g/L，在 30~40℃下处理 20min。特别适于毛纤维的染色前处理及洗涤，用量为 1~2g/L。亦可用作阳离子染料的渗透剂及蚕丝织物染色的匀染剂。在纺织印染行业中广泛用于染、漂、练、洗等工序的净洗、去污、匀染、乳化等。还用于毛、棉、麻、丝等织物的煮练、洗涤及染色等。

【生产厂家】 上海金山经纬化工有限公司，东莞市宝利格纺织助剂厂，武汉银河化工有限公司，武汉远城科技发展有限公司。

0606 双鲸 AMT-L 洗涤剂

【别名】 甲基月桂酰基牛磺酸钠；月桂酰基甲基牛磺酸钠；2-甲基-1-氧十二烷基氨基乙烷磺酸钠

【英文名】 Shuang Jing AMT-L detergent；sodium lauroyl methyl taurate；sodium 2-[methyl(1-oxododecyl)amino]ethanesulphonate

【组成】 月桂酰基甲基牛磺酸钠

【分子式】 $C_{15}H_{30}NNaO_4S$

【性质】 月桂酰基甲基牛磺酸钠俗称 AMT-L 洗涤剂，乳白色膏状体，易溶于水，与阴离子、非离子、两性表面活性剂有良好的配伍性，在弱碱、硬水和金属盐溶液中有良好的稳定性。适用于配制各类中高档洗发液、洗面奶和浴液等化妆用品，赋予毛发和皮肤温和、滋润、滑爽的感觉；也可用作毛纺和丝绸印染工业的精练剂、净洗剂。

【质量指标】

指标名称	指 标	指标名称	指 标
外观	乳白色膏状体	pH 值	7.2~8.0
活性物含量/%	≥40	氯化钠含量/%	≤9.5

【制法】 由月桂酰氯和甲基牛磺酸钠缩合反应而成。

【应用】 AMT-L 洗涤剂可用作毛纺、丝绸及印染工业的精练剂和净洗剂。

【生产厂家】 上海圣亚化工有限公司，沈阳市永洁洗化原料有限公司。

0607 表面活性剂 SAS

【别名】 $C_{13}\sim C_{17}$ 仲烷基磺酸钠

【英文名】 surface active agent SAS；sodium alkylbenzene sulfonate

【组成】 仲烷基磺酸钠

【分子式】 $C_{13\sim 17}H_{27\sim 35}SO_3Na$

【结构式】 $CH_3—(CH_2)_m—CH—(CH_2)_n—CH_3 \quad m+n=10\sim 14$
$$\qquad\qquad\qquad\quad | \\ \qquad\qquad\qquad SO_3Na$$

【性质】 浅黄色膏状物，易溶于水。有良好的去污力、起泡力、乳化力和润湿力。在较广泛的 pH 值范围内稳定，耐酸、碱，耐高温，抗氧化力强，生物降解性好。

【质量指标】

指标名称	指标	指标名称	指标
外观	浅黄色膏状物	渗透力(4g/L)/s	3～5
pH 值	7±1	盐含量/%	≤4
含量/%	≥60		

【制法】 用氯磺酸对脂肪醇进行磺化，然后用氢氧化钠水溶液中和、漂白，后处理得成品。

【应用】 主要用于渗透剂、精练剂及洗涤剂。SAS 是一种优良的阴离子表面活性剂，渗透力可与 JFC 和快 T 相当，在强碱、高温、氧化剂存在下，仍具有优越的渗透、乳化、脱脂、净洗能力。是耐高温、强碱的前处理剂的理想原料，广泛应用于棉、麻、毛、丝等天然纤维的脱脂、脱蜡、脱胶、脱油等，是印染一浴法前处理工艺的渗透剂和煮练剂，印染分散剂、助染剂、化纤油剂和毛油添加剂的常用原料。

【生产厂家】 广州市君鑫化工科技有限公司，杭州杭源科技有限公司，上海星天外贸易有限公司，沈阳兴正和化工有限公司，武汉华东化工有限公司。

0608 净洗剂 210

【别名】 N,N-油酰双牛磺酸钠

【英文名】 detergent 210

【组成】 N,N-油酰双牛磺酸钠

【结构式】 $C_{17}H_{33}CON(CH_2CH_2SO_3Na)_2$

【性质】 淡黄色至黄色稠厚胶状体。能耐酸、碱、盐。耐硬水，生物降解性能好。

【制法】 首先用油酸和三氯化磷反应制备油酰氯，然后用油酰氯与双牛磺酸钠进行酰基化反应。最后调 pH 值获得成品。

【应用】　本品是离子型表面活性剂。用于针织、毛纺、丝绸等印染工业作为洗涤剂、煮练剂和精练剂，具有渗透、匀染、乳化、柔软等优良效果。

【生产厂家】　郑州卓发商贸有限公司，江山市奥博清洗有限公司。

0609　双鲸 209 洗涤剂

【别名】　209 洗涤剂

【英文名】　Shuang Jing 209 detergent

【组成】　油酰基甲基牛磺酸钠，洗涤剂主要成分是胰加漂 T

【性质】　微黄色至黄色胶状体，易溶于热水，在冷水中溶解较慢；属于阴离子表面活性剂；与阴离子、非离子、两性表面活性剂有良好的配伍性；在弱酸、弱碱、硬水和金属盐溶液中有良好的稳定性。

【质量指标】

指标名称	指标	指标名称	指标
外观	微黄色至黄色胶状体	脂肪酸皂含量/%	≤2
活性物含量/%	≥19	不皂化物含量/%	≤2
pH 值(10%水溶液)	7.2～8.5	氯化钠含量/%	≤5

【制法】　以胰加漂 T 为主要成分，配以其他助剂制成。

【应用】　本品可用作毛纺和丝纺工业的精练剂和净洗剂，亦是日化工业中洗发精、洗发膏和清洗剂的重要原料。对各种纤维、毛发、丝绸有良好的洗涤作用。在毛纺工业中用于印染后洗去浮色以及缩毛、缩绒处理；用于丝绸脱脂洗涤，一般用量为 1～2g/L。

【生产厂家】　上海金山双鲸洗涤剂厂，上海合成洗涤剂三厂。

0610　双鲸 OB-2 表面活性剂

【别名】　OB-2 表面活性剂

【英文名】　Shuang Jing OB-2 surface active agent

【组成】　氧化叔胺

【结构式】　$RN^+(CH_2CH_2OH)_2O^-$　R＝十二烷链烃

【性质】　无色至微黄色透明黏稠液体；属于两性表面活性剂。能与阳离子、阴离子、非离子表面活性剂配伍；不宜在 100℃以上长时间加热。

【质量指标】

指标名称	指标	指标名称	指标
外观	无色至微黄色透明黏稠液体	色度/Hazen	≤100
活性物含量/%	28～32	pH 值(10%水溶液)	6.0～8.0
游离胺含量/%	≤2.0	过氧化物含量/%	≤0.2

【制法】　叔胺与过氧化氢反应制得。

【应用】　本品可用作香波、液体洗涤剂的主要原料，有增稠、增泡和稳泡特性，还能缓解某些阴离子表面活性剂对皮肤的刺激，并具有优良的抗静电、柔软和除臭性能。

【生产厂家】 上海金山经纬化工有限公司，佛山市南海区狮山科誉新材料有限公司，北京石大奥德科技有限公司，安阳博奥生物新合成有限公司，北京沃太斯环保科技发展有限公司。

0611 双鲸 409 洗涤剂

【英文名】 Shuang Jing 409 detergent

【组成】 磺化酰胺型阴离子表面活性剂

【性质】 409 洗涤剂属于阴离子型，pH 值为 7.2～8.5。外观为乳白色膏体，易溶于水，与阴离子、非离子、两性表面活性剂配伍性良好；在弱酸、弱碱、硬水和金属盐溶液中稳定性良好。

【质量指标】

指标名称	指标	指标名称	指标
外观	乳白色膏体	脂肪酸皂/%	≤4
活性物含量/%	≥40	不皂化物/%	≤4
pH 值	7.2～8.5	盐分/%	≤10

【制法】 参考胰加漂 T 的制法。

【应用】 409 洗涤剂用于配制洗发香波、洗发膏、洗面奶、浴用香波等洗涤类精品。对皮肤、毛发刺激性低微，无过敏性，洗后毛发和皮肤柔顺、舒适、滋润、滑爽、美观，在保质期内无外界促变因素不会自行腐败。此外，还具有去污、渗透、乳化、扩散、发泡、钙皂分散和降解等优异特性。在毛纺、丝绸、印染、电镀等行业的精品加工方面也可使用，为 209 系列产品的升级换代产品之一。

【生产厂家】 上海事好化工有限公司，上海杰丽清洁用品有限公司。

0612 双鲸 CAB-30 两性表面活性剂

【别名】 CAB

【英文名】 Shuang Jing CAB-30 amphiprotic surface active agent；N(3-co-coamidopropyl)-betaine；cocoamidopropyl betaine

【组成】 椰油酰氨基丙基甜菜碱

【结构式】 $RCONH(CH_2)_3N^+(CH_3)_2CH_2COO^-$　　R＝椰油基

【性质】 CAB 是一种极其温和的两性表面活性剂，淡黄色澄清状低黏液体，对皮肤、眼黏膜无刺激、无过敏性反应。能与阴离子、阳离子、非离子表面活性剂配伍，而得到透明的液体或胶体；其泡沫稳定、细腻；与阴离子表面活性剂复配，在 pH 值为 5.5～8 条件下，能提高料体黏度，增稠效果明显。

【质量指标】

指标名称	指标	指标名称	指标
外观	淡黄色澄清状低黏液体	氯化钠/%	≤3
气味	无异味	色度/Hazen	≤300
总含固量/%	35	pH 值(10%水溶液)	5.5～8
活性物含量/%	30±2		

【制法】　由椰油酸与 N,N-二甲基亚丙基二胺反应后，再与氯代脂肪酸盐反应制得。

【应用】　广泛用于中高级香波、浴液、洗手液、泡沫洁面剂等及家居洗涤剂配制中；是制备温和婴儿香波、婴儿泡沫浴、婴儿护肤产品的主要成分；在护发和护肤配方中是一种优良的柔软调理剂；还可用作洗涤剂、润湿剂、增稠剂、抗静电剂及杀菌剂等。在复配香波和浴液中用量为 3%～10%；在美容化妆品中用量为 1%～2%。

【生产厂家】　南昌市迪龙化工科技有限公司，湖州佳美生物化学制品有限公司，北京石大奥德科技有限公司，安阳博奥生物新合成有限公司，北京沃太斯环保科技发展有限公司。

0613　双鲸 AGS 表面活性剂

【英文名】　Shuang Jing AGS surface active agent；sodium salt N-acylgluta-mate

【组成】　脂肪基 N-酰基谷氨酸盐

【性质】　AGS 属于阴离子型，外观为浅黄色透明液体，pH 值（20℃，10%水溶液）为 6.5～8.5，易溶于水，能与阴离子、非离子、两性表面活性剂配伍混用。在弱酸、弱碱和硬水溶液中有良好的稳定性，能使毛发柔润、光亮，刺激性极低；能赋予羊毛、丝绸松软的手感。

【质量指标】　沪 Q/YQRD5—91

指标名称	指标	指标名称	指标
外观	浅黄色透明液体	pH 值(20℃,10%水溶液)	6.5～8.5

【制法】　由脂肪酸与谷氨酸盐反应制得。

【应用】　AGS 用于羊毛、丝绸整理洗涤剂，能赋予松软手感，用于毛纺工业中染色、印染后去除浮色、缩毛、缩绒处理等，可用作配制无过敏、低刺激的高档洗发精、洗面奶、浴液及家用洗涤剂。还可配制金属清洗剂，有防锈效果，亦用在矿物浮选、石油开采等方面。

【生产厂家】　长沙普济生物科技有限公司，上海合成洗涤剂三厂，北京石大奥德科技有限公司，安阳博奥生物新合成有限公司，北京沃太斯环保科技发展有限公司。

0614　雷米邦 A

【别名】　613 洗涤剂

【英文名】　Lamepon A；Lamepon Anitrate

【组成】　N-油酰基多缩氨基酸钠

【结构式】　$C_{17}H_{33}CONHR(CONHR)_nCOONa$

【性质】　它属于阴离子型表面活性剂，外观为红棕色黏稠液体，有氨基酸气味，但无臭味，易溶于水。耐碱，耐硬水，不耐酸，在弱酸溶液中稳定，pH 值在 5 以下时分解析出沉淀。易吸潮，对钙皂有良好的分散能力。有良好的保护胶体及乳化性能，有扩散、洗涤、渗透、匀染性能。

【质量指标】

指标名称	指标	指标名称	指标
外观	红棕色黏稠液体	氯化钠/%	3
水分/%	55～60	pH 值	在弱酸及碱性溶液中
含固量/%	35～40		稳定,pH 值＜5 时
有效物/%	≥28		有沉淀析出

【制法】 制备过程包括水解、压滤、脱钙、浓缩得氨基酸，氨基酸与油酰氯缩合得成品。

【应用】 使用时宜用水冲稀，如果与少量碳酸钠同时使用，其去污性能更佳。主要用于丝绸精练剂、直接染料匀染剂、丝绸羊毛洗涤剂、纤维保护剂、柔软剂、艳色剂、润湿剂、净洗剂、金属表面的除污剂等，又是制革皮毛行业的脱脂剂、加脂助剂等。本品在洗涤织物时可代替肥皂使用，也可作为胰加漂 T、渗透剂 BX 和扩散剂平平加 O 的代用品，在染色中可代替土耳其红油。

【生产厂家】 武汉富鑫远科技有限公司，浙江嘉兴纺织助剂厂，杭州好你生物化工有限公司，孝感深远化工有限公司，武汉银河化工原料有限公司等。

0615　十二烷基硫酸钠

【别名】 月桂基硫酸钠；十二醇硫酸钠；十二烷基硫酸酯钠盐；月桂醇硫酸酯钠；AS(K12)

【英文名】 sodium dodecyl sulphate

【组成】 十二烷基硫酸钠盐

【结构式】 $CH_3(CH_2)_{10}CH_2{-}O{-}\overset{\displaystyle O}{\underset{\displaystyle O}{S}}{-}O^-Na^+$

【性质】 十二烷基硫酸钠是一种阴离子表面活性剂，外观为白色或浅黄色粉末，微有特殊气味，无毒。易溶于水，微溶于醇，不溶于氯仿、醚。熔点180℃，可燃。常制成溶液，与阴离子、非离子表面活性剂配伍性好，具有良好的乳化、起泡、发泡、渗透、去污和分散性能，泡沫丰富，生物降解快，但水溶程度次于脂肪醇聚氧乙烯醚硫酸钠（简称 AES）。其洗涤性能比烷基磺酸钠和烷基苯磺酸钠为优，但它在酸性溶液中稳定性较烷基苯磺酸钠差，热稳定性亦不强。

【质量指标】

指标名称	指标	指标名称	指标
外观	白色或浅黄色粉末状,不结团	无机盐含量($NaCl+Na_2SO_4$)/%	≤5.5
		水分/%	≤3.0
活性物含量/%	≥90	pH 值(1%水溶液)	7.5～9.5
石油醚可溶物含量/%	≤2.0	白度/%	≥65

【制法】 将十二醇先用硫酸化试剂进行硫酸化反应，再用烧碱中和即制得。

【应用】 十二烷基硫酸钠具有优异的去污、乳化和发泡能力，可用作洗涤剂和纺织助剂，广泛用于丝、毛精细织物的洗涤，也用于棉、麻织物的洗涤，亦可与非离子型洗涤剂复配制成液体或固体粉末状洗涤剂。也用作阴离子型表面活性剂、牙膏发泡剂、矿井灭火剂、灭火器的发泡剂、乳液聚合乳化剂、医药用乳化分散剂、金属选矿的浮选剂、洗发剂等化妆用品。

【生产厂家】 沈阳鑫中特洗涤化工原料有限公司，河南金海化工有限公司，上海棋成实业有限公司，北京合成洗涤剂厂等。

0616 脂肪醇聚氧乙烯醚硫酸钠

【别名】 十二醇聚氧乙烯醚硫酸钠；月桂醇聚氧乙烯醚硫酸酯钠盐；磺化平平加盐；AES

【英文名】 dodecanol polyoxyethylene ether sodium sulfate

【组成】 脂肪醇聚氧乙烯醚硫酸钠

【结构式】

【性质】 AES属于阴离子型表面活性剂，外观为淡黄色油状液体，稍有特殊气味。因将聚乙二醇型非离子型表面活性剂的末端羟基进行硫酸化，提高了水溶解性和起泡性。能溶于水、乙醇，具有良好的洗涤性、扩散性，易产生大量泡沫，具有抗静电性、平滑性、柔软性，去污能力强，还有增溶作用，浊点较高，pH值为$6.0\sim7.0$。

【质量指标】 GB/T 13529—2003 乙氧基化烷基硫酸钠

指标名称	指标	指标名称	指标
外观	淡黄色油状液体	活性物/%	≥24
pH值	$6.0\sim7.0$	无机盐/%	≤3.0

【制法】 主要采用磺化中和法。以聚氧乙烯脂肪醇醚为原料，与硫酸进行磺化，然后用氢氧化钠溶液进行中和而成。

【应用】 AES主要用作透明液体香波等化妆品的洗涤剂，具有优良的去污洗涤性和扩散性，起泡迅速，在低温下仍能使溶液保持透明，并且极易被盐类所增稠。通常需与泡沫助剂和泡沫稳定剂复配。在纺织工业中除了可用作洗涤剂成分之外，还可用作合成纤维油剂的主要组分，它能较好地调整纤维之间的动静摩擦系数，具有抗静电性、平滑性、柔软性，并能提高纤维的吸湿性。

【生产厂家】 深圳三利化学品公司，辽阳新宁化工有限公司，济南德旺化工有限公司，四川蓉兴化工有限责任公司，焦作市维联精细化工有限公司。

0617 阴离子表面活性剂 ASEA

【英文名】 anionic surface active agent ASEA

【组成】 脂肪醇硫酸酯单乙醇胺盐

【结构式】 $ROSO_3NH_2CH_2CH_2OH$

【性质】　ASEA 为阴离子型表面活性剂，外观为淡黄色油状液体。pH 值为 7～9。可用任意量水稀释。可与非离子、阴离子及两性表面活性剂同浴使用，忌与阳离子表面活性剂混用。具有刺激性低、泡沫丰富、去污力强等特性，洗后毛发易漂洗，能赋予纤维、毛发以柔软的特性。

【质量指标】

指标名称	指　标	指标名称	指　标
外观	淡黄色油状液体	活性物/%	30±2
pH 值	7～9		

【制法】　以脂肪醇和三氧化硫或硫酸为原料，进行磺化而生成脂肪醇酸酯后，用单乙醇胺中和而制得。

$$脂肪醇 \xrightarrow[\text{三氧化硫}]{\text{硫酸}} 硫酸酯 \xrightarrow[\text{中和}]{\text{单乙醇胺}} ASEA$$

【应用】　本品可配制各种洗涤剂，如洗毛衣、洗地毯以及洗化纤织物的洗涤剂；也可配制高档的洗发香波、浴液、液体皂等洗涤剂，不损伤纤维，并达到光亮柔和效果。是中高档洗涤用品理想的原料。

【生产厂家】　江苏海安县国力化工有限公司，上海合成洗涤剂三厂，北京石大奥德科技有限公司，安阳博奥生物新合成有限公司，北京沃太斯环保科技发展有限公司。

0618　尼纳尔

【别名】　6501；704；稳泡剂 CD-110；烷醇酰胺

【英文名】　Ninol；cocamide CDEA；diethanolamine of coconut oil

【组成】　椰油脂肪酸二乙醇酰胺

【结构式】　$C_{11}H_{25}CON(CH_2CH_2OH)_2$

【性质】　属于非离子型表面活性剂，外观为淡黄色黏稠液体。具有润湿、净洗、乳化、柔软等性能，对阴离子表面活性剂有较好的稳泡作用。pH 值为 9，易溶于水，起泡性特别强，对水具有高效增稠作用。对动物油、植物油具有良好的脱油力，有显著的悬浮污垢作用，有防止钢铁生锈的功能，与肥皂一起使用时，耐硬水性能好。

【质量指标】

品名	外观(25℃)	胺值/(mg KOH/g)	pH 值(1%水溶液)	HLB 值
6501(1：1)	淡黄色黏稠液体	50	9～10.5	3～7
6501(1：1.5)	淡黄色黏稠液体	80～120	9～11	14～18
6501(1：2)	淡黄色黏稠液体	120～160	9～11	24～28

【制法】　由月桂酸和二乙醇胺经缩合而制得。

$$C_{11}H_{23}COOH + NH(CH_2CH_2OH)_2 \longrightarrow C_{11}H_{23}CON(C_2H_4OH)_2 + H_2O$$

【应用】　尼纳尔广泛应用于各种化妆品和表面活性剂制品中，是液体洗涤剂、液体肥皂、洗发剂、清洗剂、洗面剂等各种化妆用品中不可缺少的原料。是丙纶等合成纤维纺丝油剂的组分之一。用于合成洗涤剂中具有良好的发泡、稳泡性能，可提高泡沫稳定性、增强去污能力。在纺织印染工业中，用作织物的洗涤剂及其他洗涤剂的配料和增稠剂。可用于配制金属防锈洗涤剂和涂料剥离剂等。另外，还用作润湿剂、乳化剂、净洗剂、纤维柔软剂等，并广泛用于鞋油、印刷油墨、绘图用品等。

【生产厂家】 江苏省海安石油化工厂，河北省邢台蓝星助剂厂，淄博海杰化工有限公司，淄博市淄川创业油脂化工厂，济南宝利源化工有限公司。

0619 还原清洗剂 CONC

【英文名】 reduced detergents CONC；RDC-CONC

【组成】 非离子表面活性剂

【性质】 属于非离子表面活性剂，白色粉末，易溶于温水，低泡沫型。RDC-CONC 能持续保持超强的还原力，可去除纤维表面上残留的分散染料，其性能卓越；还可提高染色牢度、水洗牢度及摩擦牢度。

【质量指标】

指标名称	指标
外观	白色粉末
离子性	非离子
pH 值(1%水溶液)	10.5±1.0
相对密度(25℃)	1.05±0.05
溶解度	易溶于 40℃以上温水
储藏稳定性	原包装、密封、阴凉、干燥的环境下至少能保存 1 年
相容性	可与阴离子、非离子及阳离子物质并用

【应用】 RDC-CONC 是涤纶及其混纺织物的还原清洗剂。可改善染色牢度、水洗牢度及摩擦牢度。有很强的还原力，有卓越的从纤维上去除分散染料残余物的能力。即使不加保险粉单独使用，也能发挥超强的还原净洗力，工艺方便简单。RDC-CONC 根据被染织物种类及颜色的深浅，其标准用量为 1～4g/L。

【生产厂家】 宁波市鄞州绿色洗涤剂厂，无锡宜澄化学有限公司，湖北兴银河化工有限公司，佛山市纺聚科技有限公司。

0620 清洗剂-100

【别名】 RCP-100；染机清洗剂

【英文名】 detergents-100

【组成】 非离子表面活性剂

【性质】 RCP-100 为均匀液体，易分散在冷水中，主要用于去除染色、洗涤等过程中沉积于设备上的各种聚合物。

【质量指标】

指标名称	指标
外观	均匀液体

指标名称	指标
离子性	非离子
相对密度(25℃)	1.25±0.05
溶解度	易分散于冷水
储藏稳定性	原包装、密封、阴凉、干燥的环境下至少能保存1年
相容性	可与阴离子、非离子及阳离子物质并用

【应用】 RCP-100主要在机器设备进行清洗时使用，用于去除染色、洗涤过程中沉淀的各种影响增艳的聚合物。使用时需戴上胶手套、口罩、眼罩，用滴有RCP-100的抹布擦洗被沾污的地方。然后往机器上喷洒清水，用抹布来回擦洗，用清水彻底冲洗机器，使残留的RCP-100减少至最少，因为残留RCP-100会降低促染剂的增深增艳的效果。染机洗涤RCP-100用量为3~5g/L，把织物放进机器里启动升温至135℃，洗涤60min。若有不慎吸入、摄入或溅入眼睛等紧急情况出现，应参考促染剂DK-900P的处置方法。

【生产厂家】 宁波市鄞州绿色洗涤剂厂，无锡宜澄化学有限公司，湖北兴银河化工有限公司，佛山市纺聚科技有限公司。

0621　净洗剂 AN

【别名】 脂肪醇聚氧乙烯醚复配物

【英文名】 detergent AN

【组成】 以脂肪醇聚氧乙烯醚为主要成分，与阴离子表面活性剂等的复配物

【性质】 棕色液体，易溶于水，属于阴离子表面活性剂，具有优良的洗涤力、润湿、渗透性能，耐酸、耐碱、耐硬水。可与阴离子和非离子表面活性剂混用，但不宜与阳离子表面活性剂同浴使用。

【质量指标】

指标名称	指标	指标名称	指标
pH值(1%水溶液)	8~10	无机盐含量/%	<10
含固量/%	≥50		

【制法】 用脂肪醇聚氧乙烯醚与阴离子表面活性剂等复配而成。

【应用】 净洗剂AN主要用于黏胶纤维、锦纶、涤纶、涤棉织物的净洗。处理后织物没有水渍、黄渍等疵斑，织物强力不受损失，并且色泽鲜艳。净洗剂AN使用时先用1~3倍水稀释，再将其涂于油污处，经过练浴处理，油污被除去；也可用净洗剂AN直接加入清洗浴中。净洗剂AN初练浴用量为3g/L，复练浴用量为1g/L，温度95~100℃，时间90min。

【生产厂家】 上海助剂厂有限公司，江山市奥博清洗有限公司，徐州成正精细化工有限公司，浙江闰土股份有限公司，上虞市创峰化工厂等。

0622　净洗剂 JU

【别名】 欧特拉文（Ultravan JU）

【英文名】　detergent JU

【组成】　脂肪醇聚氧乙烯醚

【结构式】　$R—O(CH_2CH_2O)_nH$　$R=C_{12}\sim C_{18}$烷基，$n=4\sim 9$

【性质】　净洗剂 JU 属于非离子型，外观为浅黄色透明液体。可溶于水，pH值为 $5\sim 7$（1%水溶液），浊点 $40\sim 50℃$，耐酸，耐碱，耐硬水。可同各种表面活性剂复配混用，具有优良的洗涤、乳化、分散及润湿性能。

【质量指标】

指标名称	指标	指标名称	指标
外观(25℃)	浅黄色透明液体	扩散力(与标准品比)/%	≥100
pH 值(1%水溶液)	5~7	洗涤力	不低于标准品
浊点(1%水溶液)/℃	40~50		

【制法】　在加压下用脂肪醇与环氧乙烷聚合而成。

【应用】　用作织物的各类加工助剂。本品具有强大的净洗、扩散等性能，可以广泛应用于棉、黏胶纤维、蚕丝、锦纶、腈纶、丙纶、氯纶等各种混纺织物的加工。用于活性、分散等染料印花织物去除浮色，可在低温下处理，避免织物白地沾污，一般用量为 $0.1\sim 0.5g/L$。可以擦洗成品上的油污，特别是对蚕丝成品的去油污斑点很有效。用于分散、还原等染料的染浴中作为分散剂，用量以 $0.1\sim 0.5g/L$ 为宜。用于腈纶的染色前处理，洗涤油污，处理温度 $50℃$，净洗剂 JU 用量为 $0.8\sim 1g/L$。用于腈毛混纺织物高压一浴法染色工艺，一般用量在 0.5% 左右。净洗剂 JU 洗涤力在 $40℃$ 最好，用作乳化剂时，其用量为被乳化油质量的 10%。

【生产厂家】　武汉市合中生化制造有限公司，邢台市蓝天精细化工有限公司，徐州成正精细化工有限公司，浙江闰土股份有限公司，上虞市创峰化工厂等。

0623　净洗剂 FAE

【别名】　聚氧乙烯脂肪醇醚 FAE；乳化剂；碱性渗透剂

【英文名】　detergent FAE；cleanser FAE

【组成】　脂肪醇与环氧乙烷的聚合反应物

【结构式】　$R—O(CH_2CH_2O)_nH$　$R=C_{12}\sim C_{18}$烷基，$n=4\sim 9$

【性质】　乳黄色糊状物。溶于极性溶剂，如水、醇。

【质量指标】

指标名称	指标	指标名称	指标
浊点/℃	≥40	pH 值	4~7

【制法】　以脂肪醇和环氧乙烷为原料，在碱性催化剂存在下经缩合而制得。

【应用】　主要用作纺织印染的整理剂、纤维柔软剂、碱性渗透剂、乳化稳定剂、金属清洗剂。在金属清洗中还具有防锈作用。

【生产厂家】　武汉远城科技发展有限公司，上海磊泉化工有限公司。

0624　洗涤剂 P

【英文名】 detergent P

【组成】 非离子和弱阳离子有机硅的混合物

【性质】 洗涤剂 P 属于弱阳离子型，外观为黄色黏稠状液体，pH 值为 6～7，具有脱脂、去油污性能。能赋予织物蓬松、柔软手感，对皮肤无刺激，并有消毒作用。

【质量指标】

指标名称	指标	指标名称	指标
外观	黄色黏稠状液体	pH 值	6～7

【制法】 将有机硅弱阳离子表面活性剂与非离子表面活性剂复配而成。

【应用】 洗涤剂 P 可作为羊毛、羽绒等物品的优良洗涤剂，在室温或低温下能使用。洗涤后赋予织物蓬松、柔软手感，对皮肤无刺激。可改善羊毛缩绒、羽绒脱脂（用量为干鸭绒的 2%～5%）清洗工艺，新工艺只需一道工序即可达到脱脂柔软效果，使羊毛、羽绒同时被消毒，日后不易生虫，也可用作金属清洗剂（室温下用 1% 水溶液）、高级呢绒洗涤剂（室温下用 1%～2% 水溶液）。

【生产厂家】 上海助剂厂有限公司。

0625　净洗剂 LD

【英文名】 detergent LD

【组成】 多种非离子和阴离子表面活性剂的复配混合物

【性质】 浅黄色液体。稍有芳香气味。易溶于水。水溶液呈微碱性，且有滑腻的肥皂感，在低温时有分层现象，但不影响产品质量。

【质量指标】

指标名称	指标	指标名称	指标
外观	浅黄色液体	pH 值	7.5～9
含固量/%	≥15		

【制法】 将 125kg 烷基苯磺酸加入反应釜中，在搅拌下加入 30% 的碱液 50kg，加热溶解。再加入脂肪醇聚氧乙烯醚（AEO）30kg，快速搅拌均匀即可。

【应用】 用作退浆助剂，有助于去除杂质，提高渗透作用，也可用作洗涤剂，可去除油污、浮色，并提高水洗牢度，还可用作漂白助剂。

【生产厂家】 浙江杭州万里化工厂，武汉远城科技发展有限公司等。

0626　净洗剂 AR-815

【英文名】 detergent AR-815

【组成】 非离子、阴离子表面活性剂及助洗剂复配物

【性质】 净洗剂 AR-815 属于阴离子型，外观为白色至淡黄色润湿性粉末，能溶于水。1% 水溶液 pH 值为 7～9。耐酸，耐碱，耐电解质，可与其他非离子、阴离子表面活性剂混用，并具有优良的净洗、乳化、分散、渗透性能。

【质量指标】

指标名称	指 标		
	优等品	一等品	合格品
外观	白色润湿粉末状	白色至淡黄色润湿粉末状	白色至淡黄色润湿粉末状
pH 值(1%水溶液)	7～9	7～9	7～9
浊点/℃	≥95	≥95	≥95
活性物/%	≥30	≥25	≥20
含固量/%	≥90	≥90	≥90

【制法】 将非离子、阴离子表面活性剂及助洗剂按一定比例混配在一起而成。

【应用】 在印染工业中可广泛用于棉、涤棉、涤黏等各种织物的退浆、煮练、皂洗、漂白以及棉、麻、羊毛等纤维的去油、脱脂等各道工序的助剂。

【生产厂家】 江苏海安县华思表面活性剂有限公司，南通宏申化工有限公司，徐州成正精细化工有限公司，浙江闰土股份有限公司，上虞市创峰化工厂等。

0627 净洗剂 PD-820

【英文名】 detergent PD-820

【组成】 阴离子和非离子表面活性剂复配物

【性质】 净洗剂 PD-820 属于阴离子型，外观为浅黄色或白色润湿性粉末，易溶于 60～70℃热水中，每 100g 水（常温）中可溶解 20g 净洗剂。

【质量指标】

指标名称	指 标	指标名称	指 标
pH 值(1%水溶液)	7～9	活性物含量/%	≥30
浊点(1%水溶液)/℃	≥95	总固体含量/%	≥90
溶解性	易溶于水		

【制法】 将阴离子、非离子表面活性剂及其添加剂按比例混合均匀即制成。

【应用】 净洗剂 PD-820 主要用于织物净洗。

【生产厂家】 宜兴市奥达助剂化工厂，江苏常州印染科学研究所助剂分厂，徐州成正精细化工有限公司，浙江闰土股份有限公司，上虞市创峰化工厂。

0628 净洗剂 AR-630

【英文名】 detergent AR-630

【组成】 阴离子和非离子表面活性剂的混合物

【性质】 淡黄色黏稠液体，去污力强，无毒。

【制法】 将阴离子和非离子表面活性剂按一定比例复配而成。

【应用】 用于印染净洗，去污力强，净洗效果显著。

【生产厂家】 武汉市远城科技发展有限公司，江苏泰兴华东纺织工学院附属助剂厂，徐州成正精细化工有限公司，浙江闰土股份有限公司，上虞市创峰化工厂。

0629 净洗剂 AR-812

【英文名】 detergent AR-812

【组成】 非离子表面活性剂的混合物

【性质】 淡黄色至黄色油状物，易溶于水。有很强的去污力，并具有乳化、润湿、分散性能。

【质量指标】

指标名称	指 标	指标名称	指 标
外观	淡黄色至黄色油状物	浊点(1%水溶液)/℃	55±5
pH 值(1%水溶液)	5.0～7.0	HLB 值	12.8

【制法】 由非离子表面活性剂按一定比例复配而成。

【应用】 ① 易溶于水，具有优良的去污、乳化、润湿、分散性能，对各种纤维的轻垢和重垢有较好的携污力和扩散力。

② 在印染工业中用作棉、涤棉、涤黏及合成纤维织物的净洗剂，以及上浆、退浆、净洗、漂练、染色等多道工序的助剂。

③ 可用作直接染料、还原染料和酸性染料的润湿剂和匀染剂，对活性染料、冰染染料和分散染料有良好的剥色和净洗作用。

④ 用作印花的后处理剂和剥色剂。

⑤ 在毛纺工业中用作羊毛净洗剂及脱脂剂，也用于羊毛防缩的前处理，在酸性浴中有良好的渗透性能和净洗性能。

⑥ 可配制家用、工业多种液体洗涤剂，具有很强的去污力。

【生产厂家】 江苏常州印染研究所助剂分厂，徐州成正精细化工有限公司，浙江闰土股份有限公司，上虞市创峰化工厂。

0630 净洗剂 105

【别名】 洗涤剂 105

【英文名】 detergent 105

【组成】 由脂肪醇聚氧乙烯醚、OP-10、尼纳尔等复配而成

【性质】 净洗剂 105 属于非离子型，具有良好的发泡、扩散、乳化、渗透、去污等性能，耐酸、耐碱、耐硬水，对各种离子型的染料不发生电性中和作用，不产生沉淀或色花。

【质量指标】

指标名称	指 标	指标名称	指 标
外观	浅黄色黏稠液体	溶解性	易溶于水
含固量/%	≥28	pH 值(1%水溶液)	8～9

【制法】 椰子油醇、聚氧乙烯、脂肪醇醚混合物。

【应用】 对轻垢、重垢有较佳的携垢力，对各种离子型染料不发生电性中和作用，不会造成沉淀或色花等疵病，作为针织麻毛、印染等工业的洗涤剂，能去除针织毛巾、被单等织物的染色或印花后的浮色。用本品在 60℃洗涤，可达到高温皂

煮的同等效果。

【生产厂家】 邢台市助剂厂，上海金山经纬化工有限公司，徐州成正精细化工有限公司，浙江闰土股份有限公司，上虞市创峰化工厂。

0631　净洗剂 721

【英文名】 detergent 721

【组成】 脂肪醇聚氧乙烯醚、烷基酚聚氧乙烯醚、磺化醚和烷基醇酰胺的混合物

【性质】 本品为非离子表面活性剂的混合物，深黄色液体，溶于水，水溶液呈微碱性，具有较好的润湿、渗透、乳化和起泡性能，且去污力强。

【质量指标】

指标名称	指标	指标名称	指标
外观	深黄色液体	pH 值	8～9
有效物/%	30		

【制法】 将脂肪醇聚氧乙烯醚、烷基酚聚氧乙烯醚、磺化醚、烷基醇酰胺依次加入反应釜内，再加入适量的水，用氨水调节 pH 值至 8.5 左右，搅拌均匀即可。

【应用】 用于羊毛、羊绒及合成纤维的精纺和粗纺织物净洗，除油率在 90% 以上，洗涤后的织物洁白、柔软、手感丰满，也可用作金属、搪瓷和玻璃器具的洗涤剂。

【生产厂家】 石狮市绿宇化工贸易有限公司，武汉市远城科技发展有限公司，徐州成正精细化工有限公司，浙江闰土股份有限公司，上虞市创峰化工厂等。

0632　净洗剂 826

【英文名】 detergent 826

【组成】 阴离子和非离子表面活性剂多元复配物

【性质】 浅黄色透明液体。无异味，渗透、净洗性能好。

【质量指标】

指标名称	指标	指标名称	指标
活性组分含量/%	≥65	洗涤力	与标准品近似
扩散力/%	100±5	pH 值	7～8

【制法】 由非离子及阴离子表面活性剂复配而成。

【应用】 在煮练、漂洗纺织品时使用。

【生产厂家】 武汉市远城科技发展有限公司，徐州成正精细化工有限公司，浙江闰土股份有限公司，上虞市创峰化工厂。

0633　净洗剂 7101

【别名】 棉毛净洗剂 7101

【英文名】 detergent 7101

【组成】 几种非离子表面活性剂、助剂等复配物

【性质】　净洗剂7101属于非离子型，外观为黄色极黏稠液体，具有良好的润湿、去污、洗涤性能。

【质量指标】

指标名称	指　标	指标名称	指　标
外观 含固量/%	黄色极黏稠液体 50±2	pH值	6.5～7.5

【制法】　以表面活性剂及其他助剂复配而制得。

【应用】　用作棉纺及毛纺织物的净洗剂，尤其是洗羊毛的效果更为突出。本品对于各种污垢均有较强的去污能力。

【生产厂家】　山东科奥化工助剂有限公司，天津天助精细化学公司，徐州成正精细化工有限公司，浙江闰土股份有限公司，上虞市创峰化工厂。

0634　净洗剂 1050

【英文名】　detergent 1050

【组成】　非离子型表面活性剂混合物

【性质】　黄色黏稠液体，可与温水任意比例混合。具有优良的洗涤性能，发泡、洗涤、润湿性能较好。发泡适中，对重垢、轻垢都有很强的去污能力。

【质量指标】

指标名称	指　标	指标名称	指　标
外观	黄色黏稠液体	有效成分含量/%	20±2

【制法】　将24%的洗净剂6501加入混合釜中，加水溶解，再加入24%的匀染剂102、12%的渗透剂TX-10，加热至60～70℃，搅拌、冷却出料即为成品。

【应用】　用于棉、麻、丝、毛织物的洗涤，亦可以用于金属表面处理时作洗涤剂。

【生产厂家】　武汉银河化工有限公司，湖北兴银河化工有限公司，徐州成正精细化工有限公司，浙江闰土股份有限公司，上虞市创峰化工厂。

0635　皂洗剂 701

【别名】　MR-701

【英文名】　saponaceous detergents 701

【组成】　离子皂洗剂

【性质】　外观为均匀液体，易溶于冷水，低泡，具有卓越的皂洗效果。

【质量指标】

指标名称	指　标	指标名称	指　标
外观 相对密度(20℃) 离子性	均匀液体 1.05±0.05 阴离子	水溶性 pH值(1%水溶液)	易溶于冷水 碱性

【应用】　MR-701是专门用于活性染料棉织物的皂洗剂，能很好地洗掉未反应

或水解的染料，防止未固着染料沾污织物，可提高牢度。对丝网印花产品皂洗效果良好。由于低泡，尤其适用于连续皂洗过程，如绞纱染色、筒子纱染色等。

【生产厂家】 无锡宜澄化学有限公司，湖北兴银河化工有限公司，佛山市纺聚科技有限公司。

0636 毛纤清洗剂 803

【英文名】 wool fibre detergent 803

【组成】 非离子、阴离子表面活性剂复配物

【性质】 属于阴离子型表面活性剂，浅黄色油状物，去污、去油率高，洗后纤维柔软、丰满、光泽好，持续力强。

【质量指标】

指标名称	指标	指标名称	指标
外观	浅黄色油状物	pH 值(1%水溶液)	7～9
含固量/%	25±1		

【制法】 以非离子、阴离子表面活性剂及其他助剂为原料，经复配而制得。

【应用】 本品主要用作毛纤清洗剂，主要用于毛纤及其织物的染色前后的清洗。可采用不损害纤维的中性洗涤，洗后织物柔软、滑爽。在原毛清洗的五浸五轧碱性清洗液中，用量在 5g/L 左右，温度在 40℃左右进行清洗。

【生产厂家】 长春市白山洗涤剂厂，淮安市绿岛化工助剂厂，郑州长鑫科工贸有限公司，上海汇龙化工有限公司，西安高科理化技术有限公司。

0637 染缸清洗剂 MCH-N310

【英文名】 detergent for dye equipment MCH-N310

【组成】 无机化合物及增效剂复合体

【性质】 外观为褐色固体或浅黄色液体，碱性。对设备无腐蚀。本品具有优良的洗涤、增溶、乳化、携污、分散作用。能有效去除染整设备和容器内所沉淀的涤纶低聚物、油污、色淀等。

【质量指标】

指标名称	指标	指标名称	指标
外观	褐色固体或浅黄色液体	pH 值(1%水溶液)	8～9
离子性	阴离子/非离子		

【制法】 将阴离子、非离子表面活性剂与无机物按比例复配搅匀即得成品。

【应用】 主要用于各类容器内低聚物、油污、色淀的清洗和去除。用量依据实际生产工艺和污物严重程度而定，一般参考用量为 2～6g/L，100℃下处理30～40min。

【生产厂家】 郑州长鑫科工贸有限公司，上海汇龙化工有限公司，西安高科理化技术有限公司。

0638 高效除油剂 WAL

【英文名】 high effect oil dirt remover WAL

【组成】 高效除油剂 WAL 是溶剂、非离子表面活性剂的组成物

【性质】 属于非离子型，与其他类型的表面活性剂配伍性好，并能发挥良好的协同效应，遇冷水即能乳化，具有洗涤、除油污的双重作用。

【质量指标】

指标名称	指标	指标名称	指标
外观	无色或浅黄色透明液体	pH 值	6～8
气味	轻微溶剂味	可燃性	可燃

【制法】 用溶剂与非离子表面活性剂按合理配比复配而成。

【应用】 适用于棉、麻、毛、丝、化纤等织物常温下去除油污，除油后的织物用水洗即可，不产生二次污染。尤其适用于羊毛粗纺缩呢工艺，对除去呢面上沥青、油污、色斑具有突出效果。与缩呢剂 DS 配合使用，可同时起到除油污、洗涤缩呢的功效。用于去除毛织物上沥青、油污的条件是：织物干坯上机，喷淋除油，浴比 1∶(1～1.5)，WAL 加入量 6%～10%（对织物质量），温度 40～50℃。用于羊毛衫防缩除油，浴比 1∶(30～40)，温度 40～60℃，用量 0.5%～2%（对织物质量）。对织物局部擦油污，效果尤为显著，擦油后水洗即可。对于织物大面积油污，可视油污程度，加入量一般为 1%～5%（对织物质量），浴比 1∶1。

【生产厂家】 浙江华晟化学制品有限公司，重庆市江北区雨良洁牌化工产品有限公司，军工民用科技有限公司，北京冰石科技有限公司。

参 考 文 献

[1] 曹万里，俞广文，顾志安等．涤棉分散/活性一浴法染色新工艺 [J]．印染，2005，3：26-28.
[2] 孙杰．表面活性剂的基本性质及其应用 [M]．大连：大连理工大学出版社，1988.
[3] 王慎敏．日用化学品 [M]．北京：化学工业出版社，2005.
[4] 彭民政．表面活性剂生产技术与应用 [M]．广州：广东科技出版社，1999.
[5] 丁忠传，杨新玮．纺织染整助剂 [M]．北京：化学工业出版社，1988.
[6] 刘雁雁，董瑛，董朝红，等．净洗剂在纺织品工业中的应用 [J]．染整技术，2007，29 (11)：35-38.
[7] 梅自强．纺织工业中的表面活性剂 [M]．北京：中国石化出版社，2001.
[8] 黄洪周．化工产品手册（工业表面活性剂）[M]．北京：化学工业出版社，1999.
[9] 董研．净洗剂 LS 的合成工艺研究 [J]．研究与开发，1997，4：18-20.
[10] 陆大年．表面活性剂化学及纺织助剂 [M]．北京：中国纺织出版社，2009.
[11] 刘程．表面活性剂应用手册 [M]．北京：化学工业出版社，1992.
[12] 方纫之．丝织物整理 [M]．北京：纺织工业出版社，1985.
[13] 杜巧云，葛虹．表面活性剂基础及应用 [M]．北京：中国石化出版社，1996.
[14] 董永春．纺织助剂化学 [M]．上海：东华大学出版社，2010.
[15] 唐育民．合成洗涤剂及其应用 [M]．北京：中国纺织出版社，2006.

第7章 精练剂

7.1 概述

织物经过退浆后，大部分浆料及少部分天然杂质已被去除，但纤维中的大部分天然杂质（如蜡状物质、果胶质、含氮物质、棉籽壳及部分油剂和少量浆料）使织物布面较黄，还残留在织物上。为了使织物染整具有一定的吸水性和渗透性，有利于染整过程中染料助剂的吸附、扩散，因此在退浆以后、印花之前还要经过一定的煮练过程，这个煮练过程通常称为精练。精练就是用化学的方法去除杂质、精练提纯纤维的过程，是整个染整工艺的第一道工序，目的是为后工序提供符合质量要求的半制品。精练是练漂工序中的主要过程，不仅能脱除蜡质、去除棉籽壳，而且能使蛋白质水解、果胶被增溶以及其他可溶性污物溶解。精练工序所用助剂统称为精练剂。

广义上说，在精练过程中添加的酸、碱、氧化剂、还原剂和各类表面活性剂等化学物质都可以称为精练剂。但是在纺织行业中，一般主要是指各类阴离子、非离子表面活性剂以及适当的添加剂，经过一定的配比得到的一种以洗涤作用为主的，兼有渗透、乳化、分散、络合等协同作用的复配物。根据棉、麻、丝、毛、人造纤维、合成纤维织物的不同，精练剂的组分和配比也不尽相同。但基本成分都是碱剂、渗透剂、乳化剂、洗涤剂、分散剂、金属离子络合剂以及适当的中性盐。目前，精练剂已向清洁生产和环保型的方向发展。

7.2 主要品种介绍

0701 精练剂 LZ-C09

【英文名】 scouring agent LZ-C09

【组成】 磷酸酯类活性剂

【性质】 在碱性条件下具有优良的润湿、乳化、分散能力，渗透性能佳。耐硬水、耐强碱、耐氧化剂，泡沫少，还具有优异的去除油脂、蜡质的能力，并且高温稳定。用本品处理后的织物或纱线白度均匀，润湿性、毛细效应好且一致，同时退煮速度加快。

【质量指标】

指标名称	指 标	指标名称	指 标
外观	淡黄色黏稠液体	pH值（1％水溶液）	3～5
离子性	阴离子	溶解性	易溶于水

【制法】 主要由磷酸酯类活性物复配而成。

【应用】 主要适用于梭织棉、麻及其混纺织物或交织物的精练前处理工艺。

（1）浸轧工艺

① 精练工艺参数

	纯棉中厚织物	其他品种
NaOH	40～60g/L	30～40g/L
LZ-C09 精练剂	5～8g/L	3～5g/L
LZ-C02 螯合分散剂	2～3g/L	2～3g/L

② 精练氧漂工艺参数

	纯棉中厚织物	其他品种
液碱	40～60g/L	30～40g/L
LZ-C09 精练剂	10～15g/L	5～10g/L
双氧水	40～60g/L	30～40g/L
双氧水稳定剂	8～10g/L	8～10g/L

（2）浸浴工艺

① 温度 95～98℃，时间 30～50min，浴比 1∶（5～10），LZ-C09 精练剂 0.3％～0.8％。

② 温度 125℃，时间 30～40min，浴比 1∶（5～10），LZ-C09 精练剂 0.3％～0.6％。

【生产厂家】 广州联庄科技有限公司，石家庄市蓝化伊斯特化工有限公司，山东济宁锦祥化工有限公司。

0702　精练剂 TS-DHC

【英文名】 scouring agent TS-DHC

【组成】 非离子、阴离子表面活性剂的复配物

【性质】 黄色黏稠液体，本品具有优良的乳化、渗透、分散和净洗能力。去污效果好，易溶于冷水。

【质量指标】

指标名称	指 标	指标名称	指 标
外观	黄色黏稠液体	耐碱性	合格
pH 值	9.0～10.0	含固量/％	≥20
浊点/℃	≥120	去污率/％	>50

【制法】 由非离子、阴离子表面活性剂按比例复配而得。

【应用】 用作丝绸印花渗透剂和棉织物的煮练剂，也用于蚕丝机织物、针织物、绞丝的精练剂。

【生产厂家】 四川兰德高科技产业有限公司，潍坊瑞光化工有限公司，鹤壁市

恒丰化工有限公司。

0703　高效精练剂

【英文名】　high effective scouring agent

【组成】　表面活性剂复配物

【性质】　本品具有润湿力强、浊点高、耐碱性和耐硬水性好、脱脂去污能力强、易溶于水、快速煮练等特性。

【质量指标】

指标名称	指　标	指标名称	指　标
外观	淡黄色黏稠液体	溶解性	冷水中即可溶解
pH 值	7.0～8.0	润湿力/s	<10
浊点/℃	≥120	有效成分/%	17

【制法】　由阴离子与非离子表面活性剂及防腐剂、防污垢沉积剂等复配而成。

【应用】　广泛用于纺织印染行业，可作煮练剂、润湿渗透剂、皂洗剂，又可作通用的工业净洗剂使用。用于织物煮练时，可提高织物白度和毛效，降低残脂率。

【生产厂家】　四川兰德高科技产业有限公司，潍坊瑞光化工有限公司，鹤壁市恒丰化工有限公司。

0704　精练剂 HM-38

【英文名】　scouring agent HM-38

【组成】　阴离子与非离子表面活性剂的复配物

【性质】　本品用于腈纶及其混纺织物的前处理，具有一定乳化、分散、去污能力。能有效去除化纤中的油污和其他杂质，并且油污不会再沾污。

【质量指标】

指标名称	指　标	指标名称	指　标
外观	无色透明液体	离子性	非离子
pH 值	6.0～7.0	含固量/%	20

【制法】　将阴离子与非离子表面活性剂按规定的比例复配搅匀即成。

【应用】　本品适用于化纤的前处理和混纺织物的精练。使用方法：1～5g/L，95～100℃，40min。

【生产厂家】　南京弘祥化工有限公司，广州庄杰化工科技有限公司，宁波市鄞州佰特化工助剂厂。

0705　高效精练剂 KRD-1

【英文名】　high effective souring agent KRD-1

【组成】　非离子和阴离子表面活性剂复合物

【性质】　高效精练剂 KRD-1 属于阴离子型，外观为白色润湿性粉末。易溶于60～70℃的热水中，pH 值为 7～9（1%水溶液）。耐碱、耐双氧水，不受硬水中钙、镁、铁、锰的影响。具有润湿、渗透、乳化、分散、去污、增溶等性能。

【质量指标】

指标名称	指标	指标名称	指标
外观	白色润湿性粉末	溶解性	易溶于60～70℃的热水中
pH值(1%水溶液)	7～9	含固量/%	90
离子性	非离子和阴离子复合型		

【应用】 KRD-1是具有润湿、渗透、乳化、分散、去污、增溶等性能的高浓度型精练剂,能有效地去除纤维上的脂肪、蜡质、果胶、矿物质、色素等杂质。适用于退煮漂各个工序,尤其适用于退煮合一、煮漂合一或退煮漂三合一的短流程新工艺。退浆的用量为2～3g/L(2%～3%),退煮合一的用量为5～8g/L(3%～5%)。

【生产厂家】 常州汉斯化学品有限公司,常州印染科学研究所助剂分厂,潍坊瑞光化工有限公司,鹤壁市恒丰化工有限公司,江苏汉诺斯化学品有限公司。

0706 耐碱高效精练剂 XY-1

【英文名】 alkali-resisting high effective scouring agent XY-1

【组成】 表面活性剂复配物

【性质】 具有优异的耐碱稳定性,在150g/L的NaOH水溶液中渗透力仍然很强,在200g/L的NaOH水溶液中稳定。耐硬水、耐强碱、耐氧化剂,对双氧水有较好的稳定作用。在中性、碱性条件下,均具有优良的润湿、乳化、分散能力,渗透力强。

【质量指标】

指标名称	指标	指标名称	指标
外观	无色至淡黄色液体	离子性	阴离子
pH值(1%水溶液)	6.0～8.0	溶解性	易溶于冷水

【制法】 由有机溶剂与其他阴离子表面活性剂复配而成。

【应用】 主要用作棉、麻及其混纺织物的精练。用量为2～5g/L。

【生产厂家】 江苏省海安石油化工厂,上海凯必特化工有限公司,潍坊瑞光化工有限公司,云浮市云城区利昌染料助剂公司,东莞德能化工有限公司。

0707 麻用精练剂 MJ-1

【英文名】 ramie scouring agent MJ-1

【组成】 阴离子、非离子表面活性剂的复配物

【性质】 麻用精练剂MJ-1属于阴离子、非离子型。外观为无色或淡黄色透明液体,1%水溶液pH值为7.5～8.5。耐强碱性好,耐硬水性强,渗透力强,分散性好,有乳化和净洗作用。

【质量指标】

指标名称	指标	指标名称	指标
外观	无色或淡黄色透明液体	离子性	阴离子/非离子
pH值(1%水溶液)	7.5～8.5		

【制法】 阴离子、非离子表面活性剂按比例进行复配。

【应用】 本品适用于麻类及混纺织物的精练，可提高精练效果，缩短精练时间。

本品用于浸轧工艺时，工艺参数如下：麻用精练剂 MJ-1 2～4g/L，亚硫酸钠 2.5g/L，氢氧化钠（100%）20～30g/L，水余量。

工艺流程如下：一浸二轧（轧液率70%）→汽蒸（105℃×30min）→热水洗→冷水洗→烘干。

【生产厂家】 广州庄杰化工有限公司，常熟市新华化工有限公司，邢台蓝星助剂厂，吴江市金泰克化工助剂有限公司。

0708 精练剂 ZJ-CH42

【英文名】 scouring agent ZJ-CH42

【组成】 多种表面活性剂与添加剂混配物

【性质】 集碱剂、稳定剂、精练剂、渗透剂的作用于一身，有优越的渗透润湿效果及良好的精练漂白效果。

【质量指标】

指标名称	指 标	指标名称	指 标
外观	米黄色粉末	离子性	阴离子/非离子
pH 值(1%水溶液)	约11	溶解性	溶于热水

【制法】 阴离子与非离子表面活性剂的复配物。

【应用】 本品是纤维素纤维及其混纺织物的精练漂白剂，主要用于纯棉及其混纺针织物、纱线的精练漂白。在煮漂工序中使用本品，可使织物获得优良的白度及很低的煮损（小于2%），并且不会造成撕破、顶破强力的下降。在通常的精练漂白浴中将溶解好的一剂型精练漂白剂（1.5～3g/L）加入，再加入 5～15mL/L 的双氧水（27.5%），升温至 100～105℃，精练/漂白 40～90min。

【生产厂家】 广州庄杰化工有限公司，云浮市云城区利昌染料助剂公司，潍坊瑞光化工有限公司。

0709 丝绸精练剂 AR-617

【英文名】 silk fine finishing agent AR-617

【组成】 油酸皂及添加剂

【性质】 本品为白色乳液。可溶于水。对碱、硬水较稳定，pH 值为 10～10.5。对酸不稳定，当 pH 值为 2.5～3 时有油脂析出。对钙、镁、铁离子有螯合作用，具有优良的润湿、乳化、分散性能。

【质量指标】

指标名称	指 标	指标名称	指 标
外观	白色乳液	溶解性	可溶于水
pH 值(1%水溶液)	10～10.5		

【制法】 由油酸钠、纯碱、六聚偏磷酸钠按比例依次加入混合釜中，加热水溶解。再加入熔融的硬脂酸，在快速搅拌下乳化得产品。

【应用】 本品主要用于真丝脱胶精练工序，可使真丝脱胶均匀，光泽明亮，手感滑爽。

【生产厂家】 泰兴市华龙化工实验设备有限公司，湖北兴银河化工有限公司，四川重庆助剂研究所等。

0710 复合丝绸精练剂 FA,FB

【英文名】 compound silk fine finishing agent FA，FB

【组成】 由脂肪酸皂、表面活性剂、多聚磷酸盐、中性盐等组成（A 型起渗透、缓冲、脱胶作用，以脂肪酸钠为主，适用于初练工序；B 型呈现分散、净洗能力，以表面活性剂为主，适用于复练工序）

【性质】 FA 为半透明稠厚冻状流体。易溶于冷、热水中，1％水溶液 pH 值在 10 左右。具有渗透、缓冲、脱胶作用。FB 为透明黏性液体。易溶于冷、热水中，1％水溶液 pH 值在 10 左右。具有分散、净洗作用。

【质量指标】

型号	外观	离子性	含固量/%	pH 值(1%水溶液)
FA	半透明稠厚冻状流体	阴离子	22	10 左右
FB	透明黏性液体	阴离子/非离子	18	10 左右

【制法】 液体皂升温至 $70 \sim 80 ℃$ 加入表面活性剂，在搅拌下加入络合剂，再加入中性盐，在保温搅拌后趁热出料。

【应用】 FA 与 FB 为复合丝绸精练剂，FA、FB 可用于方桶挂练和星形架精练，两者配套使用，FA 适用于初练工序，FB 适用于复练工序。练液中除纯碱和保险粉外，不必再加渗透剂、分散剂、净洗剂、泡花碱等，配方简单方便。精练后的白色织物手感丰满、回弹性好，白度和毛效高，强力损失小。

【生产厂家】 上虞市创宇化工有限公司，上海申致化工科技有限公司，广州联庄科技有限公司。

参 考 文 献

[1] 罗巨涛．染整助剂及其应用 [M]．北京：中国纺织工业出版社，2000.
[2] 刘必武．化工产品手册（新领域精细化学品）[M]．北京：化学工业出版社，1999.
[3] 程静环，陶绮雯．染整助剂 [M]．北京：纺织工业出版社，1985.
[4] 李宗石，刘平芹，徐明新．表面活性剂合成与工艺 [M]．北京：中国轻工业出版社，1995.
[5] 侯秋平，顾肇文，王其．灯芯点结构导湿快干针织物的设计 [J]．上海纺织科技，2006，34（7）：54-55.
[6] 强亮生．纺织染整助剂：性能·制备·应用 [M]．北京：化学工业出版社，2012.
[7] 梅自强．纺织工业中的表面活性剂 [M]．北京：中国石化出版社，2001.
[8] 刘森．纺织染整概论 [M]．北京：中国纺织出版社，2004.

第8章　润湿剂与渗透剂

8.1　概述

在染整加工过程中，烧毛后、煮练前要进行退浆处理。为加速操作和提高效果，常常使用退浆助剂，以促使退浆剂渗透通过纤维外的浆料而到达纤维表面，使退浆作用均匀而快速地进行。织物一般是在溶液中处理，这就涉及溶液对织物的润湿和渗透。润湿和渗透的好坏直接影响到染整产品的质量。润湿是指液体能迅速而均匀地铺展散开在固体物质表面的现象，渗透是指液体能迅速而均匀地进入固体物质内部的现象。两者没有本质的区别，只是作用的位置不同。

润湿是固体表面上一种流体被另一种流体取代的过程。因此，润湿作用至少涉及三相，其中两相是流体，一相是固体，一般指固体表面上的气体被液体取代，有时是一种液体被另一种液体所取代。水或水溶液是特别常见的取代气体的液体。对纺织品而言，由于纤维是一种多孔性物质，具有巨大的比表面积，使溶液沿着纤维迅速展开，渗入纤维的空隙，把空气取代出去，将空气-纤维表面（气固界面）的接触代之以液体-纤维表面（液固界面）的接触，这个过程称为润湿。用来增进润湿现象的助剂称为润湿剂。织物由无数纤维组成，构成了无数毛细管，如果液体润湿了毛细管壁，则液体能够在毛细管内上升到一定高度，从而使高出的液柱产生静压强，促使溶液渗透到纤维内部，此即为渗透。织物在染整加工过程中不但要润湿织物表面，还需要使溶液渗透到纤维空隙中。所以凡是能促使液体表面润湿的物质，也就能促使织物内部渗透。从这种意义上来说，润湿剂也就是渗透剂。润湿剂和渗透剂都是由表面活性剂组成的，而且主要是阴离子和非离子表面活性剂。它们的润湿性和渗透性与分子结构有关。

8.2　主要品种介绍

0801　高效漂练剂 GY-1

【英文名】 high effective bleaching agent GY-1

【组成】 表面活性剂和特效溶剂

【性质】 稳定性好，耐酸、碱、氯、重金属盐，耐硬水。具有优良的润湿、乳化、分散、净洗性能。对各种纤维无亲和力。

【质量指标】

指标名称	指　标	指标名称	指　标
外观	淡金黄色透明胶体	溶解性	易溶于水
pH 值(1%水溶液)	6～8		

【应用】　可广泛用于棉、麻和涤棉混纺织物的退浆、煮练、漂白工艺。耐高温，耐碱性好，用于退、煮/漂或退/煮、漂二步法或一浴法新工艺，用量省，高效、快速。一般用量为 1～5g/L。还可作为匀染剂、净洗剂使用。

【生产厂家】　浙江萧山市南阳助剂厂。

0802　煮练剂 FZ-831 及 FZ-832

【英文名】　scouring agent FZ-831 and FZ-832

【组成】　脂肪醇聚氧乙烯醚磷酸盐

【结构式】　$RO(CH_2CH_2O)_nPO_3Na$

【性质】　黄色黏稠液体。具有突出的渗透、乳化、分散和耐碱性能，无腐蚀性，无刺激性气味，无毒，质量稳定。与阳离子、非离子表面活性剂、强碱、还原剂、弱氧化剂配伍性好。广泛用于棉织物及其混纺织物的退浆、精练、漂白工艺，具有处理后织物毛效好、白度高、手感柔软等优点。

【质量指标】

指标名称	指　标	指标名称	指　标
浊点/℃	>100	表面张力/(N/m)	0.035～0.045
pH 值(1%水溶液)	6.7～7.5	罗氏泡沫力/cm	<10
黏度/Pa・s	0.06～0.1	相对密度(25℃)	1.01～1.05

【制法】　由脂肪醇与环氧乙烷反应生成脂肪醇聚氧乙烯醚，再与五氧化二磷酯化，中和即得成品。将催化剂量的 50% 的 NaOH 加入反应釜中，预热至 100℃，加入十二醇，搅匀。抽真空脱水至无水馏出。用氮气驱净釜中空气后，通入环氧乙烷，在 0.15MPa、130～160℃下反应至压力不再下降。冷却后将料液转移至酯化釜中。为防止 P_2O_5 局部氧化，加 P_2O_5 前加入少量的亚磷酸溶液。滴加理论量的五氧化二磷。在 80～90℃下反应 6h。完成反应后加入 0.1% 的双氧水氧化亚磷酸。趁热用 100 目不锈钢筛过滤，滤液用 5% 的 NaOH 水溶液中和，得产品。

【应用】　用于棉布、棉纱及其混纺织物的高温高压煮练工艺。可与各种强碱剂、软水剂、还原剂及弱氧化剂在高压下同浴使用，也可与其他阳离子型或非离子型表面活性剂混合使用。也适于连续煮练。

【生产厂家】　武汉银河化工有限公司，武汉市远城科技发展有限公司，湖北兴银河化工有限公司，湖北迎合化工有限公司。

0803　高效煮练剂 KR-75

【英文名】　high effective scouring agent KR-75

【组成】　由非离子和阴离子表面活性剂按一定比例复配而成的混合物

【性质】 淡黄色至黄棕色油状液体，具有优良的渗透、乳化和分散性能，耐高温，耐碱性较好。

【质量指标】

指标名称	指 标	指标名称	指 标
外观	淡黄色至黄棕色油状液体	活性物含量/%	≥25
pH 值(1%水溶液)	7～9		

【制法】 将计量的非离子表面活性剂加入混合釜中，加水溶解。在搅拌下加入磷酸酯钠盐 EDTA 软水剂、三聚磷酸钠螯合剂，搅匀即可。

【应用】 用作各种织物的煮练、漂白、净洗助剂。

【生产厂家】 武汉市远城科技发展有限公司，江苏省海安石油化工厂，山东科奥化工助剂有限公司。

0804 高效煮练剂 WJ-902

【英文名】 high effective scouring agent WJ-902；scouring agent WJ-902 high effective

【组成】 阴离子与非离子表面活性剂混合而成

【性质】 外观为淡黄色或黄色黏稠液体，易溶于水，具有高效的煮练效果。耐碱、耐热性能好，渗透力强，乳化、分散性能好，净洗力强，泡沫少，去杂质效果尤佳。

【制法】 由非离子和阴离子表面活性剂按一定比例复配，搅匀即可。

【应用】 主要用于织物的退浆-煮练-漂白一浴法或退-煮漂及退煮-漂二浴法新工艺中的煮练。

【生产厂家】 武汉市远城科技发展有限公司，湖北省江陵合成洗涤剂厂，湖北兴银河化工有限公司，湖北迎合化工有限公司。

0805 前处理剂 AR-815

【英文名】 pretreatment agent AR-815

【组成】 由阴离子和非离子表面活性剂混合而成

【性质】 有较强的耐碱性和耐高温性。有省时、节能、去杂质、提高练漂白度的多重效应。

【质量指标】

指标名称	指 标	指标名称	指 标
外观	淡黄色黏稠液体	活性物/%	≥20
pH 值(1%水溶液)	7.0～9.0	含固量/%	≥90
浊点/℃	≥95		

【制法】 由阴离子和非离子表面活性剂按一定比例复配而成。

【应用】 主要用于练漂前处理工艺，用于取代渗透剂 JFC，使织物显现"协同效应"的前处理效果。配成前处理剂时与 DF-12 一起使用。

【生产厂家】 河北科达化工有限公司，江苏海安县国力化工有限公司，海安正达化工有限公司。

0806 煮练润湿净洗剂 FC

【英文名】 scouring detergent FC

【组成】 表面活性剂的复配物

【性质】 本品具有煮练、润湿、渗透、乳化、分散、脱脂、去污等多种功能，润湿力强，浊点高，耐酸、碱及硬水性好，易溶于水。用于织物煮练，可提高织物毛效和白度，降低残脂率，性能优于平平加O。还具有快速煮练的性能，为印染的前处理降低生产费用，节约能源消耗。

【质量指标】

指标名称	指 标	指标名称	指 标
外观	淡黄色黏稠液体	润湿力(0.25%,25℃)/s	≤16
有效成分/%	40±1	溶解性	冷水中即可溶解
pH值	7.0～8.0	类型	阴离子、非离子混合型
浊点/℃	≥120		

【制法】 由阴离子与非离子表面活性剂及防腐剂、防污垢沉积剂按比例复配而成。

【应用】 广泛用于纺织印染行业作煮练剂、润湿渗透剂、皂洗剂，又可作通用的工业净洗剂使用。用于煮练剂，使用浓度为1～3g/L；用于漂白渗透剂，使用浓度为1g/L；用于皂洗时，使用浓度为0.5g/L。

【生产厂家】 武汉市远城科技发展有限公司，江苏海安县国力化工有限公司，海安正达化工有限公司。

0807 渗透剂 1108

【英文名】 penetrating agent 1108

【组成】 聚氧乙烯、聚氧丙烯醚

【性质】 渗透剂1108属于非离子型，外观为米白色黏稠浊液。主要用于棉机织布前处理加工，可以获得理想的前处理效果。具有良好的润湿、渗透能力，并具有乳化能力，泡沫少。

【质量指标】

指标名称	指 标	指标名称	指 标
外观	米白色黏稠浊液	pH值(1%水溶液)	6.0～8.0
离子性	阴离子/非离子	溶解性	可用水以任意比例稀释

【制法】 用环氧乙烷、环氧丙烷聚合而成。

【应用】 渗透剂1108用于纺织印染、金属加工、净洗、农药增效等方面作润湿剂、渗透剂、乳化剂。

【生产厂家】 上海申致化工科技有限公司，上海西亚化工工贸有限公司，泰兴市恒源化学厂，淄博海杰化工有限公司。

0808 渗透剂 8601

【英文名】 penetrating agent 8601

【组成】 烷基酚聚氧乙烯醚与烷基苯磺酸钠的复合物

【结构式】 $R\!-\!\langle\bigcirc\rangle\!-\!O(CH_2CH_2O)_nH$，$R\!-\!\langle\bigcirc\rangle\!-\!SO_3Na$

【性质】 渗透剂 8601 属于阴离子型，外观为浅黄色透明液体。不燃，无味。可用任意量水稀释，能耐光，耐热，耐冻，耐酸，耐碱，耐氧化剂和还原剂，耐 250mg/L 以下硬水，遇大量的盐会析出沉淀。生物降解性能良好，无毒。对皮肤无刺激性。可与阴离子、非离子、两性表面活性剂同浴混用，但不能与阳离子表面活性剂混用，本品具有优良的渗透、乳化、去污、分散作用。

【质量指标】

指标名称	指　标	指标名称	指　标
浊点/℃	>75	pH 值(1%水溶液)	7.5~8.5

【制法】 将烷基酚聚氧乙烯醚与烷基苯磺酸钠混配而成。

【应用】 渗透剂 8601 具有优良的渗透、乳化、去污和分散性能。并对棉、毛、化纤和染料等有一定的亲和力，因此，能用作印染前、印染后处理剂以及印染渗透剂，常用作农药等的乳化剂和各种工业净洗剂。在低温时产生乳白色沉淀，可摇匀使用，不影响使用性能；使用温度不宜超过 120℃，否则影响使用性能；在酸浴中，pH 值不宜低于 3；用水硬度如大于 500mg/L，要先进行软化处理，一般加少量焦磷酸钠即可使水软化。

【生产厂家】 上虞市嘉利盛助剂工业有限公司，上海西亚化工工贸有限公司，江苏省海安石油化工厂，东莞市百事得化工有限公司。

0809 渗透剂 BA

【别名】 osmotic agent BA

【英文名】 penetrating agent BA

【组成】 多种渗透剂按比例与软水剂的混合物

【性质】 棕红色液体，与水可任意比例混溶。耐碱，耐硬水性好。但遇强酸不稳定，渗透力强。

【质量指标】

指标名称	指　标	指标名称	指　标
外观	棕红色液体	稳定性	耐碱、电解质和硬水
离子性	阴离子/非离子		

【制法】 由多种渗透剂按比例与软水剂复配而成。

【应用】 本品为快速低泡渗透剂，适用于棉、合成纤维及各种织物染色前的煮练渗透。耐强碱，具有极佳的渗透、乳化、分散及洗涤作用，可有效清除棉纱线表面各种杂质，并防止其沾污轧辊。用于溴靛蓝染色时，防止染料的凝聚和沉淀，并有改善色光作用。

【生产厂家】 清新县宏图助剂有限公司，武汉银河有限公司，武汉远城科技发展有限公司，东莞市百事得化工有限公司。

0810 渗透剂 BX

【别名】 拉开粉；拉开粉 BX；1,2-二正丁基萘-6-磺酸钠；5,6-二丁基萘-2-磺酸钠

【英文名】 penetrating agent BX；Nekal BX；Tinoretin NR

【组成】 二丁基萘磺酸钠

【分子式】 $C_{18}H_{23}NaO_3S$

【结构式】

【性质】 渗透剂 BX 属于阴离子型表面活性剂，外观为米白色粉末。1%水溶液 pH 值为 7～8.5。易溶于水，能显著降低水的表面张力，具有优良的渗透、润湿、乳化、扩散和起泡性能。耐酸、耐碱，耐硬水，加入少量食盐可大大增加渗透力。遇铝、锌、铁、铅等盐类产生沉淀。除阳离子染料及阳离子表面活性剂外，一般均能混用，非离子匀染剂在染浴中会与渗透剂 BX 结合成松弛的复合物，抵消匀染性能，一般不同时同浴使用。

【质量指标】

指标名称	指标	指标名称	指标
外观	米白色粉末	铁含量/%	≤0.01
有效物含量/%	60～65	水分含量/%	≤2.0
渗透力(与标准品比)/%	100±2	细度/%	5.0
pH 值(1%水溶液)	7～8.5		

【制法】 精萘与丁醇、硫酸经磺化缩合而得。原料消耗：精萘 300kg/t，正丁醇 300kg/t，仲辛醇 45kg/t，发烟硫酸 840kg/t，硫酸 450kg/t，烧碱 190kg/t，元明粉 100kg/t；将萘 426 份溶解在正丁醇 478 份中，在搅拌下滴加浓硫酸 1060 份，再滴加发烟硫酸 320 份。加毕缓慢升温至 50～55℃，保温 6h。静置后放出下层酸。上层反应液用碱中和，再用次氯酸钠漂白，沉降，过滤，喷雾，干燥，得成品。

【应用】 渗透剂 BX 广泛用于纺织印染行业作润湿剂和渗透剂，也可用作洗涤剂、分散剂、助染剂及杀虫剂和除草剂的助剂。橡胶行业作乳化剂和软化剂，造纸行业和农药行业作润湿剂和渗透剂。其他方面如滤布加工处理，人造丝绢鸣处理，羊毛炭化、氯化，酶退浆，药棉处理，羊毛缩绒，均可用本品提高处理效果。

【生产厂家】 安阳市双环助剂有限责任公司，泰兴市恒源化学厂，淄博海杰化工有限公司。

0811 渗透剂 JFZ

【英文名】 penetrating agent JFZ

【组成】 由阴离子及非离子表面活性剂组成

【性质】 外观为黄色黏稠液体。溶于水，耐酸、碱和硬水。渗透性、润湿性、再润湿性好，并具有一定的乳化和洗涤效果。

【质量指标】

指标名称	指 标	指标名称	指 标
外观	黄色黏稠液体	有效成分/%	50±1
浊点/℃	≤95	渗透性(0.25%,25℃)/s	≤12
pH值	7.0~8.0		

【制法】 由环氧乙烷和高级脂肪醇及烷基芳基壬基酚聚氧乙烯醚缩合而成。

【应用】 广泛用于纺织印染行业，作渗透、煮练、漂白、退浆等处理剂。用于煮练时，用量为1~3g/L；用于双氧水漂白渗透时，用量为0.5g/L。

【生产厂家】 大连开发区金鹰纺织印染助剂厂，淄博海杰化工有限公司，上虞市志成化工有限公司，邢台蓝星助剂厂。

0812 渗透剂 JFC

【别名】 印凡丁；润湿剂 JFC；浸湿剂 JFCS；万能渗透剂

【英文名】 penetrating agent JFC

【组成】 环氧乙烷和高级脂肪醇的缩合物

【性质】 渗透剂 JFC 外观为无色至微黄色黏稠液体，pH 值为 5.0~7.0，浊点 40~50℃，属于非离子型表面活性剂。具有良好的稳定性，耐强酸、强碱，耐次氯酸钠，耐硬水及重金属盐。水溶性好。5%的水溶液加热至 45℃以上时呈浑浊状。对各类纤维无亲和力，可与各种表面活性剂混用。无毒，不易燃。

【质量指标】

指标名称	指 标	指标名称	指 标
外观	无色至微黄色黏稠液体	pH 值(1%水溶液)	5.0~7.0
		渗透力(0.1%水溶液,与标准品比)/%	≥100
浊点(1%水溶液)/℃	40~50		

【制法】 将 C$_7$~C$_9$ 的脂肪醇 480 份投入带搅拌的搪瓷釜中，把固碱 4 份放入溶解槽后再加入反应釜中。边搅拌边逐渐升温，在真空下脱水。当升温至 120℃左右，从视镜表面看不到水滴时，停止脱水。继续升温至 150℃，用真空抽除釜内空气，并充氮排除空气。然后在搅拌下加入环氧乙烷，反应压力在 0.2MPa 左右，反应温度 160~180℃，反应一段时间后取样测浊点。浊点合格后反应终止，冷却出料。

【应用】 用作树脂整理液的渗透剂、皮革涂层渗透剂、羊毛助洗剂以及棉布生物酶退浆助剂。一般用量为 1~5g/L。树脂整理剂配方如下：树脂整理剂 CHD 80~100g，渗透剂 JFC 5g，柔软剂 VS 20g，氧化镁 20g，加水至 1000g。渗透剂 JFC 用于活性、分散等染料印花织物去除浮色，可在低温下处理避免织物白地沾污，一般用量为 0.1~0.5g/L。渗透剂 JFC 可以擦洗成品上的油污，特别是对蚕丝成品的去油污斑点很有效。渗透剂 JFC 用于分散、还原等染料的染浴中作分散剂，用量以 0.1~

0.5g/L 为宜。用于腈纶的染色前处理，洗涤油污，处理温度 50℃，渗透剂 JFC 用量为 0.8~1g/L。用于腈毛混纺织物高压一浴法染色工艺，一般用量在 0.5% 左右。渗透剂 JFC 洗涤力在 40℃最好，用作乳化剂时，其用量为被乳化油质量的 10%。

【生产厂家】 江苏省海安石油化工厂，泰兴市恒源化学厂，淄博海杰化工有限公司等。

0813 渗透剂 JFC-2

【别名】 仲辛醇聚氧乙烯醚

【英文名】 penetrating agent JFC-2；penetrant JFC-2

【组成】 仲辛醇聚氧乙烯醚

【分子式】 $C_8H_{17}(CH_2CH_2O)_nH$，$n=1~6$

【性质】 淡黄色透明黏稠液体，pH 值为 6.0~8.0，水溶液加热至 50℃以上即呈浑浊状，降低温度仍可澄清。浊点 40~50℃。低温时有凝冻现象。乳化性好，不与各类染料发生沉淀，与纤维无亲和力，用后易洗去。稳定性好，能与阴离子、阳离子、非离子表面活性剂及合成树脂初缩体等同浴应用，耐酸、碱、硬水及重金属等。无毒。

【质量指标】

指标名称	指 标	指标名称	指 标
外观	淡黄色透明黏稠液体	pH 值(1%水溶液)	6.0~8.0
浊点(1%水溶液)/℃	40~50	渗透力(0.1%水溶液)	不低于标准品

【制法】 仲辛醇与环氧乙烷在碱性催化剂下缩合而得。

【应用】 渗透剂 JFC-2 为印染渗透剂，溶于水，耐强酸、强碱、次氯酸盐等，具有良好的渗透性能。可在上浆、退浆、酸洗、煮练、漂白、染色、整理等各道工序中使用，效果良好。

【生产厂家】 江苏省海安石油化工有限公司，淄博海杰化工有限公司，沈阳昌德隆化工原料有限公司。

0814 渗透剂 JFC-3

【英文名】 penetrating agent JFC-3

【组成】 非离子表面活性剂及溶剂的复配物

【性质】 无色至微黄色液体，易溶于水，耐强酸、强碱、次氯酸盐等，具有良好的渗透性能。可与阴离子、阳离子表面活性剂配合使用。本品在储存过程中随气温不同有分层现象，但不影响使用。

【质量指标】

指标名称	指 标	指标名称	指 标
外观	无色至微黄色液体	渗透力(4g/L)/s	≤5
羟值/(mg KOH/g)	192~202	水分/%	≤0.5
pH 值(1%水溶液)	5.0~7.0		

【制法】 非离子表面活性剂溶于溶剂而成。

【应用】 适用于精练漂白剂及染色渗透剂,具有良好的渗透性能。可与阴离子、阳离子表面活性剂配合使用,也可配制成 80%～90% 的水溶液使用,溶液清澈透明,没有分层现象,冬季亦不会冻结。可以作为树脂整理液的渗透剂,皮革涂层的渗透剂、脱脂剂,羊毛净洗剂等。在纺织工业中作渗透剂,可用于上浆、退浆、煮练、漂白等各道工序。

【生产厂家】 江苏省海安石油化工有限公司,淄博海杰化工有限公司,沈阳昌德隆化工原料有限公司。

0815 渗透剂 M

【别名】 渗透剂 BS;渗透剂 5881-D

【英文名】 penetrating agent M

【组成】 多种渗透剂(拉开粉、烷基硫酸钠等)和有机溶剂及软水剂的均匀混合物

【性质】 渗透剂 M 属于阴离子型,外观为米黄色液体,可用水以任何比例溶解,遇碱稳定,遇强酸不稳定。其水溶液有较强的渗透力和润湿力,对硬水中所含的钙盐、镁盐等无影响,对棉纤维无亲和力,pH 值为 6.5 ± 0.5,水中不溶物含量 $\leqslant 0.5\%$,不能与阳离子表面活性剂同浴。可与通常用量的电解质、酶助剂、酸和碱混用。

【质量指标】

指标名称	指 标	指标名称	指 标
外观	米黄色液体	离子性	阴离子
pH 值(1%水溶液)	6.5 ± 0.5	水中不溶物含量/%	$\leqslant 0.5$

【制法】

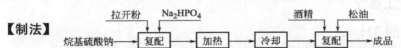

【应用】 渗透剂 M 用作棉布煮练助剂、棉坯布染色助剂、生纱直接染色助剂以及染料助溶剂;还可代替太古油作为纳夫妥染料 AS 类打底剂配制时的润湿剂以及在打底浴中的渗透剂,用量为 30～50mL/L。

【生产厂家】 江苏茂亨化工有限公司,宝鸡市泽天化工有限公司,上海西亚化工工贸有限公司等。

0816 渗透剂 T

【别名】 快速渗透剂 T;顺丁烯二酸二仲辛酯磺酸钠;渗透剂 OT;磺化琥珀酸二辛酯钠盐

【英文名】 penetrating agent T;penetrant T;sodium dioctyl sulfosuccinate

【组成】 顺丁烯二酸二仲辛酯磺酸钠

【分子式】 $C_{20}H_{37}O_7SNa$

【结构式】

$$H_3C - \cdots - OOCCH_2CHCOO - \cdots - CH_3 \quad (SO_3Na)$$

【性质】 渗透剂 T 属于阴离子型，外观为无色至黄色黏性液体。可溶于水、低级醇等亲水性溶剂；亦可溶于苯、四氯化碳、煤油、石油系列溶剂等。水溶液呈乳白色，1%水溶液的 pH 值为 6.5±0.5。不耐强酸、强碱、重金属盐及还原剂等。主要用于织物渗透、印染、农药乳化、制革、选矿等，作为渗透剂，具有渗透快速、均匀，润湿性、乳化性、起泡性均佳等特点。温度在 40℃ 以下，pH 值在 5~10 之间使用效果最好。丝织物等经渗透剂处理完后，可不因温度、酸碱性等变化而影响其渗透性能。

【质量指标】

指标名称	指标	指标名称	指标
外观	无色至黄色黏性液体	渗透力(1%水溶液)/s	≤5
pH 值(1%水溶液)	6.5±0.5	含固量/%	50±2

【制法】 由顺丁烯二酸酐与仲辛醇在对甲苯磺酸催化剂催化下，于 120~140℃ 进行酯化，再与亚硫酸氢钠进行磺化而制得。

【应用】 渗透剂 T 是一种高效渗透剂，用于处理棉、麻、黏胶纤维以及混纺织物，处理后的织物不经煮练即可直接进行漂白和染色，既节省工序，又可帮助改善因死棉而染疵，生坯练漂时，浆料最好先行退净，以保证渗透效果。印染后织物手感柔软、丰满，一般用量为 2~3g/L，在 40℃ 以下使用效果最好，使用时为防止泡沫太多，加入少量 GP 或辛醇、磷酸三丁酯之类消泡。

【生产厂家】 上海西亚化工工贸有限公司，宝鸡市泽天化工有限公司，郑州市二七区意隆化工商行。

0817 渗透剂 TH

【别名】 浆纱油剂；TH 渗透剂

【英文名】 penetrating agent TH；osmotic agent TH

【组成】 由磺化油、硫酸酯盐、α-磺化脂肪酸二钠盐等的复配混合物组成

【性质】 米黄色浆状液体。具有乳化、分散、渗透、净洗、柔软等多种性能。耐硬水、耐碱、耐氧化剂，在碱性条件下具有良好的润湿和渗透作用。

【质量指标】

指标名称	指标	指标名称	指标
外观	米黄色浆状液体	pH 值(1%水溶液)	7.0~8.0
总脂肪物/%	≥40	乳液稳定性(10%乳液)	20h 不分层

【制法】 由动物油经磺化、洗涤、中和后与其他组分按一定比例复配而成。

【应用】 用作纺织印染工业的煮练剂、退浮色的皂煮剂、冰染染料打底剂、化学浆料平滑剂及乳化剂、皮革工业的加脂剂。

【生产厂家】　上海西亚化工工贸有限公司，江苏省海安石油化工厂，东莞市百事得化工有限公司，湖南衡阳市建衡化工厂。

0818　渗透剂 TX

　　【别名】　快速渗透剂 TX

　　【英文名】　penetrating agent TX

　　【组成】　由渗透剂 T、琥珀酸与环己酮的混合物组成

　　【性质】　属于阴离子表面活性剂，性能与渗透剂 T 类似，可溶于水，耐强酸、强碱及金属盐。润湿、渗透、乳化性能良好，pH 值为 5～10，温度在 40℃以下，其效果最佳。

　　【质量指标】

指标名称	指标	指标名称	指标
外观	淡黄棕色液体	pH 值（在 40℃以下）	5～10

　　【制法】　由辛酯磺酸钠（渗透剂 T）、琥珀酸与环己酮按一定比例制成。

　　【应用】　其用途与渗透剂 T 类似。

　　【生产厂家】　佛山市南海华易洗涤原料商行，江苏省海安石油化工厂，东莞市百事得化工有限公司，上海助剂厂有限公司。

0819　高效渗透剂 BS

　　【别名】　高效稳定剂 BS；Sandopan BFN

　　【英文名】　high effective penetrat agent BS

　　【组成】　烷基醇聚氧烯醚磷酸酯钠盐、脂肪醇及溶纤剂等的复配物

　　【性质】　本品适用于前处理退浆工艺，具有优异的渗透性、润湿性，也适用于染色、水洗等加工。

　　【质量指标】

指标名称	指标	指标名称	指标
外观	淡黄色透明液体	pH 值（1%水溶液）	7.0～8.0
有效物含量/%	30	离子性	非离子

　　【制法】　以十三醇聚氧丙烯（4）聚氧乙烯（9）醚、十三醇聚氧丙烯（4）聚氧乙烯（9）醚磷酸酯、十三醇聚氧乙烯（3）醚磷酸三酯钠盐及少量 C_{10}～C_{13} 脂肪醇、溶纤剂乙二醇单丁醚、磷酸氢二钠为原料，经复配而成。

　　【应用】　用作碱氧一浴一步法氧漂稳定剂、低泡渗透剂。适用于棉织物冷轧堆工艺。渗透剂 BS 建议用量为 2～5g/L，可依据不同工艺加以调整使用。

　　【生产厂家】　上海德缘新材料科技有限公司，浙江金双宇化工有限公司，张家港市大宇化工燃料有限公司。

0820　纺织渗透剂 JFC-X

　　【英文名】　penetrating agent JFC-X

　　【组成】　由 JFC、表面活性剂及其他助剂混配而成

【性质】 纺织渗透剂 JFC-X 外观为无色至微黄色黏稠液体。pH 值为 6～7（1%水溶液）。水溶性好，具有很强渗透力、润湿性，并有一定的乳化、净洗作用。耐硬水及重金属盐。

【质量指标】

指标名称	指标	指标名称	指标
外观	无色至微黄色黏稠液体	pH 值(1%水溶液)	6.0～7.0
浊点(1%水溶液)/℃	40～50	渗透力(0.1%水溶液，与标准品比)/%	≥100

【应用】 渗透剂 JFC-X 主要作印染助剂，可用在织物漂练、染色、整理各道工序中，前处理上浆、酸洗、漂白、炭化、氯化等用其作渗透剂，用量为 1～4g/L；又可作皮革助剂，用作干板皮快速浸水助剂、脱脂助剂、加油助剂。

【生产厂家】 邢台市桫亿发助剂厂，天津市宝坻区港飞助剂有限公司，上海西亚化工工贸有限公司。

0821 丝光渗透剂 MP

【别名】 脂肪醇硫酸酯盐

【英文名】 silkete penetrating agent MP

【组成】 脂肪醇硫酸酯盐

【分子式】 $ROSO_3Na$

【性质】 丝光渗透剂 MP 属于阴离子型，外观为淡黄色透明液体。易溶于水，1%水溶液 pH 值为 7～8.5。耐高温、耐强碱，不耐强酸，可与阴离子、非离子表面活性剂混用。当碱浓度在 10g/L 以上时具有快速的润湿和渗透性能，在中性介质中无渗透效果。

【质量指标】

指标名称	指标	指标名称	指标
含铁量/%	≤0.01	pH 值(1%水溶液)	7～8.5
含水量/%	≤2	通过 60 目筛的残余物/%	≤5

【制法】 将脂肪醇经硫酸化后用碱中和。主要的硫酸化剂有硫酸、三氧化硫、氯磺酸和氨基磺酸。也可用烯烃为原料进行硫酸化来制备仲醇硫酸酯盐。

【应用】 渗透剂 MP 主要用作棉纤维丝光过程的渗透剂，可缩短丝光时间，仍能保证丝光效果，特别适用于快速丝光和坯纱丝光工艺。本品还可用作其他强碱介质的渗透剂。本品用在快速丝光时，用量为 1～2g/L；用于坯纱丝光时，用量为 5～7g/L；在强碱介质中作渗透剂时，一般用量为 3～5g/L。

【生产厂家】 上海西亚化工工贸有限公司，江苏省海安石油化工厂，东莞市百事得化工有限公司。

0822 磺化油 DAH

【别名】 酯化油的硫酸化物；蓖麻酸丁酯硫酸三乙醇胺

【英文名】 sulfonated oil DAH

【组成】 酯化油的硫酸化物

【性质】 磺化油 DAH 属于阴离子型，外观为红棕色透明油状物。可溶于水，具有润湿、渗透、乳化、分散、匀染、助溶、润滑等性能。

【质量指标】

指标名称	指标	指标名称	指标
外观	常温下为红棕色透明油状物（低温下有少量絮状物）	pH 值(10%水溶液)	5～7.5
		稳定性(1:9 水溶液)	24h 不分层，无浮油
含固量/%	40～75		

【制法】 将蓖麻油 662kg、丁醇 160kg、浓硫酸 4.7kg 依次投入反应釜中。在搅拌下加热至 90℃，保温反应 8h。静置 10h，分出下层油。上层液移入酯化釜，在 50℃下反应 4h。在中和釜中预先加入 1000kg 水，冷却至 20℃，缓缓加入上述硫酸化产物。在 45℃搅拌 1h 后，放掉废酸，边搅拌边滴加三乙醇胺进行中和反应。当 pH 值至 7.0～7.5 停止加三乙醇胺。冷却，出料，即得产品。

【应用】 磺化油 DAH 广泛用于纺织、印染等工业的渗透、润湿、乳化、分散、润滑、匀染、助溶和锦纶纺丝的油剂及制革、农药、金属加工的乳化剂，也适用于玻璃纤维上作为上油剂的基剂等。硫化、还原等染料的染浴中加入磺化油可以提高染浴的稳定性和匀染性，使染成品手感柔软，色泽丰满，磺化油的一般用量为 1%～4%（以织物质量计算）。在棉纱、棉布的煮练浴中，可加入磺化油作为渗透剂来提高煮炼效果，磺化油的一般用量为 1%～3%。在丝绸的精练浴中加入磺化油可提高生丝的煮练效果和柔软度。

【生产厂家】 济南空恒尔泰化工有限公司，上海天坛助剂有限公司，上海山橡化工有限公司，上海助剂厂有限公司等。

参 考 文 献

[1] 王晓春，顾韵芬，杨书岫，曲旭煜. 丝绸织染概论 [M]. 北京：中国纺织出版社，1995.

[2] 中国轻工业联合会综合业务部. 中国轻工业标准汇编洗涤用品卷 [M]. 第 2 版. 北京：中国标准出版社，2006.

[3] 陆宁宁. 磷酸酯渗透剂 R 的制备与性能 [J]. 印染助剂，1999，16 (6)：23-24.

[4] 艾强，李年康，钱浩良，等. 高效耐碱渗透剂 CHS 的性能与应用 [J]. 印染助剂，2001，18 (4)：32-33.

[5] 上海市印染工业公司. 练漂（修订本）[M]. 北京：纺织工业出版社，1984.

[6] 储开俊. 纺织印染用净洗剂 AR-815 已大批量生产 [J]. 江苏化工，1985，4：69.

[7] 徐力平，万方. 黏胶纤维后处理专用渗透剂的研制 [J]. 纺织科学研究，1998，1 (1)：21-28.

[8] 王宜田，王新玲. 渗透剂 SP-2 的性能与应用 [J]. 印染助剂，1995，12 (2)：28-30.

[9] 刘程. 表面活性剂应用手册 [M]. 北京：化学工业出版社，1992.

[10] 林细姣. 染整技术（第一册）[M]. 北京：中国纺织出版社，2005.

[11] 苏州丝绸工学院. 制丝化学 [M]. 第 2 版. 北京：中国纺织出版社，1996.

[12] 罗巨涛. 染整助剂及其应用 [M]. 北京：中国纺织出版社，2000.

[13] 王伟，张树军. 仲辛醇硫酸酯钠盐合成与性能 [J]. 齐齐哈尔轻工学院学报，1994，10 (4)：41-45.

[14] 唐岸平，邹宗柏．精细化工产品配方500例及生产［M］．南京：江苏科学技术出版社，1993.

[15] 陈胜慧．九种常用表面活性剂渗透性能研究［J］．武汉科技学院学报，1997，10（3）：74-79.

[16] 程靖环，陶绮雯．染整助剂［M］．北京：纺织工业出版社，1985.

[17] ［澳］达泰纳A．著．表面活性剂在纺织印染加工中的应用［M］．施予长译．北京：纺织工业出版社，1988.

[18] 林巧云，葛虹．表面活性剂基础及应用［M］．北京：中国石化出版社，1996.

第9章 油 剂

9.1 概述

（1）油剂的定义及作用

油剂是指纺织用纤维（包括化学纤维、天然纤维等）在加工过程中使用的一种整理剂。其作用主要是在合成纤维的纺丝、纺织加工过程中，减少丝束与机械之间的摩擦，减少静电，人工赋予纤维一定的抗静电、润滑、柔软、抱合等性能的化学助剂。油剂多数由表面活性剂复配而成。

（2）油剂的主要类型

由于加工纤维种类不同，油剂可分为涤纶油剂（包括短丝和长丝）、锦纶油剂、丙纶油剂、腈纶油剂、维纶油剂和氨纶油剂等。合成纤维的油剂还可以分为短纤维油剂和长丝油剂。短纤维油剂按其用途可分为纺丝油剂、拉伸油剂和后整理油剂。长丝油剂根据纺丝速度不同可分为常规纺丝油剂、高速纺丝油剂和超高速纺丝油剂。油剂的主要组分是表面活性剂，在油剂组成中有抗静电剂、平滑剂、乳化剂、集束剂等。抗静电剂主要成分是阳离子和阴离子表面活性剂。阳离子抗静电剂主要品种有季铵盐、聚氧乙烯脂肪胺等，阴离子抗静电剂主要品种有烷基磷酸盐、烷基硫酸盐等。平滑剂有动物油、植物油和矿物油等天然润滑剂，如蓖麻油、甘油三酯、锭子油、白油等；合成润滑剂有脂肪酸聚氧乙烯酯、聚氧乙烯醚、硅氧烷等；乳化剂主要有脂肪酸酯、多元醇酯季铵盐、烷基酚聚氧乙烯醚等。

（3）发展趋势

油剂作为各种表面活性剂复配而成的一种均匀液体，随着表面活性剂合成技术和化纤工业的发展以及人们对生态安全和环保意识的不断增强，用户在考虑适用品种时，除了要考虑产品的质量和价格，更重要的是产品对人体和生态环境的影响。因此，对油剂的研究和开发提出了更高的要求。目前，化纤工业逐步朝着差别化和高技术纤维发展。新型的复合纤维和异形纤维产品具有抗起球、抗静电、阻燃、抗菌、高强度等特点。尤其是化纤生产正在朝着高速化、大容量、差别化、短程纺和功能化的方向发展，对油剂提出了更高的要求，研究开发新型、功能化的化纤油剂是化纤油剂的发展趋势。

9.2 主要产品介绍

0901 和毛油 CT-201A

【英文名】 spining lubricant agent CT-201A

【组成】 由非离子、阴离子表面活性剂复配而成

【性质】 外观为微黄色透明液体,该产品具有良好的抗静电性、润湿性与平滑性,可减少摩擦力,有良好的集束性,减少飞毛、落毛,降低纤维断头率。

【质量指标】

指标名称	指标	指标名称	指标
外观	微黄色透明液体	有效成分/%	≥98
pH 值(10%溶液)	6~7	乳化性	自乳化型,能与水以任意比例形成稳定乳液

【应用】 和毛油 CT-201A 适用于毛条加工、梳理、粗纺及精纺等各道工艺。

【生产厂家】 中国纺织科学技术有限公司,宁波晨光纺织助剂有限公司,宁波民光新材料有限公司。

0902 和毛油 CT-203

【英文名】 spining lubricant agent CT-203

【组成】 由非离子、阴离子表面活性剂复配而成

【性质】 外观为微黄色透明液体,可与水按任意比例混合,水溶液均匀稳定,与传统和毛油的最大区别在于易于洗除,且对油类有较强的清洗作用,该产品具有良好的渗透性、润滑性、抗静电性和集束性。

【质量指标】

指标名称	指标	指标名称	指标
外观	微黄色透明液体	有效成分/%	95
pH 值(10%溶液)	6~7	凝固点/℃	10

【应用】 CT-203 是由润滑剂、抗静电剂等多种表面活性剂复配而成的纺纱助剂。非常适用于羊绒、蚕丝、兔毛等高档纤维纺纱,能增强纤维之间抱合力,减少飞毛、落毛,提高制成率。使织物有良好的柔软性、平滑性,可改善粗、短、深色纤维的纺纱性能,提高可纺支数,减少毛粒、粗细节。

【生产厂家】 中国纺织科学技术有限公司,宁波晨光纺织助剂有限公司,宁波民光新材料有限公司。

0903 无纺布专用和毛油

【英文名】 spining lubricant agent for non woven fabric

【组成】 由特种润滑油、乳化剂、抗静电剂、稳定剂复配而成

【性质】 外观为淡黄色油状液体,该产品具有良好的抗静电性、渗透性、润滑性和抱合力,无异味,可洗性极好,使用后纤维上不会残留任何异味,且不影响染色,本品色泽浅,不会影响毛条、毛纱的白度。

【质量指标】

指标名称	指标	指标名称	指标
外观	淡黄色油状液体	乳液稳定性	溶于水成为乳白色液体,久置不分层
pH 值(1%溶液)	7		

【应用】 适用于羊毛、羊绒、驼毛、牛绒、兔毛、蚕丝等以及无纺布及其混纺织物。适用于精纺、半精纺、粗纺、混纺、绢纺、色纺、印染后处理等工艺。

使用方法：① 用量为 0.4%～1.5%，具体用量根据产品要求和实际效果而定。
② 将无纺布专用和毛油在搅拌的情况下慢慢加入去离子水中（切勿将水倒入和毛油中），加完料后继续搅拌约 10min，至乳液均匀即可。

【生产厂家】 如皋市林梓镇西林化工厂。

0904　B-4554 精梳和毛油

【英文名】 B-4554 comb wool spining lubricant agent

【组成】 由脂肪酸酯、抗静电剂和表面活性剂复配而成

【性质】 具有良好的润滑性，可降低摩擦系数，减少纤维与机件的摩擦，纤维断头率低，减少精梳过程中的损耗，抗静电性好。

【质量指标】

指标名称	指标	指标名称	指标
外观	黄色至黄棕色透明液体	凝固点/℃	<10
pH 值(10%乳液,20℃)	8～9	活性物/%	90～95

【应用】 B-4554 精梳和毛油用于羊毛精梳过程的润滑，主要用于纺制高支毛纱、梳条，可减少精梳过程中短纤维的产生，除了可改进毛条的质量外，还可减少精梳损失。通常以 1:(8～10) 的稀释液使用，以防止乳液分层，需经常搅拌。

【生产厂家】 江阴市尼美达助剂有限公司。

0905　和毛油 XL-4052

【英文名】 spining lubricant agent XL-4052

【组成】 由烷基聚氧乙烯衍生物、抗静电剂及平滑剂组成

【性质】 外观为淡黄色黏稠液体，该产品具有良好的抗静电性和润滑性。

【质量指标】

指标名称	指标	指标名称	指标
外观	淡黄色黏稠液体	溶解性	可与水以任意比例稀释
pH 值(1%溶液)	7		

【应用】 适用于羊毛的粗纺和精纺，也可应用于羊毛与化纤混纺产品的飞毛工序。能提高羊毛的梳理质量。在纺纱过程中能降低静电，增加纤维间的抱合力，减少飞毛、断头，确保羊毛梳理、纺纱的顺利进行。

【生产厂家】 宁波晨光纺织助剂有限公司，宁波民光新材料有限公司。

0906　和毛油 L

【英文名】 spining lubricant agent L

【组成】 烷基聚氧乙烯醚衍生物

【性质】 外观为黄色液体,和毛油 L 是非离子表面活性剂,对油的溶解能力强,对后道洗涤、染色加工更为有利。

【质量指标】

指标名称	指 标	指标名称	指 标
外观	黄色液体	相对密度(25℃)	0.9677
pH 值(2%溶液)	6~7	浊点(1%水溶液)/℃	28~32

【应用】 主要用于羊毛梳理上油,能提高羊毛的梳理质量。在羊毛的梳理、纺纱过程中降低纤维与纤维、纤维与机械的摩擦系数,减少静电,增加纤维间的抱合力,减少飞毛、断头和罗拉、皮辊的缠绕,从而确保羊毛梳理、纺纱的顺利进行,并能提高后道工序染色、整理的加工质量。使织物光洁,色泽鲜艳。和毛油 L 给油时用喷雾法、喷淋法,配制工作液要依据羊毛的含油回潮率来确定油水比,称量好油和水后,将本品溶于冷水中,稍加搅拌均匀即可,避免长时间搅拌,以防泡沫产生;用本品上油梳针不会锈蚀,如果生产间歇梳针生锈,可在本品中加入质量浓度为 0.1%~0.2% 的亚硝酸钠,加入前先将亚硝酸钠加入水中溶解。

【生产厂家】 宁波晨光纺织助剂有限公司,宁波民光新材料有限公司。

0907 和毛油 YS-85

【英文名】 spining lubricant agent YS-85

【组成】 由矿物油和表面活性剂复配而成

【性质】 外观为无色至淡黄色透明液体,该产品属于非离子型矿物质和毛油,易分散于水中,易于乳化,无污染、无腐蚀性,极易洗脱,耐硬水,可直接用自来水进行乳化。具有良好的抗静电性能。

【质量指标】

指标名称	指 标	指标名称	指 标
外观	无色至淡黄色透明液体	稳定性	工作液中放置 24h
pH 值(2%溶液)	6~8		无分层现象

【应用】 适用于各种纯纺和混纺的精梳、半精梳,能降低纺纱过程中动、静摩擦力,具有良好的润滑性,并有一定的抗静电性,能提高纤维的抱合力,减少飞毛,降低断头率。

使用方法:①在一定量的水中在搅拌条件下加入该产品,如需加入抗静电剂,可一同加入,搅拌均匀形成乳液后,可投入使用。

② 一般建议采用喷雾法或浸渍法使用。

③ 参考用量(原油使用量):粗纺 1%~3%,半精纺 0.2%~1%,精纺 0.5%~1.5%,制条 1%~2%。油水比视原毛的回潮与上机要求回潮之差而定,若需加入抗静电剂,一般用量为 0.5%~1.5%,在实际生产中,根据工艺需要可做适当调整。

【生产厂家】 上虞市小越虞舜助剂厂。

0908　新型涤纶短纤油剂 HAD-21

【别名】　涤纶短丝油剂 CG128、CG118、CG298

【英文名】　finishing agent HAD-21 polyester staple

【组成】　多种非离子、阴离子表面活性剂和特种添加剂复配而成

【性质】　外观为淡黄色或无色液体，无异味。具有良好的集束、平滑、抗静电性能，热稳定性好，可洗性及可纺性好。

【质量指标】

指标名称	指　　标	指标名称	指　　标
外观(25℃)	淡黄色或无色液体	发烟点/℃	≥180
有效物含量/%	≥30	润湿力(1%水溶液)/s	≤10
pH 值(1%溶液)	6～8	稳定性(5%水溶液,室温)	72h无分层现象

【制法】　将一定量的软水或去离子水投入调配釜中，加入 0.05% 消泡王FAG470，搅拌并加热至60℃左右。再在搅拌条件下缓慢将计量好的油剂加入，加毕继续搅拌 1h，使之溶解均匀，备用。

【应用】　该油剂能赋予纤维适合的摩擦性能，用于低温、低湿、高温、高湿季节的清花、梳棉、并条、粗纺和细纺等工艺，能较好满足高速纺纱的要求。它是前后纺（纺丝、纺纱）统一油剂，只是乳液浓度不同。在一般情况下，纺丝所用浓度为 0.3%～0.5%，纺纱所用浓度为 4%～5%，最终上油率可控制在 0.1%～0.18%。因乳液浓度主要取决于工艺和纤维品种，故上述数据可根据工艺要求需要适当调整。

【生产厂家】　江苏省海安石油化工厂，宁波晨光纺织助剂有限公司，宁波民光新材料有限公司。

0909　化纤油剂 CT-201A

【英文名】　finishing agent CT-201A chemical fiber

【组成】　由多种非离子和阴离子表面活性剂复配而成

【性质】　外观为微黄色透明液体，具有良好的润湿与平滑性能，减少摩擦力，良好的抗静电和集束性能，减少飞毛、落毛，降低纤维断头率。

【质量指标】

指标名称	指　　标	指标名称	指　　标
外观(25℃)	微黄色透明液体	含固量/%	≥98
pH 值(10%溶液)	6～7	乳化性	自乳化型,能与水以任意比例形成稳定乳液

【应用】　具有良好的润湿与平滑性能，减少摩擦力，良好的抗静电性能，适用于毛条加工、梳理、粗纺及精纺等各道工艺。

【生产厂家】　中国纺织科学技术有限公司。

0910　HY-918 丙纶前纺油剂

【英文名】　finishing agent HY-918 polypropylene fiber

【组成】 以脂肪酸酯为主体，与非离子、阳离子型抗静电剂、集束剂等复配而成的化纤纺丝助剂

【性质】 常温下外观为黄色透明或白色透明油状液体，在水溶液中较稳定，具有良好的平滑性、抱合性、防飞溅性、耐磨性、柔软性。

【质量指标】

指标名称	指 标	指标名称	指 标
外观(25℃)	常温下为黄色透明或白色透明油状液体	水溶液稳定性	10%水溶液静置72h,透明、不分层、不浑浊
pH值(10%溶液)	7±0.5	黏度(40℃,1:6的水溶液)/(mm²/s)	10～30
有效成分/%	≥98		

【应用】 用于改善纤维的平滑性、抱合性、防飞溅性、耐磨性、柔软性。以满足丙纶在纺织、织带、编织、针织等加工时的要求。

【生产厂家】 深圳市华源宏化工有限公司。

0911 丙纶工业丝 FDY-2538 油剂

【英文名】 finishing agent FDY-2538 for polypropylene fiber

【组成】 天然润滑剂、抗静电剂、非离子和阴离子表面活性剂等

【性质】 外观为淡黄色透明油状液体，该油剂具有优良的上油性能，牵伸耐高温，无烟雾产生，集束性能好。油膜强度高，不易结焦，上油均匀等。

【质量指标】

指标名称	指 标	指标名称	指 标
外观(25℃)	淡黄色透明油状液体	运动黏度(30℃)/(mm²/s)	80～100
pH值(1%水溶液)	6～8	闪点(开口杯)/℃	＞220
15%乳化液(30℃,24h)	稳定	浊点/℃	45±5

【应用】 能够满足丙纶一步纺、二步纺加工的工艺要求。适合于纺制、纺丝速度在 2000m/min 以下的各种规格的纤维纺丝上油工艺。储藏稳定性在常温下为 12 个月，储藏温度最好在 10～35℃之间。

① 乳液配制：根据配制的乳液浓度将油剂缓慢地加入温度 25～30℃的软化水中充分搅拌即可。

② 使用方法：油辊上油，推荐上油浓度为 10%～15%；喷嘴上油，推荐上油率为 0.8%～1.2%。

【生产厂家】 桑达化工（南通）有限公司。

0912 丙纶工业丝纺丝油剂 FDY-2028

【英文名】 finishing agent FDY-2028 for polypropylene fiber

【组成】 天然润滑剂、抗静电剂、非离子和阴离子表面活性剂等

【性质】 淡黄色透明油状液体，具有较好的稳定性，乳液保存时必须添加防腐剂（杀菌剂）。

【质量指标】

指标名称	指 标	指标名称	指 标
外观(25℃)	淡黄色透明油状液体	运动黏度(30℃)/(mm²/s)	70～100
pH值	6～8	闪点(开口杯)/℃	>220
1%水溶液稳定性	稳定		

【应用】 本品适用于丙纶纺织。

① 乳液配制：根据配制的乳液浓度将油剂缓慢地加入温度 25～30℃ 的软化水中充分搅拌即可。乳液必须用防腐剂（杀菌剂）保存。

② 使用方法：油辊上油，推荐上油浓度为 10%～15%；喷嘴上油，推荐上油率为 0.8%～1.2%。

【生产厂家】 南通恒润化工有限公司。

0913 涤纶 POY 高速纺油剂

【英文名】 finishing agent for polyester fiber POY high speed spinning

【组成】 以聚醚为主体，多种非离子及阴离子表面活性剂和抗静电剂的复配物

【性质】 常温下外观为淡黄色（微黄色）透明液体，易溶于水及一般有机溶剂。该油剂具有一般油剂的抗静电性、集束性、平滑性、柔软性。

【质量指标】

指标名称	指 标	指标名称	指 标
外观(25℃)	常温下为淡黄色（微黄色）透明液体	有效成分/%	≥90
		运动黏度(40℃)/(mm²/s)	110～130
pH值	6～8	稳定性(10%水溶液)	24h不分层

【应用】 本品适用于涤纶高速纺丝。

① 乳液配制：在搅拌下，将称量出的油剂缓慢加入温度 35～40℃ 的软化水，继续搅拌 60min，使之溶解均匀。

② 使用方法：乳液的配制浓度主要取决于纺丝工艺及纤维的品种、规格，一般乳液配制以 8%～12% 为宜。

【生产厂家】 南通恒润化工有限公司。

0914 OT-P60 丙纶高速纺丝油剂

【英文名】 finishing agent OT-P60 for polypropylene fiber high speed spinning

【组成】 由平滑剂、乳化剂、抗静电剂、集束剂、调整剂等功能添加剂组成

【性质】 外观为均匀透明液体，稳定性好，易于溶解，使用方便。该油剂具有良好的润湿性、耐热性，可纺性好。可赋予纤维良好的平滑性、抗静电性和抱合性。

【质量指标】

指标名称	指 标	指标名称	指 标
外观	均匀透明液体	运动黏度(40℃)/(mm²/s)	60±10
pH值(1%水溶液)	6～8	乳液稳定性(10%水溶液,30℃)	稳定不分层
有效成分/%	80±2		

【应用】 该油剂为乳液上油。将油剂配制釜加入一定量的去离子水,水温在20～30℃下边搅拌边缓慢加入计量好的油剂,然后继续搅拌30min后待用。建议油水比例为1:(6～8),特殊状况可根据工艺要求适当调整配比。

【生产厂家】 厦门欧葆化工有限公司。

0915 涤纶短纤统一油剂 XR-N122

【英文名】 finishing agent XR-N122 polyester staple

【组成】 由烷基磷酸酯(盐)及非离子表面活性剂按一定比例调配而成

【性质】 该油剂具有优秀的抗静电性、柔软性、耐干性、蓬松感、平(润)滑性、集束性和抱合性;油剂颗粒小,乳液稳定均匀,容易上油,在低湿环境下也有良好的可纺性能。

【质量指标】

指标名称	XR-122W	XR-122Y	指标名称	XR-122W	XR-122Y
外观	乳白色液体	淡黄色透明液体	溶解性	可与水任意比例混溶	可与水任意比例混溶
有效成分/%	35.0±2.0	33.0±2.0			

【应用】 用于涤纶短纤前后纺整理。

① 使用方法:用于涤纶短纤的梳理时配比为1份涤纶油剂加3份水,然后将配好水后的涤纶油剂混合物用喷枪一层一层均匀地喷到配制好的涤纶短纤或涤纶棉上,最后放入梳棉机即可。

② 调配浓度:根据纤维的规格酌情调整,纤维粗,浓度相应较高;反之,浓度较低。

③ 纺丝油剂(前纺):牵伸油剂 XR-122Y 稀释回用。

④ 牵伸油剂(后纺):水槽,XR-122Y;卷曲喷淋,XR-122W。

⑤ 调配方法:将计量的去离子水加热到(65±5)℃,加入 XR-122W,搅拌15min后冷却备用。XR-122Y 直接倒入水槽中使用。

⑥ 目标 OPU:0.15%～0.20%(使用苯、甲醇,按1:1比例配制)。

【生产厂家】 东莞市禧润化工有限公司,宁波晨光纺织助剂有限公司,宁波民光新材料有限公司。

0916 涤纶 FDY 油剂系列

【英文名】 finishing agent TK-2003,TK-1258,TK-1588 polyester FDY fiber

【组成】 由特种非离子和阴离子表面活性剂复配而成

【性质】 外观为淡黄色透明液体,油剂稳定性好,油膜强度高,渗透性好;油剂具有良好的耐热性,发烟少,可以减少因热辊结焦而引起的毛丝和断头,并可以改善现场的工作环境。

【质量指标】

指标名称	指 标	指标名称	指 标
外观	淡黄色透明液体	运动黏度(40℃)/(mm²/s)	40～120
pH 值(1%水溶液)	6～8	乳液稳定性(10%水溶液,30℃)	48h不分层
有效成分/%	≥90		

【应用】 该系列产品适用于 FDY 纺牵一步法生产，符合 FDY 计量泵输送油嘴上油和油盘上油两种方式，满足 FDY 热辊牵伸工艺。该油剂适用于从常规品种到细旦丝、色丝、有光丝、异形丝、阳离子改性等。在一般情况下，将一定量的软水打入调配釜中，在搅拌下加入 $300 \sim 500 \mu g/g$ 的防腐剂，均匀搅拌 5min，将计量好的油剂以细流方式慢慢加入调配釜中，边加入边搅拌油剂，油剂加毕，继续搅拌 45min 以上，使用浓度为 $10\% \sim 15\%$。

【生产厂家】 桐乡市恒隆化工有限公司。

0917 涤纶短纤维 TF-720A/B 油剂

【英文名】 finishing agent TF-720A/B polyester staple

【组成】 由平滑剂、乳化剂、抗静电剂、非离子和阴离子表面活性剂混合物组成

【性质】 该系列油剂具有良好的化学稳定性，易溶于热水，不分层，易乳化，使用方便。无毒副作用，不腐蚀生产设备，闪点高，安全可靠。

【质量指标】

指标名称	TF-720A	TF-720B
外观	淡色糊状（白色至浅黄色浆状物）	黄褐色液体
pH 值（2.5%水溶液）	$10.0 \sim 11.0$	$8.0 \sim 10.0$
有效成分/%	$\geqslant 98$	40 ± 2
乳化性	72h 不分层	72h 不分层

【应用】 适用于涤纶短纤前后纺处理。

① 推荐配制比例（可根据自身生产状况调整）：前纺用油剂，A 组分/B 组分＝30/70；后纺用油剂，A 组分/B 组分＝70/30。

② 上油率：棉型短纤维，环锭纺，$0.10\% \sim 0.15\%$ 的上油率；气流纺，$0.12\% \sim 0.17\%$ 的上油率。

③ 配制方法：在调配釜中加入 1/4 去离子水，加温到 $75 \sim 80℃$，边搅拌边添加室温（$25 \sim 35℃$）的 TF-720A，充分溶解约 30min，添加室温（$25 \sim 35℃$）的 TF-720B，使之充分溶解，约 30min 后加入其余 3/4 去离子水，配制好的乳液，储存于 $45℃$ 以下的储罐中待用。

【生产厂家】 杭州传化化学品公司。

0918 锦纶帘子线油剂

【英文名】 finishing agent nylon cord yarn

【组成】 多种表面活性剂及特种耐高温平滑剂的复配物

【性质】 溶于水及有机溶剂，闪点（开口杯）$\geqslant 260℃$，无毒、无味、无腐蚀性，不易燃；具有良好的耐热性，无烟雾，不易结焦。

【质量指标】

指标名称	指 标	指标名称	指 标
外观	微黄色透明液体	运动黏度(40℃)/(mm²/s)	$70 \sim 80$
pH 值(1%水溶液)	$6 \sim 8$	稳定性(10%水溶液)	72h 不分层
有效成分/%	$\geqslant 90$		

【应用】 本品适用于锦纶长丝，尤其适用于锦纶帘子线、工业丝。具有一定的抗静电、乳化、平滑和洗涤性能；具有良好的抱合力。

① 制作方法：在搅拌条件下，将计量好的油剂加入工业软水中，溶解搅拌均匀。

② 使用方法：因机器状态不同，配制 20％ 左右的乳剂。控制丝最佳含油剂率为 1.0％～1.5％。

【生产厂家】 海安县永安纺织助剂有限公司。

0919 YX-GAR 黏胶短纤维油剂

【英文名】 finishing agent YX-GAR for viscose staple fiber

【组成】 由多种非离子和阴离子表面活性剂并添加一定的平滑剂、柔软剂、抗静电剂等复合组成

【性质】 外观为乳黄色糊状物，常温下，它极易分散于水中，形成均匀而稳定的乳状液。该油剂具有良好的稳定性、抗氧化性，对设备无腐蚀作用。该油剂能赋予纤维一定的抱合性、平滑性、抗静电性，而且使纤维手感好、富有弹性。

【质量指标】

指标名称	指标	指标名称	指标
外观	乳黄色糊状物	工作液稳定性（0.4％，30℃）	24h 无分层、无沉淀
pH 值（1％水溶液）	6～7.5		

【应用】 YX-GAR 油剂不但赋予纤维良好的柔软、滑爽和抱合性能，而且对提高纱线强力、增加耐磨性、提高纺纱品质等级、减少静电效应起到十分重要的作用。可纺性适应范围广，特别是在棉纺厂前纺相对湿度低于 55％（标准是 55％～65％）时，该油剂也能赋予纤维良好的可纺性。

【生产厂家】 余姚市升达化工助剂有限责任公司。

0920 抗飞溅涤纶 DTY 油剂

【英文名】 finishing agent for polyester DTY fiber

【组成】 低黏度矿物油、特殊添加剂、非离子和阴离子表面活性剂

【性质】 外观为无色至淡黄色带黏状透明油状液体，表面张力低，渗透性好，能均匀地上油，易控制上油率。集束性好，能使单丝很好地抱合在一起。平滑性好，油膜强度高。油剂挥发性小，防腐蚀性好。抗飞溅性良好，在生产过程中不会出现飞溅而造成油污丝。

【质量指标】

指标名称	指标	指标名称	指标
外观	无色至淡黄色带黏状透明油状液体	pH 值（5％水溶液）	6～8
		旋转黏度（40℃）/mPa·s	10.0～13.0（参考值）

【应用】 适用于加工速度在 700m/min 以上的涤纶低弹丝生产工艺和网络丝生产工艺，还可作为涤纶络筒油剂。可满足针织、机织等后道加工工艺的要求。不需

任何添加剂，直接采用原油以油辊或喷嘴上油，通过工艺设定与调整达到理想的上油量。因工艺、机型和品种的差异，用户应通过试样酌情调整。

【生产厂家】 海安县永安纺织助剂有限公司。

0921 锦纶/涤纶 DTY 丝油剂

【英文名】 finishing agent HAP-11 for nylon and polyester DTY fiber

【组成】 由特种非离子表面活性剂复配而成

【性质】 外观为淡黄色透明液体，油剂均匀稳定，油膜强度高，渗透性能好，有良好的耐高温性能，应用时无结焦现象，热稳定性好，有优良的抗静电性，油剂乳液对丝束有良好的润湿性，油剂能赋予纤维较好的摩擦性能。

【质量指标】

指标名称	指 标	指标名称	指 标
外观	淡黄色透明液体	运动黏度(40℃)/(mm²/s)	80～100
pH 值(1%水溶液)	6～8	乳液稳定性(10%水溶液)	蓝色透明液体,72h不分层
有效成分/%	80±2		

【应用】 HAP-11 适用于锦纶和涤纶 DTY 高速纺工序，纺速可达 3000m/min。将一定量的软水打入调配釜中，在搅拌下加入 300～500μg/g 的防腐剂，均匀搅拌 5min，将计量好的油剂以细流方式慢慢加入调配釜中，边加入加搅拌，加毕继续搅拌 45min，使用浓度为 10%～15%。

【生产厂家】 南通市谦和化工有限公司。

0922 涤纶短纤维油剂 CG 118

【英文名】 finishing agent CG 118 for polyester staple fiber

【组成】 由多种表面活性剂复配而成

【性质】 外观为棕黄色透明液体，可与水以任意比例混溶，具有优良的抗静电性、润滑性、柔软性、饱和性及蓬松感。

【质量指标】

指标名称	指 标	指标名称	指 标
外观	棕黄色透明液体	有效成分/%	40±2
pH 值(1%水溶液)	5～8		

【应用】 适用于涤纶棉型、毛型及三维卷曲纤维的前后纺整理。

① 使用方法：本品为混合配方产品，只要加水调配至所需的上油浓度即可使用；以 40～50℃软水调配至所需浓度最为适宜。

② 推荐上油浓度：前纺 0.5%～1.0%，后纺 1.0%～2.0%；本品不能与阴离子型油剂混合使用；产品在低温时可能呈糊状，搅拌均匀后使用不影响效果。

【生产厂家】 宁波晨光纺织助剂有限公司，宁波民光新材料有限公司。

0923 涤纶短纤维高速纺油剂 HAD-08/HAD-09

【英文名】 finishing agent HAD-08/HAD-09 for polyester staple fiber high speed spinning

【组成】 由阴离子、非离子表面活性剂复配而成

【性质】 平滑性好，油剂附着性好，油膜强度高，适应高强度、高模量纤维的生产，具有良好的抗静电性，在高温干燥状态下也能有效防止静电产生。具有良好的可纺性，能有效地减少缠辊现象，提高产品优等品率。纺纱时纤维遗留少，白粉少，纱线质量好。油剂组分易生物降解。

【质量指标】

指标名称	HAD-08	HAD-09
离子性	非离子表面活性剂	阴离子表面活性剂
外观（25℃）	黄褐色透明液体	白色膏体
有效成分/%	75±2	35±2
pH 值（2.5%水溶液）	9.5±1	9.5~10.5
酸值/(mg KOH/g)	≤2	≤5
乳化稳定性（1.0%水溶液）	24h 不分层	

【应用】 乳液配制时，先加 50%左右的脱盐水到调配槽中，将离子交换水加热到 80~85℃后，慢慢加入一定量的 HAD-09 油剂，保持温度搅拌 1.0~1.5h 至乳液均匀、稳定为止。加入剩余的 50%脱盐水，保持温度 60~65℃后，加入一定量的 HAD-08 油剂，搅拌 1h 至乳液均一、稳定。

【生产厂家】 南通市谦和化工有限公司。

0924 腈纶毛型（干湿卷曲）油剂

【英文名】 finishing agent for woolen type polyacrylonitrile fiber

【组成】 阴离子、非离子表面活性剂混配物

【性质】 外观为淡黄色稠状液体，稳定性好，具有良好的抗静电性。

【质量指标】

指标名称	指标	指标名称	指标
外观	淡黄色稠状液体	运动黏度(40℃)/(mm²/s)	70~80
pH 值(1%水溶液)	7.0~7.5	稳定性(10%水溶液)	24h 不分层
有效成分/%	50		

【应用】 腈纶毛型（干湿卷曲）油剂用于腈纶毛型纤维生产加工工艺中，使纤维手感柔软、丰满，毛感强。在毛条加工中有良好的抗静电性能，适中的平滑、柔软性能，其摩擦系数适当，使纤维能够较好地通过毛条加工工序，能够克服加工中的缠绕及断头，有效地抑制毛条加工中毛粒、毛片的上升率。使用本品时，用软水稀释至工作液浓度，升温至 40~50℃搅拌均匀即可使用。

【生产厂家】 海安县永安纺织助剂有限公司，南通恒润化工有限公司，余姚市升达化工助剂有限责任公司。

0925 涤纶 DTY 油剂 TF-701A

【英文名】 finishing agent TF-701A polyester DTY

【组成】 低黏度矿物油、阴离子、非离子表面活性剂

【性质】 外观为淡黄色至棕黄色透明油状液体，闪点（开口杯）≥130℃，密度（20℃）0.82～0.88g/cm³，根据气候差异做适当调整，油剂挥发性小，防腐蚀性能好，在室内保存不容易发生黄变，有利于成品丝较长时间储存。

【质量指标】

指标名称	指标	指标名称	指标
外观	淡黄色至棕黄色透明油状液体	旋转黏度(40℃)/mPa·s	8.0～10.0(根据气
pH 值(1%水溶液)	6.0～8.0		候差异做适当调整)
含水率/%	≤1.3	乳化性(1%水溶液)	白色乳液

【应用】 适用于高速牵伸加捻生产涤纶低弹丝工艺、常规牵伸加捻设备生产涤纶牵伸丝 DT 加工工艺、空气变形丝 ATY 工艺及作为涤纶络筒油剂使用，可满足针织、机织等后道加工工艺的要求。

使用方法：不需任何添加剂，直接采用原油以油辊或喷嘴上油，通过工艺设定与调整达到理想的上油量，因工艺、机型和品种的差异，用户应通过试样酌情调整。

【生产厂家】 杭州传化化学品公司，宁波晨光纺织助剂有限公司，宁波民光新材料有限公司。

0926 涤纶 DTY 油剂 TF-701B

【英文名】 finishing agent TF-701B polyester DTY

【组成】 低黏度矿物油、阴离子、非离子表面活性剂

【性质】 外观为淡黄色至棕黄色透明油状液体，闪点（开口杯）≥130℃，密度（20℃）0.82～0.88g/cm³，根据气候差异做适当调整，油剂挥发性小，防腐蚀性能好。可与水配制成乳液使用。

【质量指标】

指标名称	指标	指标名称	指标
外观	淡黄色至棕黄色透明油状液体	旋转黏度(40℃)/mPa·s	8.0～11.0(根据气候
pH 值(1%水溶液)	6.5～8.5		差异做适当调整)
含水率/%	≤1.3	乳化性(1%水溶液)	30min 不分层

【应用】 适用于高速牵伸加捻生产涤纶低弹丝工艺、常规纺牵伸加捻设备生产涤纶牵伸丝的加工工艺。

① 使用方法：不需其他添加剂，按 1:1 或 1:2 的油水比例配水（自来水）后以油辊或喷嘴上油，通过工艺设定与调整达到理想上油量。具体工艺视机型及品种而异，用户应通过试样酌情调整。

② 注意事项：在配制油剂时必须充分搅拌均匀，随配随用，如果乳液在一定的时间内不使用，在使用前也必须充分搅拌均匀；不能使用井水等矿物水。

【生产厂家】 杭州传化化学品公司。

0927 涤纶 FDY 油剂 TF-718

【英文名】 finishing agent TF-718 polyester FDY

【组成】 抗静电剂、乳化剂、平滑剂以及渗透剂等混合物

【性质】 外观为淡黄色至棕黄色透明油状液体,具有良好的耐热性,发烟少,可改善工作环境,并减少因热辊污垢而引起的毛丝和断头。可与水配制成乳液使用,油剂稳定性好,具有较强的防腐蚀能力。

【质量指标】

指标名称	指 标	指标名称	指 标
外观(25℃)	淡黄色至棕黄色透明油状液体	运动黏度(40℃)/(m²/s)	$5.8\times10^{-6}\sim3.5\times10^{-5}$
pH 值(1%水溶液)	6.5~8.5	乳化性(10%水溶液)	48h 不分层
有效成分/%	91.0±0.04		

【应用】 具有良好的润湿性、附着性和渗透性,对高速运行的丝束能迅速附着、延伸,使纤维上油均匀。抗静电性能好,丝与金属之间摩擦系数小,有利于丝的成型和退绕,减少断头和毛丝的产生,并减少对织针等的磨损。具有优良的平滑性和集束性,有利于纺丝和后加工。

① 使用方法:在温度 25~45℃之间,在搅拌下加入去离子水,先加入 300~500μg/g 的防腐剂,均匀搅拌 5min,然后将计量好的油剂以 10kg/min 的速度以细流状慢慢加入水中,边加边搅拌,油剂加完后,再搅拌 45min 以上,取样测试乳液浓度后待用。

② 推荐乳液配制浓度:建议浓度为 8%~15%,准确浓度需根据折射率-浓度标准曲线校正。

③ 推荐上油率:上油率为 0.7%~1.0%,在使用过程中,可根据生产实际调节油剂浓度。

【生产厂家】 杭州传化化学品公司,宁波晨光纺织助剂有限公司,宁波民光新材料有限公司。

0928 涤纶短纤油剂 TF-722

【英文名】 finishing agent TF-722 polyester staple

【组成】 平滑剂、乳化剂、抗静电剂等混合物

【性质】 外观为淡色透明液体,具有良好的化学稳定性,易溶于热水,不分层,易乳化。

【质量指标】

指标名称	指 标	指标名称	指 标
外观(25℃)	淡色透明液体	有效成分/%	40.0±2.0
pH 值(1%水溶液)	6.0~8.0		

【应用】 在涤纶短纤维生产和后道纺纱时,赋予纤维良好的抗静电性能;赋予低的纤维与金属之间动摩擦力及低的纤维与纤维之间静摩擦力,同时改善了丝束的质量;赋予纤维与纤维之间较好的抱合性能,赋予纤维良好的蓬松性和弹性。

① 使用方法:推荐配制比例(可根据自身生产状况调整),前纺用油浓度为 0.10%~1.50%;后纺用油浓度为 0.50%~3.50%。

② 配制方法：在调配釜中室温下（25~35℃）加入 1/4 去离子水或蒸馏水，加入称好的油剂，边搅拌边添加其余的去离子水或蒸馏水，充分溶解约 30min，配制好的乳液储存于室温（25~35℃）的储罐中待用。

【生产厂家】 杭州传化化学品公司，宁波晨光纺织助剂有限公司，宁波民光新材料有限公司。

0929　针织油剂 TF-750

【英文名】 knitting agent TF-750

【组成】 高纯度矿物油、表面活性剂、功能添加剂

【性质】 闪点（开口杯）≥150℃，具有优良的自乳化性，可以被水迅速地乳化成乳液，乳液不分层、不漂油，被油渍污染的织物易于漂洗，不会造成渍斑、色花，还具有优良的防锈性，可保证织机机件长期使用无锈蚀。

【质量指标】

指标名称	指 标	指标名称	指 标
外观(25℃)	无色或极浅黄色透明油状液体	pH 值(1%水溶液)	6.0~8.0
		旋转黏度(40℃)/mPa·s	10.0~18.0

【应用】 适用于各种针织机，包括圆筒式针织机、高速织袜机、无缝内衣针织机和经编针织机等。还可适用于纺织机械的轴承、锭子润滑和缝纫机润滑等。

【生产厂家】 杭州传化化学品公司。

0930　涤纶单丝油剂 HMD-211

【英文名】 finishing agent HMD-211 polyester monofilament

【组成】 精炼矿物油、合成平滑剂、阴离子和非离子表面活性剂

【质量指标】

指标名称	指 标	指标名称	指 标
外观(25℃)	淡黄色透明液体	有效成分/%	91.0±2.5
pH 值(1%水溶液)	6.0~8.0	乳化性(10%水溶液)	24h 不分层

【应用】 该油剂专为涤纶单丝生产而研制，适用于各种规格的单丝、拉链丝生产。使用浓度：建议油剂使用浓度控制在 20%~40%，用户根据实际情况调节使用浓度。

【生产厂家】 浙江皇马化工集团有限公司。

0931　锦纶帘子线油剂

【英文名】 finishing agent HMBJ-1 nylon cord fabric

【组成】 合成平滑剂、特殊聚醚、非离子和阴离子表面活性剂

【质量指标】

指标名称	指 标	指标名称	指 标
外观(25℃)	棕黄色油状透明液体	有效成分/%	80.0±2.0
pH 值(1%水溶液)	8.0~10.0	乳液稳定性(20%水溶液)	透明,24h 不分层

【应用】 该油剂专为锦纶帘子线常规纺生产而研制，适用于锦纶帘子线纺丝工艺及设备。使用浓度：建议油剂使用浓度控制在 10%～20%，用户可根据实际工艺调节。

【生产厂家】 浙江皇马化工集团有限公司。

0932 黏胶短纤油剂

【英文名】 finishing agent HMNC-3649 viscose fibre

【组成】 精炼矿物油、合成平滑剂、非离子和阴离子表面活性剂

【质量指标】

指标名称	指标	指标名称	指标
外观(25℃)	乳黄色糊状物	有效成分/%	90.0±2.0
pH 值(1%水溶液)	6.0～7.5	乳液稳定性(0.4%水溶液)	透明，24h不分层、无沉淀

【应用】 该油剂专为黏胶短纤生产而研制，具有提高纱绒强力、增加耐磨性、提高纺纱品质等级、减少静电效应等作用。使用浓度：建议工作液浓度为 4g/L，采用均匀喷淋式连续上油法，然后由液滴流式循环使用，定期清理。推荐纤维上油率为 0.15%～0.25%。

【生产厂家】 浙江皇马化工集团有限公司。

0933 涤纶 POY 高速纺油剂

【英文名】 HMDG-K105A finishing agent for polyester fiber POY high speed spinning

【组成】 特殊聚醚、非离子和阴离子表面活性剂

【质量指标】

指标名称	指标	指标名称	指标
外观(25℃)	微黄色液体	有效成分/%	90.0±2.0
pH 值(1%水溶液)	5.5～7.5	乳液稳定性(10%水溶液)	24h 不分层

【应用】 该油剂专为涤纶长丝 POY-DTY 生产而研制，适用于合成丝（POY）锭子、摩擦和皮圈变形用纺丝油剂。使用浓度：建议油剂使用浓度控制在 6%～12%，适应油辊或油嘴上油。建议上油率：摩擦变形 0.30%～0.45%（单丝纤度 2～5den）；摩擦变形 0.40%～0.60%（单丝纤度 0.5～1.0den）；锭子变形 0.40%～0.50%；皮圈变形 0.35%～0.45%。

【生产厂家】 浙江皇马化工集团有限公司。

0934 HMDG-2146SG 涤纶 FDY 油剂

【英文名】 HMDG-2146SG finishing agent for polyester fiber FDY

【组成】 精炼矿物油、合成平滑剂、非离子和阴离子表面活性剂

【质量指标】

指标名称	指标	指标名称	指标
外观(25℃)	微黄色透明液体	有效成分/%	90.5±2.0
pH 值(1%水溶液)	6.5～8.5	乳液稳定性(10%水溶液)	24h 不分层

【应用】 该油剂专为涤纶长丝 FDY 生产而研制，适用于 FDY 纺牵一步法生产工艺和设备，包括热辊牵伸工艺和热管式 TCS 牵伸工艺。使用浓度：建议油剂使用浓度控制在 8%～15%，适应 FDY 工艺油嘴或油辊等上油方式。

【生产厂家】 浙江皇马化工集团有限公司。

0935　HMB-202C 丙纶长丝油剂

【英文名】 HMB-202C finishing agent for polypropylene fiber

【组成】 合成平滑剂、非离子和阴离子表面活性剂

【质量指标】

指标名称	指标	指标名称	指标
外观(25℃)	黄色油状液体	有效成分/%	89.0±2.0
pH 值(1%水溶液)	6.0～8.0	乳液稳定性(10%水溶液)	24h 不分层

【应用】 该油剂专为丙纶长丝生产而研制，适用于不同规格的丙纶复丝、变形丝（包括加捻和蒸汽、空气喷射变形）及异形丝的生产。使用浓度：建议油剂使用浓度控制在 10%～20%，适应工艺油嘴或油辊等上油方式。

【生产厂家】 浙江皇马化工集团有限公司。

参 考 文 献

[1] 邢凤兰，徐群，贾丽华，等. 印染助剂 [M]. 北京：化学工业出版社，2008.

[2] 许坚刚. 化纤油剂发展现状概述 [J]. 现代纺织技术，2010，2：26，43.

[3] 蔡继权. 我国化纤油剂的生产现状与发展趋势（上）[J]. 纺织导报，2012，6：116-118.

[4] 蔡继权. 我国化纤油剂的生产现状与发展趋势（下）[J]. 纺织导报，2012，7：111-114.

[5] 徐国玢. 合纤油剂的组成及其效果 [J]. 合成纤维工业，1987，4：52-58.

[6] 徐国玢. 涤纶短纤维油剂 [J]. 合成纤维工业，1987，5：57-62.

[7] 徐国玢. 涤纶长丝油剂 [J]. 合成纤维工业，1987，6：54-58.

[8] 于松华，徐群，等. HEK 型涤纶短纤维油剂的研制与应用 [J]. 合成纤维，1996，1：19-22.

[9] 陈溥，王志刚. 纺织印染助剂实用手册 [M]. 北京：化学工业出版社，2003.

[10] 罗巨涛. 染整助剂及其应用 [M]. 北京：中国纺织工业出版社，2000.

[11] 徐群，李珊珊，王丽艳. 磺酸盐双子表面活性剂及其制备方法 [P].CN2011022200192430.2011-05-12.

[12] 徐群，李珊珊，王丽艳. 一种羧酸盐双子表面活性剂及其制备方法 [P].CN2012032900345470.2012-04-01.

[13] 王丽艳，徐群，邢凤兰，杨菲. 双子表面活性剂及其制备方法 [P].CN101745341A.2012-10-10.

[14] 黄洪周. 化工产品手册（工业表面活性剂）[M]. 北京：化学工业出版社，1999.

[15] 张武最. 化工产品手册（合成树脂与塑料·合成纤维）[M]. 北京：化学工业出版社，1999.

[16] 程静环. 染整助剂 [M]. 北京：纺织工业出版社，1985.

第10章 乳化剂与分散剂

10.1 概述

乳化剂是一类表面活性剂。乳化剂分子内具有亲水和亲油两种基团，当它分散在分散质的表面时，易在水和油的界面形成界面层或吸附层，形成薄膜或双电层，将一方很好地分散于另一方，能阻止分散相的小液滴互相凝结，使形成的乳浊液比较稳定。同时，能显著降低表面张力。乳化剂多作为乳化稳定剂或增稠剂使用。乳化剂种类很多，按来源可分为天然乳化剂和合成乳化剂。按其溶解性可分为水溶性乳化剂和油溶性乳化剂。按其在水中是否离解成离子，可分为离子型乳化剂和非离子型乳化剂。按其在水中显示活性部分的离子可分为阳离子型乳化剂和阴离子型乳化剂。按其作用分，可分为水包油型乳化剂和油包水型乳化剂。目前乳浊液的种类已从传统的水包油型和油包水型扩大到多重乳浊液、非水乳浊液、液晶乳浊液、发色乳浊液、凝胶乳浊液、磷脂乳浊液和脂质体乳浊液等多种形式。

分散剂也常称扩散剂，是一种能促使物料颗粒均匀分散于介质中，形成稳定悬浮体的药剂，是同时具有亲油性和亲水性两种相反性质的界面活性剂，能提高和改善固体或液体物料分散性能。分散和乳化在本质上是相同的，分散剂的作用机理是：首先吸附于固体颗粒的表面，使凝聚的固体颗粒表面易于润湿，在固体表面形成吸附层，增加了表面的电荷，使颗粒间的反作用力提高，固体颗粒之间因静电斥力而远离，使体系均匀。分散剂的种类有阴离子型、阳离子型、非离子型、两性型和高分子型。阴离子型用得最多，其次是非离子型，多以高分子型为主。木质素磺酸盐类分散剂是染料加工用分散剂中的重要品种；亚甲基萘磺酸类扩散剂是生产较早、用量较大的分散剂；酚醛缩合物磺酸盐类分散剂有很好的高温分散能力，用途广泛。脂肪酸聚氧乙烯硅烷型分散剂可防止染料沉淀，同时可改善手感等。目前，聚羧酸系分散剂因具有高性能、多功能、生态性而备受重视；萘系分散剂因原料短缺，且生产过程中使用有毒物质，极大地限制了其发展；木质素类分散剂仍会占有一席之地，但应通过物理或化学改性的方法提高其性能。随着人们对绿色纺织品和环境生态保护的关注，环保型乳化剂和分散剂已成为当今纺织助剂发展的主要方向。

10.2 主要品种介绍

1001 乳化剂 OP

【别名】 乳化剂 OP 系列；曲拉通

【英文名】 emulsifying agent OP; emulsifier OP

【组成】 烷基酚与环氧乙烷缩合物，烷基酚聚氧乙烯醚

【结构式】 R—⟨benzene ring⟩—O$\left(CH_2CH_2O\right)_n$H

【性质】 乳化剂 OP 在室温下为黄色黏稠液体或黄色膏状、蜡状固体。属于非离子型通用的低泡高效表面活性剂，乳化剂 OP 易溶于油及其他有机溶剂，在水中呈分散状态，具有良好的乳化性能，一般工业中作 W/O 型乳化剂，它们具有广泛的 HLB 值可调性、优良的耐硬水性、耐酸碱性、乳化性、润湿性、分散性、增溶性、去污能力和渗透能力。可溶于各种硬度的水中，在冷水中溶解度比在热水中大，1% 水溶液 pH 值为 5~7，浊点 75~85℃。具有乳化、润湿、扩散、助溶、匀染、净洗和保护胶体等性能。可与各类表面活性剂及染料、树脂初缩体等混用，但在染浴中一般不与阴离子表面活性剂同浴作为匀染剂，对棉、毛、麻等纤维略具亲和力。主要用于皮革、纺织、造纸、涂料、日用化工等行业中。

【质量指标】

指标名称	指 标	指标名称	指 标
外观	黄色黏稠液体或黄色膏状、蜡状固体	浊点/℃	75~85
pH 值(1%水溶液)	5~7	HLB 值	14.5
溶解性	易溶于水		

【制法】 由烷基酚与环氧乙烷加聚反应制得。乳化剂 OP 的工艺流程如下：苯酚、叠合汽油→加成→蒸馏→加入 NaOH 抽真空→真空脱水→加入环氧乙烷合成→成品 OP。

首先将苯酚投入反应釜中加热熔化。然后将熔化后的苯酚与叠合汽油以及占其总数 3.27% 的苯乙烯型强酸性阳离子交换树脂一起投入衬聚四氟乙烯反应釜中，搅拌升温至 130℃，恒温反应 4h，取样分析反应液中酚的含量，当苯酚含量小于 8%，即可停止反应。将反应液压入蒸馏釜，在 1.3kPa 真空、120℃ 条件下蒸馏。在 120℃ 以后得馏分为烷基酚，如果温度升至 230℃，则可全部蒸干。将蒸馏后的烷基酚和一定量的氢氧化钠加入不锈钢反应釜中，抽真空，并用氮气将反应釜中空气赶尽，升温至 80℃ 左右进行抽真空脱水，脱水后，再升温至 90~110℃，通入环氧乙烷，同时保持 2.5×10^5 Pa 压力，根据浊点控制反应终点。

【应用】 广泛用于纺织工业，在印染加工中用作匀染、分散、浸湿、洗涤的助剂；也可用作玻璃纤维、纺织润滑剂的乳化剂；一般用量为 5%~10%。

【生产厂家】 江苏四新界面剂科技有限公司，淄博海杰化工有限公司，邢台市梃亿发助剂厂。

1002 乳化剂 OP-7

【别名】 OP-7；匀染剂 OP-7

【英文名】 emulsifying agent OP-7；emulsifier OP-7

【组成】 烷基酚与环氧乙烷的缩合物，烷基酚聚氧乙烯醚

【结构式】 R—⟨benzene ring⟩—O$\left(CH_2CH_2O\right)_7$H

【性质】 OP-7 属于非离子型，外观为淡黄色油状液体。pH 值近中性，HLB 值为 12，溶于油及有机溶剂，在水中呈分散状态，具有较好的乳化性、匀染性和优良的净洗性。一般工业中用作 W/O 型乳化剂。

【质量指标】

指标名称	指标	指标名称	指标
外观	淡黄色油状液体	浊点/℃	<30
pH 值(1%水溶液)	6～7	HLB 值	12.0
溶解性	在水中呈分散状态		

【制法】 烷基酚与环氧乙烷加成制得。

【应用】 OP-7 在毛纺、合成纤维工业及金属加工过程中作为净洗剂，如聚丙烯腈纤维染前、染后洗涤剂及皂煮剂，并可做成阳离子染料的匀染剂。也是金属净洗剂的组成之一，在一般工业中可作乳化剂。

【生产厂家】 江阴市盛昌化学品有限公司，淄博海杰化工有限公司，邢台市助剂厂。

1003　乳化剂 OP-10

【别名】 乳化剂 TX-10；OP-10；匀染剂 OP-10；曲拉通 X-100；聚乙二醇对异辛基苯基醚

【英文名】 emulsifying agent OP-10；emulsifier OP-10；Triton X-100

【组成】 烷基酚与环氧乙烷的缩合物，辛烷基酚聚氧乙烯醚

【结构式】 $H_{17}C_8$ —◯— O (CH_2CH_2O)$_{10}$ H

【性质】 OP-10 属于非离子型，外观为无色至淡黄色透明黏稠液体，可溶于各种硬度的水中，在冷水中的溶解度比在热水中大，可溶于苯、甲苯、二甲苯等，不溶于石油醚。1%水溶液的 pH 值为 6～7，浊点 61～67℃，本品具有优良的乳化、润湿、扩散、匀染、助溶、净洗、抗静电和保护胶体等多种性能。并能耐酸、耐碱、耐硬水、耐还原剂、耐氧化剂，对盐类也很稳定，可与各种类型表面活性剂及染料、树脂初缩体等混用，在作为匀染剂时，一般不宜与阴离子表面活性剂同浴使用。本品对阴离子染料具有暂时亲和力，对棉、毛、麻等纤维略具亲和力。

【质量指标】

指标名称	指标	指标名称	指标
外观	无色至淡黄色透明黏稠液体	浊点/℃	61～67
pH 值(1%水溶液)	6～7	HLB 值	14.5
溶解性	易溶于水		

【制法】 可由辛基酚在氢氧化钠（或钾）催化下，与环氧乙烷反应制得。

【应用】 OP-10 在印染加工中用作匀染剂、扩散剂、浸湿剂。还用作羊毛低温染色新工艺的匀染剂。在合成纤维工业中作为油剂的单体，显示乳化性能、抗静电性能，在合成纤维短纤维混纺纱浆料中作柔软剂。可提高浆膜的平滑性和弹性，该

乳液对胶体有保护作用。

【生产厂家】 杭州电化集团助剂化工有限公司，上海科兴生化试剂有限公司，江阴市盛昌化学品有限公司，淄博海杰化工有限公司。

1004 乳化剂 OP-15

【别名】 OP-15

【英文名】 emulsifying agent OP-15

【组成】 烷基酚聚氧乙烯醚

【结构式】 R—〈 〉—O—(CH₂CH₂O)₁₅H

【性质】 乳化剂 OP-15 属于非离子型，外观为乳白色至淡黄色膏状物或固体，具有广泛的 HLB 值可调性，易溶于水，耐酸、碱、盐、硬水，具有优良的乳化、分散、润湿、渗透、增溶性能，用作高温乳化剂、高电解质浓度净洗剂、润湿剂、合成胶乳的稳定剂、特种油品乳化剂、农药乳化剂。作为乳化剂、润湿剂、分散剂、清洗剂、增溶剂等民用洗涤剂在各个工业领域中均有着极为广泛的应用。

【质量指标】

指标名称	指 标	指标名称	指 标
外观(25℃)	乳白色至淡黄色膏状物或固体	HLB 值	约 15
pH 值(1%水溶液)	5～7	色泽(Pt-Co)	≤20
溶解性	易溶于水	羟值/(mg KOH/g)	65±3
浊点(1%水溶液)/℃	94～99	水分/%	≤1.0

【制法】 烷基酚与环氧乙烷加成反应制得。

$$R—〈 〉—OH + nH_2C—CH_2 \longrightarrow R—〈 〉—O—(CH_2CH_2O)_nH$$

【应用】 由于 OP-15 高温下在水中也有较好的溶解性，用作高温分散剂、乳化剂（石蜡及动物油和植物油类的乳化剂）和一般工业中的洗涤剂。用于合成纤维、纯棉织物柔软处理剂的乳化剂。

【生产厂家】 邢台华佳助剂有限公司，江苏省海安石油化工厂，南京栖霞山印染助剂厂。

1005 乳化剂 LAE-9

【别名】 月桂酸聚氧乙烯（9）酯；合成油剂 LAE-9；十三酸聚氧乙烯（9）酯

【英文名】 emulsifying agent LAE-9；emulsifier LAE-9

【组成】 月桂酸与环氧乙烷加成物

【结构式】 RCOO(CH₂CH₂O)₉H

【性质】 外观为无色至淡黄色油状液体，属于非离子型。具有良好的乳化、净洗性能。

指标名称	指 标	指标名称	指 标
外观	无色至淡黄色油状液体	HLB 值	13～13.5
pH 值(1%水溶液)	5.5～7.0	皂化值/(mg KOH/g)	85～95
活性物含量/%	99	水分/%	≤1.0
浊点(1%水溶液)/℃	94～99		

【制法】 将 1mol 十三酸投入反应釜中，加 50％的 KOH 加热溶解，升温至 140℃脱水，脱水完毕后用氮气置换釜中的空气。驱尽空气后，通入环氧乙烷 9mol。反应温度 180～200℃，压力控制在 0.2～0.3MPa。通完环氧乙烷后，取样测浊点，1％水溶液浊点到 30～40℃反应完毕。将物料打入中和釜中，用乙酸调 pH 值至 5.0～6.0，再用双氧水脱色，冷却出料，即得成品。

【应用】 本品溶于水，具有良好的乳化和净洗性能，且配伍性能好，可用作化纤油剂的组分，用于丙纶丝束线作纺丝、拉丝、卷丝油剂，对纤维具有良好的集束、抱合、柔软、平滑及抗静电性能，在一般行业中也可作为乳化剂或净洗剂使用。

【生产厂家】 江苏省海安石油化工厂，江苏四新界面剂科技有限公司，淄博海杰化工有限公司。

1006 乳化剂 TX-7

【英文名】 emulsifying agent TX-7

【组成】 烷基酚与环氧乙烷缩合物

【结构式】 R—⟨苯环⟩—O—(CH₂CH₂O)ₙH R=C₈～C₉的烷基, n=6～8

【性质】 乳化剂 TX-7 为醚类非离子型表面活性剂，外观为淡黄色至棕色油状液体。溶于油和其他有机溶剂中，在水中呈分散状态，耐酸、耐碱、耐硬水。

【质量指标】

指标名称	指 标	指标名称	指 标
外观	淡黄色至棕色油状液体	HLB 值	10～11
pH 值(1%水溶液)	5.0～7.0	羟值/(mg KOH/g)	100～110
色泽(Pt-Co)	≤20	水分/%	≤1.0

【制法】 将十二烷基苯磺酸钠和烷基酚聚氧乙烯醚按比例加入混合器中，加水升温溶解，再加入增塑剂、硫酸钠和三聚磷酸钠搅匀即可。

【应用】 TX-7 溶于油类及一般有机溶剂，用作乳化剂、偶联剂、防冻液、防锈剂、分散剂及有机合成中间体。TX-7 在水及矿物油中呈扩散状态，具有优良的乳化和净洗性能，一般工业中作乳化剂。在毛纺、合成纤维工业及金属加工过程中作为净洗剂、洗毛剂和渗透剂。如可作为聚丙烯腈纤维染前、染后洗涤剂及皂煮剂，并可做成阳离子染料的匀染剂。

【生产厂家】 桑达化工（南通）有限公司，江苏省海安石油化工厂，邢台市蓝天精细化工有限公司，淄博海杰化工有限公司。

1007 乳化剂 SE-10

【别名】 脂肪酸聚氧乙烯（10）酯

【英文名】 emulsifying agent SE-10

【组成】 脂肪酸与环氧乙烷加聚反应物

【结构式】 $RCOO(CH_2CH_2O)_nH$

【性质】 乳化剂 SE-10 属于非离子型，外观为白色膏体。pH 值为 6.0～7.0，HLB 值为 12，产品不溶于水，可分散在水中，起增稠、柔软和润湿作用。其渗透力和去污力不如脂肪醇和烷基酚的产品强，主要作为乳化剂、分散剂、纤维油剂、染色助剂使用。其化学稳定性也较差，在强酸或强碱条件下易水解，性能显著下降。

【质量指标】

指标名称	指 标	指标名称	指 标
外观	白色膏体	溶解性	分散于水中
pH 值(1%水溶液)	6.0～7.0	HLB 值	12

【制法】 脂肪酸与环氧乙烷加成反应制得。

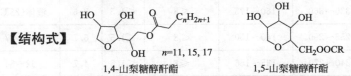

【应用】 SE-10 可作为化纤后处理的乳化剂，并兼有对纤维柔软、平滑和抗静电作用，还可用于化妆品、膏体鞋油等产品的乳化剂、增稠剂、染色助剂的作用，使产品细腻。

【生产厂家】 邢台市助剂厂，邢台科王助剂有限公司，佛山市科的气体化工有限公司，广州邦润化工科技有限公司。

1008 乳化剂司盘

【英文名】 emulsifying agent Span

【组成】 失水山梨醇脂肪酸酯或山梨糖醇酐脂肪酸酯

【结构式】

1,4-山梨糖醇酐酯 $n=11, 15, 17$ 1,5-山梨糖醇酐酯

从结构式可看出，Span 是山梨糖醇酐与脂肪酸反应生成的酯，只要变换脂肪酸就会产生不同的 Span。即使用同一种脂肪酸，因其量不同，Span 的组成、性状、规格也不同。

【性质】 Span 属于非离子 W/O 型乳化剂，外观为琥珀色油状液体或棕黄色蜡状固体。能溶于热油、脂肪酸及各种有机溶剂，不溶于水。可在热水中分散，呈乳状溶液。耐酸、耐碱，对金属离子有较好的化学稳定性。对人体无毒，不损伤皮肤。可与非离子、大多数阴离子或阳离子表面活性剂混用。Span 具有乳化、分散、增稠、润滑、防锈作用。

规格	性　　能
S-20	①溶于油及有机溶剂，分散于水中呈半乳状液体。 ②在医药、化妆品生产中作 W/O 型乳化剂、稳定剂、增塑剂、润滑剂、干燥剂；在纺织工业中作柔软剂、抗静电剂、整理剂；亦用作机械润滑剂；作为添加型防雾剂，具有良好的初期和低温防雾滴性，适用于 PVC 薄膜（用量为 1%～1.5%）、聚烯烃薄膜（用量为 0.5%～0.7%）、EVA 薄膜
S-40	①溶于油及有机溶剂，热水中呈分散状。 ②在食品、化妆品工业中作乳化剂、分散剂；在乳液聚合中作乳化稳定剂；在印刷油墨中作分散剂；亦可用作纺织防水涂料添加、油品乳化分散剂；广泛用于聚合物防雾滴剂，PVC 用量为 1%～1.7%，EVA 用量为 0.5%～0.7%
S-60	①本品不溶于水，热水中呈分散状，是良好的 W/O 型乳化剂，具有很强的乳化、分散、润滑性能，也是良好的稳定剂和消泡剂。 ②在食品工业中用作乳化剂，用于饮料、奶糖、冰激凌、面包、糕点、麦乳精、人造奶油、巧克力等生产中；在纺织工业中用作腈纶的抗静电剂、柔软上油剂的组分；在食品、农药、医药、化妆品、涂料、塑料工业中用作乳化剂、稳定剂；作为 PVC、EVA、PE 等薄膜的防雾滴剂使用，在 PVC 中用量为 1.5%～1.8%，在 EVA 中用量为 0.7%～1%
S-80	①难溶于水，溶于热油及有机溶剂，是高级亲油性乳化剂。 ②用于 W/O 型乳胶炸药、锦纶和黏胶帘子线油剂，对纤维具有良好的平滑作用。用于机械、涂料、化工的乳化剂。在石油钻井加重泥浆中作乳化剂；在食品和化妆品生产中作乳化剂；在涂料工业中作分散剂；在钛白粉生产中作稳定剂；在农药生产中作杀虫剂、润湿剂、乳化剂；在石油制品中作助溶剂；亦可作防锈油的防锈剂。用于纺织和皮革的润滑剂和柔软剂。 ③作为薄膜防雾滴剂，具有良好的初期和低温防雾滴性，在 PVC 中用量为 1%～1.5%，在聚烯烃中用量为 0.5%～0.7%
S-85	①微溶于异丙醇、四氯乙烯、棉籽油等。 ②主要用于医药、化妆品、纺织、涂料以及石油行业等，作乳化剂、增稠剂、防锈剂等

【质量指标】

规格	外观 (25℃)	羟值 /(mg KOH/g)	皂化值 /(mg KOH/g)	酸值 /(mg KOH/g)	水分 /%	HLB值	熔点 /℃
S-20	琥珀色黏稠液体	330～360	160～175	≤8	≤1.5	8.6	液体(25℃)
S-40	微黄色蜡状固体	255～290	140～150	≤8	≤1.5	6.7	45～47
S-60	微黄色蜡状固体	240～270	135～155	≤8	≤1.5	4.7	52～54
S-80	琥珀色黏稠油状物	190～220	140～160	≤10	≤1.5	4.3	液体(25℃)
S-85	黄色油状液体	60～80	165～185	≤15	≤1.5	1.8	液体(25℃)

【制法】　山梨醇酐与脂肪酸酯化而成。

【应用】　Span 用途很广，在纺织工业中作为柔软剂、抗静电剂、整理剂。用作腈纶的抗静电剂、柔软上油剂的组分；用于锦纶和黏胶帘子线油剂，对纤维具有良好的平滑作用。

【生产厂家】　沧州济源化工有限责任公司，淄博市淄川创业油脂化工厂，江阴市盛昌化学品有限公司，上海助剂厂有限公司等。

1009　乳化剂吐温

【英文名】　emulsifying Tween

【组成】　聚氧乙烯失水山梨糖醇酐脂肪酸酯

【结构式】　$C_6H_8O[O(CH_2CH_2O)_nOH]OOCR$

从结构式可分析出，吐温是由不同 Span 与环氧乙烷加成缩合而成的，不同的
Span 与不同摩尔数的环氧乙烷所得吐温的化学组成和性状也不同。

【性质】　Tween 属于非离子型，O/W 型乳化剂，外观为琥珀色油状液体或
蜡状固体，能溶于水及多种有机溶剂，不溶于油，耐酸、耐碱，对其他金属离子
有较好的化学稳定性，可与非离子及大多数阴离子或阳离子表面活性剂混用（要
分别与阴离子、阳离子使用），对人体无毒，不损伤皮肤，具有乳化、分散、润
湿性能。

规格	性　　能
T-20	①易溶于水、甲醇、乙醇、异丙醇等多种溶剂，不溶于动物油、矿物油，具有乳化、扩散、增溶、稳定等性能。 ②本品对人体无害，没有刺激性，在食品工业中用于蛋糕、冰激凌、起酥油等制作。 ③在其他方面，可用作矿物油的乳化剂，染料的溶剂，化妆品的乳化剂，泡沫塑料的稳定剂，医药用品的乳化剂、扩散剂和稳定剂，以及制胶片乳液的助剂
T-40	易溶于水、甲醇、乙醇、异丙醇等多种溶剂，不溶于动物油、矿物油，用作 O/W 型乳化剂、增溶剂、稳定剂、扩散剂、抗静电剂、润滑剂
T-60	①易溶于水、甲醇、乙醇、异丙醇等多种溶剂，不溶于动物油、矿物油，具有优良的乳化性能，兼有润湿、起泡、扩散等作用。 ②用作 O/W 型乳化剂、分散剂、稳定剂，用于食品、医药、化妆品、水性涂料的制造。 ③在纺织工业中作柔软剂、抗静电剂，是聚丙烯腈纺丝油剂组分和纤维后加工的柔软剂，使纤维消除静电，提高其柔软性，并赋予纤维良好的染色性能
T-80	①易溶于水、甲醇、乙醇，不溶于矿物油，用作乳化剂、分散剂、润湿剂、增溶剂、稳定剂，用于医药、化妆品、食品等工业。 ②在聚氨酯泡沫塑料生产中用作稳定剂、助发泡剂；在合成纤维中可作抗静电剂，是化纤油剂的中间体；在感光材料制电影胶片中用作润湿剂及分散剂；在织物防水过程中借以乳化硅油，有良好的效果，也用于锦纶和黏胶帘子线作为油剂及水溶性乳化剂，常与 S-80 混用。 ③用作油田乳化剂、防蜡剂、稠油润湿降阻剂、近井地带处理剂；用作精密机床调制润滑冷却液等
T-85	可分散于硬水、稀酸及稀碱中，溶于大多数有机溶剂和植物油，不溶于丙醇和聚乙二醇。用作乳化剂、增溶剂、稳定剂、扩散剂、润滑剂等。用于医药、食品、日化等工业生产中；在原油生产中用作乳化剂、防蜡剂、稠油润湿降阻剂

【质量指标】

规格	外观 （25℃）	羟值 /(mg KOH/g)	皂化值 /(mg KOH/g)	酸值 /(mg KOH/g)	水分 /%	HLB值	相对密度
T-20	琥珀色黏稠液体	90～110	40～50	≤2.0	≤3	16.5	1.08～1.13
T-40	微黄色蜡状固体	85～100	40～55	≤2.0	≤3	15.5	1.05～1.10
T-60	微黄色蜡状固体	80～105	40～55	≤2.0	≤3	14.5	1.05～1.10
T-80	琥珀色黏稠油状物	65～82	43～55	≤2.0	≤3	15	1.06～1.09
T-85	琥珀色黏稠油状物	0～46	83～98	≤2.0	≤3	11.0	1.00～1.05

【制法】　由 Span 与环氧乙烷加聚而成。生产方法：在醇钠的催化下，130～170℃时，Span 中通入一定量的环氧乙烷发生加成反应得产品。

【应用】　Tween 用于 O/W 型乳化剂、分散剂、润湿剂，可与 Span 类乳化剂复配使用，用于合成纤维油剂时作乳化剂、润湿剂、分散剂、抗静电剂、柔软剂。用于染料可作分散剂；把植物油、矿物油、蜡、脂肪酸及其他酯类乳化时作乳化剂。印染时可代替平平加 O、乳化剂 O 使用。Tween 作合纤油剂的助剂时，在锦纶 6 帘子线 1 号纺丝油剂配方中添加 10%Tween-80 作为亲水乳化剂；在锦纶 66 帘子线 159 号纺丝油剂中添加 45%Tween-80 可起到抱合、抗静电作用；在腈油 1 号中添加 24%Tween-60 可起到乳化、润湿及扩散作用。

【生产厂家】　杭州久灵化工有限公司，海安县华思表面活性剂有限公司，江苏四新界面剂科技有限公司，沧州济源化工有限责任公司，淄博市淄川创业油脂化工厂，江阴市盛昌化学品有限公司。

1010　乳化剂 OS

【别名】　乳化剂 SR；乳化剂 MS-1；烷基酚醚磺基琥珀酸酯钠盐

【英文名】　emulsifying agent OS；emulsifier OS

【组成】　马来酸酐衍生物、烷基酚醚磺基琥珀酸酯钠盐

【性质】　属于阴离子型，浅黄色至浅棕色透明液体或胶状物。溶于热水及一般溶剂，pH 值为 6～7。有良好的乳化性、分散性、润湿性、悬浮性、去污性及发泡性。主要适用于油/水型乳化。

【质量指标】

指标名称	指标	指标名称	指标
外观	浅黄色至浅棕色透明 液体或胶状物	含固量/%	≥35
		酸值/(mg KOH/g)	80～90
pH 值(1%水溶液)	6.0～7.0	碘值/(mg KOH/g)	12～19

【制法】　马来酸酐与乳化剂 OP 酯化后，再与重亚硫酸钠磺化而得。

【应用】　在聚乙烯类乳液及制漆工业的制备上，乳化剂 OS 用作乳液、有光乳漆液制备的乳化剂。在染色工艺上，可提高染料色浆的稳定性和分散性。在农药上，用作乳化剂及农药胶悬剂的特效助剂。

【生产厂家】　上海助剂厂有限公司，抚顺佳化化工有限公司，邢台蓝星助剂

厂，邢台科王助剂有限公司，江苏省海安石油化工厂等。

1011 乳化剂 FM

【别名】 三乙醇胺单油酸酯；乳化剂 4H

【英文名】 emulsifying agent FM；emulsifier FM

【组成】 三乙醇胺油酸酯

【结构式】
$$N \begin{cases} CH_2CH_2OOCC_{17}H_{35} \\ CH_2CH_2OH \\ CH_2CH_2OH \end{cases}$$

【性质】 棕红色黏稠液体。能溶于油类，在水中能扩散成乳状液，用作油脂的乳化剂，可与阳离子和非离子表面活性剂混用。无毒、无腐蚀性。

【质量指标】

指标名称	指 标	指标名称	指 标
外观(25℃)	棕红色黏稠液体	皂化值/(mg KOH/g)	120~140
HLB 值	3~5(W/O)，约 9.5(O/W)	酸值/(mg KOH/g)	≤10
酯含量/%	≥75		

【制法】 油酸与三乙醇胺反应后，经脱水、精制而得。

【应用】 乳化剂 FM 分散于水呈乳化状态，能溶于油类，用作油脂的乳化剂，为 W/O 型乳化剂。在金属加工上，用于浸渍、润滑、抛光和清洗作 W/O 型乳化剂；也用于抛光作 O/W 型乳化剂及金属加工和防腐用防锈添加剂。在农药加工上，作农药的 W/O 型乳化剂。在油墨工业上，用作配制油墨、颜料及乳胶漆的 W/O 型乳化剂，使颜料增艳，提高其流动性，如用作酞菁颜料合成加工助剂。在颜料色淀的偶合溶液中加入本品 3%~5%，使颜料成品流动性显著改善，同时可使颜料色泽鲜艳光亮；用于油墨制造中的乳化剂，在颜料油脂制备油墨时添加本品可使油墨迅速乳化，便于捏合轧浆，可提高油墨成品的光彩和润滑流动性，用量一般为 2%~6%。

【生产厂家】 海安县国力化工有限公司，江西斯莫生物化学有限公司，江苏四新界面剂科技有限公司。

1012 乳化剂 MOA3

【别名】 脂肪醇聚氧乙烯（3）醚；脂肪醇与环氧乙烷缩合物

【英文名】 emulsifying agent MOA3

【组成】 脂肪醇与环氧乙烷缩合物，脂肪醇聚氧乙烯醚

【分子式】 $C_{18}H_{38}O_4$

【结构式】 $RO(CH_2CH_2O)_3H$ R=$C_{12}H_{25}$

【性质】 MOA3 属于非离子型。外观为无色透明液体，pH 值近中性，HLB 值为 6~7，MOA3 易溶于油及极性溶剂中，在水中呈扩散状态，具有良好的乳化性能，能增大某些物质在有机溶剂中的溶解度，有增溶、乳化和消泡作用。作洗涤剂的有效组分及高效发泡剂，是生产 AES 的主要原料。在一般工业中用作 W/O

型乳化剂，用于矿物油、脂肪族溶剂的乳化剂，聚氯乙烯（PVC）塑料溶胶的降黏剂，在合成纤维油剂中广泛使用，可改善可纺性。乳化剂 MOA3 经磺化后成为阴离子表面活性剂脂肪醇醚硫酸盐，增加其水溶性。

【质量指标】

指标名称	指标	指标名称	指标
外观	无色透明液体	色泽(Pt-Co)	≤20
HLB 值	6～7	羟值/(mg KOH/g)	170～180
pH 值(1%水溶液)	5.0～7.0	水分/%	≤1.0

【制法】 由脂肪醇与环氧乙烷加成反应制得。

【应用】 作为工业油剂的有效成分，MOA3 可制备纤维工业油剂，也可作为制作 W/O 型乳液的乳化剂。还可作增溶剂、消泡剂。本品为亲油性乳化剂，能增大某些物质在有机溶剂中的溶解度。具有良好的乳化、净洗、润湿、分散等性能；常用作皮革、皮毛行业的脱脂剂、织物净洗剂、液体洗涤剂；也用作烃类溶剂及一般工业乳化剂、香精油增溶剂、抗静电剂的润湿剂、电镀工业的光亮剂、色浆的乳化剂、增白剂的乳化分散剂。

【生产厂家】 海安县国力化工有限公司，江阴市盛昌化学品有限公司，淄博海杰化工有限公司。

1013　乳化剂 O-10

【别名】 平平加 O-10

【英文名】 emulsifying agent O-10

【组成】 脂肪醇与环氧乙烷缩合物，脂肪醇聚氧乙烯醚

【结构式】 $RO(CH_2CH_2O)_nH$

【性质】 乳化剂 O-10 属于非离子型，外观为淡黄色膏状物，pH 值近中性，常温溶于水时呈浑浊不透明状，HLB 值为 12～13，具有优良的乳化、净洗、润湿、去污、去脂和耐硬水等性能，对矿物油有乳化、分散、净洗等效能。

【质量指标】

指标名称	指标	指标名称	指标
外观	淡黄色膏状物	浊点(1%水溶液)/℃	72～76
HLB 值	12～13	水分/%	≤1.0
pH 值(1%水溶液)	5.0～7.0		

【制法】 脂肪醇与环氧乙烷加成反应制得。

【应用】 O-10 在化纤工业中，作多种化纤纺丝油剂组分之一，具有良好的可纺性，亦可作洗涤剂、乳化剂、分散剂的有效成分。在一般工业中作乳化剂，对动物油、植物油、矿物油具有良好的乳化性能，配制的乳液十分稳定；还可用于配制家用洗涤剂、工业净洗剂、金属清洗剂；在纺织工业中作润湿剂；在农药行业中作

乳化剂的组分之一。

【生产厂家】 江苏省海安石油化工厂，江苏四新界面剂科技有限公司，江阴市盛昌化学品有限公司，淄博海杰化工有限公司等。

1014 乳百灵

【别名】 乳化剂 AEO；平平加；AEO-9

【组成】 脂肪醇聚氧乙烯醚

【结构式】 $RO(CH_2CH_2O)_nH$

【性质】 乳百灵属于非离子型，外观为乳白色膏状至固状物，pH 值为 6.0～7.0，易溶于水，具有良好的润湿、乳化、净洗等性能，尤其对于矿物油及蜡类乳化能力突出。

【质量指标】

指标名称	指 标	指标名称	指 标
外观	乳白色膏状至固状物	羟值/(mg KOH/g)	82～92
HLB 值	11～12	水分/%	≤1.0
pH 值(1%水溶液)	6.0～7.0		

【制法】 脂肪醇与环氧乙烷加成反应而制得。

【应用】 乳百灵具有较好的润湿、净洗和乳化性能，特别适用于矿物油、蜡类的乳化，本品用作蜡类的乳化剂，制得的乳品细腻，可把石蜡颗粒分散至 $3\mu m$ 以下，乳品十分稳定，是配制纺织乳蜡优良的乳化剂。在印染工业中可作润湿剂和净洗剂以及树脂整理的有效助剂。

【生产厂家】 江苏省海安石油化工厂，桑达化工（南通）有限公司，广州市创墅化工科技有限公司，武汉市合中生化制造有限公司。

1015 乳化剂 EL

【别名】 聚氧乙烯蓖麻油；蓖麻油聚氧乙烯醚

【英文名】 emulsifying agent EL；emulsifier EL；polyoxyethylene castor oil ether

【组成】 蓖麻油与环氧乙烷缩合物，蓖麻油聚氧乙烯醚

【分子式】 $RO(C_2H_4O)_nH,R＝C_{12}～C_{18}$

【性质】 乳化剂 EL 属于非离子型表面活性剂，又名聚氧乙烯蓖麻油或蓖麻油聚氧乙烯醚。随着环氧乙烷数量增加，从稀薄黄色油状物变成黏糊状物甚至蜡状物，pH 值近中性，1%水溶液 pH 值为 6.8，低温时凝固成膏状物，但加热后又恢复原状，性能不变。本品易溶于水，在水中呈分散状，具有优良的乳化、扩散性能。亦可溶于油脂、矿物油、脂肪酸及大多数有机溶剂中，对矿物油乳化性能非常好，没有腐蚀现象。耐酸、耐硬水、耐无机盐，低温时耐碱，但遇强碱会引起水解。本品 HLB 值为 13，可与其他离子型表面活性剂混用。主要用于农药乳化剂，各种植物油、脂、蜡、油酸和矿物油的乳化，又可用作配制腈纶、维纶

等抗静电纺丝油剂以及羊毛用和毛油。乳化剂 EL 如与其他抗静电剂拼用，效果更好。

【质量指标】

规格	外观 (25℃)	皂化值 /(mg KOH/g)	浊点 (1%水溶液)/℃	水分 /%	pH 值 (1%水溶液)	HLB 值
EL-10	淡黄色透明油状物	110～130	—	≤1.0	5.0～7.0	6～7
EL-12	淡黄色透明油状物	110～120	—	≤1.0	5.0～7.0	6.5～7.5
EL-20	淡黄色透明油状物	90～100	≤30	≤1.0	5.0～7.0	9～10
EL-30	淡黄色油状至膏状物	70～80	≥45	≤1.0	5.0～7.0	11.5～12.5
EL-40	淡黄色油状至膏状物	57～67	70～84	≤1.0	5.0～7.0	13～14
EL-60	淡黄色膏状物或固体	—	85～90	≤1.0	5.0～7.0	14～15.5
EL-80	淡黄色至微黄色固体	—	≥91	≤1.0	5.0～7.0	15.5～16.5
EL-90	淡黄色固状物	30～40	—	≤1.0	5.0～7.0	约 17

【制法】

【应用】 乳化剂 EL 在纺织工业中用作涤纶、聚丙烯腈、聚乙烯醇等合成纤维纺丝油剂的主要成分，具有乳化和抗静电作用，既增加纤维的平滑、柔软性能，又可消除静电影响，有利于经纱分绞，开口清晰，使浆纱柔软、平滑，减少断头，便于织造；在化纤浆料中可作为柔软平滑剂，且可消除合成浆料液中的泡沫。亦可用于配制浆料，以消除合成浆料中的泡沫。

EL-10 用作涤纶、聚丙烯腈等合成纤维纺丝油剂，亦用作毛纺、制药的乳化剂。EL-30 用作合纤油剂的组分和工业乳化剂。EL-40 水包油型乳化剂适用于毛纺工业和毛油，也适用于油墨、制药、农乳中。EL-80 在纺织工业作化纤油剂、农药乳化剂。EL-90 用作化纤油剂组分和一般工业乳化剂。

具体方法如下。

① 用于配制和毛油。每千克和毛油中含乳化剂 EL 1～3g，将乳化剂 EL 溶于油脂后倾入水中即得优良的乳化液，因为乳化剂 EL 具有扩散及保护胶体性能，因此，和毛油用后极易洗去，即使是硬水也不会产生钙皂浮垢。

② 作抗静电剂。因为化纤纺丝时产生静电，织造难以进行，需用抗静电剂，用乳化剂 EL 100～200g，苯甲酸钠 10～20g，余量为水，配制成 1L，搅拌均匀即制成。

③ 作乳化剂。把乳化剂 EL 溶于水中，配成 20%～25%水溶液，把被乳化的物质边搅拌边加入配成的水溶液中，制成浓乳化液，最后用水稀释至所需浓度。

【生产厂家】 江苏四新界面剂科技有限公司，淄博海杰化工有限公司，江苏省海安石油化工厂，上海助剂厂有限公司，河北邢台助剂厂。

1016 平平加 C-125

【别名】 乳化剂 C-125

【英文名】 Peregal C-125；emulsifier C-125

【组成】 蓖麻油与环氧乙烷缩合物，蓖麻油聚氧乙烯醚，类似于乳化剂 EL

【性质】 平平加 C-125 属于非离子型，外观为淡黄色膏体。pH 值接近中性，易溶于水，呈透明溶液。HLB 值为 16.5，对矿物油（如高速机油）具有独特的乳化能力，制成的油-水乳液易于清洗，对设备无腐蚀现象。

【质量指标】

指标名称	指 标	指标名称	指 标
外观	淡黄色膏体	浊点/℃	≥95
HLB 值	16.5	溶解性	易溶于水，呈透明液体
pH 值(1%水溶液)	6.0～7.0		

【制法】 由蓖麻油与环氧乙烷加成聚合而成。

【应用】 平平加 C-125 对矿物油具有良好的乳化能力，在毛纺织工业中，不论梳毛还是纺毛，用本品乳化锭子油制成的和毛油，不但质量可与植物油产品相媲美，同时可节约大量植物油，并能杜绝腐败现象，还可用作原油脱水的破乳剂，对污水含油处理效果较好。

【生产厂家】 邢台蓝星助剂厂，江苏省海安石油化工厂，淄博海杰化工有限公司，邢台市蓝天精细化工有限公司，邢台盛达助剂有限责任公司（原邢台市助剂厂）。

1017 乳化剂 G-18

【别名】 聚氧乙基甘油醚；甘油聚醚；聚氧乙烯甘油醚

【英文名】 emulsifying agent G-18；glycerine ethoxylated；1,2,3-propanetri-ol ethoxylated

【组成】 多元醇与环氧乙烷缩合物，甘油聚氧乙烯醚

【分子式】 $HO(CH_2CH_2O)_nCH[CH_2(OCH_2CH_2)_nOH]_2$

【结构式】
$$
\begin{array}{l}
CH_2-O(CH_2CH_2O)_xH \\
CH-O(CH_2CH_2O)_yH \\
CH_2-O(CH_2CH_2O)_zH \quad x,y,z \text{之和为20}
\end{array}
$$

【性质】 乳化剂 G-18 属于非离子型，外观为无色至淡黄色黏稠液体，无臭，溶于水、乙醇，不溶于油类。pH 值为 6.0～7.0，耐酸、耐碱及耐硬水。无毒、无味、无腐蚀性，可与阳离子、阴离子、非离子表面活性剂混用。具有优良的乳化和分散性能，并具有一定的消泡性能。在一般化妆品的 pH 值范围内稳定。

【质量指标】

指标名称	指 标	指标名称	指 标
外观	无色至淡黄色黏稠液体	羟值/(mg KOH/g)	175～205
HLB 值	18.5	酸值/(mg KOH/g)	≤0.5
pH 值(1%水溶液)	6.0～7.0	水分/%	≤1.0

【制法】

环氧乙烷

甘油 ——→ [加成聚合] ——→ 乳化剂 G-18

【应用】 乳化剂 G-18 用于纺织印染助剂、乳化剂、分散剂。在工业上常用作乳化剂，用作化妆品和盥洗用品的保湿剂、润滑剂、分散剂和泡沫改进剂。也可用作脂肪酸酯合成的中间体。在纺织印染行业用作匀染剂。当本品用作乳化剂、分散剂时，其用量为 2%～5%。用作高温特效匀染剂时，其用量为 1g/L。

【生产厂家】 江苏省海安石油化工厂，桑达化工（南通）有限公司，武汉市振璇化工有限公司，邢台市梃亿发助剂厂，辽宁旅顺化工厂。

1018 乳化剂 F-68

【别名】 丙二醇嵌段聚醚 F-68

【英文名】 emulsifying agent F-68

【组成】 聚氧乙烯、聚氧丙烯嵌段聚合物，环氧乙烷与丙二醇、环氧丙烷共聚物

【性质】 F-68 属于非离子型，外观为白色片状固体，pH 值为 5.0～7.0，HLB 值为 29，具有乳化、扩散、润湿等性能。

【质量指标】

指标名称	指 标	指标名称	指 标
外观(25℃)	白色片状固体	熔点/℃	50
平均分子量	8350	水分/%	≤1.0
黏度(25℃)	—	pH 值(1%水溶液)	5.0～7.0
浊点(1%水溶液)/℃	>100	HLB 值	29

【制法】 用环氧乙烷与丙二醇环氧丙烷聚醚共聚而成。

【应用】 F-68 主要在纺织工业用作乳化剂，并具有良好的扩散性；还可作金属清洗剂、油田破乳剂等。F-68 也用作低泡沫洗涤剂或消泡剂。用于配制低泡、高去污力合成洗涤剂；在人工心肺机血液循环时用作消泡剂，防止空气进入。同时又是有效的润湿剂，可用于织物的染色、照相显影和电镀的酸性浴中。在制糖工业使用 F-68，由于水的渗透性增加，可获得更多的糖分。还在乳状液涂料中作分散剂。F-68 在乙酸乙烯乳液聚合时作乳化剂。用作原油破乳剂，能有效地防止输油管道中硬垢的形成，以及用于次级油的回收。用作造纸助剂，能有效地提高铜版纸的质量。

【生产厂家】 江苏省海安石油化工厂，桑达化工（南通）有限公司，江阴市盛昌化学品有限公司，淄博海杰化工有限公司。

1019 乳化剂 600#

【别名】 农药乳化剂 600#；农药乳化剂单体 600#；苯乙基苯酚聚氧乙烯醚；农乳 600 号

【英文名】 emulsifying agent 600#；agricultural emulsifier No. 600

【组成】　苯乙基苯酚聚氧乙烯醚

【结构式】

$$\text{O}\text{+}(\text{CH}_2\text{—CH}_2\text{—O})_{\overline{n}}\text{H}$$

$$\text{—(CH}_6\text{H}_4)_2\text{CH}_6\text{H}_5$$
$$\text{CH}_3 \quad\quad \text{CH}_3 \quad\quad n=10\sim20$$

【性质】　乳化剂 600# 属于非离子型,外观为浅黄色膏体,冷却后呈蜡状固体。能溶于水,pH 值为 5~7,可溶于水、甲醇、苯、甲苯、二甲苯、甲基萘等溶剂,具有良好的分散、润湿、渗透、黏着等性能,耐硬水、耐酸、耐碱及耐金属离子。可与其他类型表面活性剂混用,无毒,不损伤皮肤。当使用本品时注意温度不宜超过沸点。

【质量指标】

指标名称	指　标	指标名称	指　标
外观(25℃)	浅黄色膏体	水分/%	≤0.5
浊点/℃	60~65	HLB 值	12~16
pH 值(1%水溶液)	5~7		

【制法】　先由苯乙烯与苯酚缩聚生成苯乙基苯酚,再与环氧乙烷聚合成苯乙基苯酚聚氧乙烯醚。

【应用】　乳化剂 600# 溶于水、甲醇、苯、甲苯等溶剂,具有良好的分散、润湿、渗透、黏着等作用,是农药有机磷、有机氯的乳化剂的重要非离子单体,性能与乳化剂 BP 相同。也用作 O/W 型乳化剂、润湿剂、净洗剂、高温匀染剂等。

【生产厂家】　武汉市振璇化工有限公司,辽宁旅顺化工厂,邢台市梃亿发助剂厂。

1020　乳化剂 700#

【别名】　烷基酚甲醛树脂聚氧乙烯醚;农药乳化剂 700 号

【英文名】　emulsifying agent 700#;pesticide emulsifier 700#;alkylphenol formaldehyde resin ethoxylates

【组成】　烷基酚甲醛树脂聚氧乙烯醚

【结构式】

$$\text{O}\text{+}(\text{CH}_2\text{CH}_2\text{O})_{\overline{n}}\text{H} \quad\quad \text{O}\text{+}(\text{CH}_2\text{CH}_2\text{O})_{\overline{n_1}}\text{H}$$

$$R=\text{C}_8\text{H}_{15},\ m=1,\ n+n_1=20\sim26$$

【性质】　乳化剂 700# 属于非离子型,外观为浅黄色黏稠状液体或半固体,冷却时呈半流动状态或膏状物、蜡状固体。易溶于水、醇、苯、甲苯、二甲苯、甲基萘等有机溶剂。pH 值为 5~7,浊点 90~95℃。水分≤0.5%。不电离,对酸、碱和无机盐溶液稳定,无毒,对皮肤无灼伤性。可与其他类型表面活性剂混用,本品具有优良的乳化性能。

【质量指标】

指标名称	指标	指标名称	指标
外观	浅黄色黏稠状液体或半固体	浊点/℃	90～95
HLB 值	14～15	溶解性	易溶于水和多种有机溶剂
pH 值(1%水溶液)	5～7	水分/%	≤0.5

【制法】 由烷基酚与甲醛缩合成烷基酚甲醛树脂，再与环氧乙烷聚合成烷基酚甲醛树脂聚氧乙烯醚。

【应用】 乳化剂 700# 适用于 O/W 型乳化剂(用量为 3%～5%)、润湿剂、净洗剂(用量为 2～5g/L)，具有良好的乳化、分散和润湿性能。本品还是分散染料高温高压染色匀染剂的良好单体。当使用本品时注意温度不要超过浊点。

【生产厂家】 邢台市蓝天精细化工有限公司，武汉大华伟业医药化工有限公司，山东天道生物工程有限公司。

1021　乳化剂 1600#

【别名】 农乳 1600 号

【英文名】 emulsifying agent 1600#；pesticide emulsifier 1600#；tristyrylphenol ethoxylates/polypropylene phosphoric ester copolyether

【组成】 三苯乙基苯酚聚氧丙烯聚氧乙烯嵌段聚合物，聚苯乙基苯酚聚氧乙烯聚氧丙烯醚

【结构式】

$$H_3C—C_6H_3—O—(CH_2CH_2O)_m—(CH_2CHO)_n—(CH_2CH_2O)_t H$$

m=20, n=2, t=6

【性质】 乳化剂 1600# 属于非离子型，外观为淡黄色膏体或液体。易溶于水、醇、苯、甲苯、二甲苯、甲基萘等多种有机溶剂，pH 值为 5～7，耐酸、耐碱、耐硬水。具有优良的乳化、润湿性能。本品具有乳化稳定性好，流动性好，适应水温、水质范围宽等优点，适用于有机磷、有机氯乳化剂的复配。本品难燃、无毒，对皮肤无灼伤性。可与其他类型表面活性剂混用。

【质量指标】

指标名称	指标	指标名称	指标
外观(25℃)	淡黄色膏体或液体	pH 值(1%水溶液)	5～7
溶解性	易溶于水和多种有机溶剂	HLB 值	16.9
浊点/℃	73～79	折射率	1.4905～1.4920
水分/%	≤0.5		

【制法】 三苯乙基酚依次与环氧乙烷、环氧丙烷、环氧乙烷碱催化聚合制农乳 1601 号；三苯乙基酚依次与环氧丙烷、环氧乙烷、环氧丙烷碱催化聚合制农乳 1602 号。

苯酚　　　环氧乙烷　　　环氧丙烷　　　环氧乙烷

苯乙烯 → 聚合 → 聚合 → 聚合 → 聚合 → 乳化剂1600#

【应用】 乳化剂 1600# 是非离子型表面活性剂，具有优良的乳化、润湿性能，可用作工业乳化剂、润湿剂，是有机磷、有机氯农药高效乳化剂的组分，用于复配混合型农药乳化剂。使用本品时注意温度不要超过浊点。也用作 O/W 型乳化剂、润湿剂、净洗剂、高温匀染剂等。

【生产厂家】 江苏省海安石油化工厂，荆州市天合科技化工有限公司，邢台蓝星助剂厂，邯郸市新迪亚化工有限责任公司。

1022 乳化剂 2000#

【别名】 农乳 2000#；烷基酚醚磺化琥珀酸酯钠盐；烷基酚聚氧乙烯醚磺化琥珀酸酯；烷基酚聚氧乙烯醚磺化琥珀酸酯二钠盐

【英文名】 emulsifying agent 2000#；pesticide emulsifier HY-2000

【组成】 顺丁烯二酸烷基苯酚聚氧乙烯单酯磺酸钠，烷基酚聚氧乙烯醚磺化琥珀酸酯

【结构式】

$$\begin{array}{l} CH_2COONa \\ | \\ CHCOO(CH_2CH_2O)_nOC_6H_5R \\ | \\ SO_3Na \end{array}$$
R＝烷基、芳基、烷芳基及甲醛树脂，$n＝4\sim15$

【性质】 乳化剂 2000# 属于阴离子型，外观为淡黄色流动或半流动液体，透明。微有气味。溶于热水及一般溶剂，pH 值为 5～7。具有高分散性、润湿性、悬浮性、去污性及发泡性。具有良好的稳定性，无毒，对皮肤无灼烧性。可与阴离子、非离子表面活性剂相容性好，忌与阳离子表面活性剂配伍。具有良好的黏度调节作用，可配制出低成本的温和型洗涤用品。对皮肤和头发的作用极其温和，柔软性很好，对眼睛、皮肤的刺激性低，去污力强，发泡性好。

【质量指标】

指标名称	指 标	指标名称	指 标
外观	淡黄色流动或半流动液体	活性物含量/%	约 30
pH 值(1%水溶液)	5～7		

【制法】 由烷基酚聚氧乙烯醚与马来酸酐进行酯化反应生成单酯，再用亚硫酸盐或硫酸盐磺化后用碱中和而制得。

【应用】 乳化剂 2000# 可用作农药的可湿粉剂、胶囊剂和水剂的助剂，农药胶悬剂的特效助剂，还可用作乳液聚合的乳化剂，适用于乳液涂料及乳液聚合橡胶生产，也可用作地毯清洗剂。用作工业生产助剂、农药乳化剂、洗涤剂的优良助剂，以及染料加工；是生产洗涤剂的优良助洗剂，非常适合于配制香波、沐浴露、洗面奶、婴儿洗涤用品、餐具洗涤剂和硬表面洗涤剂等。也是涂料生产、金属加工、染料加工、纺织印染等工业的有效助剂。

【生产厂家】 武汉合中生化制造有限公司，武汉市振璇化工有限公司，邢台市梃亿发助剂厂。

1023 乳化剂 1815

【别名】 变性剂 1815；牛脂胺聚氧乙烯醚 1815

【英文名】 emulsifying agent 1815；fatty amine polyoxyethylene ether

【组成】 脂肪胺与环氧乙烷缩合物，脂肪胺聚氧乙烯醚

【结构式】 $R-N\begin{matrix} CH_2CH_2O)_mH \\ CH_2CH_2O)_nH \end{matrix}$ m+n=8～50

【性质】 变性剂 1815 外观为淡黄色至黄色油状物，易溶于水，在碱性或中性介质中呈非离子型，在酸性介质中呈阳离子型，pH 值为 9～12。耐酸、耐碱、耐盐溶液，稳定性良好。在碱性、中性溶液中可与其他离子型活性剂混用，具有优良的乳化、匀染、扩散性能。

【质量指标】

指标名称	指标	指标名称	指标
外观(25℃)	淡黄色至黄色油状物	叔胺值/(mg KOH/g)	60.0±5.0
pH 值	9～12(直接测原液)	总叔胺差值/(mg KOH/g)	≤5.0
总胺值/(mg KOH/g)	60.0±5.0		

【制法】

环氧乙烷

脂肪胺 ──→ 加成聚合 ──→ 变性剂1815

【应用】 变性剂 1815 具有优良的匀染、扩散性能。主要用作酸性金属络合染料的匀染剂，可降低染浴硫酸用量，减少织物强力损伤，亦可用作中性染料、还原染料匀染剂。可有效地控制瞬染上色率和染料泳移，并有助于高温下迅速染色。在毛、麻、丝、合成纤维中作匀染剂，提高浓度即为理想的剥色剂。作羊毛、锦纶织物的剥色剂，用于羊毛的剥色和匀染染色，可改进织物的外观，在冰染染料的染色和印花中能改进织物的耐磨牢度。黏胶纤维帘子线生产中作添加剂，提高帘子线强度，改善黏胶纤维过滤性和加工工艺，提高帘子线的单丝强力，使纺丝喷头的调换率比原来降低 20%～40%。在纺织品中用作乳化剂、抗静电剂和分散剂。

【生产厂家】 江苏省海安石油化工厂，桐乡市恒隆化工有限公司，辽宁恒星精细化工有限公司，平顶山圣皓助剂有限公司。

1024 分散剂 BZS

【英文名】 dispersing agent BZS；dispersant BZS

【组成】 N-苄基-2-十七烷基苯并咪唑磺酸钠

【结构式】

142　▶ 第二篇　纺织助剂

【性质】 外观为红色粉末，可溶于水。具有优良的扩散性、匀染性。

【质量指标】

指标名称	指 标	指标名称	指 标
外观	红色粉末	硫酸钠含量/%	0.1～0.5
双磺酸钠含量/%	＞79～80		

【制法】 由邻苯二胺与硬脂酸缩合、闭环，再与氯化苄反应，然后用发烟硫酸磺化、碱中和而制得。

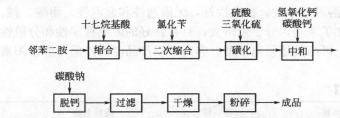

【应用】 用作毛皮染色的匀染剂、分散剂。用分散染料染涤纶时，可用本品作分散剂、匀染剂、洗涤剂、染色后的皂洗剂，可洗去浮色并提高牢度。亦可用于配制羊毛和黏胶纤维的柔软剂、纺织用的润滑剂及树脂整理用的柔软剂。

【生产厂家】 安阳市双环助剂有限责任公司，维波斯新材料（潍坊）有限公司，上海松亚化工有限公司。

1025 扩散剂 C1

【别名】 甲萘胺磺酸钠甲醛缩合物与薜佛酸甲醛缩合物

【英文名】 dispersant C1

【组成】 甲萘胺磺酸钠甲醛缩合物与薜佛酸甲醛缩合物

【性质】 扩散剂 C1 为阴离子表面活性剂，外观为棕色液体。扩散性能≥4 级，120℃时热稳定性≥4 级。

【质量指标】

指标名称	指 标	指标名称	指 标
外观	棕色液体	钙含量	痕量
pH 值	7～9		

【制法】 以甲萘胺、甲醛、硫酸、薜佛酸为主要原料，经磺化、缩合、中和而制得。

【应用】 用于分散染料中间体，也可用作分散、还原等不溶性染料的扩散剂；可与阳离子及非离子表面活性剂同时使用；其扩散性能对浅色染料更好。

【生产厂家】 上海助剂厂，安阳市双环助剂有限责任公司，成都赫邦化工有限公司。

1026 分散剂 CNF

【别名】 扩散剂 CNF

【英文名】 dispersing agent CNF

【组成】 亚甲基双苄基萘磺酸钠盐

【结构式】

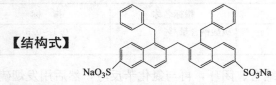

【性质】 分散剂 CNF 属于阴离子型，外观为淡棕色至棕褐色粉末。易溶于水，易潮解，1%水溶液近中性。扩散性好，无渗透性和起泡性。耐酸、碱、盐和硬水。由于结构上增加了苄基，分子量增大，具有良好的耐热稳定性和分散性。对纤维素纤维无亲和力。可与其他阴离子型、非离子型产品混用，但不能和阳离子染料或阳离子助剂混用。

【质量指标】

指标名称	指 标	指标名称	指 标
pH 值(1%水溶液)	7~9	耐热稳定性(分散蓝 79,130℃)/级	4~5
硫酸钠含量/%	≤5	钙、镁离子含量/(μg/g)	≤4000
不溶于水的杂质含量/%	≤0.05		

【制法】 萘与氯化苄缩合制成苄基萘，再与甲醛缩合，最后经磺化而制得。

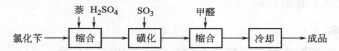

【应用】 用作匀染剂、分散剂，主要用于分散染料、还原染料及高强度染料，能提高高品质染料染色的提升率。

【生产厂家】 安阳市双环助剂有限责任公司，成都赫邦化工有限公司，维波斯新材料（潍坊）有限公司。

1027 分散剂 CS

【别名】 扩散剂 CS

【英文名】 dispersant CS; dispersing agent CS

【组成】 纤维素硫酸酯钠

【性质】 分散剂 CS 属于阴离子型，外观为微黄色粉末。可溶于水，硫酸钠含量≥27%，1%水溶液 pH 值为 7~8。耐酸、耐碱、耐电解质、耐硬水。具有优良的分散性，能保持分散体良好的稳定性。低泡，无渗透，具有极强的水中分散能力，特别适用于染料的分散。对棉、麻纤维和涤纶无亲和力，对蛋白质纤维、锦纶有亲和力。

【质量指标】

指标名称	指 标	指标名称	指 标
外观	微黄色粉末	含量/%	100
pH 值(1%水溶液)	7~8	离子性	阴离子

【制法】　由纤维素与硫酸反应生成纤维素硫酸酯，再用碱中和而成。

【应用】　分散剂 CS 用于还原染料和分散染料的研磨，一般与分散剂 N 和分散剂 MF 同时使用，能加快研磨速度，使染料均匀分散，提高储存稳定性。研磨分散染料时用量，染料：分散剂 CS＝10：1。制备液体染料时用量与粉体相同，含有本品的商品染料使用方便，化料时不结团，不粘壁，本品尤其适用于制备液体染料，使其有良好的储存稳定性。分散剂 CS 对分散染料具有很好的高温分散性，可用于高温高压匀染剂的配制。对活性染料具有极佳的分散能力，能延迟染料上染，可作活性棉用匀染剂。对锦纶、羊毛等具有亲和力，也可作为酸性尼龙白地防沾污添加剂。对腈纶具有同离子阻染作用，可用作阻染剂和白地防沾污剂。本品用于配制高温匀染剂，用量为 7%～10%，另加匀染剂 DR-BOF 5%～10%。

【生产厂家】　武汉远城科技发展有限公司，无锡德荣化工有限公司，潍坊瑞光化工有限公司。

1028　分散剂 DAS

【英文名】　dispersing agent DAS

【组成】　烷基联苯醚磺酸盐

【性质】　深棕色液体。溶于水，1% 水溶液 pH 值为 7～8。具有优良的润湿性、乳化性和分散性；属于阴离子表面活性剂，可与阴离子与非离子表面活性剂同浴使用，不能与阳离子表面活性剂混用。

【质量指标】

指标名称	指　标	指标名称	指　标
外观	深棕色液体	离子性	阴离子
pH 值（1% 水溶液）	7～8		

【制法】　烷基联苯醚经硫酸酸化，中和精制而得。

【应用】　用作印染分散剂。在乳液聚合中作分散剂，应用时与乳化剂 OP 以 1：2 拼用，用量为单体量的 1%～3%，能使乳液粒子变细，储存稳定。

【生产厂家】　维波斯新材料（潍坊）有限公司，潍坊瑞光化工有限公司，江苏省海安石油化工厂。

1029　分散剂 DDA881

【英文名】　dispersant DDA881；dispersing agent DDA881

【组成】　萘磺酸的缩合物

【结构式】

【性质】　本品为淡黄色粉末，热稳定性好，pH 值在 7.5 左右，不含硫酸钠，在 130℃ 有良好的分散能力。

【质量指标】

指标名称	指 标	指标名称	指 标
外观	淡黄色粉末	离子性	阴离子
pH 值(1%水溶液)	约 7.5		

【制法】

【应用】　主要用作分散染料的分散剂。分散性与稳定性好。

【生产厂家】　安阳市双环助剂有限责任公司,武汉远城科技发展有限公司,上海松亚化工有限公司。

1030　分散剂 HN

【别名】　酚衍生物磺酸钠盐甲醛缩合物;扩散剂 HN

【英文名】　dispersant HN

【组成】　酚衍生物磺酸钠盐甲醛缩合物

【性质】　分散剂 HN 属于阴离子型,外观为棕色黏稠液体,易溶于水。可与阴离子、非离子助剂混用。不要与阳离子助剂同浴混用。

【质量指标】

指标名称	指 标	指标名称	指 标
外观	棕色黏稠液体	含固量/%	40±2
pH 值(2%水溶液)	10±1	离子性	阴离子

【制法】　以酚衍生物为原料,经硫酸磺化、甲醛缩合而制得。

$$\text{烷基酚磺酸盐} \longrightarrow \boxed{\text{缩合}} \longrightarrow \boxed{\text{配制}} \longrightarrow \text{分散剂HN}$$

甲醛

【应用】　分散剂 HN 可用作染料高温分散剂。可与其他分散剂混合使用于染料加工,提高磨效和染料的分散性。

【生产厂家】　安阳市双环助剂有限责任公司,成都赫邦化工有限公司,维波斯新材料(潍坊)有限公司。

1031　分散剂 IW

【英文名】　dispersing agent IW

【组成】　脂肪醇与环氧乙烷缩合物,脂肪醇聚氧乙烯醚

【结构式】　$RO(CH_2CH_2O)_nH$

【性质】　分散剂 IW 属于非离子型,外观为白色片状固体。可溶于水配制成透明溶液。耐酸、耐碱、耐硬水、耐无机盐。可与各类表面活性剂混用,具有优良的分散和乳化性能。

【质量指标】

指标名称	指标	指标名称	指标
外观	白色片状固体	水分/%	≤1.0
pH 值（1%水溶液）	5～7	HLB 值	17～18
浊点（5%NaCl 溶液）/℃	≥94		

【制法】 由脂肪醇与环氧乙烷加成聚合得到。

【应用】 用于毛腈混纺织物一浴法染色中作强力分散剂。使用酸性染料和阳离子染料时作防沉淀剂。用作工业洗涤剂、玻璃纤维乳化剂的原料。可用来制备有机物乳化液，对织物染色时，常与分散剂 WA 混合使用，分散剂 WA 的用量为2.5%～5.0%，加入分散剂 IW 1%，染深色加入分散剂 IW 0.5%。

【生产厂家】 安阳市双环助剂有限责任公司，成都赫邦化工有限公司，维波斯新材料（潍坊）有限公司。

1032 分散剂 MF

【别名】 扩散剂 MF

【英文名】 dispersing agent MF

【组成】 亚甲基双甲基萘磺酸钠

【结构式】

NaO$_3$S ——CH$_2$—— SO$_3$Na

CH$_3$ CH$_3$

【性质】 分散剂 MF 属于阴离子型，外观为米棕色或棕褐色粉末。易溶于水，1%水溶液 pH 值呈中性。具有优良的扩散性能，无渗透性和起泡性。耐酸、耐碱、耐硬水和耐无机盐。对棉、麻等纤维无亲和性，对蛋白质纤维和锦纶有亲和力。可与阴离子、非离子助剂同时使用，但不能与阳离子染料或阳离子助剂混合使用。

【质量指标】 分散剂 MF 质量规格（HG/T 2499—2006）

指标名称	指标	指标名称	指标
扩散力（与标准品比）/%	≥100	起泡性/mm	≤260
硫酸钠含量/%	≤5	钙、镁离子含量/%	≤0.2
pH 值	7～9	防沾污性	
不溶于水的杂质含量/%	≤0.1	涤纶/级	≥4
细度（通过 60 目筛后残余物量）/%	≤5	棉/级	≥4～5
耐热稳定性/℃	≥130		

【制法】 由甲基萘经硫酸磺化后与甲醛缩合，再加碱中和制得。

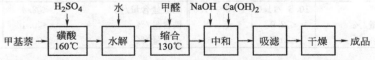

【应用】 分散剂 MF 主要用作还原染料和分散染料的分散剂和填充剂，可使染料色光鲜艳、色力增高、着色均匀。分散染料、还原染料研磨粉碎时，本品用量为染料量的 50%～200%，于 115℃下喷雾干燥，染料颗粒不发生凝聚。

【生产厂家】　江苏省海安石油化工厂，维波斯新材料（潍坊）有限公司，潍坊瑞光化工有限公司。

1033　扩散剂 M-9

【英文名】　diffusion agent M-9；dispersant M-9

【组成】　脱糖木质素磺酸钠

【性质】　线状高分子化合物，黄褐色或棕色固体，具有良好的扩散性能，可溶于任何硬度的水中，水溶液中化学稳定性好。

【质量指标】

指标名称	指　标	指标名称	指　标
外观	黄褐色或棕色固体	水分/%	<8
pH值	8.5~9.0	灰分/%	<20
不溶物含量/%	<0.1		

【制法】　采用纸浆废液和石灰乳为原料，经沉降、过滤、洗涤、打浆、酸溶、转化后，经过滤、静置、蒸发、干燥制得成品。

【应用】　是重要的印染扩散剂及橡胶耐磨剂。可用作分散染料和还原染料的加工用扩散剂，纺织印染用分散匀染剂及酸性染料稀释剂。可代替部分元明粉（硫酸钠）调整色光，提高上色率，获得均匀的染色效果。有很强的分散性、黏合性。

【生产厂家】　维波斯新材料（潍坊）有限公司，上海维酮材料科技有限公司，潍坊瑞光化工有限公司。

1034　扩散剂 M-10

【英文名】　diffusion agent M-10；dispersant M-10

【组成】　脱糖、缩合改性的木质素磺酸钠

【结构式】

$$\left[\begin{array}{c} CH_3 \\ \\ H_3CO \quad OH \quad CH_2SO_3Na \quad NaO_3SH_2C \quad OH \quad OCH_3 \end{array} \right]_n - CH_2 - $$

【性质】　外观为棕色粉末。易溶于水，易吸潮。具有分子量大、酚羟基多、磺化度高等特点。有很强的分散性。高温分散稳定，助磨好。

【质量指标】

指标名称	一级品	二级品	指标名称	一级品	二级品
pH值	10.5~11.0	10.5~11.0	硫酸盐含量/%	≤2.4	≤4.0
总还原物含量/%	≤2.0	≤4.0	铁含量/%	≤0.1	≤0.1
钙、镁含量/%	≤0.3	≤0.5	水含量/%	0.2	0.2

【制法】　由木材的亚硫酸钠纸浆废液经脱糖、转化、缩合后，再经喷雾干燥而得。

【应用】　用作分散染料和还原染料加工用的分散剂或填充剂。具有高温分散稳定性好、对偶氮染料还原性小、对纤维沾污轻等优点。还可用于农药加工、铝电解精炼等。

【生产厂家】 上海松亚化工有限公司，潍坊瑞光化工有限公司，安阳市双环助剂有限责任公司。

1035　扩散剂 M-13

【英文名】 diffusion agent M-13；dispersant M-13

【组成】 缩合改性木质素磺酸钠

【性质】 外观为棕色粉末，易溶于水，易吸潮。助磨效果好，高温分散性、稳定性好，沾色轻，对偶氮染料还原性小。具有优良的扩散性能。

【质量指标】

指标名称	一级品	二级品	指标名称	一级品	二级品
pH 值	10.5～11.0	10.5～11.0	硫酸盐含量/%	≤4.0	≤4.0
总还原物含量/%	≤4.0	≤4.0	铁含量/%	≤0.1	≤0.1
钙、镁含量/%	≤4.0	≤4.0	水不溶物含量/%	≤0.2	≤0.2

【制法】 由木材的亚硫酸钠纸浆废液经脱糖、转化、缩合、喷雾干燥而得。

【应用】 用于分散染料和还原染料加工的分散剂或填充剂，也可用于农药加工的润湿和乳化。

【生产厂家】 上海松亚化工有限公司，潍坊瑞光化工有限公司，安阳市双环助剂有限责任公司等。

1036　扩散剂 M-17

【英文名】 diffusion agent M-17；dispersant M-17

【组成】 脱糖、脱色的木质素磺酸钠

【性质】 外观为浅黄色粉末。pH 值为中性。易溶于水，易吸潮。

【质量指标】

指标名称	指　标	指标名称	指　标
pH 值	7±0.5	总还原物含量/%	≤3.5
无机盐含量/%	≤2.0	钙、镁含量/%	≤0.2
不溶物含量/%	≤0.2		

【制法】 木材的亚硫酸钠纸浆废液，经脱糖、脱色、干燥制成。

【应用】 用作染料加工的分散剂和填充剂，适合于分散染料及还原染料，特别适用于对酸度敏感的浅色染料。

【生产厂家】 上海松亚化工有限公司，潍坊瑞光化工有限公司，安阳市双环助剂有限责任公司等。

1037　分散剂 NNO

【别名】 分散剂 N；扩散剂 NNO

【英文名】 dispersing agent NNO

【组成】 亚甲基双萘磺酸钠

【分子式】 $C_{21}H_{14}Na_2O_6S_2$

【结构式】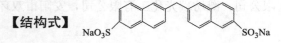

【性质】 分散剂 NNO 属于阴离子型表面活性剂，外观为浅棕色粉末。易溶于水，耐酸、耐碱、耐热、耐硬水、耐无机盐，pH 值（1%水溶液）为 7～9。具有优良的扩散性和保护胶体性，但无渗透性、起泡性等表面活性，对蛋白质和聚酰胺纤维有亲和力，对棉、麻等纤维无亲和力。可与阴离子和非离子表面活性剂同时使用。

【质量指标】

指标名称	指 标	指标名称	指 标
扩散率(与标准品比)/%	≥95	不溶于水的杂质含量/%	≤0.05
pH 值(1%水溶液)	7～9	钙、镁离子的含量/%	≤0.4
硫酸钠含量/%	≤5		

【制法】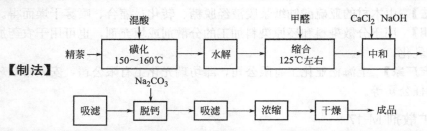

【应用】 主要用作染料扩散剂和匀染剂。可使染料色光鲜艳，色力增高，着色均匀。分散剂 NNO 在工业上主要用于还原染料悬浮体轧染、隐色酸法染色、分散性与可溶性还原染料的染色等。也可用于丝/毛交织织物染色，使丝上无上色。分散剂 NNO 在染料工业中主要用作分散及色淀制造时的扩散助剂、橡胶乳液稳定剂以及皮革助鞣剂。分散剂 NNO 用作还原染料染色。悬浮体轧染法，在轧染浴中一般加入分散剂 NNO 3～5g/L，在还原浴中一般加入分散剂 NNO 15～20g/L。隐色酸法，分散剂 NNO 一般用量为 2～3g/L，分散剂 NNO 用作分散染料染色，涤纶高温高压染色时一般可在染浴中加入 0.5～1.5g/L 分散剂 NNO。分散剂 NNO 用作冰染染料染色，用以改进匀染和摩擦牢度，色酚打底浴分散剂 NNO 一般用量为 2～5g/L，显色浴分散剂 NNO 一般用量为 0.5～2g/L。

【生产厂家】 江苏省海安石油化工厂，维波斯新材料（潍坊）有限公司，潍坊瑞光化工有限公司。

1038 分散剂 S

【别名】 分散剂 HN

【英文名】 dispersing agent S

【组成】 酚磺酸盐甲醛缩合物

【结构式】

![结构式]

【性质】 分散剂 S 属于阴离子型，外观为棕褐色黏稠液体。不燃，无臭、无毒。溶于水，pH 值为 9～11。耐酸、耐碱、耐硬水、耐无机盐、耐高温、耐冻。可与阴离子和非离子表面活性剂同时混用，但不能与阳离子染料及阳离子表面活性剂混用。具有优良的分散性能。

【质量指标】

指标名称	指 标	指标名称	指 标
pH 值(2%水溶液)	9～11	耐热稳定性(140℃)/级	4～5
含固量/%	40±2		

【制法】 甲酚、萘酚经磺化后与甲醛缩合，再用碱中和得到产品。

【应用】 分散剂 S 主要用于分散、还原等水不溶性染料的分散剂，可提高染料的高温分散性，为高温分散剂，可与其他分散剂混合使用于染料加工，提高磨效和染料的强度，尤其在分散红染料使用时效果更佳。还可用于纺织印染、涂料印花中作分散剂。

【生产厂家】 安阳市双环助剂有限责任公司，成都赫邦化工有限公司，南和县恒基涂料有限公司。

1039 分散剂 WA

【英文名】 dispersing agent WA

【组成】 脂肪醇聚乙烯醚硅烷

【结构式】
$$RO(CH_2CH_2O)_nSi(OCH_2CH_2)_nOR$$
$$\overset{CH_3}{\underset{(OCH_2CH_2)_nOR}{|}}$$

【性质】 分散剂 WA 属于非离子型，外观为黄棕色透明或半透明液体。易溶于水，1%水溶液 pH 值接近中性。耐酸、耐碱。分散能力高，对悬浮液、乳液的分散稳定有特效，具有低起泡性，能防止染色过程中染料的凝聚，以及用于涤棉绸染色的匀染剂等，提高染色效果，能与各种离子型表面活性剂同浴使用。

【质量指标】 HG/T 3514—1999

指标名称	指 标	指标名称	指 标
外观	黄棕色透明或半透明液体	浊点(0.5%NaCl 溶液)/℃	≥90
扩散力(与标准品比)/%	≥100	有效物含量/%	≥20
pH 值(1%水溶液)	6.0～8.0		

【制法】 由高碳聚氧乙烯醚在碱性条件下与甲基三氯硅烷缩合而成。

【应用】 分散剂 WA 是一种优良分散剂，用于毛混纺织物的染色，作为酸性染料和阳离子染料一浴法染色分散剂和防沉淀剂。防止染料沉淀凝聚，染浅色用 5%，染深色用 2.5%。同时可用于丝绸工业，为真丝预处理和精练助剂。

【生产厂家】 安阳市双环助剂有限责任公司，湖州美伦纺织助剂有限公司，佛山市暖东纺织染料有限公司。

1040 改性木质素磺酸钠

【别名】 分散剂 CMN；木素磺酸钠；木素磺酸钠盐

【英文名】 modified lignosulfonate；sodium ligninsulfonate

【组成】 木质素磺酸钠

【结构式】

$$HOCH_2-\overset{\overset{\displaystyle O}{\|}}{C}-CH_2-\underset{CH_2SO_3Na}{\overset{OCH_3}{\underset{OH}{\bigcirc}}}$$

【性质】 改性木质素磺酸盐属于阴离子型，外观为黄褐色粉末。无臭、无毒，不燃。溶于水，pH 值为 9～9.5，耐酸、耐碱、耐硬水和耐无机盐。耐热、耐冻、耐光。可与其他阴离子和非离子助剂混合使用，但不能与阳离子染料、阳离子表面活性剂同浴混用。对染料具有分散性能，对蛋白质纤维和锦纶有亲和力。

【质量指标】

指标名称	指 标	指标名称	指 标
外观	黄褐色粉末	还原糖/%	2.4
木质素含量/%	55～65	水不溶物/%	≤0.3
水分/%	≤6.0	钙、镁总量/%	≤0.4
钠含量/%	3.1	耐热稳定性(130℃)/级	≥4～5
分散力(与标准品比)/%	≥100		

【制法】 改性木质素磺酸钠是以马尾松为主要原料的亚硫酸盐木浆蒸煮废液为原料，经浓缩、脱糖、置换、改性等工艺精制加工而成的阴离子表面活性剂。

【应用】 主要用于分散染料和还原染料的分散剂，对蛋白质纤维和锦纶有亲和力。用于分散染料商品化的填料，也可与其他分散剂复配使用，具有砂磨速度快、助磨效果良好、高温分散性好、耐热稳定性好、对纤维沾污轻、染色强度高、色光亮等优点。

【生产厂家】 安阳市双环助剂有限责任公司，天津市盛富江化工销售有限公司，新沂市飞皇化工有限公司。

参 考 文 献

[1] 田月宏，李宗石，乔卫红. 染料分散剂的研究现状及发展趋势 [J]. 印染助剂，2006，23 (11)：12-15.

[2] 徐燕莉. 表面活性剂的功能 [M]. 北京：化学工业出版社，2000：71-102.

[3] 赵国玺. 表面活性剂物理化学 [M]. 北京：北京大学出版社，1991.

[4]　程靖环，陶绮雯．染整助剂［M］．北京：纺织工业出版社，1985：97-116.

[5]　陈荣．表面活性剂化学与应用［M］．北京：纺织工业出版社，1992.

[6]　周家华，崔英德，吴雅红．表面活性剂 HLB 值的计算［J］．精细石油化工，2007，4（7）：38-40.

[7]　黄茂福．染整前处理助剂综述［J］．印染助剂，1990，7（4）：17-20.

[8]　周家华，崔英德．表面活性剂 HLB 值的分析测定与计算［J］．精细石油化工，2001，2（3）：11-13.

[9]　李宗石，刘平芹，徐明新．表面活性剂合成与工艺［M］．北京：中国轻工业出版社，1995.

[10]　罗巨涛．染整助剂及其应用［M］．北京：中国纺织出版社，2000：127-143.

[11]　林巧云，葛虹．表面活性剂基础及应用［M］．北京：中国石化出版社，1996：140-238.

第11章 消泡剂

11.1 概述

泡沫是一种有大量气泡分散在液体连续相中的分散体系。泡沫类似于乳状液和悬浮液，所不同的是分散相为气体，而不是另一种不相混合的液体或微细的固体颗粒。

绝对纯净的液体不会产生泡沫。能形成稳定泡沫的液体，至少必须有两个组分以上。表面活性剂水溶液是典型的易产生泡沫的体系。蛋白质以及其他一些水溶液、高分子溶液也容易产生稳定持久的泡沫。起泡液体不仅限于水溶液，非水溶液也常产生稳定的泡沫。

纺织品在加工过程中，要接触各种染料和助剂。这些助剂，特别是洗涤剂、渗透剂、乳化剂和匀染剂等表面活性剂，在受到机械振动后，容易产生泡沫。泡沫是空气在水中或某些液体中的分散体，在织物加工时，会使液体与织物的接触面降低，产生加工不均匀现象，严重影响生产和产品质量。因此需要消泡剂。

11.1.1 定义及作用

从理论上讲，消除使泡沫稳定的因素即可达到消泡的目的。因影响泡沫稳定性的因素主要是液膜的强度，故只要设法使液膜变薄，就能起消泡作用。消泡作用包括破泡和抑泡，消泡剂加入工作液后，即成为溶液、乳液或分散液，吸附于泡膜表面。由于它具有比泡膜更低的表面张力，可将表面活性剂或发泡物质吸引拉过来，使泡沫液膜表面黏度降低，局部变薄而破裂。同时为防止再生成泡沫，要降低或消除表面弹性，及利用脆性的表面膜代替弹性的表面膜，产生不稳定的泡沫。

对消泡剂的要求是消泡快，抑泡性好，不影响起泡体系的基本性质，扩散性、渗透性好，化学性质稳定，无生理活性，无腐蚀、无毒、无不良副作用，不燃、不爆，安全性高。在起泡液中难溶，并与起泡液有一定程度的亲和性，起泡液不发生化学反应。表面张力低于起泡液，挥发性小，作用时间长。

11.1.2 主要类型

消泡剂可由活性成分、乳化剂、助剂、载体等组成。目前常用的消泡剂主要有聚醚类消泡剂、有机硅类消泡剂、聚醚改性聚硅氧烷类消泡剂。

消泡剂按活性成分一般可分为含硅和不含硅两大类。

（1）含硅消泡剂

含硅消泡剂产品有硅油、硅油溶液（硅油溶于有机溶剂中）、硅油加其他填料（如 SiO_2、Al_2O_3 等）、硅油乳液四种。

纺织上应用的主要为硅油乳液，是由硅油、聚醚改性有机硅、不同分子量的混合硅油或硅油加无机硅（SiO_2）等添加剂制成的。组分中含有乳化剂，使硅油乳化或分散于水中，形成 O/W 型乳液。

（2）不含硅消泡剂

不含硅消泡剂的组分主要有以下几种。

① 醇、醚、脂肪酸及其酯、动物油、植物油或矿物油以及聚乙二醇和丙二醇等物质，原料易得，有一定消泡效果，在纺织工业上单独或复配均有应用。

② 磷酸酯类消泡剂，消泡效果较好，应用较普遍，如磷酸三丁酯等。

③ 聚醚类消泡剂，醇类和环氧乙烷（EO）、环氧丙烷（PO）的加成物。醇类包括脂肪醇、二元醇（主要为丙二醇）、三元醇（以丙三醇为主）及其他醇。EO和 PO，以 PO 亲油性较强，EO 亲水性较强。从烷基含碳多少和 EO、PO 的含量可调节亲水性和亲油性，控制消泡性能。

11.1.3　发展趋势

近来消泡剂的研究主要集中在有机硅化合物与表面活性剂的复配乳化、聚醚与有机硅的复配乳化、聚醚与含硅聚醚的自乳化消泡剂上。继聚醚改性有机硅类主体活性成分消泡剂的研究，氟烷改性有机硅类主体活性成分消泡剂的开发研究也在进行中。

11.2　主要品种介绍

1101　磷酸三丁酯消泡剂

【别名】　三丁基磷酸盐；磷酸正丁酯；三正丁基磷酸盐

【英文名】　tributyl phosphate defoamers

【分子式】　$C_{12}H_{27}O_4P$

【结构式】

【性质】　无色或浅黄色液体，有水溶性，溶解度为 0.6g/100mL。能与多种有机溶剂混溶。沸点 156℃，熔点 -79℃，相对密度 0.973g/cm³；有刺激性气味的液体，其蒸气刺激呼吸系统。pH 值使用范围是 5~7。

【质量指标】

指标名称	指　标	指标名称	指　标
外观	无色或浅黄色液体	有效成分含量/%	97~99
表面张力(20℃)/(mN/m)	27.79	游离酸/(mg/g)	≤0.5

【制法】　是由正丁醇在室温与三氯氧磷酯化，再升温脱出 HCl，用碳酸钠或氢

氧化钠中和、水洗脱醇制成的。原料消耗：丁醇 1500kg/t，三氯氧磷 770kg/t。

【应用】 用作溶剂，还常作为硝基纤维素、醋酸纤维素、氯化橡胶和聚氯乙烯的增塑剂，稀有金属的萃取剂，热交换介质。由于其低的表面张力，难溶于水的物性，可作为工业用消泡剂，有效地使已形成的泡沫的膜处于不稳定的状态而迅速消泡。不能用于食品、化妆品。参考用量为 0.25%。

【生产厂家】 宜兴市辉煌化学试剂厂，什邡市晶鑫化工有限公司，济南瑞元化工有限公司，洛阳市中达化工有限公司。

1102　110 有机硅固体消泡剂

【别名】 GB-110；DF-818G；LH-20A/20B

【英文名】 110 solid silicone defoamers

【组成】 通常由活性组分、载体和助剂三部分组成。活性组分是有机硅化合物如二甲基硅油、二甲基硅油-二氧化硅的分散体、聚醚改性的亲水型有机硅化合物以及有机硅乳液型消泡剂等。载体主要有碳酸钠、二氧化硅、沸石、聚乙烯醇、乙酸乙烯-丙烯酸共聚物、高分子量聚醚等。助剂主要是起黏结、成膜、包裹等作用，如淀粉、羧甲基纤维素、硅酸钠、脂肪醇、脂肪酸酯等。

【性质】 是一种高效粉体消泡剂，消泡快、抑泡长，化学性质稳定，无毒，可消除含水性体系的泡沫；不易受环境和温度影响，耐氧化，不易挥发、不易变质等。

【质量指标】

指标名称	指标	指标名称	指标
外观	白色粉末状固体颗粒	有效成分含量/%	≥50
含水量/%	≤5	pH 值	1.0～10.0

【制法】 ①活性组分分散在载体表面，先将二甲基硅油分散在碳酸钠表面，和硅酸钠混合，然后进行干燥、粉碎制得。

②二甲基硅油和疏水二氧化硅、熔融的脂肪酸酯等充分混合烘干后，和疏水二氧化硅一起干燥、粉碎制得。

【应用】 本品可经 150℃、2h 处理而消泡性能不变。适用温度范围宽，pH 值为 1～10 介质的水性体系里消泡效果均佳，一般在底料中加入起抑泡作用，也可在生产过程中起泡时加入体系，起消泡作用。适合加入固体粉状助剂产品中去。在现场直接使用时，可直接撒到泡沫表面消泡，切勿溶于水。也可以将本品与其他粉体助剂直接均匀混合后使用。添加用量一般为被消泡液体总量的 0.01%～0.5%，在固体产品中一般的添加用量为 1%～5%。

【生产厂家】 济南国邦化工有限公司，上海丽合化工有限公司，济南瑞元化工有限公司，青岛琨荣新型材料有限公司（琨荣化工）。

1103　乳液型有机硅消泡剂 XQ1

【别名】 消泡剂乳液 SRE；消泡剂 SE2

【英文名】 emulsion silicone defoamers

【组成】 二甲基硅油，二氧化硅，Span、Tween，羧甲基纤维素钠

【性质】 属于非离子型，是一种通用型的聚硅氧烷的乳液，具有迅速消泡力和持久抑泡作用。在酸碱度条件十分苛刻的条件下，效果不受影响。

【质量指标】

指标名称	指 标	指标名称	指 标
外观	乳白色含水乳液	pH值(1%水溶液)	5～8
黏度(25℃)/mPa·s	4000～8000	活性物含量/%	20～33

【制法】 以二甲基硅油和沉淀二氧化硅为主要成分制备硅膏，采用 Span-60、Tween-60、Span-80、Tween-80 为乳化体系对硅油进行乳化，最后加入羧甲基纤维素钠的水溶液得到乳液型有机硅消泡剂。

【应用】 它能作为高浓度消泡剂直接使用，也能按用户的要求稀释到各种浓度。在生产过程中起泡时加入体系，起消泡作用，用量一般为 0.02%。对起泡温度较高体系（＞60℃），建议在达到 60℃前将消泡剂直接加入起泡体系，保证其均匀分散。如果要稀释，稀释液的储存不要超过 8h。

【生产厂家】 上海助剂厂，无锡璜塘凤凰化工厂，佛山市南海大田化学有限公司，德国 Wecker 化学品公司。

1104 高效乳液型有机硅消泡剂

【英文名】 high efficient emulsion organosilicon defoamer

【组成】 二甲基硅油、气相二氧化硅，聚醚改性硅油，Span-60、Tween-60，羧甲基纤维素钠

【性质】 属于非离子型，是一种通用型的聚硅氧烷的乳液，具有迅速消泡力和持久抑泡作用。

【质量指标】

指标名称	指 标	指标名称	指 标
外观	乳白色	pH值(1%水溶液)	7～8
黏度(20℃)/mPa·s	160～200	活性物含量/%	30～50

【制法】 以二甲基硅油和气相二氧化硅为主要成分制备硅膏，与聚醚改性硅油乳液、Span-60、Tween-60、Span-80、Tween-80 进行乳化，最后加入羧甲基纤维素钠的水溶液及防腐剂，得到高效乳液型有机硅消泡剂。

【应用】 纺织工业上的上浆、煮练、印染及后处理工艺（常温），在泡沫形成后，加入搅拌，即可除泡。在泡沫未形成之前，加入可抑泡。一般用量为 1～200mg/kg，具体用量根据工艺调节。

【生产厂家】 江苏省海安石油化工厂，东莞市德丰消泡剂厂，石家庄东洋化工厂，江苏腾达助剂有限公司。

1105 乳液型有机硅消泡剂 XQ2

【英文名】 emulsion silicone defoamers XQ2

【组成】 二甲基硅油，二氧化硅，硬脂酸单甘酯，硬脂酸聚乙二醇酯，羟乙基纤维素

【性质】 以硅油为主要消泡成分，用乳化剂乳化成一定含量的水乳液，在水性体系中有良好的分散性和消泡性。

【参考配方】

名　　称	含　量	名　　称	含　量
消泡硅油膏	20%	羟乙基纤维素	0.9%
硬脂酸单甘酯	3%	对羟基苯甲酸丁酯	0.1%
硬脂酸聚乙二醇酯	1%	水	75%

【制法】 消泡硅油膏制备，加入硬脂酸单甘酯、硬脂酸聚乙二醇酯、羟乙基纤维素，加热熔融混合均匀，加入80℃水搅拌均匀后冷却到30～40℃，加入对羟基苯甲酸丁酯均匀后停止搅拌，胶体磨研磨得乳液。

【应用】 消泡硅油膏在长时间放置后，白炭黑有缓慢的沉降现象，呈疏松的分散状，不会结块，只要搅拌就可以重新分散均匀。

【生产厂家】 江苏省海安石油化工厂，佛山市南海大田化学有限公司。

1106 消泡剂 7010

【别名】 PPG型聚醚消泡剂

【英文名】 PPG polyether defoamer

【组成】 丙二醇聚氧丙烯聚氧乙烯缩合物

【质量指标】

指标名称	指标	指标名称	指标
外观	无色或淡黄色透明黏稠液体	酸值/(mg KOH/g)	≤0.05
羟值/(mg KOH/g)	54～58	黏度/mPa·s	400～600
pH 值	中性	活性物含量/%	98

【制法】 用氧乙烯（EO）或氧丙烯（PO）加成，催化剂为 NaOH 或 KOH，用量为 0.5%。

【应用】 具有消除泡沫的作用，并有抑制泡沫再产生的效能。消泡剂含活性物较高，在应用时可先用自身 1～2 倍冷水混合均匀，再稀释至一定浓度后应用，这样可以分散均匀，避免结块，提高消泡效果。

消泡剂用量可根据工艺要求来决定，印染加工，一般用量为 0.02%～0.1%。通常前处理中的漂白工艺要比一般前处理多加一些；高温高压染色、小浴比快速染色和喷射染色要比一般卷染和绳状染色多加一些；印花工艺要比其他加工多加一些。有些消泡剂效果较好，应用时仅需 20mg/kg，效果较差或消泡要求高的工艺用量在 1%左右。pH 值使用范围为弱酸弱碱。

【生产厂家】 南通市晗泰化工有限公司，天津市宇通化工助剂有限公司，佛山市南海大田化学有限公司，济南瑞元化工有限公司，济南国邦化工有限公司，济南赢裕化工有限公司，青岛琨荣新型材料有限公司（琨荣化工）。

1107 GP-330 消泡剂

【别名】 甘油聚氧丙烯醚

【英文名】 polyoxypropylene glyceryl ether

【组成】 甘油与环氧丙烷聚合物

【性质】 属于非离子型，无色至黄色透明油状液体，溶于苯及其他芳烃溶剂，亦溶于乙醚、乙醇、丙酮、四氯化碳等溶剂，亲水性差，在发泡介质中的溶解度小，热稳定性好。

【质量指标】

指标名称	指 标	指标名称	指 标
外观	无色至黄色透明油状液体	羟值/(mg KOH/g)	52～60
酸值/(mg KOH/g)	≤0.5	水分/%	≤0.5

【制法】 以甘油为起始剂，由环氧丙烷加成聚合而制成。

【应用】 具有消除泡沫的作用，并有抑制泡沫再产生的效能。消泡剂含活性物较高，在应用时可先用自身1～2倍冷水混合均匀，再稀释至一定浓度后应用，这样可以分散均匀，避免结块，提高消泡效果。

【生产厂家】 江苏省海安石油化工厂，江苏四新界面剂科技有限公司旅顺化工厂。

1108 GPE 消泡剂

【别名】 PPG 型聚醚消泡剂；泡敌

【英文名】 PPG polyether defoamers；foam enemy

【组成】 丙三醇聚氧丙烯聚氧乙烯缩合物

【性质】 属于非离子型，本品为无色至黄色透明油状液体。能与冷水、乙醇、丙酮、四氯化碳、苯和乙醚等有机溶剂互溶。具有良好的消除泡沫和抑制泡沫的能力，并具有良好的热稳定性和化学稳定性。

【质量指标】

指标名称	指 标	指标名称	指 标
外观	无色至黄色透明油状液体	羟值/(mg KOH/g)	47～56
浊点/℃	17～22	水分/%	≤0.5
酸值/(mg KOH/g)	≤0.3		

【制法】 在聚合釜中氢氧化钾与甘油在加热条件下反应生成甘油钾；再在温度90～95℃、压力0.4～0.5MPa下，连续加入环氧丙烷反应；上述反应结束后再加入一定量的环氧乙烷，在同样的温度和小于0.3MPa的压力下继续聚合；反应完毕后用草酸中和至中性，用活性炭脱色，经过滤即得成品。

【应用】 具有消除泡沫的作用，并有抑制泡沫再产生的效能。消泡剂含活性物较高，在应用时可先用自身1～2倍冷水混合均匀，再稀释至一定浓度配制成水乳液后应用，这样可以分散均匀，避免结块，提高消泡效果。

消泡剂用量可根据工艺要求来决定，印染加工，一般用量为0.02%～0.1%。

通常前处理中的漂白工艺要比一般前处理多加一些；高温高压染色、小浴比快速染色和喷射染色要比一般卷染和绳状染色多加一些；印花工艺要比其他加工多加一些。宜采用少量、多次的原则添加消泡剂。

【生产厂家】 金湖县金陵助剂厂，济南国邦化工有限公司，南通市晗泰化工有限公司，天津市宇通化工助剂有限公司，佛山市南海大田化学有限公司。

参 考 文 献

[1] 程静环，陶绮雯．染整助剂 [M]．北京：纺织工业出版社，1985．

[2] 杜巧云，葛虹．表面活性剂基础及应用 [M]．北京：中国石化出版社，1996．

[3] 彭民政．表面活性剂生产技术与应用 [M]．广州：广东科技出版社，1999．

[4] 刘程．表面活性剂应用手册 [M]．北京：化学工业出版社，1992．

[5] 张济邦．纺织印染用消泡剂（一）[J]．印染，1997，10：32-34．

[6] 罗巨涛．染整助剂及其应用 [M]．北京：中国纺织工业出版社，2000．

[7] 张济邦．纺织印染用消泡剂（二）[J]．印染，1997，11：32-34．

[8] 韩世洪，王军平，陈立亭，等．消泡剂在纺织浆纱上的应用 [J]．武汉科技学院学报，2006，19（1）：32-34．

[9] 张骥红．固体有机硅消泡剂 [J]．江苏化工，1993，2：35-36．

[10] 刘建．有机硅消泡剂在纺织印染行业中的应用 [J]．有机硅材料，2013，（2）：152-153．

[11] 洪仲秋．消泡剂在纺织生产中的应用概述 [J]．棉纺织技术，2004，32（6）：27-30．

[12] 肖继波，胡勇有，颜智勇，等．乳液型有机硅消泡剂 SG 的制备与性能 [J]．日用化学工业，2003，33（1）：66-68．

[13] 张国运，刘玉婷，魏昌波，等．复合型乳液有机硅消泡剂的研究 [J]．日用化学工业，2007，37（2）：128-130．

[14] 林斌昌，陈秋强．有机硅消泡剂的研制 [J]．科协论坛（下半月），2008，（8）：55-56．

[15] 黄成，杜正雄，彭敬东，等．高效有机硅消泡剂的研制与应用 [J]．化学研究与应用，2013，25（5）：764-768．

[16] 常贯儒，陈国平，陈龙，等．聚醚改性有机硅消泡剂的制备工艺及应用研究 [J]．应用化工，2012，41（2）：232-236．

[17] 张凡，成西涛，张兆军，等．聚醚聚硅氧烷消泡剂 HK-013 的制备及在染色中的应用 [J]．应用化工，2010，39（8）：1263-1265．

[18] 李东光．精细化工产品配方与工艺（五）[M]．第 2 版．北京：化学工业出版社，2008．

第三篇

印染助剂

第12章 匀染剂

12.1 概述

　　织物染色时，首先必须使染料分子均匀地分布在织物纤维表面上，然后使分布于纤维表面的染料再向纤维内部扩散。而织物表面的颜色深度、色光和艳亮度都很一致时，该染色可称为均匀染色。染色中常出现不均匀现象，如条花和染斑，一方面是由于纤维的物理、化学结构不均匀，另一方面是由于染色前处理和染色条件不当所致。虽然凭借高超的染色技术、严格细心的操作，有时可以获得均匀的染色效果，但并不十分稳妥，简便易行的方法是加入匀染剂。匀染剂是纤维纱、线或织物在染色过程中，为促使染色均匀，不产生色条、色斑等疵点而添加的物质。作为匀染剂的条件是能使染料缓慢地被纤维吸附（具有缓染作用）；如果染色不均匀，可使染料从深色部分向浅色部分移动（具有移染作用）；不降低染色坚牢度，所以具有缓染性和移染性。

　　目前常用的匀染剂大多数是水溶性的表面活性剂，根据匀染剂对染料扩散与聚集度的影响，主要分为两种类型：亲纤维性匀染剂与亲染料性匀染剂。此外，根据应用纤维的种类，可分为天然纤维用匀染剂、聚酯纤维用匀染剂、腈纶用匀染剂、锦纶及混纺用匀染剂等。

　　传统匀染剂主要由芳香族酚磺酸与环氧乙烷的缩合物组成，有些品种含有烷基酚聚氧乙烯醚类表面活性剂和有机卤化物，不符合环保要求。当前国际上对于环保型助剂的要求是易于生物降解，易于去除，低毒或无毒，由于脂肪醇聚氧乙烯醚具有低泡性、生物降解性好等特点，因此今后有较好的发展前景。

12.2 主要品种介绍

1201 平平加 O

【别名】 匀染剂 O；乳化剂 O；脂肪醇聚氧乙烯醚

【英文名】 Peregal O；levelling agent O；emulsifier O；fatty alcohol-polyoxyethylene ether

【分子式】 $C_mH_{2m+1}O(C_2H_4O)_n$ （$m=12\sim18$，$n=15\sim30$）

【性质】 熔点 $41\sim45$℃，易溶于水、乙醇、乙二醇等，有浊点。能耐酸、耐碱、耐硬水、耐热、耐重金属盐，易于生物降解，泡沫少。对各种染料有强力的匀染性、缓染性、渗透性、扩散性，煮练时具有助练性能，可与各类表面活性剂和染料同浴使用。脂肪醇聚氧乙烯醚分子中乙氧基数目可在合成过程中人为调整，制得一系列不同性能和用途的非离子表面活性剂。低毒，储存于阴凉、通风、干燥处，按一般化学品运输。

【质量指标】 HG/T 2672—1995

指标名称	指 标	指标名称	指 标
外观	乳白色、米黄色膏状或固体状	浊点/℃	91～96
pH 值(1%水溶液)	6～8		

【制法】 以氢氧化钠作催化剂，氮气保护下长链脂肪醇与环氧乙烷发生开环聚合。

$$C_{12}H_{25}OH + 20C_2H_4O \xrightarrow[0.1\sim0.2MPa]{150\sim190℃} C_{12}H_{25}O(C_2H_4O)_{20}OH$$

【应用】 ①作扩散剂。防止某些纳夫妥染料显色时的分解物集结在织物上而沾污染色品。

② 作直接染料染棉匀染剂。在溶液中加入 0.2～0.5g/L。

③ 作还原染料染棉匀染剂。一般用量为 0.02～0.1g/L。

④ 作酸性络合染料染羊毛制品匀染剂。加入匀染剂 O 为 1%～3%，硫酸用量可从 4.7%～9.2%降至 4.3%～5.8%，pH 值（染浴）可从 1.9～2.1升高至2.2～2.4。此时初染速度提高较少，移染性有所提高，对染色结束时的上染百分率影响较小。可在染色一段时间后加入染浴，使初染速度不因平平加 O 的加入而升高。平平加 O 与元明粉可同用。元明粉可以降低初染速度，提高移染性。

⑤ 作分散染料染弹力锦纶丝匀染剂。一般用量为 1%～4%。

【生产厂家】 辽宁沈阳助剂厂，齐齐哈尔大学有机合成研究所，宁波晨光纺织助剂有限公司。

1202 匀染剂 DC

【别名】 1827 表面活性剂；匀染剂 1827；十八烷基二甲基苄基氯化铵

【英文名】 levelling agent DC; 1827 surfactant; levelling agent 1827; octadecyl dimethyl benzyl ammonium chloride

【分子式】 $C_{27}H_{50}ClN$

【性质】 可溶于水，能溶于乙醇、异丙醇、乙二醇等有机溶剂中。性质稳定，耐硬水、耐无机盐，耐光和耐热、耐酸，但不耐碱，无挥发性，适宜长期储存。游离胺含量≤2.0%，活性物含量≥70.0%。在水中电离产生阳离子活性基团，具有杀菌、乳化、抗静电、柔软性能。属于阳离子型表面活性剂，储存在室内，并且避免与强氧化剂和阴离子表面活性剂接触；应小心轻放、注意防晒。

【质量指标】

指标名称	指 标	指标名称	指 标
外观	淡黄色固状物	浊点/℃	91～96
pH 值(1%水溶液)	≤6.5		

【制法】 可由二甲基十八胺与氯化苄反应制得。一定量的二甲基十八胺在反应器内加热熔融后，升温到85℃，缓慢加入一定量的氯化苄，在2h内温度控制在80~90℃，再升温到100℃，反应到产物pH值在6~6.5之间，停止反应得匀染剂DC。

$$C_{18}H_{37}-\overset{\underset{\displaystyle CH_3}{|}}{\underset{\underset{\displaystyle CH_3}{|}}{N}} + \boxed{}-CH_2Cl \longrightarrow \left[C_{18}H_{37}-\overset{\underset{\displaystyle CH_3}{|}}{\underset{\underset{\displaystyle CH_3}{|}}{N^+}}-CH_2-\boxed{} \right] Cl^-$$

【应用】 ①作阳离子染料在腈纶染色时的匀染剂。因其对阳离子染料染色具有良好的匀染性，并对腈纶有较强的亲和力。使用时可与阳离子型或非离子型表面活性剂同浴使用，同时可赋予染色织物以柔软的手感。作阳离子染料染腈纶匀染剂时的一般用量如下：

染料用量	匀染剂DC用量	染料用量	匀染剂DC用量
>0.1%	1.5%~2%	1%~3%	0.5%~1%
0.1%~1.5%	1.5%~1%		

② 作阳离子染料腈纶染色剥色用。剥色工艺中一般匀染剂DC用量为1%~1.5%，元明粉用量为10%~20%，30%的乙酸用量为2%~3%，浴比1:(40~80)，剥色温度98℃，剥色时间1.5h，然后经过清洗、皂洗，最后烘干。

③ 作纺丝油剂中的抗静电组分。

④ 作醋酸纤维的柔软整理剂以及消毒杀菌剂。

【生产厂家】 上海天坛助剂有限公司，泰兴市中纺助剂厂，佛山煜旻纺织化工有限公司，上海金山经纬化工有限公司。

1203 泰尔高 SN

【英文名】 Telgorn SN

【组成】 改良型酯混合物

【性质】 易溶于水，对于各种不同的羊绒、丝光羊毛、其他动物毛和羊毛混纺织物及锦纶、丝绸的染色均具有匀染性，用于羊绒低温染色时，可大大降低羊绒的受损和水解。属于非离子型匀染剂，生物降解度可达到99%以上，是环保型产品。

【质量指标】 符合 Oeko-tex 标准 100

指标名称	指 标	指标名称	指 标
外观	无色清澈液体	含固量/%	0.4
pH 值(原液)	2.5~3.5		

【应用】 ①作毛散纤维、毛条、毛纱和毛织物酸性染料、活性染料染色匀染剂。一般用量为0.5~1g/L或2%，于冷水中加入泰尔高SN，调节pH值至4.0~5.0，溶解10min后加入染料。

② 作猪皮酸性染料染色增深剂。泰尔高SN用量以10g/L为佳。

【生产厂家】 无锡德冠生物科技有限公司。

1204　匀染剂 1227

【别名】　十二烷基二甲基苄基氯化铵；苯扎氯铵；洁而灭（90％含量的商品名）；1227（45％含量的商品名）；匀染剂 TAN；缓染剂 TAN；奥斯宾 TAN

【英文名】　levelling agent 1227；benzyl dimethyl dodecyl ammonium chloride；benzalkonium chloride；surfactant 1227；levelling agent TAN；Ospint TAN

【分子式】　$C_{21}H_{38}ClN$

【性质】　可溶于水，略带苦杏仁味。化学稳定性良好，耐热、耐光、耐压，无挥发性。游离胺含量≤1.5％，色度≤100Hazen。匀染剂 1227 具有杀菌性、乳化性、抗静电性、柔软性。属于阳离子型表面活性剂，可以和阳离子染料或助剂复配使用，但在通常情况下不能单独与阴离子染料或助剂复配使用，如果必须要与阴离子染料复配使用，则必须添加一定量的非离子表面活性剂。

【质量指标】

指标名称	指　标	指标名称	指　标
外观	无色或浅黄色黏稠透明液体	活性物含量/%	45±1.0
pH 值（1%水溶液）	6.5~7.5		

【制法】　可由十二醇（95％）与氢溴酸以硫酸为催化剂进行反应，生成溴代十二烷，溴代十二烷和二甲胺（40％）在 140~150℃下进行反应，生成十二烷基二甲基叔胺。进而与氯化苄（95％）发生烷基化反应制得季铵盐化合物，即匀染剂 1227。

【应用】　①作阳离子染料在腈纶染色时的匀染剂。其作用是阻滞纤维对阳离子染料的吸收，通过延缓腈纶染色速度，而达到匀染效果。获得深色腈纶染色时的一般用量为 0.2％~1％，获得中色腈纶染色时的一般用量为 1％~1.5％，获得淡色腈纶染色时的一般用量为 1.5％~3％。

②作织物柔软剂。

③作抗静电剂。整理后除了使合成纤维具有抗静电性能外，还能使织物纤维手感蓬松、外观优美。

【生产厂家】　广州市万成环保科技有限公司，江苏省海安石油化工厂，天津市裕都科技发展有限公司，武汉市合中生化制造有限公司。

1205　匀染剂 BOF

【别名】　匀染剂 821

【英文名】　levelling agent BOF；levelling agent 821

【分子式】　$RO(CH_2CH_2O)_nSO_3Na$（R＝芳基，$n=10~20$）

【性质】　易溶于水，化学稳定性较好，耐酸、耐高温，但不耐强碱；是阴离子低泡型聚芳烃聚氧乙醚磺酸盐、聚芳烃聚氧乙醚复合物，尤其是对分散染料有优良的匀染性、移染性和扩散性。可与阴离子及非离子型表面活性剂复配使用，在一般情况下不宜与阳离子型表面活性剂复配使用。

【质量指标】

指标名称	指 标	指标名称	指 标
外观	浅棕色黏稠液体	含固量/%	45～50
pH 值(1%水溶液)	6～7		

【制法】 由芳基聚氧乙醚磺酸钠阴离子表面活性剂与非离子表面活性剂复配而成。

【应用】 作涤纶及涤棉混纺织物的高温高压染色匀染剂。

【生产厂家】 上海金敏精细化工有限公司，厦门英诺威化工有限公司。

1206 匀染剂 AN

【别名】 尼凡丁 AN；匀染剂 DA

【英文名】 levelling agent AN；Neovadine AN；levelling agent DA

【分子式】 $C_{22}H_{46}N_2O$

【性质】 可溶于水，水溶液呈中性，化学稳定性较高，对酸、碱和硬水均较稳定。具有优良的乳化、匀染性能。在碱性和中性介质中呈非离子型，在酸性介质中呈阳离子型，在碱性或中性溶液中可以与离子型化合物复配使用。

【质量指标】

指标名称	指 标	指标名称	指 标
外观	黄棕色膏状物	总胺值/(mg KOH/g)	75
pH 值(1%水溶液)	7		

【制法】 由硬脂酰胺与乙二胺缩合，然后用甲醛、甲酸进行甲基化，中和后加乳化剂 OP 拼混而得。

【应用】 ①作匀染剂在毛、麻、丝、合成纤维染色过程中使用。如羊毛织物在进行染色前，可先将织物在加有匀染剂 AN 0.2%～1.0%的预处理浴中进行预处理，温度 50～80℃，时间 10min。然后，按照一定浓度加入溶解好的染料，按常规染色即可。

② 作剥色剂在毛、合成纤维染色过程中使用。如进行腈纶剥色时，在一般情况下匀染剂 AN 用量为 6%，元明粉用量为 4%，冰醋酸用量为 2%。此外，当进行酸性染料或分散染料染锦纶而有色差时，可用 3%～8%的匀染剂 AN 煮沸剥色 30～60min。

③ 作冰染染料的染色和印花匀染剂。能改进其摩擦牢度。

【生产厂家】 浙江飞剑化工有限公司，宜兴市宏博乳化剂有限公司。

1207 匀染剂 OP

【别名】 乳化剂 OP；烷基酚聚氧乙烯醚；乳化剂 TX

【英文名】 levelling agent OP；emulsifier OP；alkylphenol polyethylene oxide ether；emulsifier TX

【分子式】 $C_{38}H_{70}O_{11}$

【性质】 可溶于硬度不同的水中，在冷水中的溶解度比在热水中大。化学稳定性强，能耐酸、耐碱、耐硬水、耐氧化剂、耐还原剂等，同时对盐类也很稳定。具有助溶、匀染、乳化、润湿、扩散、净洗和抗静电等优良性能。醚类属于非离子型，可与各种类型表面活性剂、染料和树脂初缩体等混用，但在染浴中一般不与阴离子表面活性剂同时使用。

【质量指标】

指标名称	指标	指标名称	指标
外观	黄棕色膏状体	浊点/℃	61~67
pH 值(1%水溶液)	5~7		

【制法】 由烷基苯酚与环氧乙烷缩合而得。

$$R\!-\!\bigcirc\!-\!OH + n\,\triangle O \longrightarrow R\!-\!\bigcirc\!-\!(OCH_2CH_2)_{\overline{n}}\,OH$$

【应用】 ①作羊毛低温染色过程的匀染剂。

② 作农药、医药、橡胶工业的乳化剂以及乳化沥青、原油的乳化剂。

③ 在合纤短纤维混纺纱浆料中作柔软剂。可提高浆膜的平滑性和弹性。

【生产厂家】 济南鑫龙海工贸有限公司。

1208 匀染剂 AC

【别名】 匀染剂 AC1812；添加剂 AC1812；匀染剂 A；变性剂 AC1812

【英文名】 levelling agent AC1812；additives AC1812；levelling agent A；denaturing agent AC1812

【组成】 脂肪胺聚氧乙烯醚

【性质】 在碱性或中性介质中呈非离子型，而在酸性介质中呈阳离子型，具有优良的匀染、扩散性能。可溶解于水。化学性质较稳定，耐酸、耐碱与耐硬水，可与各类表面活性剂复配使用，对还原染料和酸性染料具有匀染性。

【质量指标】

指标名称	指标	指标名称	指标
外观	黄色至棕色膏状物	总胺值/(mg KOH/g)	65~75
pH 值(1%水溶液)	9~12		

【制法】 十八胺与环氧乙烷在一定条件下，进行加成聚合反应而成。

【应用】 ①作酸性、中性染料染羊毛、还原染料染棉织物时的匀染剂。在还原染料卷染染色作匀染剂使用时，加入匀染剂 AC 的量，头缸为 0.5%，续缸为 0.15%~0.25%。作为酸性、中性染料染羊毛、还原染料染棉织物时的匀染剂时，过量使用会降低织物得色量。

② 作黏胶纤维纺丝时的添加剂。对改变纤维结构、提高帘子线的单丝强力能起到显著效果。

③ 作酸性金属络合染料染色时的匀染剂。能降低染浴中硫酸的用量，减少织

物强力损失。

④ 在毛、麻、丝、合成纤维染色中可作匀染剂，如适当提高浓度即为理想的剥色剂。

【生产厂家】 上海助剂厂有限公司，绍兴市应用化学研究所，江苏省海安石油化工厂。

1209 匀染剂 GS

【别名】 涤纶分散匀染剂 9801；东邦 UF-350

【英文名】 levelling agent GS；polyester disperse levelling agent 9801；Toho UF-350

【组成】 芳基醚硫酸酯和烷基醚硫酸酯的复配物

【性质】 易溶于水，不含甲醛，不含 APEO。化学稳定性较好，耐酸，耐高温，但不耐碱。具有优良的匀染性、移染性、缓染性和分散性。属于阴离子型，可以与阴离子及非离子表面活性剂复配使用，但在一般情况下不能与阳离子表面活性剂复配使用。

【质量指标】

指标名称	指标	指标名称	指标
外观	红棕色液体	活性物含量/%	40
pH 值(1%水溶液)	6～7		

【制法】 由芳基醚硫酸酯及烷基醚硫酸酯按照一定质量比混合而成。

【应用】 作分散染料涤纶染色时用匀染剂。用量为 0.5～1g/L，浴比 1：(10～20)，用乙酸将染浴 pH 值调节至 5～5.5。

【生产厂家】 杭州茂昌化工有限公司，江苏海安县国力化工有限公司。

1210 匀染剂 1631

【别名】 十六烷基三甲基溴化铵；双鲸 1631 阳离子表面活性剂；CTAB

【英文名】 levelling agent 1631；cetyltrimethylaminium bromide；Shuang Jing 1631 positive ion surface active agent

【分子式】 $C_{19}H_{42}NBr$

【性质】 可溶于热水（20℃溶解度 13g/L）、乙醇、三氯甲烷中，易溶于异丙醇水溶液中，微溶于丙酮中，不溶于醚。有刺激性气味，密度 1.3220g/mL，化学稳定性好，耐热、耐光、耐压、耐强酸、耐强碱。但不宜在 120℃以上的温度长时间加热使用。具有优良的渗透、柔化、乳化、抗静电、生物降解及杀菌等性能。属于阳离子型，能与阳离子、非离子及两性表面活性剂复配使用，但在一般情况下不与阴离子表面活性剂复配使用。

【质量指标】

指标名称	指标	指标名称	指标
外观	黄白色固体	HLB 值	15.8
熔点/℃	250～257		

【制法】

$$H_3C - \underset{\underset{CH_3}{|}}{\overset{\overset{CH_3}{|}}{N}} + C_{16}H_{33}Br \longrightarrow C_{16}H_{33} - \underset{\underset{CH_3}{|}}{\overset{\overset{CH_3}{|}}{N^+}} - CH_3 + Br^-$$

【应用】 ①作合成纤维、天然纤维染色的匀染剂。

②作合成纤维、天然纤维和玻璃纤维的抗静电剂、柔软剂。用作涤纶真丝助剂、皮革加脂剂、护发素调理剂、相转移催化剂。

【生产厂家】 广州立众洗涤原料有限公司,如皋市凯达助剂有限公司。

1211 匀染剂 1233

【别名】 YND1233 匀染剂;12-3-12 型双子阳离子季铵盐

【英文名】 levelling agent 1233;YND1233 levelling agent;the 12-3-12 type gemini cationic quaternary ammonium salt

【分子式】 $C_{31}H_{68}N_2Br_2$

【性质】 易溶于水,且具有较低的 Krafft 点(—4℃)。分散性好,化学稳定性较好,对酸碱耐受能力强。热稳定性相对较差,分解温度≥180℃。具有优良的表面活性及杀菌性能。属于双子阳离子型表面活性剂。

【质量指标】

指标名称	指 标	指标名称	指 标
外观	淡黄色透明液体	含固量/%	>38
pH 值(1%水溶液)	7		

【制法】

$$2C_{12}H_{25}N(CH_3)_2 + Br(CH_2)_3Br \longrightarrow \left[C_{12}H_{25} - \underset{\underset{CH_3}{|}}{\overset{\overset{CH_3}{|}}{N}} - (CH_2)_3 - \underset{\underset{CH_3}{|}}{\overset{\overset{CH_3}{|}}{N}} - C_{12}H_{25} \right]^{2+} 2Br^-$$

【应用】 ① 作阳离子腈纶染料染色匀染剂。可替代匀染剂 1227。

② 作油田杀菌剂。效果优于常用油田杀菌剂 1227,具有广泛的生物活性和低毒性。

【生产厂家】 宁波东方永宁化工科技有限公司。

1212 匀染剂 O-25

【别名】 平平加 O-25;匀染剂 X-102

【英文名】 levelling agent O-25;Peregal O-25

【分子式】 $RO(CH_2CH_2O)_nH$(R=C_{16}~C_{18},$n=25$)

【性质】 能溶于水,化学稳定性良好,耐酸、耐碱、耐硬水。具有优良的乳化、扩散、净洗、润湿、渗透、匀染性能。属于非离子型表面活性剂。

【质量指标】

指标名称	指 标	指标名称	指 标
外观	乳白色至淡黄色固状物	浊点/℃	≥85
pH 值(1%水溶液)	5~7		

【制法】

$$ROH + n\overset{O}{\triangle} \xrightarrow[\substack{140\sim170℃ \\ 0.3\sim0.4MPa}]{\text{NaOH, N}_2} R(OCH_2CH_2)_nOH$$

【应用】 ① 作直接染料、还原染料、酸性染料、分散染料和阳离子染料染色的匀染剂。在印染工业中，用途非常广泛。一般用量为 0.2～1g/L，即能显著增加染色牢度，显色鲜艳均匀。改变用量亦可用作剥色剂，处理涤纶等合成纤维织物染色不均匀的现象。

② 作净洗剂。能去除染料分散集结在织物上的污垢，提高 ABS-Na 合成洗涤剂的去污力，减轻织物的静电效应。同时易洗去金属表面的油污，有利于金属加工过程中下道工序的加工。

③ 作玻璃纤维工业中的乳化剂。降低玻璃丝的断头率，杜绝起毛现象。

④ 在一般工业中，作 O/W 型乳化剂。对动物油、植物油、矿物油具有优良的乳化性能，制成乳液极为稳定。例如用作涤纶等合成纤维纺丝油剂的成分；在乳胶工业和石油钻井液中作乳化剂；本品对硬脂酸、石蜡、矿物油等具有独特的乳化性能；是高分子乳液聚合的乳化剂。

【生产厂家】 江苏省海安石油化工厂，北京合成化学厂，衢州市瑞尔丰化工有限公司。

1213 平平加 O-20

【别名】 脂肪醇聚氧乙烯醚 O-20；α-异十三烷基-ω-羟基-聚（氧-1,2-亚乙基）；平平加 O

【英文名】 Peregal O-20；fatty alcohol polyoxyethylene ether O-20；alpha-thirteen alkyl-omega-hydroxy-poly（oxygen-1,2-ethyl）；Peregal O

【分子式】 $C_{12}H_{25}O(C_2H_4O)_nH$

【性质】 可溶于水，不受水硬度的影响，具有优良的生物降解和低温性能，可广泛用于乳化、润湿、助染、扩散、洗涤等方面。属于非离子型表面活性剂。

【质量指标】

指标名称	指标	指标名称	指标
外观	无色透明黏性液体	HLB 值	16.5
pH 值(1%水溶液)	5～7		

【制法】 固体催化剂 NaOH 用量为脂肪醇质量的 0.1%～0.5%，两者在135～140℃、0.1～0.2MPa 下和环氧乙烷制得。

$$ROH + n\overset{O}{\triangle} \xrightarrow{\text{NaOH, N}_2} R(OCH_2CH_2)_nOH$$

【应用】 ① 作匀染剂、缓染剂用于印染工业中。

② 作乳化剂用于一般工业生产中。对动物油、植物油及矿物油具有优良的乳化性能，能制成稳定的乳液。

【生产厂家】 江苏省海安石油化工厂，天津天助精细化学公司。

1214　匀染剂 CN-345

【英文名】 levelling agent CN-345

【性质】 易溶于冷、热水，化学性质稳定，耐碱、耐酸、耐电解质。对活性染料和直接染料具有卓越的分散、增溶和匀染特性，能增加活性染料的溶解性。属于阴离子型表面活性剂。在高浓度时会产生凝胶，且不与高浓度的非离子或非离子/阴离子表面活性剂复配使用。

【质量指标】

指标名称	指标	指标名称	指标
外观	棕色液体	pH 值(1%水溶液)	7.0±0.5

【应用】 作棉织物活性染料或直接染料染色匀染剂。能增加染料的溶解性，既适于染色，也适于印花。活性染料一般用量为 1.0～3.0g/L，直接染料一般用量为 1.0～3.0g/L，可在补加染料时与染料一起加入或在染色前与染料一同向设备内加入。

【生产厂家】 广州诚纳化工有限公司。

1215　高温匀染剂 U-100

【英文名】 high temperature levelling agent U-100

【组成】 表面活性剂 U-100BT 和 RER-BT 复配物

【性质】 易溶于冷水，起泡性很小。对分散染料有分散效果，因此对涤纶有优异的匀染性、一定的缓染性、良好的移染性。并能提高染色后织物耐洗、耐磨等各项染色牢度。

【质量指标】

指标名称	指标	指标名称	指标
外观	黄褐色半透明黏稠液体	含固量/%	70
pH 值(5%水溶液)	9.0±0.5		

【制法】 按一定比例将表面活性剂 U-100BT 和表面活性剂 RER-BT 加入混合釜中溶解，搅拌升温至 70℃，用乳化剂 OP-10 乳化，过滤即为产品。

【应用】 ①作涤纶及其混纺织物分散染料高温高压染色匀染剂。一般用量为 0.5%～1%。

② 作分散染料对醋酸纤维、锦纶、丙纶等染色的匀染剂。一般用量为 0.5～1g/L。

【生产厂家】 江苏常州助剂厂。

1216　匀染剂 CN

【别名】 腈纶匀染剂 CN

【英文名】 levelling agent CN; levelling agent CN for acrylon

【组成】 阳离子表面活性剂复配物

【性质】 易溶于水，耐酸、耐无机盐，但不耐碱。属于阳离子型表面活性剂，可与阳离子和非离子表面活性剂混用，一般不能与阴离子助剂和染料同浴使用，若需要同浴使用时，必须加入一定量的非离子表面活性剂才能混用。本品对腈纶有亲和力，对阳离子染料染色具有优良的匀染性能，并赋予腈纶柔软手感，同时也不影响给色量。

【质量指标】

指标名称	指标	指标名称	指标
外观	黄色或橙黄色液体	浊点/℃	<6
pH 值(1%水溶液)	4～5		

【制法】 阳离子表面活性剂经复配而成。

【应用】 ① 作阳离子染料在腈纶染色时的匀染剂。深色时一般用量为 1%～15%，浅色时一般用量为 2%～4%。在染色过程中一般温度在 85～100℃范围内。
② 作腈纶加工的柔软剂和抗静电处理剂。

【生产厂家】 仁海助剂厂有限公司。

1217　高温匀染剂 W

【英文名】 high temperature levelling agent W

【组成】 苯乙烯基苯酚聚氧乙烯醚硫酸铵盐

【性质】 可溶于水及一般有机溶剂，具有优良的分散性、缓染性、染料同步上染性等特点。属于阴离子型表面活性剂。

【质量指标】

指标名称	指标	指标名称	指标
外观	淡黄色黏稠液体	活性物含量/%	99
pH 值(1%水溶液)	3～6		

【制法】 按照一定的质量比以苯乙烯基苯酚聚氧乙烯醚和氨基磺酸为原料，尿素为催化剂，在 110℃反应 2h，即可得到高温匀染剂 W。

【应用】 作涤纶织物分散染料高温染色匀染剂。高温染色匀染剂 W 一般用量为 0.5～1g/L，浴比 1:10，染色温度 130～140℃，保温时间 30～90min。

【生产厂家】 江苏省海安石油化工厂，桑达化工（南通）有限公司。

1218　羊毛匀染剂 WE

【别名】 羊毛匀染剂 9802

【英文名】 levelling agent for wool WE；levelling agent for wool 9802

【组成】 脂肪胺聚氧乙烯醚的复配物

【性质】 可溶于水，对染料和纤维都有亲和性，使用本品后织物的染色固色率及各项染色牢度、匀染性能均较高，属于弱阳离子型表面活性剂。

【质量指标】

指标名称	指标	指标名称	指标
外观	浅棕色液体	活性物含量/%	30±1
pH 值(1%水溶液)	8～9		

【制法】 由伯胺和环氧基聚氧乙烯醚反应，而后复配获得。

【应用】 ① 作羊毛用活性染料染色时匀染剂。一般用量为 1.5％，缓冲剂用硫酸铵。

② 作媒介染料染色时匀染剂。一般用量为 0.3％～0.5％。

③ 作弱酸性染料染色时匀染剂。一般用量为 0.5％～0.7％。

④ 作 1∶1 金属络合染料染色时匀染剂。一般用量为 1.5％，硫酸用量可减少50％左右。

⑤ 作 1∶2 金属络合染料染色时匀染剂。一般用量为 1％。

【生产厂家】 江苏省海安石油化工厂，海安县国力化工有限公司，桑达化工（南通）有限公司。

1219　高温匀染剂 SE

【别名】 匀染剂 GS；匀染剂 JYH-821；匀染剂 SE；匀染剂 XFR-101；东邦盐 UF-350

【英文名】 high temperature levelling agent SE；levelling agent GS；levelling agent JYH-821；levelling agent SE；levelling agent XFR-101；Toho salt UF-350（Japan）

【组分】 A 甘油醚油酸酯，B 苯乙烯基苯酚聚氧乙烯醚硫酸铵

【性质】 相对密度 1.002g/L，易溶于水，溶于醇、醚、卤代烷烃、丙酮等大多数有机溶剂。化学稳定性较好，耐酸、耐高温，但不耐强碱。对分散染料具有良好的分散、乳化和匀染性能。属于阴离子型表面活性剂，可与阴离子和非离子表面活性剂复配使用，但一般不能与阳离子表面活性剂复配使用。

【质量指标】 组分 A

指标名称	指标	指标名称	指标
外观	淡黄色至棕黄色油状物(25℃)	皂化值/(mg KOH/g)	90～105
酸值/(mg KOH/g)	≤10		

组分 B

指标名称	指标	指标名称	指标
外观	淡黄色至棕黄色油状物(25℃)	活性物含量/%	≥99
pH 值(1%水溶液)	4～6		

匀染剂 GS

指标名称	指标	指标名称	指标
外观	红棕色液体	活性物含量/%	25
pH 值(1%水溶液)	6～7		

【制法】 将一定质量比的三苯乙烯基苯酚聚氧乙烯醚磺酰胺和丙三醇聚氧乙烯油酸酯加入混合釜中，搅拌升温至 60℃，溶解后，加入少量的乙二醇丁醚，搅匀即可。

【应用】 作涤纶分散染料高温高压染色时的匀染剂，尤其作为快速染色用助剂，匀染效果更为突出。匀染剂一般用量为 0.5～1.5g/L，浴比 1：10，染色温度 130～140℃，保温时间 30～90min。

【生产厂家】 江苏省海安石油化工厂，桑达化工（南通）有限公司。

1220 分散匀染剂 HD-336

【别名】 低泡高温用分散匀染剂 HD-336；低泡高温分散匀染剂 YC-678

【英文名】 scattered levelling agent HD-336；high temperature low foam scattered levelling agent HD-336；high temperature low foam scattered levelling agent YC-678

【组成】 阴离子、非离子表面活性剂

【性质】 易溶于冷水中，移染及缓染效果强，故染色织物可以得到相当优良的匀染效果。无消色现象，染色的再现性优良，是非常经济的分散匀染剂。

【质量指标】

指标名称	指　标	指标名称	指　标
外观	黄色透明液状	HLB 值	15.5
pH 值(1%水溶液)	8		

【应用】 低泡的产品，故可安心使用在高温快速染色机上。一般染色用量为 0.3～0.5g/L，重修处理用量为 1.0～2.0g/L，浴比 1：20，pH 值 4.5～5.0，温度 130℃，时间 30min。

【生产厂家】 苏州弘德实业发展有限公司。

1221 匀染剂 BREVIOL HTF

【别名】 分散剂 BREVIOL SCN

【英文名】 levelling agent BREVIOL HTF；dispersing agent BREVIOL SCN

【组成】 特殊聚合物的混合物

【性质】 能以任何比例溶于水中，在一般条件下化学稳定性较强，耐硬水、耐酸。对涤纶具有理想的分散匀染效果，由于它具有极佳的分散性，在应用时不需添加任何分散剂。属于阴离子型表面活性剂。

【质量指标】

指标名称	指　标	指标名称	指　标
外观	淡黄色不透明液体	pH 值(10%水溶液)	6～7

【应用】 作涤纶及其混纺织物分散染料高温染色的匀染剂。一般用量为 0.5%～2.0%，染色温度 130℃，染色时间 10～15min。

【生产厂家】 科凯精细化工（上海）有限公司。

1222 匀染剂 BREVIOL SCN

【别名】 皂洗剂 BREVIOL SCN

【英文名】 levelling agent BREVIOL SCN；soaping agent BREVIOL SCN

【分子式】 $RCON\left<\begin{array}{l}(CH_2CH_2O)_nH\\(CH_2CH_2O)_mH\end{array}\right.$

【性质】 可溶于水，热稳定性较高，当低于0℃时会凝固，经过加热和搅拌可溶。在染浴中有助于染料的移染，对酸性染料和1∶1型金属络合染料有优良的匀染性。属于非离子型匀染剂、皂洗剂。

【质量指标】

指标名称	指标	指标名称	指标
外观	黄色液体	活性物含量/%	40
pH值(1%水溶液)	7		

【制法】 先由脂肪酸和二乙醇胺反应制取二乙醇酰胺后，与环氧乙烷加成制取。

【应用】 ①作酸性染料和1∶1型金属络合染料羊毛、聚酰胺纤维和真丝染色时的匀染剂。聚酰胺纤维染色、羊毛和丝绸染色、聚酰胺地毯染色时，一般用量为1.0%～2.0%，60%的乙酸溶液用量为1.0%～2.0%，染色温度98℃，染色时间30～60min。

② 作聚酰胺纤维织物印花后皂洗剂。一般用量为2.0g/L，在头道及第二道淋洗中加入。

【生产厂家】 科凯精细化工（上海）有限公司，杭州诺金纺织化工有限公司。

1223 涤纶匀染剂 BREVIOL ROL

【别名】 低聚物分散剂 BREVIOL ROL

【英文名】 levelling agent for polyester fibre BREVIOL ROL；oligomer dispersant BREVIOL ROL

【组成】 蓖麻油的分散液

【性质】 可溶于水，热稳定性较高，当低于0℃时会凝固，对于染料具有分散性及匀染性，可用于涤纶及涤纶超细纤维的染色获得匀染效果，并在染色后织物还原清洗过程中，与碱剂有协同作用，可有效去除沾附于纤维上的低聚物。

【质量指标】

指标名称	指标	指标名称	指标
外观	无色至微黄色液体	pH值(1%水溶液)	7

【应用】 ① 作涤纶及涤纶超细纤维的分散染料染色时的匀染剂。一般用量为0.5～2.0g/L，乙酸（pH值为5～5.5）用量为0.5～1.0mL/L，染色温度125～130℃，染色时间1～2h。

② 作还原清洗过程中的低聚物分散剂。可有效去除分散涤纶低聚物。

【生产厂家】 科凯精细化工（上海）有限公司，无锡瑞贝纺织品实业有限公司。

1224　匀染剂 BREVIOL MP

【别名】　分散剂 BREVIOL MP；移染剂 BREVIOL MP

【英文名】　levelling agent for polyester fibre BREVIOL MP；dispersant agent BREVIOL MP；migration agent BREVIOL MP

【组成】　脂肪酸酯、二元脂肪醇和乳化剂混合物

【性质】　可溶于水，分散性较好，可直接加入染浴。热稳定性较高，低于0℃时就会凝固，经加热和搅拌后可继续使用。对于分散染料具有非常优异的扩散、促染和移染作用。特别适用于涤纶织物分散染料染色以及染色不均匀织物的修复。属于非离子型匀染剂。

【质量指标】

指标名称	指　　标	指标名称	指　　标
外观	微黄色液体	pH 值(1%水溶液)	7

【制法】　将一定配比的脂肪酸酯、二元脂肪醇和乳化剂混合制得。

【应用】　①作涤纶织物分散染料高温染色的匀染剂、分散剂和移染剂。一般用量为 $1.0\sim2.0$g/L。

②作染色不均匀涤纶织物的拔染剂。一般用量为 $2.0\sim3.0$g/L。

【生产厂家】　科凯精细化工（上海）有限公司，无锡瑞贝纺织品实业有限公司。

1225　化纤用分散匀染剂 400

【别名】　DYE400；MIRO 匀染剂 400；化纤染色高温高压分散匀染剂

【英文名】　chemical fibre with disperse levelling agent 400；MIRO levelling agent 400；chemical fibre dyeing dispersion levelling agent of high temperature and high pressure

【组成】　非离子表面活性剂

【性质】　可与水以任意比例互溶，有优异的分散性，低泡沫，与染浴中各种助剂相容。不含国际禁用化学品，对人体无毒、无害，易降解。

【质量指标】

指标名称	指　　标	指标名称	指　　标
外观	黄色或褐色液体	pH 值(1%水溶液)	5～7

【应用】　作化纤快速染色或高温高压染色匀染剂。一般用量为 $0.2\sim0.5$g/L。

【生产厂家】　广州明诺纺织科技有限公司。

1226　分散匀染剂 SPERSE WS

【英文名】　levelling and dispersing agent SPERSE WS

【组成】　阴离子盐类混合物

【性质】　可溶于水，化学稳定性较好，耐硬水。不含国际禁用化学品，对人体无毒害，易降解。对分散染料具有优异的分散性，可使染料快速浸透，形成均一的

分散液，避免聚结。也能用于印花浆中使分散染料充分分散。

【质量指标】

指标名称	指标	指标名称	指标
外观	棕色液体	pH 值(1%水溶液)	9

【应用】 ① 作涤纶及其混纺纤维织物分散染料染色时的分散剂。一般用量为 1%。

② 作分散染料印花用匀染剂。一般用量为 30%～40%。

③ 作还原染料和硫化染料染色匀染剂。一般用量为 3～5g/L，浴比 1∶20。

④ 作阳离子染料在腈纶上的剥色剂。一般用量为 5～10g/L，硫酸钠用量为 10%，用乙酸调节 pH 值为 4.5～5。

【生产厂家】 广州明诺纺织科技有限公司。

1227　染色用匀染剂 LEVEGAL RL

【别名】 LEVEGAL RL

【英文名】 dyeing with levelling agent LEVEGAL RL

【组成】 聚氨基羧酸/芳基磺酸的甲基键合凝聚物的准备液

【性质】 可溶于水，密度 1.1g/cm³，化学稳定性较高，耐硬水。低起泡性，可生物降解，不含 APEO。可改善反应性染料的溶解性，提高染料扩散力，进而提高反应性染料的匀染性。

【质量指标】 符合 Oeko-tex 标准 100

指标名称	指标	指标名称	指标
外观	微褐色液体	活性物含量/%	60
pH 值(1%水溶液)	6.5～7.5		

【应用】 作纤维素纤维反应性染料染色的匀染剂。一般用量为 0.5～2.0g/L，浴比 1∶10。

【生产厂家】 拓纳贸易（上海）有限公司，苏州市莱德纺化有限公司。

1228　尼龙染色匀染剂 LEVEGAL FTSK

【别名】 LEVEGAL FTSK

【英文名】 nylon dyeing levelling agent LEVEGAL FTSK

【组成】 烷基胺聚乙烯聚乙二醇醚衍生物和磺酸盐

【性质】 密度为 1.0g/cm³，易溶于冷水。化学稳定性较好，耐酸、耐碱及耐硬水。具有改善染色织物渗透性的功能，且能改善酸性染料间的混合性，改善染色渗透性及酸性染料配伍性。

【质量指标】 符合 Oeko-tex 标准 100

指标名称	指标	指标名称	指标
外观	浅黄色低黏度液体	pH 值(1%水溶液)	8.2±0.5

【应用】 ①作聚酰胺纤维织物染色用染料亲和性匀染剂。一般用量为 0.2%~1.5%，用乙酸或乙酸钠调 pH 值为 4.0~4.5，染色时间 10~60min。

②作酸性染料与 1∶2 型含金属染料染聚酰胺纤维织物时的染疵修正与剥色剂。一般用量为 1.0%~1.5%，用氨水或苛性钠调 pH 值为 10，染色温度 98℃，染色时间 20~45min。

【生产厂家】 拓纳贸易（上海）有限公司。

1229　匀染剂 WA-HS

【别名】 美德施 WA-HS

【英文名】 Matexil WA-HS

【组成】 磺化油钠盐的水溶液

【性质】 易溶于水，低温下变稠，加温后可恢复原状及功能。化学稳定性较好，耐硬水、耐稀酸、耐碱、耐盐、耐次氯酸盐。属于阴离子型表面活性剂，与阳离子型助剂复配使用会产生沉淀。低泡性，可生物降解。在染色中提高染料对纤维的润湿性和渗透性，有防止凝聚的作用，可防止产生色点，确保匀染。此外，特别适用于控制酸性染料对混纺纤维中锦纶优先上染的过程。

【质量指标】 已通过全球有机纺织品环保认证标准（简称 GOTS）

指标名称	指　标	指标名称	指　标
外观	微黄棕色液体	pH 值(1%水溶液)	7

【应用】 ① 作活性染料、还原染料、硫化染料和直接染料的浸染和轧染时的匀染剂。浸染染色一般用量为 1~2g/L，轧染染色一般用量为 2~5g/L。

② 作棉织物的漂白前处理剂。一般用量为 0.5~1.0g/L。

③ 作羊毛和锦纶织物酸性染料染色的缓染剂。

【生产厂家】 英国禾大公司（CRODA）。

1230　分散匀染剂 DA-DLP

【别名】 美德施 DA-DLP；高温匀染剂 DA-DLP

【英文名】 scattered levelling agent DA-DLP；Matexil DA-DLP；high temperature levelling agent DA-DLP

【组成】 专用阴离子混合物

【性质】 浅黄棕色液体，易溶于水；化学稳定性较好，耐硬水和耐酸。属于阴离子型，与所有常用的聚酯染色助剂具有相容性。在高温下稳定的分散剂，且有分散、匀染两种功能，没有阻染作用，在染深色时会获得较高的上染率，大大提高染色织物的各项牢度，具有涤纶低聚物去除功能，保持设备的清洁，特别适用于快速染色，为分散染料应用于聚酯纤维染色而研究开发。

【应用】 ① 作分散染料染涤纶的高效分散匀染剂。一般用量为 0.5~1.0g/L，用乙酸调节染浴 pH 值为 4.5~5.5，加入螯合剂 HTS 0.5g/L。

② 作剥色剂，或染色失误后的再匀染剂。一般用量为 2~5g/L。为得到最好

的染色牢度，剥色或再匀染处理后，还需进行淋洗及还原皂洗过程。

【生产厂家】 英国禾大公司（CRODA），常州化工研究所。

1231 得匀染 Depsodye LD-VRD

【英文名】 Depsodye LD-VRD

【组成】 杂环胺衍生物

【性质】 黄色液体，易溶于水。化学稳定性较好，耐稀酸、耐碱。适用于还原染料、活性染料、直接染料和硫化染料对棉、黏胶纤维及其混纺织物的匀染，匀染过程在上染之后，但在还原染料氧化及活性染料固色之前。能提高活性染料和直接染料的溶解度，改善还原染料和硫化染料的分散性，从而避免因染料凝聚而产生染斑，有助于消除棉和黏胶纤维织物的"横档"效应，确保匀染。属于两性离子型表面活性剂，能够与大多数阴离子、非离子和阳离子助剂复配使用。

【应用】 作还原染料、活性染料、直接染料和硫化染料对棉、黏胶纤维及其混纺织物染色的匀染剂。浸染法，深色一般用量为 $1\%\sim2\%$，浅中色一般用量为 $2\%\sim3\%$；浸轧法一般用量为 $2\sim3g/L$。

【生产厂家】 英国禾大公司（CRODA），佛山市顺德区容奇化工原料有限公司。

1232 美德施 LC-CWL

【英文名】 Matexil LC-CWL

【组成】 环氧乙烷缩合物

【性质】 易溶于水，化学性质稳定。酸性染料染色时的匀染剂，与染料分子形成共价键，对阴离子染料始染时竞染现象有阻抗作用，有明显的缓染和匀染效果，防止产生染色的条花和横档等染色疵点。对得色率及色光没有影响。属于弱阴离子型匀染剂，能改善染料的配伍性。

【质量指标】

指标名称	指　标	指标名称	指　标
外观	浅黄色液体	pH 值(1%水溶液)	7～8

【应用】 ① 作锦纶织物酸性染料染色的匀染剂。一般用量为 $1\%\sim2\%$。
② 作剥色剂。对修补染色特别有效。

【生产厂家】 英国禾大公司（CRODA），东莞宏其纺织染整助剂厂有限公司。

1233 有利素 WL

【别名】 匀染剂 WL

【英文名】 Unisol WL；levelling agent WL

【组成】 脂肪胺聚氧乙烯醚复配物

【性质】 易溶于水。低泡，对温度较为敏感，低于 10℃时变黏稠。主要用作各类毛用活性染料染色的通用型匀染剂，能有效控制亲和力，提高染料上染速度，并能提高染料的给色量，属于非离子/弱阳离子型助剂，可与阴离子和非离子/阴离子型助剂复配使用。

【质量指标】

指标名称	指 标	指标名称	指 标
外观	浅棕色透明黏稠液体	含固量/%	30
pH 值(1%水溶液)	8.5~9	浊点/℃	90~94

【制法】 可由脂肪胺与聚氧乙烯醚按一定配比混合而成。

【应用】 ① 作酸性染料染羊毛时高效匀染剂。一般用量为 1.5%。

② 作 1:2 型金属络合染料染羊毛时匀染剂。一般用量为 1%。

③ 作媒介染料染羊毛时匀染剂。一般用量为 0.3%~0.5%。

【生产厂家】 英国禾大公司(CRODA),南京东沐精细化工有限公司。

1234 匀染剂 NEWBON TS-400

【英文名】 levelling agent NEWBON TS-400

【组成】 特殊阴离子、非离子表面活性剂复合物

【性质】 易溶于温水和冷水中,属于阴离子/非离子表面活性剂,可以与同离子类型助剂复配使用。对耐缩绒染料染色具有良好的匀染性和迁移性,可与铬媒染料同时使用,能改善染色织物的色光,提高染色织物的摩擦牢度,同时能有效防止由于纤维本身组织结构差异所产生的条状斑和定型斑。

【质量指标】

指标名称	指 标	指标名称	指 标
外观	淡黄色透明液体	含固量/%	19.0~21.0
pH 值(1%水溶液)	7.0~9.0		

【应用】 ①作尼龙、锦棉和羊毛织物酸性染料染色匀染剂。一般用量为 0.6%~2.5%,染色温度 95~100℃,染色时间 30~60min。

② 用于尼龙、锦棉和羊毛织物酸性染料染色织物回修剂。一般用量为 2.5%~5%。

③ 作锦纶织物酸性染料染色匀染剂。一般用量为 1%~2%,用乙酸调整染浴 pH 值至 3.5~4。

【生产厂家】 浙江日华化学有限公司,泉州市鲤城区安泽纺织染料贸易有限公司。

1235 尤利华丁 ODX

【别名】 涤纶匀染剂 ODX

【英文名】 Univadine ODX;levelling agent for polyester fibre ODX

【组成】 非离子和阴离子表面活性剂复配物

【性质】 20℃时密度是 1.0g/mL,可与温水以任意比例互溶,化学稳定性和热稳定性高,耐硬水、耐酸、耐碱和耐电解质,不受冷、热影响。属于阴离子/非离子型表面活性剂,能与阴离子和非离子物质复配使用。对分散染料染色有良好的

匀染效果，改善染色后织物的摩擦牢度，使颜色更鲜艳。

【质量指标】

指标名称	指标	指标名称	指标
外观 pH 值（5%水溶液）	浅黄色透明至微浊的低黏度液体 7～9.5	黏度/mPa·s	250

【应用】　作涤纶分散染料高温高压染色的匀染剂。一般用量为 2.0～3.0g/L，染色时采用缓冲溶液调节染浴的 pH 值为 4.5～5.5。

【生产厂家】　亨斯迈纺织染化（中国）有限公司，无锡瑞贝纺织品实业有限公司。

1236　涤纶匀染剂 LTE-8090

【英文名】　levelling agent for polyester fibre LTE-8090

【组成】　特殊非离子、阴离子表面活性剂

【性质】　与水相溶。具有低起泡性，具有极好的分散性，能够防止染料的凝聚，染色时不会产生脱色和不均匀现象，对络筒油、编织油有很强的乳化性和分散性，可用于去除合成纤维上残留的油渍。作为色花修补剂有极佳的移染性和匀染性。

【质量指标】

指标名称	指标	指标名称	指标
外观 pH 值（1%水溶液）	淡棕色透明液体 6.7±0.5	活性物含量/%	30

【应用】　① 作涤纶分散染料快速染色的匀染剂。一般用量为 0.3～0.5g/L。

② 作色花修补剂。一般用量为 2g/L，补色温度 135℃，时间 60min，加乙酸 0.2～0.3g/L。

【生产厂家】　上海联碳化学有限公司。

1237　腈纶匀染剂 YIMANOL LEVELLING AN-200

【英文名】　levelling agent for acrylon YIMANOL LEVELLING AN-200

【组成】　烷基胺

【性质】　可以任意比例溶于水，对尼龙织物的酸性染料染色，有很好的匀染性，可防止染色后织物产生筋斑、定型斑。属于阳离子型表面活性剂。

【质量指标】

指标名称	指标	指标名称	指标
外观	淡黄色液体	pH 值（1%水溶液）	6.0～7.0

【制法】　$ROH + \begin{matrix}H_3C\\H_3C\end{matrix}NH \xrightarrow[-H_2O]{催化剂} RCH_2N\begin{matrix}CH_3\\CH_3\end{matrix}$

【应用】　① 作腈纶酸性染料染色匀染剂。一般用量为 0.5～1.5g/L 或 1%～3%。

② 用于修色、改色时移染力强、残液少，较少的使用量即可获得优良的移染效果，可减少染料的浪费。可与缓染剂作用，获得快速匀染的效果。

【生产厂家】 成大（上海）化工有限公司。

1238 人造毛匀染剂 M-08

【别名】 腈纶匀染剂 M-08

【英文名】 artificial wool levelling agent M-08；levelling agent for acrylon M-08

【组成】 聚胺化合物

【性质】 可以任意比例溶于冷水中。对腈纶具有亲和性，能有效地降低阳离子染料初染时因上染过快造成的染色不均匀现象，具有优异的匀染性，且在不影响染料的吸着量的同时，可有效防止染斑及修正染斑，不影响染色织物的日光、洗涤及摩擦等坚牢度。属于阳离子型匀染剂。

【质量指标】

指标名称	指 标	指标名称	指 标
外观	黄褐色透明液体	活性物含量/%	30
pH 值(1%水溶液)	7±0.5		

【应用】 作腈纶阳离子染料染色匀染剂。深色一般用量为 0.5%～1%，中色一般用量为 0.2%～3%，浅色一般用量为 3%～5%，染浴 pH 值调节为 4～4.5，染色温度 98℃，染色时间 20～45min。

【生产厂家】 嘉史洁（广州）化学有限公司，东莞宏其纺织染整助剂厂有限公司。

1239 匀染剂 ZJ-RH08

【别名】 ZJ-RH08 酸性匀染剂浓缩品

【英文名】 levelling agent ZJ-RH08；ZJ-RH08 acidic levelling agent concentration

【组成】 特种阴离子/两性表面活性剂

【性质】 可溶于热水，化学性质较稳定，耐酸、耐碱、耐硬水。对纤维和酸性染料都有一定的亲和力，且对酸性染料增溶、分散作用强，用于酸性染料对丝、羊毛和聚酰胺纤维织物染色中，以提高匀染性。并能有效防止色花，同时不影响被染织物色光和各项色牢度。

【质量指标】

指标名称	指 标	指标名称	指 标
外观	黄色粉体	活性物含量/%	99
pH 值(1%水溶液)	5～6		

【应用】 作丝、羊毛和聚酰胺纤维织物酸性染料染色匀染剂。一般用量为 0.5%～1.5%，染色温度 95～100℃，染色时间 30～60min。

【生产厂家】 广州庄杰化工有限公司。

1240 腈纶阻染剂 YIMANOL RETARDINC PAN-1229

【英文名】 acrylic retarding agent YIMANOL RETARDINC PAN-1229

【组成】 特殊界面活性剂

【性质】 易溶于水，化学性质较稳定，耐酸、耐硬水。可以在腈纶起染时，先行在纤维上占有染座，减缓染料上染速度，比传统缓染剂缓染效果更优异。另外，可使染料均匀上染。属于阳离子型匀染剂。

【质量指标】

指标名称	指标	指标名称	指标
外观	浅黄色液状	pH 值(1%水溶液)	6.5～7.5

【应用】 作腈纶阳离子染料染色阻染剂、匀染剂。极浅色一般用量为1.2%～2.0%，浅色一般用量为 1.0%～1.5%，中色一般用量为 0.5%～1.0%，深色一般用量为 0～0.5%。

【生产厂家】 成大（上海）化工有限公司。

1241 霍美卡陀尔 C 溶液

【英文名】 Humectol C liquid

【组成】 油酸类物质

【性质】 溶于水，黄棕色液体，可生物降解，低泡沫。化学稳定性较差，在碱性条件下，pH 值高于 13.8 会产生浑浊，润湿性会减小；水中所含 CaO 超过 350mg/L 会发生浑浊，润湿性会逐渐减小；在酸性条件下较稳定，pH 值≥2，润湿性也不会损失；而最大润湿效果可耐约 30g/L 食盐和 15g/L 元明粉。具有优良的润湿性和分散匀染性，最大限度地防止褶皱的产生。

【应用】 作棉、涤纶、涤黏、涤毛、尼龙织物的匀染剂、分散剂和润滑剂。一般用量为 0.5%～1.5%。

【生产厂家】 科莱恩化工（中国）有限公司（Clariant）。

1242 棉分散匀染剂 LTE-8040

【英文名】 cotton scattered levelling agent LTE-8040

【组成】 特殊阴离子型高分子界面活性剂

【性质】 易溶于水，低泡沫，毒性小。具有优越的分散性及匀染性，得色好。可防止因硬水与染料二次凝集造成色点、色斑。

【质量指标】

指标名称	指标	指标名称	指标
外观	淡黄色透明液体	生物降解（OECD 筛分法）/%	70～80
pH 值(1%水溶液)	7		

【应用】 作纤维素纤维活性染料及直接染料染色分散匀染剂。一般用量为

1%～3%。

【生产厂家】 上海联碳化学有限公司。

1243 赖克均 CN 溶液

【英文名】 Lyogen CN liquid

【组成】 芳香族聚醚磺酸盐的混合物

【性质】 溶于水，化学性质较稳定，对一般用量的硬水、酸、碱、盐的耐受性良好。属于阴离子型匀染剂，可与阴离子、非离子助剂同浴使用。用于锦纶原料染色专用匀染剂。使其较均匀地上色，改善由于纤维问题而带来的染色条花。

【质量指标】

指标名称	指 标	指标名称	指 标
外观	清澈棕色液体	pH 值(1%水溶液)	7

【应用】 作锦纶原料染色专用匀染剂。一般用量为 0.5%～2%。

【生产厂家】 科莱恩化工（中国）有限公司（Clariant）。

1244 导染剂 Jinlev HL-358/CRN

【别名】 修补剂 Jinlev HL-358/CRN

【英文名】 levelling agent Jinlev HL-358/CRN；mending agent Jinlev HL-358/CRN

【组成】 高级脂肪酸酯类衍生物

【性质】 易溶于冷水中。低泡，耐盐，低味道。提高聚酯纤维及其混纺织物高温高压染色匀染性，并防止染料凝聚造成色花及色差。不含 APEO。

【质量指标】

指标名称	指 标	指标名称	指 标
外观	浅黄褐色液体	pH 值(1%水溶液)	8

【应用】 作聚酯纤维及其混纺织物高温高压染色匀染剂、修色剂。一般用量为 0.5～1.5g/L，修色用量为 2.0～3.0g/L。

【生产厂家】 福盈科技化学股份有限公司，上海福彬精细化工有限公司，佛山市福宝精细助剂有限公司。

参 考 文 献

[1] 中国纺织信息中心，中国纺织工程学会. 国外纺织染料助剂使用指南 [M]. 2009-2010：106，109.

[2] 韩玉娟，单巨川，李瑞. 增深剂在猪皮革染色中的应用 [J]. 皮革科学与工程，2012，22 (2)：50-54.

[3] 陈均才. 821 高温匀染剂 [J]. 今日科技，1984，4：14-16.

[4] 陈溥，王志刚. 纺织染整助剂实用手册 [M]. 北京：化学工业出版社，2003：103，123.

[5] 孙运才，黄海红，王月勇. 匀染剂 AN 在修正毛腈中深色色花中的应用 [J]. 山东纺织科技，2000，5：29-31.

[6] 王俊，杨培法，李杰，等. 阳离子型双子表面活性剂的合成及表面活性 [J]. 日用化学工业，2005，11：292-294.

[7] 李宗石，刘平芹，徐明新. 表面活性剂合成与工艺 [M]. 第 2 版. 北京：中国轻工业出版社，1995：186.

[8] 2011—2015 年高温匀染剂 U-100 市场现状供需格局及投资前景预测报告. http://blog. jrj. com. cn/000000，6209952a. html.

[9] 周向东，杨海涛，张桃勇，等. 苯乙烯基苯酚聚氧乙烯醚硫酸铵的合成研究 [J]. 印染助剂，2008，25 (2)：10-12.

[10] 杨荫堂. 匀染剂 WE 在羊毛染色中的应用 [J]. 印染助剂，1987，4 (2)：26-28.

[11] 郭士志译. 帝国化学工业公司新一代表面活性剂 [J]. 国外纺织技术，1997，1：30.

第13章 固色剂

13.1 概述

　　纤维和织物经染色后，虽然可以染出比较鲜艳的颜色，但由于有些染料上带有可溶性基团，使湿处理牢度不佳，褪色和沾色现象不仅使得纺织品本身外观陈旧，同时染料还会从已染色的湿纤维上掉下来，以致沾污其纤维和织物。直接染料、酸性染料仅靠范德华力、氢键与纤维结合，其湿摩擦牢度较差；活性染料以共价键与纤维结合，牢度一般，但在染中、深色时其湿摩擦牢度也较低；用不溶性偶氮染料及硫化染料（含液体硫化染料）染深色时其湿摩擦牢度也不理想。为克服这些现象，通常进行固色处理，固色所用的助剂称为固色剂。固色剂的作用是使染料结成不溶于水的染料盐，或使染料分子增大而难溶于水，借以提高染料的牢度。总的说来，目前常用的固色剂有：阳离子型季铵盐表面活性固色剂，如氯化十六烷基吡啶、溴化十六烷基吡啶；胺醛树脂型双氰胺甲醛初缩体、酚醛缩合体、多胺缩合体、酚磺酸甲醛缩合物等阳离子树脂型或交联型固色剂；非表面活性季铵型固色剂等类型。

　　近年来，随着科学技术的发展，染整技术得到了显著的提高，并且随着国际纺织贸易规模的日益扩大以及人们生活水平、环保意识的提高，要求纺织品舒适、清洁、绿色、安全。20世纪70年代，德国首先推出"蓝色天使"计划，世界上一些发达国家（日本、美国）也相继通过并实施相关法律、法规，规定了纺织品的各种环保指标，要求在印染加工中禁止使用法规中所规定的致癌、致畸、生物降解性差和某些芳香胺中间体产生的染料，同时也要求所使用的助剂不含重金属离子和不产生游离甲醛，无醛固色剂的开发及应用正符合此要求。

13.2 主要品种介绍

1301 特强固色剂 XR-105

　　【别名】 上海交联剂

　　【英文名】 strong fixing agent XR-105；Shanghai crosslinking agent

　　【组成】 多官能团杂氮类化合物

　　【性质】 可以分散在水中。通过与各类树脂类活性基团架桥反应，提高树脂皮膜的耐水性、耐溶剂性、耐化学品性和耐高温性，进而对增加树脂的水洗牢度及摩擦牢度效果非常明显。属于常温交联型固色剂。

【质量指标】 HG/T 2672—1995

指标名称	指 标	指标名称	指 标
外观	无色至淡黄色液体	含固量/%	>99
黏度/mPa·s	<200		

【应用】 作印花胶浆、皮革涂饰等固色剂。一般用量为 0.5%~3%。尽量避免在酸性环境中使用。

【生产厂家】 西润化工科技（中国）有限公司。

1302 固色剂 Y

【英文名】 color fixing agent Y

【组成】 双氰胺甲醛树脂水溶性初缩体

【性质】 极易溶于水中，化学稳定性较差，遇硬水、强酸、强碱、单宁酸、雕白块及硫酸盐、次氯酸盐等会产生沉淀，但耐铁、铜等金属离子。属于阳离子型助剂，可与非离子、阳离子表面活性剂或阳离子合成树脂初缩体复配使用，一般不能与阴离子染料、阴离子表面活性剂复配使用。

【质量指标】

指标名称	指 标	指标名称	指 标
外观	无色透明黏稠液体，干燥可制成固体	黏度/mPa·s 含固量/%	<200 >99

【制法】 可由甲醛双氰胺和氯化铵在 90~96℃条件下，保温反应 2h 即得固化剂 Y。

【应用】 ①作织物活性染料、直接染料、酸性染料等印花或染色的固色剂。一般用量为 1%~3%。

② 作丝绸、羊毛、棉织物及其他纤维的固色剂。

【生产厂家】 上海佳鑫化工有限公司，东莞市三兴化工有限公司，上虞市志诚化工有限公司。

1303 交联剂 EH

【别名】 交联剂 DE 或交联剂 101

【英文名】 cross-linking agent EH；crosslinking AH；cross-linking agent DE；cross-linking agent 101

【组成】 环氧氯丙烷与己二胺缩聚物的盐酸盐

【性质】 易溶于水，可用水以任意比例稀释。化学稳定性较差，不耐碱，不耐高温，不耐冷冻。具有多官能团的有机化合物，可形成具有网状结构的坚韧薄膜，耐摩擦、耐皂洗与湿处理。能与化学品及织物进行交联反应。属于低温型固色交联剂。

【质量指标】

指标名称	指 标	指标名称	指 标
外观	浅棕色黏稠液体	含固量/%	35~40
pH 值	2~5		

【制法】 可由环氧氯丙烷与己二胺缩合而成。

【应用】 ① 作纤维素纤维织物活性染料染色固色剂。一般用量为 30~40g/L。

② 作硫化染料染色固色剂。一般用量为 30~40g/L，固色温度 30~40℃，固色时间 5~15min。

③ 作棉织物、丝绸、黏胶纤维、锦纶直接染料染色固色剂。一般用量为 1~5g/L，固色温度 60~70℃，固色时间 30min。

【生产厂家】 上海天坛助剂有限公司，上海五四助剂厂。

1304 固色剂 AR-1012

【英文名】 colour-fixing agent AR-1012

【组成】 多羟基多胺类具有环氧基的聚合物

【性质】 可与水以任意比例互溶，化学稳定性较高，耐酸、耐碱、耐碱金属及耐碱土金属，并对温度及太阳光稳定。对直接染料、活性染料染色具有固色作用，并可提高染色后织物的皂洗牢度、汗渍牢度、摩擦牢度。属于阳离子型表面活性剂，一般不与阴离子表面活性剂复配使用。无毒（不含甲醛），不属危险品。

【质量指标】

指标名称	指 标	指标名称	指 标
外观	透明黏稠液体	含固量/%	>50
pH 值	6.5~7		

【制法】 可由有机胺与环氧氯丙烷反应制得。

【应用】 作棉、麻、涤棉织物直接染料和活性染料的固色剂。浸渍法一般用量为 3%~5%，染浴 pH 值为 5，温度为常温，染色时间为 20~30min；浸轧法一般用量为 4~8g/L，浴比 1∶20，一浸一轧，温度为常温。

【生产厂家】 广州市远大贸易有限公司，广州安久信化工有限公司。

1305 交联剂 SaC-100

【别名】 交联剂 SC-100；氮丙啶交联剂；三羟甲基丙烷-三[3-(2-甲基氮丙啶基)]丙酸酯

【英文名】 cross-linking agent SaC-100；trimethylol propane tris(2-methyl)-1-aziridine-propionate；polyfunctionalaziridine crosslinker；2,2-bis({[3-(2-methyl-2-aziridinyl)propanoyl]oxy}methyl)butyl 3-(2-methyl-2-aziridinyl)propanoate

【分子式】 $C_{24}H_{41}N_3O_5$

【性质】 易溶于水、丙酮、二甲苯、异丙醇、N-硝酸丁酯、卡必醇、丁基卡必醇中，且水分散性优良，对任何被处理物均有架桥增强的效果，可作为黏合强度增进剂、交联剂、补强剂、架桥增进剂、固色剂、接着剂、颜料耐染摩擦洗涤坚牢度向上剂等使用。

【质量指标】

指标名称	指 标	指标名称	指 标
外观	黄色清澈液体	黏度/mPa·s	200
pH 值	8~9	含固量/%	>99

【制法】 由 β-氨基乙基酸性硫酸酯和 NaOH 反应制备。

【应用】 ① 作各种印花胶浆、水浆/邦浆。一般用量为 0.5%~3%。

② 作各种牛仔布、针织布印花交联剂。一般用量为 1%~3%，压烫过热温度 140~150℃，压烫时间 10~15s。

【生产厂家】 上海尤恩化工有限公司，淄博市临淄颐中化工有限公司。

1306 无醛印染固色剂 RD-35

【英文名】 non-formaldehyde dyeing colour-fix agent RD-35

【组成】 季铵盐阳离子聚合物

【性质】 可溶于水，属于阳离子表面活性剂，可与阳离子、非离子表面活性剂复配使用，一般不与阴离子表面活性剂复配使用。能显著提高织物的各项染色坚牢度，不含甲醛。

【质量指标】

指标名称	指 标	指标名称	指 标
外观	无色或微黄色液体	活性物含量/%	≥35
pH 值(1%水溶液)	4.0~7.0		

【应用】 作棉织物直接染料和活性染料染色的固色剂。浸润法，浅色织物一般用量为 1%~2%，中色织物一般用量为 2%~3%，深色织物一般用量为 3%~5%，浴比 1：(10~20)，染色温度 30~60℃，染色时间 20~30min。浸轧法一般用量为 10~40mg/L，轧液率 70%，轧液温度 50~60℃。

【生产厂家】 江苏飞翔化工股份有限公司。

1307 活性染料固色剂 HA-F90

【别名】 活性染料固色剂 HA-F90C

【英文名】 reactive dye fixing agent HA-F90；reactive dye fixing agent HA-F90C

【组成】 反应性阳离子化合物

【性质】 易溶于冷水。少量即可达到优良的固色效果，使染色织物水洗牢度、汗渍牢度产生明显改善，同时对其耐光牢度、汗渍牢度、海水牢度无不良影响，且不影响织物吸水性和手感。固色处理后，色牢度一般可达 3.5~4 级以上。属于阳离子表面活性剂，不含甲醛。

【质量指标】

指标名称	指 标	指标名称	指 标
外观	淡黄色液体	pH 值(1%水溶液)	6

【应用】 作活性染料染色固色剂。浸浴法，浅色用量为 0.5%～1%，中色用量为 1%～2%，深色用量为 2%～3%，固色温度 40～60℃，固色时间 10～20min；浸轧法，浅色用量为 5～10g/L，中色用量为 10～15g/L，深色用量为 15～25g/L，固色温度 20～40℃。染色织物固色前，需尽量除去未固着染料。

【生产厂家】 江苏省海安石油化工厂，杭州茂昌化工有限公司。

1308 无醛固色剂 L

【英文名】 formaldehyde-free fixing agent L

【组成】 多乙烯多胺树脂缩聚物

【性质】 易溶于水，化学稳定性较好，无特殊异味，对人体皮肤无特殊刺激性的新型绿色固色剂。属于阳离子型助剂，可与非离子、阳离子助剂复配使用。可明显提高活性染料染色织物的日晒牢度、湿熨烫牢度及过氧洗涤牢度，明显提高直接染料染色织物的日晒牢度及白布沾色湿牢度。

【质量指标】

指标名称	指 标	指标名称	指 标
外观	淡黄色至黄色液体	含固量/%	30±2
pH 值(1%水溶液)	5.0～6.5		

【应用】 作活性染料、直接染料染色固色剂。浸染法一般用量为 3%～10%；浸轧法一般用量为 10～50g/L，浴比 1:(10～20)，温度 40～50℃，时间 15～30min，pH 值调整为 4～5.5(用乙酸)。

【生产厂家】 江苏省海安石油化工厂，杭州久灵化工有限公司。

1309 固色剂 STABIFIX FFC

【别名】 固色剂 TCD-R；聚二甲基二烯丙基氯化铵

【英文名】 colour-fix agent STABIFIX FFC；colour-fix agent TCD-R；poly (dimethyl diallyl ammonium chloride)

【分子式】 $(C_8H_{16}NCl)_n$

【结构式】

【性质】 凝固点约 2.8℃，密度约 1.04g/cm³，分解温度 280～300℃。可以与水以任意比例混合，化学稳定性好，耐酸、耐碱、耐低温，水解稳定性好。在获得良好固色效果的同时，能显著提高织物水洗牢度和摩擦牢度。属于阳离子型表面活性剂，可与非离子、阳离子表面活性剂复配使用，一般不能与阴离子表面活性剂复配使用。

【质量指标】

指标名称	指 标	指标名称	指 标
外观	无色或浅黄色透明黏稠液体	含固量/%	35±1
pH值(1%水溶液)	5.0～6.0		

【制法】 可由二甲基二烯丙基氯化铵与过硫酸铵，在 90～95℃、氮气保护的条件下，反应 1h 制得。

【应用】 ① 作活性尤其是 X 型活性染料固色剂。浅色一般用量为 0.5%～1%；中、深色一般用量为 1%～2%，浴比 1∶(10～20)，温度 30～60℃，时间 20～30min。

② 作直接染料固色剂。浸渍法一般用量为 0.5%～1.5%，于 40℃保温 20min；浸轧法一般用量为 5～15g/L。

【生产厂家】 辽宁大连市轻化工研究所，邹平铭兴化工有限公司，科凯精细化工（上海）有限公司。

1310 无醛固色剂 M

【别名】 固色剂 M

【英文名】 formaldehyde-free fixing agent M；fixing agent M

【组成】 含铜双氰胺甲醛树脂水溶性初缩体

【性质】 可溶于 5 倍量的 2%冷乙酸中。化学稳定性较差，不耐硬水，不能与强酸、强碱、单宁酸、无机盐同浴使用。提高织物的日光牢度、水洗牢度、皂洗牢度、汗渍牢度、摩擦牢度等。可与阳离子或非离子表面活性剂复配使用，但不能与阴离子型染料或助剂同浴使用。

【质量指标】 HG/T 2671—1995

指标名称	指 标	指标名称	指 标
外观	蓝色或绿色黏稠液体	铜含量/%	1.8～2.0
溶解性能	全溶澄清		

【制法】 可由甲醛、双氰胺、氯化铵、乙酸铜按照一定配比缩聚而成。

【应用】 ① 作直接染料、酸性染料、硫化染料的固色后处理的固色处理剂。浸染法，浅色一般用量为 1%～2%，中色一般用量为 2%～4%，深色一般用量为 4%～6%，极深色一般用量为 6%～10%；浸轧法，浅色一般用量为 10～20g/L，中色一般用量为 20～40g/L，深色一般用量为 60～100g/L。

② 作硫化染料的染色织物所用固色剂。浸染法一般用量为 2%～4%；浸轧法一般用量为 40～80g/L。

【生产厂家】 绍兴县海天助剂制造有限公司，浙江劲光化工有限公司，浙江金双宇化工有限公司。

1311 无醛固色剂 SS-011

【英文名】 formaldehyde-free fixing agent SS-011

【组成】 多胺类阳离子聚合物

【性质】 可与水以任意比例互溶。可提高染色物的皂洗及摩擦等各项牢度，不影响染色织物的鲜艳度，对色光基本无影响。不含游离或结合甲醛，符合环保要求。属于阳离子型表面活性剂。

【质量指标】

指标名称	指标	指标名称	指标
外观	浅黄色至黄色透明液体	pH值(1%水溶液)	6.0～7.5

【应用】 作酸性染料染色后的固色剂。可显著提高羊毛、蚕丝、锦纶染色和印花织物的色牢度。

【生产厂家】 泰州市三水环保净化剂厂。

1312 无醛固色剂 NFC

【英文名】 formaldehyde-free fixing agent NFC

【组成】 多胺类阳离子型聚合物

【性质】 易溶于冷水，化学稳定性和热稳定性较好，耐酸、耐碱，耐热、耐冻，不分层。无毒，对皮肤刺激性小。属于阳离子型固色剂，与阴离子型染料及助剂不能同浴使用。具有固色性能，提高染色后织物水洗牢度，减少汽蒸时的白地沾色，且色变较小。

【质量指标】

指标名称	指标	指标名称	指标
外观	无色或淡黄色透明液体	pH值(1%水溶液)	8～8.5

【应用】 ① 作活性、中性等阴离子染料的染色或印花的固色剂。一般用量为0.5%～2%，固色温度45～60℃，固色时间20～30min。

② 作分散/活性染料、分散/直接染料一浴法染涤棉混纺织物的固色剂。

【生产厂家】 泰兴市恒源化学厂，山东金鲁生物科技股份有限公司。

1313 固色剂 DFRF-1

【英文名】 fixing agent DFRF-1

【组成】 多胺树脂叔胺盐与 2D 树脂的复配物

【性质】 能溶于水。化学性质较稳定，耐酸、耐硬水。与染料及纤维均能够形成共价键，因此固色后织物色牢度提高显著。属于阳离子型助剂，可与非离子、阳离子助剂复配使用，不能与阴离子助剂同浴使用。

【质量指标】

指标名称	指标	指标名称	指标
外观	白色粉末	pH值	4.0～5.0

【制法】 先由多乙烯多胺与双氰胺缩聚生成多胺树脂，而后在亚氨基上引入酰胺羟甲基，再成盐复配，即为固色剂 DFRF-1。

【应用】 作棉、涤棉、涤黏织物直接染料染色固色剂。浸渍法一般用量为 1.5g/L，浴比 1：(10～15)，固色浴应采用乙酸调节 pH 值为 4～4.5；浸轧法，纯棉深色一般用量为 100～130g/L，中浅色一般用量为 70～80g/L，混纺织物一般用量为 60～80g/L，轧液率 70%～100%，120℃干燥到湿度为 3%～6% 后，温度 180℃，时间 30s。

【生产厂家】 上海纺织助剂厂，武汉远城科技发展有限公司。

1314　染色用固色剂 LEVOGEN WRD

【英文名】 dye-fixing agent LEVOGEN WRD

【组成】 氨腈衍生物与聚氨凝聚物的复配液

【性质】 密度 1.1g/cm^3，易溶于水，化学稳定性较好，耐稀酸、耐碱和耐硬水，耐 Na_2SO_4、NaCl 等电解质。改善纤维素纤维活性染料、直接染料染色的湿牢度、水洗牢度与汗渍牢度，且对染色织物的日晒牢度影响较小。本品与阳离子及非离子型助剂的兼容性极佳，不含甲醛。

【质量指标】 符合 Oeko-tex 标准 100

指标名称	指 标	指标名称	指 标
外观	微黄色液体	黏度(20℃)/mPa·s	60
pH 值(1%水溶液)	6.0～7.5		

【制法】 可由氨腈衍生物与聚氨凝聚物按照一定配比混合制得。

【应用】 作纤维素纤维直接染料、活性染料染色的阳离子固色剂。浸染法一般用量为 1%～4%；浸轧法一般用量为 10～40g/L。

【生产厂家】 拓纳贸易（上海）有限公司，苏州市莱德纺化有限公司。

1315　固色剂 STABIFIX AF

【英文名】 fixing agent STABIFIX AF

【组成】 聚乙氧基化胺的高分子化合物

【性质】 可以任意比例与水互溶。能提高染色后织物的湿牢度、水洗牢度和摩擦牢度，不影响织物的日晒牢度，处理后织物手感柔软，对色光影响极小。属于阳离子型表面活性剂，在一般情况下不能与阴离子型助剂复配使用。

【质量指标】

指标名称	指 标	指标名称	指 标
外观	浅黄色液体	pH 值(1%水溶液)	6～7

【应用】 作纤维素纤维用活性染料和直接染料染色的固色剂。一般用量为 1%～3%，固色温度 40～60℃，固色时间 30min，浴比 1：20，在固色前染色织物必须充分水洗和皂洗。

【生产厂家】 科凯精细化工（上海）有限公司，无锡易澄化学品有限公司，无锡瑞贝纺织品实业有限公司。

1316 酸性固色剂

【英文名】 dye-fixing agent for acid dyes QTR-210A

【组成】 高分子芳香磺化酸缩合物

【性质】 易溶于水，低泡性。对尼龙染色织物的湿牢度，特别是对水渍牢度、海水牢度、水洗牢度、汗渍牢度的提升非常有效。不影响染色物的日光牢度。属于阴离子型助剂。

【质量指标】

指标名称	指　　标	指标名称	指　　标
外观	红棕色液体	pH 值(1%水溶液)	7~8

【应用】 作尼龙织物、阴离子改性尼龙纤维、尼龙/棉混纺织物的酸性染料、阳离子型染料和直接染料染色的固色剂。一般用量为 0.5%~2%，pH 值为 4.5 时，固色温度 70~80℃，固色时间 20~30min。

【生产厂家】 广州乾泰化工有限公司。

1317 酸性染料固色剂 FIX NYC

【英文名】 dye-fixing agent for acid dyes FIX NYC

【组成】 阴离子盐类混合物

【性质】 易溶于水，保持密封。储存温度为 2~40℃，常温下可储存 3 年。不含国际禁用化学品，对人体无害，易降解。

【质量指标】

指标名称	指　　标	指标名称	指　　标
外观	棕色稠状液体	pH 值(1%水溶液)	7

【应用】 作提高酸性染料湿摩擦牢度的固色剂。用于混纺织物染色时，具有防沾能力及匀染能力。一般用量为 1%~2.5%。

【生产厂家】 广州明诺纺织科技有限公司。

1318 尼龙染色用固色剂 MESITOL ABS

【英文名】 nylon dyeing with fixing agent MESITOL ABS

【组成】 芳基磺酸缩聚产物

【性质】 密度 1.2g/cm³，可溶于水，化学性质较稳定，对于酸性染料、酸性络合染料、直接染料、阳离子染料染锦纶可增进湿牢度，并适于一浴二段固色法。

【质量指标】 符合 Oeko-tex 标准 100

指标名称	指　　标	指标名称	指　　标
外观	棕色液体	pH 值(1%水溶液)	3~4

【应用】 ① 作锦纶酸性染料、酸性络合染料、直接染料、阳离子染料染色固

色剂。

② 作锦纶织物印花皂洗过程中防污剂。

【生产厂家】 拓纳贸易（上海）有限公司。

1319 尼龙染色用固色剂 MESITOL BFN

【英文名】 nylon dyeing with fixing agent MESITOL BFN

【组成】 芳基磺酸缩聚产物

【性质】 密度 1.2g/cm³，易溶于水，提高锦纶、锦纶超细纤维及锦纶/弹性纤维混纺织物酸性染料及 1∶2 型含金属染料染色水洗牢度、汗渍牢度。

【质量指标】 符合 Oeko-tex 标准 100

指标名称	指标	指标名称	指标
外观	浅黄色液体	pH 值(1%水溶液)	3～4

【应用】 作锦纶、锦纶超细纤维及锦纶/弹性纤维混纺织物酸性染料及 1∶2 型含金属染料染色固色剂。

【生产厂家】 拓纳贸易（上海）有限公司。

1320 酸性固色剂 MESITOL NBS

【英文名】 acid color fixing agent MESITOL NBS

【组成】 高分子芳香磺化酸缩合物

【性质】 溶于热水或在热水蒸气搅拌作用下使其完全溶解，低起泡性，化学稳定性较差，在稀酸（pH 值为 4～5）或碱中较稳定，但不耐浓酸。与非离子型助剂同浴使用会产生沉淀，尤其在硬水中更为严重。对尼龙染色织物的湿牢度，特别是对水渍牢度、海水牢度、水洗牢度、汗渍牢度的提升非常有效。对尼龙纤维有良好的防染效果，不影响染色物的日光牢度。

【质量指标】 符合 Oeko-tex 标准 100

指标名称	指标	指标名称	指标
外观	黄褐色粉状	pH 值(1%水溶液)	7.0～8.0

【应用】 作尼龙纤维酸性染料染色固色剂。一般用量为 1.0%～2.0%，固色浴 pH 值 4.5，固色温度 70～80℃，固色时间 20～30min。如增加 1/3 用量，可借热空气焙烘完成固色，温度不要超过 180～185℃，酸性固色剂 MESITOL NBS 使用时必须防止直接与浓乙酸接触。

【生产厂家】 拓纳贸易（上海）有限公司，苏州市莱德纺化有限公司。

1321 尼龙固色剂 Suparex o powder

【英文名】 nylon dyeing with fixing agent Suparex o powder

【组成】 砜类缩合物

【性质】 易溶于水，褐色透明溶液。化学稳定性较好，耐硬水，耐稀碱，遇到浓酸可能会产生沉淀。属于阴离子型助剂，可与阴离子、非离子助剂复配使用。可改善尼龙酸性染料染色织物的水洗牢度及湿牢度，且对织物色光及日晒牢度无影响。

【质量指标】

指标名称	指标	指标名称	指标
外观	淡黄色可流动粉末	活性物含量/%	90
pH 值(2%水溶液)	8		

【应用】 ① 作锦纶 6 和锦纶 66 酸性染料和金属络合染料染色时固色剂。一般用量为 2%～3%，调节染浴 pH 值为 4.0～4.5，固色温度 80℃，固色时间 15～20min。

② 作尼龙直接染料染色时防沾色剂。一般用量为 0.1%～1.0%。

③ 用于酸性染料、金属络合染料对聚酰胺纤维印花后处理，防止印花织物的白地沾污。

【生产厂家】 科莱恩化工（中国）有限公司（Clariant），上海阔全工贸有限公司。

1322 无醛固色剂 Raycafix NF-998Cone

【英文名】 formaldehyde-free fixing agent Raycafix NF-998Cone

【组成】 胺类缩合物

【性质】 易溶于水，化学性质较稳定，加热不分解，不含致癌芳香胺化合物、游离甲醛、磷和金属离子。属于阳离子型助剂，可与阳离子及非离子助剂复配使用，避免与碱及阴离子助剂同浴使用。对直接染料、活性染料染色织物具有很好的水洗牢度和湿处理牢度，对色光影响小。

【质量指标】

指标名称	指标	指标名称	指标
外观	浅黄棕色液体	活性物含量/%	78.0～80.0
pH 值(1%水溶液)	7		

【应用】 作直接染料、活性染料染色时固色剂。一般用量为 0.5%～1.5%。

【生产厂家】 科莱恩化工（中国）有限公司（Clariant），济南鑫奥化工有限公司。

1323 高效尼龙固色剂 Suparex MF2N liq cone

【英文名】 high-efficient nylon fixing agent Suparex MF2N liq cone

【组成】 含烷基的芳香族磺化衍生物的缩合物

【性质】 密度 1.2g/mL，黏度 700～2000mPa·s，易溶于水。化学稳定性较好，耐硬水、耐酸、耐碱。显著提高尼龙及其混纺织物的湿处理牢度，不影响日晒牢度。属于阴离子型助剂，不能和阳离子型助剂同浴使用，非离子型匀染剂会降低此产品的应用性能。

【质量指标】 符合 Oeko-tex 标准 100

指标名称	指标	指标名称	指标
外观	清澈红棕色液体	活性物含量/%	约 60
pH 值(1%水溶液)	2.5~3.5		

【应用】 ① 作尼龙织物高效固色剂。一般用量为 1%~3%，固色温度 70℃，固色时间 15~20min，如染色时使用阳离子或非离子匀染剂，必须洗涤干净，以免影响 Suparex MF2N liq cone 的固色效果。

② 作印花织物的后处理剂。一般用量为 1~2g/L。

【生产厂家】 科莱恩化工（中国）有限公司（Clariant），广州市琪欣化工有限公司，杭州利德进出口有限公司。

1324 高效无醛固色剂 Cottonfix-301

【英文名】 efficient formaldehyde-free fixing agent Cottonfix-301

【组成】 多胺类化合物

【性质】 易溶于水，化学性质稳定，耐硬水、耐强酸、耐强碱及耐所有硫酸盐。属于阳离子表面活性剂，可与阳离子和非离子型助剂复配使用。可改善活性染料及直接染料染色织物的耐湿牢度和水洗牢度。不会降低直接染料、活性染料染色织物的日晒牢度。不含甲醛，在使用过程中也不会释放甲醛，符合环保要求。

【质量指标】

指标名称	指标	指标名称	指标
外观	浅黄色澄清液体	含固量/%	60
pH 值(1%水溶液)	5~7		

【应用】 作活性染料及直接染料纤维素纤维及其混纺织物染色固色剂。浸染一般用量为 0.5%~2.0%，固色温度 30~50℃，固色时间 20~30min；浸轧一般用量为 5~30g/L，轧液率 80%。

【生产厂家】 上虞市正鼎工贸有限公司。

1325 耐氯碱固色剂 CF-2

【别名】 CHERCUT CF-2

【英文名】 resistance to alkali fixing agent CF-2

【组成】 特殊阳离子聚合物

【性质】 易溶于水，不含甲醛，不含 APEO。能提高织物的耐湿牢度、摩擦牢度、水洗牢度和耐氯牢度，同时能提高活性染料染色织物的耐氯水漂牢度。属于阳离子型固色剂。

【质量指标】

指标名称	指标	指标名称	指标
外观	淡黄色或淡黄褐色液体	pH 值(1%水溶液)	5.0~6.0

【应用】 作活性染料纤维素纤维织物染色固色剂。一般用量为 2%~4%，固

色温度 40～60℃，固色时间 20min。

【生产厂家】 上海大祥化学工业有限公司，东莞市古川纺织助剂有限公司。

1326 依维民 Erional FRN

【英文名】 Erional FRN

【组成】 芳基磺酸盐和甲醛的缩聚产物

【性质】 易溶于水，耐酸稳定性极高。固色效果优异，能够显著改善尼龙、羊毛以及其他混纺类织物的色泽的明亮度、湿牢度，同时对织物的日晒牢度无损害，出色的后定型稳定性。属于阴离子型固色剂。

【质量指标】

指标名称	指标	指标名称	指标
外观	深棕色透明液体	pH 值(5％水溶液)	4

【应用】 ①作锦纶（包括锦纶超细纤维）染色或印花织物的固色剂。一般用量为 1％～3％，pH 值 4～6，固色温度 70℃，固色时间 20min。

② 作锦纶/纤维素纤维或羊毛/纤维素纤维直接染料或活性染料染色防沾剂。

③ 作锦纶印花防污剂。防止印花织物的白地沾污。

【生产厂家】 亨斯迈纺织染化（中国）有限公司。

1327 阿白固 T

【英文名】 ALBAFIX T

【组成】 合成树脂的水溶液

【性质】 可溶于水，化学性质稳定，耐一般用量的硬水、酸、碱和电解质。属于阳离子型助剂，不含甲醛。用于提高活性染料染色和印花织物的耐氯牢度。作为固色剂使用，几乎不影响织物色光和日晒牢度。

【质量指标】

指标名称	指标	指标名称	指标
外观	淡黄色低黏度液体	pH 值(5％水溶液)	5.5

【应用】 ① 作纤维素纤维活性染料染色或印花固色剂。一般用量为 1％～3％。

② 作准备进行树脂整理的纯棉、棉混纺织物活性染料染色织物固色剂。一般用量为 10～40g/L，用乙酸调 pH 值为 6，浸轧温度 30℃。

【生产厂家】 亨斯迈纺织染化（中国）有限公司。

1328 固色剂 NEOFIX

【别名】 活性染料用固色剂 NEOFIX R-808Z

【英文名】 fixing agent NEOFIX；reactive dye fixing agent NEOFIX R-808Z

【组成】 阳离子类聚合物

【性质】 可与水任意比例互溶。提高活性染料染纤维素纤维时耐湿牢度、洗涤牢度、耐氯牢度，不会出现变色问题，日晒牢度较好，生产过程中没有甲醛，绿色环保。属于阳离子型固色剂。

【质量指标】

指标名称	指 标	指标名称	指 标
外观	黄色或黄褐色透明液体	含固量/%	35
pH 值（原液）	2		

【应用】 作纤维素纤维织物活性染料染色固色剂。一般用量为 3.0%～5.0%，固色温度 50～60℃，固色时间 10～20min。

【生产厂家】 浙江日华化学有限公司。

1329　直接及活性染料用固色剂 300DX

【英文名】 directand reactive dyes fixing agent 300DX

【组成】 多胺类聚合物

【性质】 能溶解于任意比例的水中，活性染料、直接染料的染色固色剂，可显著提高各种色牢度，如耐湿牢度、水洗牢度、摩擦牢度、日晒牢度，不会使织物手感发硬，对色光影响小。属于阳离子型固色剂。

【质量指标】

指标名称	指 标	指标名称	指 标
外观	棕黄色液体	含固量/%	40
pH 值（1%水溶液）	6.2±0.5		

【应用】 作活性染料、直接染料的染色固色剂。浅色一般用量为 0.5%～1% 或 5～10g/L，中色一般用量为 1%～2% 或 10～15g/L，深色一般用量为 2%～3% 或 15～25g/L，固色温度 40～60℃，固色时间 10～20min。

【生产厂家】 上海大祥化学工业有限公司。

1330　固色剂 SUNLIFE E-48

【英文名】 fixing agent SUNLIFE E-48；nylon dyeing with fixing agent（SUNLIFE E-48）

【组成】 阴离子类聚合物、阴离子类表面活性剂

【性质】 能与冷水以任意比例互溶，起泡性低，化学性质稳定。对于聚酰胺纤维的酸性染料染色织物具有优良的湿润牢度，且对聚酰胺纤维的物理性能和手感的负面影响极少。属于阴离子型表面活性剂。

【质量指标】

指标名称	指 标	指标名称	指 标
外观	深红褐色至黑褐色透明液状	pH 值（5%水溶液）	2

【应用】 作聚酰胺纤维酸性染料染色固色剂。淡色一般用量为 0.5%～2.0%，中色一般用量为 2.0%～3.0%，深色一般用量为 3.0%～5.0%，固色温度 70～

90℃，固色时间 10～30min。

　　【生产厂家】　浙江日华化学有限公司。

1331　活性染料用固色剂 LTG-8080

　　【英文名】　reactive dye fixing agent LTG-8080

　　【组成】　季铵盐类化合物

　　【性质】　易溶于水，无甲醛，高性能、反应性固色剂，能提高纤维素纤维染色织物的水洗牢度、耐氯牢度、耐光牢度等。

　　【质量指标】

指标名称	指标	指标名称	指标
外观	清澈淡黄色液体,无特殊气味	活性物含量/%	90
pH 值(1%水溶液)	8		

　　【应用】　作纤维素纤维活性染料染色固色剂。浅色一般用量为 0.5%～1.0%，中色一般用量为 1.0%～2.0%，深色一般用量为 2.0%～4.0%，浴比 1：20，固色温度 40～60℃，固色时间 15～20min。

　　【生产厂家】　上海联碳化学有限公司。

1332　直接及活性染料用固色剂 LTG-8030

　　【英文名】　directand reactive dyes fixing agent LTG-8030

　　【组成】　多胺缩合物

　　【性质】　可溶于水，不含甲醛。对于直接染料、活性染料染色时能极大提高织物在冷水、热水和汗水中的色牢度。

　　【质量指标】

指标名称	指标	指标名称	指标
外观	淡黄色液体	COD 值(1g/L)/(mg/kg)	340
pH 值(1%水溶液)	6.2±0.5		

　　【应用】　① 作纤维素纤维（棉、麻、黏胶）及丝、绢直接染料和活性染料染色固色剂。浅色一般用量为 1.0%～2.0%，中色一般用量为 2.0%～3.0%，深色一般用量为 3.0%～4.0%，浴比 1：20，固色温度 60℃，固色时间 10～20min。

　　② 织物固色后需要返修时，采用 LTG-8030 的剥除方法。48%乙酸用量为 3～5g/L，剥固剂 LTE-B696 用量为 1～2g/L，温度 40～50℃。

　　【生产厂家】　上海联碳化学有限公司。

1333　尼龙纤维用酸性染料固色剂 LTG-8053

　　【英文名】　nylon acid dyes fixing agent LTG-8053

　　【组成】　合成单宁酸衍生物

　　【性质】　可以任意比例与水互溶。化学稳定性较好，在染浴中非常稳定。可以提高织物染色牢度、水洗牢度、汗渍牢度等。属于阴离子型表面活性剂。

【质量指标】

指标名称	指 标	指标名称	指 标
外观	棕褐色至棕黄色液体	pH 值(1%水溶液)	1.0～2.5

【应用】 ① 作尼龙酸性染料染色固色剂。浸染法,浅色一般用量为1%～2%,中色一般用量为 2%～3%,深色一般用量为 3%～4%,浴比 1∶20,固色温度80℃,固色时间 20min;浸轧法一般用量为 20～30g/L,焙烘温度 160～170℃,焙烘时间 1min。

② 作酸性染料对白地印花的防沾污剂。一般用量为 0.5%～1.0%。

【生产厂家】 上海联碳化学有限公司。

1334 固色剂 NEOFIX RX-202

【英文名】 fixing agent NEOFIX RX-202

【组成】 特殊阳离子聚合物

【性质】 易溶于水。提高纤维素纤维活性染料印花织物耐湿牢度、耐氯牢度、洗涤牢度。应用后产生的变色问题少,不损伤活性染料色泽的鲜艳度。与荧光染料的相容性好,荧光白度降低少。在生产过程中没有甲醛,绿色环保。

【质量指标】

指标名称	指 标	指标名称	指 标
外观	黄色透明液状	pH 值(原液)	3～4.5

【应用】 作纤维素纤维活性染料印花织物湿牢度增进剂。一般用量为 1.0%～4.0%。

【生产厂家】 浙江日华化学有限公司。

1335 爱德固 F 溶液

【英文名】 Optifix F liq

【组成】 季铵类化合物水溶液

【性质】 易溶于水,化学性质较稳定,一般用量下对硬水、酸、盐有良好的耐受性。用于直接染料和活性染料对纤维素纤维的染色和印花,固色效果优异。属于阳离子型无甲醛助剂,与阳离子、非离子型助剂可同浴使用,与阴离子型助剂不能复配。

【质量指标】

指标名称	指 标	指标名称	指 标
外观	清澈淡黄色液体	pH 值(1%水溶液)	8

【应用】 作纤维素纤维直接染料和活性染料染色及印花固色剂。一般用量为 2%。

【生产厂家】 科莱恩化工(中国)有限公司(Clariant)。

1336 丝绢固色剂 LTG-S6F

【英文名】 silk fixing agent LTG-S6F

【组成】 聚胺缩合物

【性质】 可溶于水，含固量（40±1）％，化学稳定性较差，与强酸发生剧烈反应。提高丝线、生丝、绢等直接染料、酸性染料或金属络合染料染色的耐洗、汗渍、水渍等湿处理牢度。同时对织物的手感、色泽影响不大，不会降低摩擦牢度。

【质量指标】

指标名称	指　标	指标名称	指　标
外观	淡黄色粉末	BOD$_5$(1g/L)/(mg/kg)	3.5
pH 值(0.5%水溶液)	6.3～6.7		

【制备】 将双氰胺甲醛加入反应釜内，然后加入乙二胺，再用盐酸中和成微酸性产品。

【应用】 作丝线、生丝、绢等织物直接染料、酸性染料或金属络合染料染色固色剂。浅色一般用量为 0.5％，中色一般用量为 1.0％，深色一般用量为 2.0％～3.0％，染浴 pH 值用乙酸调节至 4，浴比 1∶20，固色温度 40～45℃，固色时间 10～15min。

【生产厂家】 上海联碳化学有限公司。

1337　直接/活性染料固色剂 YIMANOLFIX-660 DR

【英文名】 direct and reactive dyes fixing agent YIMANOLFIX-660 DR

【组成】 水溶性高分子聚合物

【性质】 易溶解于任意比例水中。直接染料及活性染料染色固色剂，可有效提高水洗牢度、皂洗牢度。属于阳离子型无甲醛固色剂。

【质量指标】

指标名称	指　标	指标名称	指　标
外观	无色或淡黄色透明黏稠液体	含固量/%	43±2
pH 值(1%水溶液)	6～7.5		

【应用】 作棉纤维、人造纤维直接染料、活性染料染色专用的固色剂。浸渍法一般用量为 1％～3％，固色温度 40～60℃，固色时间 20～40min，浴比 1∶20；浸轧法一般用量为 15～25g/L。

【生产厂家】 成大（上海）化工有限公司。

参 考 文 献

[1] 兰云军, 石碧, 李临生. 皮革染色助剂的类型及其作用 [J]. 中国皮革, 2000, 29 (23)：12-15.

[2] 谢飞, 刘宗慧, 魏德清. 氮丙啶交联剂的交联性能及固化动力学研究 [J]. 合成化学, 2012, 2：125.

[3] 中国纺织信息中心, 中国纺织工程学会. 国外纺织染料助剂使用指南 [M]. 2009-2010：126-128.

[4] 陈溥, 王志刚. 纺织染整助剂实用手册 [M]. 北京：化学工业出版社, 2003.

[5] 李国强, 顾瑞珠. 多功能反应性固色剂 [J]. 染料工业, 1987, 2：34-36.

[6] 董志芳, 陆琼. 新型交联染色体系的研究 [J]. 染料工业, 1989, 10：37-44.

[7] 王丽. 酸性染料固色剂的合成及应用 [D]. 苏州：苏州大学硕士学位论文, 2012：3, 4-6.

[8] 苏喜春. 棉用固色剂 LTG-8080 的固色与剥除 [J]. 印染助剂, 2006, 23 (5)：29-30.

第14章 增稠剂

14.1 概述

增稠剂是能使树脂胶液的稠度在要求的时间内增加到满足成型工艺要求并保持相对稳定，从而改善其工艺性能的物质。

纺织品印花被称为局部染色，是通过使用印花色浆来完成的。印花色浆的印花性能很大程度上取决于原糊的性质。原糊是具有一定黏度的亲水性分散体系。用作制备原糊的原料——印花糊料是一种在印花色浆中起增稠作用的高分子化合物，又称增稠剂。如在涂料印花中，由增稠剂、水、黏合剂和涂料色浆组成涂料印花色浆。印花色浆在印花机械力的作用下，产生切变力，使印花色浆的黏度在一瞬间大幅度降低；当切变力消失时，又恢复至原来的高黏度，使织物印花轮廓清晰。这种随切变力的变化而发生黏度的变化，主要是靠增稠剂来实现的。

反相乳液聚合仍是目前制备涂料印花增稠剂的主要方法，但应进一步改进，如降低对环境的污染、提高耐电解质性能等；还应注意新品的开发，减少污染，扩大使用范围，提高手感、光泽等性能。乳液聚合法对环境的友好性正引起人们的高度重视，应尽量避免其缺点，开发性能更加优异的产品。也可改进反应方法，如不加小分子乳化剂而采用无皂乳液聚合方法，可避免小分子乳化剂带来的不利。开发新型的增稠剂，如在增稠剂分子中引入阴离子基和阳离子基等，使之能在更广的范围内使用；用不同种类的增稠剂混用，也可使产品性能更优良。

14.2 主要品种介绍

1401 海藻酸钠

【别名】 褐藻胶；褐藻酸钠

【英文名】 sodium alginate；algin；alginic acid sodium

【结构式】

【性质】 沸点（760mmHg❶）495.2℃，蒸气压（25℃）6.95×10⁻¹² mmHg，微溶于水，不溶于乙醇、乙醚、氯仿等有机溶剂。溶于水呈黏稠状液体。当pH值为6～9时黏性稳定，加热至80℃以上时则黏性降低，海藻酸钠无毒，LD₅₀大于5000mg/kg，海藻酸钠在1‰的蒸馏水溶液中的pH值约为7.2，海藻酸钠具有吸湿性，平衡时所含水分的多少取决于相对湿度。干燥的海藻酸钠在密封良好的容器内于25℃及以下温度储存相当稳定。海藻酸钠溶液在pH值为5～9时稳定。海藻酸钠在储存和运输中，不得与有害物质混放，并应保持干燥、洁净，避免日晒、雨淋及受热，存放时应垫离地面100mm以上，避免受潮。

【质量指标】 GB 1976—1980

指标名称	指标	指标名称	指标
外观	白色或淡黄色粉末	干燥失重/%	≤15
pH值	6～8	硫酸盐灰分/%	30～37
水不溶物（以干基计）/%	≤3.0	重金属（以Pb计）/%	≤0.004
透明度	符合规定	铅（Pb）/%	≤0.0004
黏度/mPa·s	≥150	砷（As）/%	≤0.0002

【制法】

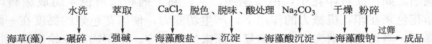

海草(藻) →碾碎→ 强碱 →海藻酸盐→ 沉淀 →海藻酸沉淀→ 海藻酸钠 →成品
（水洗）（萃取）（CaCl₂）（脱色、脱味、酸处理）（Na₂CO₃）（干燥 粉碎）（过筛）

【应用】 海藻胶是现代印染工业的最佳浆料，现已广泛应用于棉、毛、丝、尼龙等各种织品的印花，特别适用于配制拔染印花浆。作活性染料的助染剂，海藻酸钠在印染工业中用作活性染料色浆，优于粮食淀粉和其他浆料。

【生产厂家】 连云港天天海藻工业有限公司，烟台市润隆海洋生物制品有限公司，青岛黄海生物制药有限责任公司。

1402 无煤油增稠剂CGB

【英文名】 solvent-free thickener CGB

【组成】 丙烯酸酯类

【性质】 无煤油气味，黏度20000mPa·s。100℃时5min全部挥发。该产品属于阴离子型，不可与阳离子型助剂混合使用。

【质量指标】

指标名称	指标	指标名称	指标
外观	乳白色膏浆	pH值	8.0～10.0
固体沉淀物/%	≤0.5	黏度（25℃）/Pa·s	30～50

【制法】 丙烯酸酯类聚合而成。

【应用】 用作涂料印花时调节黏度的膏浆，以40%的比例用于涂料印花浆，印制的花纹轮廓清晰、线条光洁。储存温度应在0℃以上。

---

❶ 1mmHg=133.322Pa。

【生产厂家】 滁州市润达溶剂有限公司。

1403 脂肪酸烷醇酰胺增稠剂

【别名】 非火油增稠剂

【英文名】 fatty acid alkylolamide thickener；non-heat the oil thickener

【组成】 脂肪酸烷醇酰胺

【性质】 乳白色均匀浆状，不分层、无杂点，应在 0℃以上保存，不自燃，无毒。对色浆稀释性好，与阿克拉明 F 型和丙烯酸型等多种黏合剂配伍使用，克服了含火油增稠剂的局限性。其印花配方简单，其增稠性、透网性和润滑性优良，能提高给色量，改善产品手感和色泽鲜艳度，从而提高了产品的内在质量和外观质量。在金、银粉的印花工艺中，用非火油增稠剂配制成的金粉印浆，不仅能保持色泽，而且不影响光洁度。

【质量指标】

指标名称	指 标	指标名称	指 标
外观	乳白色均匀浆状	挥发性(100℃)	5min 全部挥发
黏度/mPa·s	＞2000	固沉物/%	＜0.5
pH 值	5～7		

【制法】

$$C_{17}H_{35}COOH + NH(CH_2CH_2OH)_2 \longrightarrow C_{17}H_{35}CONH(CH_2CH_2OH)_2 + H_2O$$

【应用】 与网印黏合剂拼用，适用于棉麻织物，黏合剂用量较大，一般需要40%。与阿克拉明 RM 黏合剂拼用，RM 是丙烯酸类黏合剂，用量较少，只需20%左右。与自交联型 106 黏合剂拼用，按常规工艺参数，效果优于 7601。在配制的涂料印花浆中，可以加入少量微囊香精，不仅改变了浸轧香精的工艺，而且保香期长。

【生产单位】 广州帝成贸易有限公司，德州瑞星净水原料有限公司，广州市鸿都化工有限公司，广州市川云化工有限公司。

1404 高效增稠剂 BK630

【英文名】 efficient thickener BK630

【组成】 丙烯酸共聚物

【性质】 是一类精细水溶性丙烯酸共聚分散体，它易溶于水中，并能迅速地产生均匀浆体。该产品有极好的干湿牢度、绝佳的手感，可迅速调整印染浆体系的流变性和黏度，可直接添加到涂料印花体系中，有利于印染织物色彩明亮度和得色量的提高。

【质量指标】

指标名称	指 标	指标名称	指 标
外观	白色黏稠液体	产品黏度/mPa·s	＜3000
有效成分/%	60	密度/(g/cm³)	1～1.1
电荷特性	阴离子		

【制法】 以丙烯酸为原料，进行聚合而得。

【应用】 BK630 增稠剂广泛应用于纯棉或者其他合成织物。本品非常便于涂料印花过程中浆体的预制，在过程中直接加入 PTF，混合体系可以有效地达到需要的增稠效果（添加或者不添加颜料）。

【生产厂家】 广州贝科化工科技有限公司，上海拓佳印刷材料有限公司，广州市同拓化工科技有限公司。

1405 增稠剂 8201

【英文名】 thickener 8201

【组成】 聚丙烯酸

【性质】 有很高的黏度和增稠作用，对于印花织物的色光鲜艳度、刷洗牢度和手感均无不良影响。

【质量指标】

指标名称	指标	指标名称	指标
外观	白色黏稠浆状物	含固量/%	>15
溴值/(mg Br$_2$/g)	<1		

【制法】 以丙烯酸为原料，进行聚合而得。

【应用】 本品是纺织乳液的增稠剂。与被增稠物搅拌均匀后即可使用。

【生产厂家】 南通化工研究所实验厂，苏州百氏高化工有限公司，无锡凤民环保科技发展有限公司。

1406 涂料印花增稠剂 EM-618

【英文名】 pigment printing thickener EM-618

【组成】 丙烯酸类单体的聚合物

【性质】 EM-618 本身是流动性优良的液体，调配取用方便。印花织物得色率高，轮廓清晰，手感柔软。与印花黏合剂、印花涂料及其他助剂的相容性好，可以增稠邦浆，制成的水浆也可以和各种油包水型邦浆混用。属于阴离子型合成增稠剂，不能与阳离子助剂共用。

【质量指标】

指标名称	指标	指标名称	指标
外观	淡黄色油状液体,有轻微火油味	pH 值	6~7(适应范围 4~12)
含固量/%	36±2	自来水打浆	3%的 EM-618 用量,其旋转
黏度/Pa·s	6~8		黏度可达 22Pa·s 以上

【应用】 应用于印花行业，增稠能力卓越，平网印花用量为 3%，圆网用量小于 2.5%。

制备水浆时，先称取一定量水高速搅拌，加入适量 EM-618 达到需要稠度即可。乳化浆稠度不够时，边搅拌边添入少量 EM-618。

【生产厂家】 佛山市南海奕美印染助剂厂，杭州絮媒化工有限公司。

1407　增稠剂 P-91

【英文名】　thickener P-91

【组成】　丙烯酸酯类共聚物铵盐

【性质】　该产品含溶剂油，呈中性，水稀释性好，能与水以任意比例稀释。具有较高的增稠效果，能使印花织物颜色鲜艳、轮廓清晰。增稠剂 P-91 属于阴离子型，不能与阳离子助剂共用。

【质量指标】

指标名称	指标	指标名称	指标
外观	白色乳液	黏度(0.25%水溶液,20℃)/Pa·s	5~10
pH 值	6.5~7.5	含固量/%	12~14

【制法】　丙烯酸酯类共聚后，用氨中和而得。

【应用】　增稠剂 P-91 能与低温黏合剂 760、910 配套使用，广泛用于纯涤、涤棉混纺织物的印花，也可用于棉布印花作增稠剂。适宜保存温度 5~30℃，防止冷冻，远离热源。

【生产厂家】　南京长虎化工有限公司，辽宁恒星精细化工有限公司，佛山市顺德区三升贸易有限公司。

1408　涂料印染增稠剂 BLJ-70

【英文名】　coating printing thickener BLJ-70

【组成】　丙烯酸类衍生物

【性质】　该产品具有优秀的增稠效果，抱水性能好，用于涂料印花中，可以保证更鲜艳的颜色、清晰的花纹，而且本品不含 APEO 等纺织违禁品，属于环保型合成增稠剂。本品属于阴离子型，不可与阳离子助剂混合使用。

【质量指标】

指标名称	指标	指标名称	指标
外观	黄色黏稠液体	1%水溶液黏度/mPa·s	10000
pH 值	7~9		

【应用】　添加于涂料印花色浆中，建议添加量为 1.5%~3.5%（根据涂料色浆使用量及所需黏度），或按 1:（30~65）的配比添加于涂料印花色浆中。

印花色浆配方如下：

印花黏合剂 UF-120	10%~30%	涂料	x%
合成增稠剂 BLJ-70	1.5%~3.5%	水	y%

【生产厂家】　上海保立佳化工有限公司，上海拓佳印刷材料有限公司，厦门安科达化工有限公司。

1409　乳化增稠剂 DL-02

【英文名】　emulsion thickener DL-02

【组成】　淀粉

【性质】 该产品冷溶性特别好，在冷水中能迅速溶解，大大降低能耗。浆膜完整，能极大提高浆膜的耐磨性及坚韧性。克服了PVA浆膜活力太高，而易产生二次毛羽的缺陷，也克服了PVA及丙烯浆料不易退浆且退浆液对环境造成污染等许多缺陷。

【质量指标】

指标名称	指 标	指标名称	指 标
干燥失重/%	≤10	黏度(4%水溶液)/mPa·s	≥1600
pH值(2%水溶液)	10~12		

【应用】 在纺织上浆中具有较好的乳化性、增稠性，与许多亲水性高分子化合物有很好的混溶性。对天然纤维具有较好的黏附性，可用于中、细号棉纱、麻纱、亚麻纱及涤棉等混纺纱上浆，可代替丙烯浆料、CMC及部分PVA，同时减少淀粉用量，其效果明显且降低近一半的成本。

【生产厂家】 重庆东联化工有限公司，淄博市周村宏达助剂有限公司，中山市浩兴贸易有限公司。

1410 合成增稠剂 PF(浓)

【别名】 增稠剂PF

【英文名】 synthetic thickener PF；thickener PF

【组成】 丙烯酸类共聚物

【性质】 增稠剂PF（浓）与丙烯酸酯类黏合剂，特别是自交联型黏合剂的配伍性较好。使用时无火油味，安全，减少了因火油造成的污染。本品增稠效果好，调浆容易，色浆稳定性好，表面不结皮，印花时不堵网，花纹轮廓清晰，在印花牢度、手感、得色量及鲜艳度方面与英国PTF相同，在抗渗化方面还优于PTF。本品不需加防渗化剂。

【质量指标】

指标名称	指 标	指标名称	指 标
外观	乳白色黏稠液体	黏度(2%水溶液,20℃)/Pa·s	15~30
pH值	6~7	含固量/%	62~68

【制法】 丙烯酸单体共聚而得。

【应用】 增稠剂PF在织物印花工艺中作合成糊料，代替乳化浆A。增稠剂PF（浓）在使用前先制备成储备浆（原浆）。配方如下：

配方①

自交联型黏合剂	20%~25%	涂料	5%
2%~3%PF原浆(储备浆)	x%	尿素	2%

配方②

非自交联型黏合剂	30%	涂料	5%
2%~3%PF原浆(储备浆)	x%	尿素	2%

印花工艺流程如下：印花→烘干→焙烘→成品。

亦可不预先配制储备浆，采用直接加入法，即把增稠剂 PF（浓）直接加入印花浆中，其顺序如下：黏合剂→软水（加氨水）→PF（浓）→尿素→色浆→交联剂。

【生产单位】 江苏常州市东风黏合剂厂，上海保立佳化工有限公司，南京赛普高分子材料有限公司。

1411 合成增稠剂 KG-201

【英文名】 synthetic thickener KG-201

【组成】 以丙烯酸等水溶性单体为主组成

【性质】 该产品增稠性能显著，调制简便。按配方比例用量掺入色浆中加水稀释，只需搅拌 2min 即可增稠，且可根据色浆黏度的需要随意调节。调制后的色浆稳定，在有盖容器内存放半个月不分层、不结皮、不变稀。原印染工艺不受影响，各项色牢度甚至有所提高，花型轮廓清晰，色泽鲜艳。可与所有自交联型黏合剂配伍使用，不能与外交联型黏合剂配伍使用，即色浆中不能加 EH、FH 等交联剂。与 KG 系列黏合剂配伍使用效果佳。

【质量指标】

指标名称	指标	指标名称	指标
外观	淡黄色黏稠液体	含固量/%	35±1
pH 值	6～7	增稠效果	用 2%使蒸馏水乳化，
表观黏度（2%水溶液，20℃）/Pa·s	3～5		旋转黏度约 40Pa·s

【制法】 丙烯酸等复配而成。

【应用】 作印花增稠剂，2.5t 左右 KG-201 即可取代约 100t A 邦浆。避免环境污染，改善劳动条件。原印染工艺不受影响，花型轮廓清晰，色泽鲜艳，色牢度略有提高。KG-201 增稠效果与水质关系很大，以硬度小于 200mg/kg 的水为宜。水质不好，不仅增加用量，而且调制时间长，增稠值低。在实际使用中，可将 KG-201 按比例直接加入色浆中搅拌（1400r/min）。也可先调成增稠浆再使用。方法是取一定量的 KG-201 加入对等量的自来水（蒸馏水或去离子水更好）进行搅拌至乳胶反相，再逐步加水搅拌成均一的增稠浆，达到所需要的稠度为止。

配方如下：

	平网	圆网	辊筒	喷花
涂料	5%	5%	5%	5%
黏合剂	10%～30%	10%～30%	10%～30%	10%～30%
KG-201	1.5%～2.5%	1.5%～2.5%	1.5%～2.5%	0.5%～1.5%
水	x%	x%	x%	x%

【生产单位】 常熟市辐照技术应用厂，安徽时代创新科技投资发展有限公司辐化分公司，淄博市临淄颐中化工有限公司。

1412 合成增稠剂 KG-401

【别名】 增稠剂 KG-401

【英文名】 synthetic thickener KG-401；thickener KG-401

【结构式】
$$\left[\begin{array}{c} CH—CH_2 \\ | \\ C=O \\ | \\ ONa \end{array}\right]_n$$

【性质】 该产品溶于水后乳胶粒子吸水膨化，稠度迅速增加。具有化学惰性，不与织物及染料分子发生化学反应或结合。

【质量指标】

指标名称	指 标	指标名称	指 标
外观	乳白色黏稠乳液	含固量/%	40±1

【制法】 用 γ 射线引发化学聚合反应，使丙烯酸钠等聚合而成。

【应用】 作活性染料印花专用增稠剂，可代替海藻酸钠，其色牢度、固色率与海藻酸钠相当，成本低于海浆。可将活性染料、尿素、防染盐 S 用水溶解后加入碱剂，再加入一定量的 KG-401，以 1400r/min 高速搅拌 30min 后待用；或用一定量的 KG-401 加水作基本浆，以 1400r/min 搅拌 30min，再加入染色浆中去。KG-401 推荐用量为 6%。活性染料用 KG-401 作增稠剂时，碱剂选择要十分慎重，在不影响得色量的前提下，应考虑最小用量。建议采用 NaOH 和 NaHCO₃，作为活性染料印花用混合碱剂。

【生产单位】 上海明洁日用化工有限公司，河南华明水处理材料有限公司，上海保立佳化工有限公司。

1413 合成增稠剂 CB-21

【英文名】 synthetic thickener CB-21

【组成】 丙烯酸高分子聚合物

【性质】 该产品易溶于水，增稠效率高，无毒，无腐蚀性，不易燃。属于阴离子型增稠剂，不与阳离子型助剂混合使用。

【质量指标】

指标名称	指 标	指标名称	指 标
外观	浅黄色黏稠液体	含固量/%	20～22
pH 值	6～7		

【制法】 丙烯酸高分子聚合物与非离子表面活性剂等复配而成。

【应用】 用作涂料印花增稠剂，增稠效果好，使用方便。可取代传统涂料印花中的 A 邦浆，去除环境中的煤油污染。印染使用时，CB-21 用量为 1.5%～2%；黏合剂自身黏度在 10Pa·s 以下者，CB-21 用量为 2%～2.5%。在使用中应使用六羟树脂作交联剂，不可使用其他交联剂。

【生产厂家】 南京四诺精细化学品有限公司，潍坊瑞光化工有限公司，济南东润精化科技有限公司，山东烟台印染助剂厂。

1414 增稠剂 ATF

【英文名】 thickener ATF

【性质】 ATF 增稠剂对涂料、固浆及助剂稳定性好，可同各类黏合剂相配制，用量较少，不含 APEO。不能与外交联型黏合剂配合使用，色浆中不能加 EH、FH 等交联剂。原印染工艺均不改变，色牢度略有提高，花型轮廓清晰，色泽鲜艳。可与任何自交联型黏合剂配合使用。

【质量指标】

指标名称	指标	指标名称	指标
外观	淡黄色液体	pH 值	6～7(适用范围在 4～12 之间)
表面黏度/mPa·s	3000～5000		
增稠效果(按 2.5%用量)	使用去离子水增稠,旋转黏度达 40000mPa·s 左右	含固量/%	35±1

【应用】 取一定量的增稠剂加入对等量的水（去离子水更好）进行搅拌分散，再逐步加水搅拌成均匀的增稠浆，达到所需的稠度为止。可用增稠剂按比例直接加入色浆中搅拌，要求速度达 1400r/min。调制简便，按配方比例用量加水稀释，搅拌 5min 即可增稠，加入黏合剂涂料即可使用，调制后的色浆稳定，在有盖容器内存放 10 天，不分层、不结皮、不变稀。

【生产厂家】 上海鸿兴丝印物资有限公司，烟台海尚丝印材料开发有限公司，广州市海珠区宙大化工经营部。

1415 分散染料印花增稠剂 W-2

【英文名】 disperse dye printing thickener W-2

【性质】 外观为淡黄色黏稠液体，所以容易调配和应用。色浆制备快，在高速搅拌下几分钟即可成糊，并能精细地控制色浆的厚薄度。W-2 增稠剂制备的印花浆储存非常稳定，不会发霉变质。用 W-2 增稠剂印花，退浆容易，得色率高。用 W-2 增稠剂与海藻酸钠相比，价格低廉。

【质量指标】

指标名称	指标	指标名称	指标
外观	淡黄色黏稠液体	pH 值	6～7
表面黏度/Pa·s	1～10	含固量/%	28±2
增稠效果(按 4%用量)	使用去离子水增稠,旋转黏度不低于 30Pa·s		

【应用】 用于分散染料印花，成糊率高，易清洗。

配浆工艺：分散染料 2%～3%；柠檬酸 0～0.2%；W-2 增稠剂 4%～5%；水 x%。

直接调配色浆方法：将称好的 W-2 增稠剂放入容器内，边加水边搅拌，至无白心为止即成基本糊，然后再将分散染料、柠檬酸慢慢加入容器内，边加边搅拌，直至调成有一定稠度的色浆为止。

【生产厂家】 郑州市中助工贸有限公司，南通大圣纺织助剂有限公司，广州冠志化工有限公司，佛山市奕美化工有限公司。

参 考 文 献

[1] 邢凤兰，徐群，贾丽华．印染助剂 [M]．北京：化学工业出版社，2008.
[2] 董艳春，沈一丁．涂料印花增稠剂的研究概况及发展趋势 [J]．印染助剂，2006，10：11-14.
[3] 白庆华，李鸿义．增稠剂的研究进展 [J]．河北化工，2011，7：46-48.
[4] 纺织染整助剂涂料印花增稠剂（HG/T 4442—2012）．中华人民共和国化工行业标准．北京：化学工业出版社，2013.
[5] 蒲宗耀，黄玉华，蒲实，等．环保型耐电解质涂料印花增稠剂的开发 [J]．纺织科技进展，2004，6：12-17.
[6] 李小瑞，朱胜庆，李培枝．两步聚合法制备两性聚丙烯酰胺增稠剂 [J]．石油化工，2009，10：1106-1110.
[7] 邓洪，单晴川，彭志忠．涂料印花增稠剂 CP 的合成及应用性能 [J]．印染，2009，6：43-45.
[8] 康跃惠，郝军，侯彦平，等．活性染料印花用增稠剂 RPT 的研制、性能和应用 [J]．印染助剂，2000，6：4-9.
[9] 肖春方，吴明华．聚丙烯酸型合成增稠剂 LG-301 的研制及其在涂料印花中应用 [J]．浙江理工大学学报，2008，4：377-481.
[10] 徐淑姣，穆锐，邓爱民．聚丙烯酸酯类增稠剂的合成及性能研究 [J]．沈阳理工大学学报，2007，6：73-76.
[11] 娄光伟．聚醚型聚氨酯增稠剂的合成与性能研究 [D]．兰州：兰州大学硕士学位论文，2006.
[12] 田大听，谢洪泉．丙烯酸/丙烯酰胺/甲基丙烯酸十六酯三元共聚合成缔合型增稠剂 [J]．石油化工，2002，10：834-835.
[13] 周良官．印染手册 [M]．上海：中国纺织出版社，2003.
[14] 黄茂福．化学助剂分析与应用手册 [M]．上海：中国纺织出版社，2001.
[15] 强亮生，王慎敏，王志远．纺织染整助剂：性能·制备·应用 [M]．北京：化学工业出版社，2012.
[16] 陈溥，王志刚．纺织印染助剂手册 [M]．北京：化学工业出版社，2004.

第15章 黏合剂

15.1 概述

黏合剂是涂料印花色浆中的重要组分，它是一种高分子成膜物质，由各种单体聚合而成，在色浆中呈溶液状或分散状，当溶剂或其他液体蒸发后，在印花的地方形成一层很薄（通常只有几微米厚）的膜，通过成膜而将颜料颗粒等物质着在纺织品的表面。故成膜性能的好坏将直接影响印花织物的牢度（摩擦牢度、水洗牢度、干洗牢度等）性能。而且与色浆的印制性能以及产品的手感和色泽有密切关系。

涂料印花早期的黏合剂是一些天然高分子物质，例如植物胶或动物胶。这些物质虽然有一定的着力，但一般都不耐水洗，产品手感硬。涂料印花是在采用了合成树脂作黏合剂，并且用含固量很低的乳化糊作糊料后，才大量应用的。最早的合成树脂黏合剂是脲醛或三聚氰胺甲醛氨基树脂，它们的着力和摩擦牢度均好，唯有形成的膜较硬，高温处理和日晒长久后易泛黄，故随着着力强、柔软、耐洗和耐老化的热塑性树脂出现后，它们已很少应用。目前常用的黏合剂主要是丙烯酸酯、丁二烯、乙酸乙烯酯、丙烯腈、苯乙烯等单体的共聚物，可以是两种单体，也可以是两种以上单体的共聚物。涂料印花的黏合剂一般是由乳液聚合制成的，乳液含固量为30%～50%，颗粒大小为0.2～2μm。通过改变聚合反应条件和添加适当助剂，可控制聚合物分子链长度、颗粒大小以及分散体的稳定性等。

第一，随着环保呼声的日益高涨和环保法规的日趋完善，环境友好型黏合剂逐渐成为发展的主流。包括从溶剂型向水基型、无溶剂型转变，从低甲醛排放向零甲醛排放转变。选择无毒、无臭的"绿色"原料、助剂，改善黏合剂行业从业人员的工作环境，也将是黏合剂工业发展的一个方向。为减少与黏合剂的接触和方便使用，尽量采取单组分包装。

第二，近年来高品质、高性能、高附加值黏合剂异军突起，成为胶黏剂市场新的利润增长点和新的研究热点。研制具有多种官能团、多种功能基的黏合剂，克服单一品种的性能缺陷。利用共聚、共混复合、接枝、交联、互穿网络等现代高分子材料科学的新手段，开发耐水、耐高温、高强度、阻燃、室温固化、纳米级、生命活性等新型功能化胶黏剂，发展微电子用、工程灌浆用、防渗堵漏用、航空航天用、医疗卫生用等特种黏合剂。发展具有新型固化方式的黏合剂，主要包括光固化型胶、辐射固化型胶、高频热合胶、吸湿固化胶、压敏胶、热熔胶、需氧胶等。

第三，原料来源广泛、容易制备、使用方便的高性能"绿色"环保黏合剂将成为市场的"宠儿"。

15.2 主要品种介绍

1501 涂料染色黏合剂 MCH-204

【英文名】 coating dyeing binder MCH-204

【组成】 自交联丙烯酸类高分子聚合物

【性质】 本品属于环保产品，无 APEO 和甲醛释放，成膜无色透明，高温不泛黄；染色及印花后织物手感柔软，印花轮廓清晰，色彩鲜艳；成膜速度慢，不粘辊，不堵网。属于阴离子型，不与阳离子助剂混合使用。

【质量指标】

指标名称	指 标	指标名称	指 标
外观	带蓝光白色乳液	干摩擦牢度/级	3～4
含固量/%	35±1	湿摩擦牢度/级	＞2.5
pH 值	7～8		

【制法】 由丙烯酸为原料在一定条件下进行乳液聚合而成。

【应用】 该乳液专为高档织物染色及印花而设计，适用于各种棉布、涤棉混纺布的印花，它与合成增稠剂混合可调制适宜的印花浆，适用于平网印花或圆网印花及涂料染色。适合于各种染色印花设备。该产品使用后应封好保存，以防产品水分流失而成膜。

印花建议配方如下：

	中浅色	深色
MCH-204	15%～20%	25%～30%
色浆	3%～5%	6%～8%
合成增稠剂	1.5%～2.0%	1.5%～2.0%
水	余量	余量

涂料染色时用量为 10～50g/L。100℃烘干后 150～160℃焙烘 3min。

【生产厂家】 无锡宜澄化学有限公司，宜兴宜澄化学有限公司。

1502 涂料印花黏合剂 SHW-T

【英文名】 coating printing binder SHW-T

【结构式】

$$\{CH_2-CH\}_m\{CH_2-CH\}_n$$

$R、R'=C_1\sim C_{10}$ 或 ⬡ 或 CN

【性质】 SHW-T 涂料印花黏合剂是一种自增稠、自交联涂料印花黏合剂，给色量深，成膜慢，透明度高，手感柔软，无泛黄现象，无疵布、无堵网、无托刀及无粘辊现象。使用时无需添加任何 EH、FH 交联剂，使用方便，随适用场合不同可用氨水自行调节黏度。SHW-T属于非离子型，可与阳离子型、非离子型助剂混合使用。

【质量指标】

指标名称	指 标	指标名称	指 标
外观	乳白色浆状体	含固量/%	34
pH值	6.5	溶解性	可分散在水中

【制法】 由丙烯酸酯为主体在一定条件下进行乳液聚合而成。

【应用】 本品适宜涤棉直接印花用的涂料色浆黏合剂。

工艺流程：涤棉混纺布→印花→烘干（175～180℃）7min STH 汽蒸→冷水洗$_1$→热水洗$_1$→皂洗（纯碱 2g/L，皂粉 3g/L）→热水洗$_2$→冷水洗$_2$。

【生产厂家】 常州旭杰纺织材料有限公司，佛山市奕美化工有限公司，常州化工研究所有限公司。

1503 低温固化的柔软型静电植绒黏合剂

【英文名】 soft type electrostatic flocking binders of low-temperature setting

【组成】 核壳型有机硅改性丙烯酸酯

【性质】 该产品 pH 值呈酸性，合成无毒。该黏合剂耐磨、耐水和柔软性能优良。

【质量指标】 FZ/T 64011—2001

指标名称	指 标	指标名称	指 标
外观	蓝光半透明乳液	机械稳定性	稳定
含固量/%	37.3	Ca^{2+}稳定性	稳定
粒径/nm	86.4	成膜性	透明、柔软、弹性好
pH值	4～5		

【制法】 由八甲基环四硅氧烷单体、催化剂十二烷基苯磺酸和硅烷偶联剂等为原料，合成了无甲醛植绒黏合剂——有机硅改性丙烯酸酯乳液。

【应用】 主要用于静电植绒布生产中绒毛与底布之间的黏合剂，适用于纯棉及涤棉基布的花式图案植绒、轧花植绒。

有机硅改性丙烯酸酯植绒黏合剂的优化应用工艺：上胶量为 250g/m^2，有机硅用量为 15%，60℃预烘 5min，80℃焙烘 4min。

【生产厂家】 上海保立佳化工有限公司，辽宁恒星精细化工有限公司，潍坊瑞光化工有限公司。

1504 静电植绒黏合剂 BLJ-767

【英文名】 electrostatic flocking binders BLJ-767

【组成】 丙烯酸酯多元高分子共聚物

【性质】 BLJ-767 具有自交联、自增稠、特佳的手感柔软度，优良的干湿耐磨牢度。

指标名称	指 标	指标名称	指 标
外观	乳白色微蓝的液体	pH 值	2~4
含固量/%	38±1	玻璃化温度(T_g)/℃	−28
黏度(NDJ-1 型黏度计,3# 转子,60r/min)/Pa·s	<100		

【应用】 适用于服装衣料、静电植绒布、涤纶装饰布、局部植绒等。

使用方法:黏合剂 100 份,交联剂 5 份,催化剂 2 份,氨水 1~3 份。

植毛工艺:刮浆(上浆厚度 0.25mm)→静电植绒预烘(100~120℃)2~3min →焙烘(145~160℃)3~5min→后整理(上柔软剂)→烘干→成品。

【生产厂家】 上海保立佳化工有限公司,佛山市敬展纺织材料有限公司,上海尤恩化工有限公司。

1505 印花黏合剂 AH-101

【英文名】 printing binders AH-101

【性质】 AH-101 黏合剂固化成膜后,即使在高温下(190℃)焙烘,也不泛黄,保持透明。印花产品手感柔软,得色量高,牢度好,花色鲜艳。使用时无需外加交联剂。无配伍顺序要求。调制后的色浆稳定性好,在有盖容器内存放 15 天,表面不结皮。无甲醛,无 APEO,兼有丙烯酸酯和聚氨酯的优良特性,可提高涂料印花染色织物的摩擦牢度和刷洗牢度,并具有良好的手感、防污和耐候等性能。

【质量指标】

指标名称	指 标	指标名称	指 标
含固量/%	40±1	刷洗牢度/级	≥3.5
表观黏度/Pa·s	35~50	干摩擦牢度/级	≥4
焙烘温度/℃	110	湿摩擦牢度/级	≥3.5

【应用】 主要用于纯棉、涤棉、腈纶、涤纶、针织品、毛圈织物、水刺无纺布、丝绸用品等辊筒、圆网、平网、水刺、手工印花和喷花等工艺中。

建议配方如下:

	中浅色	深色	白色
AH-101	20~25kg	25~30kg	30~35kg
AH-10	1.5~2.0kg	1.3~2.0kg	1.3~2.0kg
水	$x$kg	$x$kg	$x$kg

注:亦可用优质乳化浆(用量=100−涂料量−AH 量−乳化浆 A 量)取代,但不提倡。

AH-101 参考工艺流程:

① 印花→烘干→(复烘)→(加白或柔软)→定型拉幅(涤棉,150℃)/热风拉幅(棉布,102℃)→成品。

② 印花(喷花)→烘干(190℃)→室温搁置 8h 以上→成品。

③ 印花(手工)→自然风干(最好在日晒下)→搁置 24h→成品。

【生产厂家】 合肥恒瑞化工新材料有限公司,常熟市虞西化工有限公司,上海鸿兴丝印物资有限公司。

1506   TJ-01 50%自交联黏合剂

【英文名】 TJ-01 self crosslinking binders

【组成】 特种交联树脂

【性质】 该产品水溶性好，易调色，色泽鲜艳饱满；弹性较高，牢度好，耐水洗性好，手感较柔软，流动性好，覆盖力强，花型轮廓清晰。使用该产品时，选择合适的固色剂可以提高印花表面的染色牢度与摩擦牢度，该产品属于阴离子型，避免与阳离子色浆和助剂同时使用。

【质量指标】

指标名称	指　　标	指标名称	指　　标
外观	乳白色	溶解性	水溶性
含固量/%	50±2		

【应用】 对纯棉、涤棉、防水尼龙、涤纶、腈纶、丝绸等都有良好的适应性。可作为尼龙胶浆、尼龙水浆、水性油墨、烫金植绒浆、发泡浆等水性印花浆料；可用于布料涂层、喷涂；用于布料染色行业的辊筒、圆网、平网、手工印花和喷花多种工艺。

印刷工艺：可以与水性 A 邦浆混合调配均匀，做水浆印花。

染色工艺：可以与水、色浆、固色剂混合调配均匀，做布料浸轧染色。

【生产厂家】 上海拓佳印刷材料有限公司，英山县昌泰化工有限公司。

1507   黏合剂 LY-1810

【英文名】 binder LY-1810

【性质】 本品无甲醛，无 APEO，可提高涂料印花染色织物的摩擦牢度和刷洗牢度，并具有良好的手感、防污和耐候等性能。解决了印花染色织物的手感、得色量、色牢度以及环保等核心问题。

【质量指标】

指标名称	指　　标	指标名称	指　　标
外观	白色乳液	湿摩擦牢度/级	≥2.5
含固量/%	18±1	刷洗牢度/级	≥3
pH 值	6~7	焙烘温度①/℃	110~115
干摩擦牢度/级	≥3	表观黏度/mPa•s	400~600

① 可根据客户要求提供。

【应用】 用于纯棉、涤棉、腈纶、涤纶、针织品、毛圈织物、水刺无纺布、丝绸用品等生产工艺中。

工艺配方：涂料 5%~10%，LY 系列黏合剂 15%~30%，增稠剂 2%~2.5%，水 x%。

适用工艺：辊筒、圆网、平网、水刺、手工印花、喷花和涂料染色。

【生产厂家】 石狮市绿宇化工贸易有限公司，江门市蓬江区联益精细化工厂。

1508　低温黏合剂

【别名】　印花黏合剂

【英文名】　low temperature binder

【组成】　丙烯酸酯与其他功能单体共聚树脂

【性质】　该产品有非常良好的分散性、印染性。其膜薄而柔软，对印花品种可得到清晰线条及鲜艳色泽，有优良的干、湿刷洗牢度。有优良的水洗牢度及摩擦牢度，手感非常柔软。对各种涂料有非常好的相容性，出色的机械稳定性及化学稳定性，因此不易造成塞板或塞网现象。有出色的固色效果。该产品属于阴离子/非离子型。

【质量指标】

指标名称	指标	指标名称	指标
外观	乳白色略带蓝光液体	pH 值	7.5～8.5
含固量(105℃,2h)/%	32±1		

【制法】　丙烯酸酯与其他功能单体聚合而成。

【应用】　适合于对 Cotton、T/C、T/R 等布的涂料印花。适用于一般辊筒及筛网印花机。

印花配方如下：

	配方①	配方②
黏合剂	12g	19g
涂料	5g	10g
其余成分	83g	71g

以上适用于浅色系，若遇到深色系（深蓝色、黑色等），则增加黏合剂使用量50%，可得较佳水洗牢度。以上印花后，印花织物经 110℃烘干即能得到较好牢度，若能经 130℃×3min 或 150℃×1min 焙烘，则牢度更好。

用于染色，浅色用量为 10～20g/L，深色用量为 20～40g/L。

【生产厂家】　深圳天鼎精细化工制造有限公司，潍坊瑞光化工有限公司，合肥科伊印染科技有限公司。

1509　EM-35 固浆水性黏合剂

【别名】　EM-35 固浆

【英文名】　EM-35 solid slurry aqueous binder；EM-35 solid slurry

【组成】　自交联型丙烯酸酯聚合物

【性质】　外观为乳白色液体状物，不含 APEO（烷基酚聚乙二醇醚）的自交联改性丙烯酸酯乳液黏合剂。该黏合剂可赋予印花织物手感柔软，颜色鲜艳，给色量高，极好的摩擦牢度、水洗牢度和干洗牢度，具有极好的热稳定性和机械稳定性，极好的乳液稳定性和胶膜的再分散性，可减少塞网而适合机器印花要求。

【质量指标】

指标名称	指标	指标名称	指标
外观	乳白色液体状物	pH 值	7.5～8.5
含固量/%	32±2		

【制法】 丙烯酸交联聚合而成。

【应用】 棉和涤棉是典型的印花基材。该黏合剂适合于用合成增稠剂来达到印花度。推荐用于平网印花和圆网印花。

【生产厂家】 佛山市南海奕美印染助剂厂，广州鑫普敦化工有限公司，南海和顺永联化工厂。

1510 DT-893A 固浆印花黏合剂

【别名】 DT-893A 固浆

【英文名】 DT-893A solid slurry printing binder；DT-893A solid slurry

【组成】 自交联型丙烯酸酯聚合物

【性质】 该产品是新一代环保型，不含 APEO（烷基酚聚乙二醇醚）的黏合剂。该黏合剂可赋予印花织物手感柔软，颜色鲜艳，给色量高，极好的摩擦牢度、水洗牢度和干洗牢度，具有极好的热稳定性和机械稳定性，极好的乳液稳定性和胶膜的再分散性，可减少塞网而适合机器印花要求。

【质量指标】

指标名称	指 标	指标名称	指 标
外观	乳白色液体状物	pH 值	7.5～8.5
含固量/%	40±2	黏度/Pa·s	1000～20000

【制法】 丙烯酸酯聚合而成。

【应用】 该黏合剂适合于用合成增稠剂来达到印花度。棉和涤棉是典型的印花基材。

应用方法：用于直接印花的储备浆配方。应根据最后的印花配方、组成、印花方式和应用条件调整增稠剂的用量。

储备浆配方如下：

水	96.8%～97.8%	合成增稠剂	2%～3%
消泡剂	0.2%	氨水（浓度28%）	调 pH 值到 8～9

印花色浆通常是储备浆、颜料、印花黏合剂的混合。添加剂如催化剂、外交联剂、织物柔软剂等，可根据最后印花织物的需要而配合选择。

【生产厂家】 佛山市南海奕美印染助剂厂，合肥恒瑞化工新材料有限公司。

1511 水性黏合剂

【英文名】 aqueous binder

【组成】 丙烯酸酯胶

【性质】 该产品为自交联型树脂，耐水性好，与织物的附着力强，印花不堵网，条纹清晰，干、湿摩擦牢度好。既有较高的耐水压，又有手感软而不硬的特点。

【质量指标】

指标名称	指标	指标名称	指标
外观	乳白色液体	pH 值	6～8
含固量/%	40±1	黏度/mPa·s	≥500

【制法】　多元丙烯酸酯为主体聚合而成。

【应用】　适用于棉和涤纶织物印花，也可用于混纺织物印花和浸轧染色。可用于棉、涤纶、尼龙及混纺织物涂层加工。

涂层工艺（以 190T 尼丝纺涂层为例）：JS-611 水性涂层胶→涂胶→烘干（120℃×1min）→焙烘（160℃×1.5min）→打卷

【生产厂家】　绍兴县基仕水性材料科技有限公司，湖北中和成化工有限公司。

1512　纺织印染黏合剂

【英文名】　rice starch

【别名】　大米淀粉

【性质】　大米淀粉具有一些其他淀粉不具备的特性。与其他谷物淀粉颗粒相比，大米淀粉颗粒非常小，粒子直径在 2～8μm 之间，且颗粒度均一。糊化的大米淀粉吸水快，质地非常柔滑而类似奶油，具有脂肪的口感，且容易涂抹开。蜡质大米淀粉除了有类似脂肪的性质外，还具有极好的冷冻-解冻稳定性，可防止冷冻过程中的脱水收缩。

【质量指标】

项目	最小值	最大值	标准
蛋白质（干基）/%	—	0.5	GB/T 5009.5
水分/%	—	14	GB/T 5009.3
脂肪/%	—	0.3	GB/T 5009.6
淀粉/%	97	—	GB/T 5009.9

【应用】　淀粉作为印染黏合剂以及精整加工的辅料等。如果将大米淀粉用于印染浆料，可使浆液成为稠厚而有黏性的色浆，不仅易于操作，而且可将色素扩散至织物内部，从而能在织物上印出色泽鲜艳的花纹图案。此外，大米淀粉还有还原染料的作用，能使颜料固定在布料上而不褪色。

【生产厂家】　普洱永吉生物技术有限责任公司昆明分公司。

1513　海藻酸钠

【别名】　褐藻胶；褐藻酸钠

【英文名】　sodium alginate；alginic sodium；algin

【结构式】

【性质】 白色或者淡黄色，不定形粉末或者颗粒，几乎无臭、无味。溶于水易形成稠状液体，不溶于乙醇等有机溶剂。其溶液具有共溶性，能与许多化合物互溶，具有黏性；无毒性；其凝胶具有热不可逆性，高 G 型生成的凝胶硬度大，但易碎；高 M 型生成的凝胶则是柔韧性好，但硬度小；还具有增稠性和成膜性。

【质量指标】

指标名称	指 标	指标名称	指 标
外观	白色或者淡黄色，不定形粉末或者颗粒	LD_{50}/(mg/kg)	≥5000

【应用】 广泛用于经纱上浆、整理浆、印花浆等，主要用在印花浆方面。当使用海藻酸钠作印花浆时，既不影响活性染料与纤维的染色过程，同时印出花纹清晰、鲜艳，给色量高，手感好。不仅适合于棉布印色，也适用于羊毛、蚕丝、合成纤维织物的印花。

【生产厂家】 烟台凯普生物工程有限公司，青岛黄海生物制药有限公司，河南海兰化工有限公司。

1514 无纺布黏合剂 JMF-243

【英文名】 non-woven binder agent JMF-243

【组成】 自交联型丙烯酸酯乳液

【性质】 该产品不含重金属、APEO、苯、醛、醇类物质，无毒、无害，对人体无辐射和副作用，属于水溶性环保产品。在水中能无限量稀释，与各种纤维、混纺织物黏结，大大提高无纺织物耐水洗性、耐溶剂性等。提高干、湿摩擦牢度和皂洗牢度，织物的撕破强度高，极好的硬挺、弹性手感。是一种稳定、使用方便的硬性乳液。该产品为阴离子型，不与阳离子助剂混合使用。

【质量指标】

指标名称	指 标	指标名称	指 标
外观	乳白色(带荧光蓝)乳液	pH 值	3～6
蒸发剩余物/%	30±1	粒子直径/μm	0.3～0.5
黏度/mPa·s	<100	机械稳定性(3000r/min)	30min 不分层

【制法】 多元丙烯酸酯为主体聚合而成。

【应用】 适用于无纺布、衬领无纺布、百洁布、卫生无纺布、针刺无纺布、针织地毯、再生棉无纺布、棉毡、椰棕板等。

工艺：直接用水稀释至所需工作浓度，搅拌均匀即可使用。用喷淋法、浸渍法可在 120～150℃温度下充分交联。

【生产厂家】 武汉市德昌黏合剂有限公司，苍南县灵溪金茂乳胶厂，亿瑞龙化学工业公司。

1515 低温仿活性印花黏合剂 KG-101F

【英文名】 low temperature imitation activity pigment printing binding binder KG-101F

【组成】 丙烯酸丁酯为主要单体的多元共聚物

【性质】 低温成膜，无需高温烘焙；不含 APEO；可以不加交联剂，在常温下自交联；对各种涂料有优异的相容性，在机械稳定性及化学稳定性方面更是优越，易过网；对人体、环境无污染，其膜薄而柔软，不影响织物的手感，基本可以达到活性染料印花的效果。有非常良好的分散性、印染性，对印花品种可得到清晰线条及鲜艳色泽；有优良的干、湿刷洗牢度。属于阴离子型，不可与阳离子助剂混合使用。

【质量指标】

指标名称	指标	指标名称	指标
外观	乳白色糊状物	pH 值	6～7
含固量/%	39±1	黏度/Pa·s	500～1000
甲醛含量/(mg/kg)	≤20		

【制法】 用带有反应性基团的丙烯酸丁酯共聚反应而成高分子物。

【应用】 本品对纯棉、涤棉、腈纶、针织品、毛圈织物、丝绸用品都有较好的适应性。适用于任何印花工艺，特别适用于一般辊筒及筛网印花机，对手工印花也有良好的效果。

【生产厂家】 安徽时代创新科技投资法杖有限公司，上海赫特化工有限公司，上海拓佳印刷材料有限公司。

1516 黏合剂 LT

【英文名】 binder agent LT

【组成】 具有反应性基团的丙烯酸酯共聚高分子物乳液

【性质】 该产品可以用任意比例的水稀释。印花乳液稳定性好，不会过早成膜。印花色浆流动性好，不黏稠。润滑性好，不会产生刮刀、拖浆。起泡性好，配制的色浆过滤时容易，拼色适应性好，印花后织物手感柔软，坚牢度好，色泽鲜艳。属于阴离子型，不与阳离子助剂混合使用。

【质量指标】

指标名称	指标	指标名称	指标
外观	白色乳液	含固量/%	>35
pH 值(1%乳化液)	7		

【制法】 用带有反应性基团的丙烯酸酯共聚反应而成高分子物。

【应用】 用作纯棉和涤棉混纺织物的涂料印花黏合剂，既适用于低温焙烘或汽蒸工艺，也适用于高温焙烘固色工艺，与交联剂配套使用。适用于滚动印花、圆网印花和平网印花。在一般情况下黏合剂 LT 与交联剂 MH、增稠剂 HD 配套使用。常用色浆配方及印花工艺举例如下。

配方（依次加入）：

增稠剂 HD	20g	黏合剂 LT	200g
尿素	20g	交联剂 MH	20g
乳化糊 A	yg	涂料	xg
氯化铵	10g		

$$x+y=730$$

工艺流程：织物→印花→烘干→固着（150℃×3min 或 105℃×5min）→整理→成品。

【生产单位】 上海助剂厂有限公司，上海宏峰行化工有限公司，广州市宜道黏合剂有限公司，上海得利化工助剂有限公司。

1517　低温黏合剂 LT-SC

【英文名】 low temperature binder LT-SC

【组成】 丙烯酸酯化合物

【性质】 成膜适度，且无色光影响，印花轮廓清晰，得色深，手感柔软，无粘搭现象。

【质量指标】

指标名称	指　标	指标名称	指　标
pH 值	6～7	有效物质含量/%	90

【应用】 适用于纯棉、涤棉纺织品涂料印花的低温黏合剂。

【生产厂家】 宁波亚伯新型材料有限公司，上海得利化工助剂有限公司。

1518　网印印花黏合剂

【英文名】 coating screen printing binder agent

【组成】 α-甲基丙烯酸甲酯、丙烯酸丁酯、丙烯酰胺共聚物

【性质】 外观为白色乳液，可用水以任意比例稀释。属于非离子型。与涂料配成印花浆后稳定性好，流动性好，不塞网。起泡性小，不需另加消泡剂。润滑性好，少量电解质不影响乳化体稳定性，配制成色浆滤浆容易。印花成膜坚韧，不发硬，手感柔软。

【质量指标】

指标名称	指　标	指标名称	指　标
外观	白色乳液	稳定性	80℃经 8h 不分层，-10℃经 72h 不分层
pH 值	5～6		

【制法】

乳剂　1/3引发剂　2/3引发剂　2/3单体

1/3单体────→链引发────────→聚合────→成品

【应用】 涂料网印印花黏合剂用于织物涂料印花、筛网印花工艺。由于成膜透明度高，手感柔软，也常作荧光涂料和白色涂料印花黏合剂。适合作棉、黏胶、涤

纶、蚕丝、锦纶、维纶等合成纤维及混纺织物的网印黏合剂，也可作静电植绒黏合剂。

涂料网印印花黏合剂用于印花时的配方：

涂料网印印花黏合剂	100～400g	尿素	50～100g
乳化浆 A	适量	交联剂 EH	15～50g
涂料色浆	10～200g	水	适量
（或用荧光涂料色浆）	（100～350g）		

【生产单位】 无锡巨龙黏合剂有限公司，上海拓佳印刷材料有限公司，浙江传化股份有限公司。

1519 F-125 型网印黏合剂

【英文名】 screen printing binder

【组成】 自交联型丙烯酸酯共聚乳液

【性质】 外观为白色乳液，该产品牢度好、手感柔软、不塞网、成膜透。该产品为阴离子型，勿使用阳离子型柔软剂。

【质量指标】

指标名称	指标	指标名称	指标
外观	白色乳液	含固量/%	24±2
pH 值	6.7～7.3	玻璃化温度/℃	—18

【应用】 F-125 型网印黏合剂为常温型，100～140℃焙烘 3～5min，140℃以上焙烘 1～3min，适用于圆网、平网、机印和手工台版印花，使用在纯棉、涤棉混纺织物上都有良好的效果。

参考配方：

配方①

网印黏合剂	10%～25%	涂料	x%
尿素	0.5%～1%	水	y%

配方②

网印黏合剂	10%～25%	涂料	x%
尿素	0.5%～2%	氨水	0.4%～0.6%
增稠剂 PTF	1%～2%	A 邦浆	y%

工艺：先将水放入搅拌机中，加入氨水，开动搅拌机慢速搅拌，加入 PTF，加快转速，成糊后加入尿素和网印黏合剂，最后加入涂料色浆。

F-125 网印黏合剂是自交联型，牢度好，一般不需要加交联剂。如特别需要，可加少许 2D 树脂或同类交联剂以提高牢度，但不能加入在酸性条件下稳定的交联剂（如 EH 等）。在涂料色浆不超过 10% 的情况下，该系列产品手感较好，色浆比例大而影响手感时，可加入 2% 左右的阴离子型有机硅柔软剂。

【生产厂家】 深圳市龙岗区平湖腾飞商行，广州市原明工贸有限公司，上海尤恩化工有限公司。

1520 8701 黏合剂

【英文名】 binder 8701

【组成】 丙烯酸丁酯、丙烯腈、丙烯酸的聚合物

【性质】 8701 黏合剂属于高温型自交联黏合剂。成膜速度较慢，操作性能良好，不堵网，手感柔软，用量少，各种牢度性能相当于日本的 MR-96，适合与增稠剂 PF 配套使用。

【质量指标】

指标名称	指 标	指标名称	指 标
外观	微带有荧光的白色乳液	含固量/%	40±1
pH 值	6～7	黏度/mPa·s	75

【制法】 由丙烯酸共聚而成。

【应用】 主要用于涤纶、纯棉、涤棉混纺织物的印花，用于涂料染色以及毛巾类织物的喷花，与增稠剂 PF 配套使用。也可用于无火油和低火油的印花。

应用配方：

	配方①	配方②
涂料	0.5%～5%	5%～15%
8701 黏合剂	15%～25%	15%～30%
尿素	3%	3%
交联剂 M-90	—	1%～2%
2%～3%增稠剂 PF(或 A 邦浆)	x%	x%

工艺：印花 → 烘干 $\xrightarrow[2\sim3min]{100℃}$ 焙烘 $\xrightarrow[1\sim2min]{160\sim180℃}$ 成品。

【生产厂家】 江苏常州市东风黏合剂厂，惠州市利德科技有限公司。

1521 CZ-100 低温涂料印花黏合剂

【英文名】 low temperature pigment printing binder CZ-100

【别名】 CZ-100 黏合剂；CZ-100 低温黏合剂

【组成】 自交联型丙烯酸酯类多元共聚物

【性质】 本品属于低温型黏合剂，固着温度在 100℃左右，有自交联性能。织物印花后轮廓清晰，手感柔软。鲜艳度好，给色量高，不泛黄，牢度指标均较好。具有成膜稳定、不塞网、工艺简单、用途广泛的特点。CZ-100 低温涂料印花黏合剂属于阴离子型，不可与阳离子型助剂混合使用。

【质量指标】

指标名称	指 标	指标名称	指 标
外观	微带有荧光的白色乳液	黏度/mPa·s	150
pH 值	5～6	游离单体含量/%	<1
含固量/%	35±1	刷洗及干、湿牢度/级	>3

【制法】 由丙烯酸酯类进行乳液聚合而成。

【应用】 CZ-100 低温涂料黏合剂适用于各种纤维的织物，主要是纯棉、涤棉混纺织物的涂料印花。与交联剂 FH 或 WC 拼用，与增稠剂 PF 或 PTF、六羟树脂配套使用。多用于机印、网印，可用于精细花纹和大面积图案的涂料印花，特别适合于不宜高温处理的巾被和片料产品。交联温度可降至 100℃ 左右。

CZ-100 低温黏合剂配方如下：

配方①

CZ-100 低温涂料印花黏合剂	20%～30%
2%～3%增稠剂 PF(储备浆)	60%～70%
尿素	5%
涂料	5%～10%

配方②

CZ 低温黏合剂	20%～30%	甘油及尿素(1∶1)	5%
交联剂 FH	2%	涂料	5%～10%
乳化浆 A 邦浆	60%～70%		

工艺流程：

① 印花→自然晾干。

② 印花→烘干→焙烘 (100～105℃，3～5min)。

③ 印花→烘干→蒸化 (100～105℃，5～7min)。

④ 印花→烘干→快速焙烘 (150℃，30s)。

【生产厂家】 佛山市奕美化工公司，苏州百氏高化工有限公司，淄博市周村宏达助剂有限公司，合肥恒瑞化工新材料有限公司。

参 考 文 献

[1] 邢凤兰，徐群，贾丽华. 印染助剂 [M]. 第 2 版. 北京：化学工业出版社，2008.

[2] 刘国梁. 染整助剂应用测试 [M]. 上海：中国纺织出版社，2005.

[3] 冯胜. 精细化工手册（上）[M]. 广州：广东科技出版社，1990.

[4] 李宾雄，周国梁. 涂料印花 [M]. 北京：中国纺织工业出版社，1989.

[5] 王孟钟. 胶黏剂应用手册 [M]. 北京：化学工业出版社，2001.

[6] 强亮生，王慎敏，王志远. 纺织染整助剂：性能·制备·应用 [M]. 北京：化学工业出版社，2012.

[7] 黄茂福. 化学助剂分析与应用手册 [M]. 上海：中国纺织出版社，2001.

[8] 赵丽芳. SHW-T 涂料印花黏合剂的应用 [J]. 印染助剂，1986，2：20-21.

[9] 彭鹤验，续通，蔡再生. 有机硅改性聚丙烯酸酯静电植绒黏合剂 [J]. 印染，2010，6：29-32.

[10] 贵州省化工研究院. GH-1 自交联涂料印花黏合剂 [J]. 科技成果，2001，1：1.

[11] 吴德英，刘钢，刘菁，孙萍. 麻织物涂料喷印花黏合剂 KS 的研制及应用 [J]. 印染助剂，1995，4：20.

[12] 柯昌美，汪厚植，邓威，等. 微乳液共聚自交联印花黏合剂及其应用 [J]. 印染，2004，4：9-12.

[13] 夏盛国. DF-1 超柔软圆网印花黏合剂的合成和应用 [J]. 宁波化工，2000，Z1：15-17.

[14] 杨建军，吴明元，吴庆云. 环保型有机氟改性聚氨酯-丙烯酸酯纺织乳液的辐射聚合研究 [J]. 科技成果，2009，12：27.

[15] 罗耀发. 一种起皱印花黏合剂及其印花工艺 [P]. CN102747617A. 2012-10-24.

[16] 顾东民，吴春明，蔡明训. 新型环保印花黏合剂的合成及 IPN 结构在涂料印花中初探 [J]. 印染助

剂，2003，3：42-44.

[17] 赵艳娜，黄训宇.自交联型苯乙烯丙烯酸酯树脂印花黏合剂的制备及应用 [J].陕西科技大学学报：自然科学版，2013，2：57-61.

[18] 高凯，唐丽，孙继昌.无醛自交联丙烯酸酯印花黏合剂合成研究 [J].染整技术，2006，10：30-32.

[19] 丁忠传，杨新玮.纺织染整助剂 [M].北京：化学工业出版社，1988.

[20] 纪学顺，王艳丽，仇伟，等.水性聚氨酯印花黏合剂的合成及应用研究 [J].涂料技术与文摘，2012，6：9-12，19.

[21] 连媛.反应性微凝胶的合成及其在织物印花黏合剂中的应用 [D].淮南：安徽理工大学硕士学位论文，2006.

[22] 陈溥，王志刚.纺织印染助剂手册 [M].北京：化学工业出版社，2004.

[23] 黄玉媛，陈立志，等.精细化学品实用配方精选 3：黏合剂配方 [M].上海：中国纺织出版社，2008.

第16章 荧光增白剂

16.1 概述

在塑料、洗涤剂、肥皂、造纸、合纤纺丝前以及纺织品印染工业都广泛使用荧光增白剂。其中造纸行业用量最大，其次是纺织、洗涤剂，塑料中用量最少。全世界生产的荧光增白剂有15种以上的结构类型，其商品已超过1000多种，年总产量达10万吨以上，约占染料总产量的10%。

荧光增白剂（fluorescent whitening agent、fluorescent brightener 或 optical brightener）是无色的荧光染料，也称光学增白剂。它和被增白的物体不发生化学反应，而是依靠光学作用增加物体的白度，是利用荧光给予人们视觉器官以增加白度感觉的白色染料。它像各种纤维染色所用的染料一样，可以上染各种类型的纤维。在纤维素纤维上如同直接染料，可以上染纸张、棉、麻、黏胶纤维；在羊毛等蛋白质纤维上如同酸性染料上染纤维；在腈纶上如同阳离子染料上染纤维，在涤纶和三醋酯纤维上如同分散染料上染纤维。

目前国内荧光增白剂的生产和研究发展趋势主要集中在以下几个方面。

① 应用新技术改进传统的荧光增白剂生产工艺，以满足高效、节能、环保的社会要求。

② 研究开发高性能、多用途的配套系列产品。

③ 研究开发混合复配增效产品。两组分或多组分的荧光增白剂对光的吸收和辐射互不干扰，辐射波长范围变宽，使表观荧光强度增强，产生了比单一组分更强的增白效果。因此，荧光增白剂复合增效研究开发，具有广泛的发展前景。

④ 积极开辟荧光增白剂应用的新领域。

⑤ 跟踪国外研究和生产的最新动向，及时研究开发出国外已报道的性能优良的产品，并实现国产化。

16.2 主要品种介绍

1601 荧光增白剂 KCB

【别名】 Hostalux KCB

【英文名】 fluorescent whitening agent KCB

【结构式】

【性质】 熔点 210~212℃，无毒、无味，不溶于水，能溶于通常的有机溶剂。耐光性和耐热性极佳，不与发泡剂、交联剂等反应，无渗出性及萃取性。最大吸收波长为 370nm 。

【质量指标】

指标名称	指标	指标名称	指标
外观	黄绿色结晶粉末	挥发分 /%	≤0.5
荧光色调	鲜艳蓝亮白色光(与标准品相似)	灰分 /%	≤0.1
含量 /%	≥99.5	细度 /目	>100

【制法】 将苯并噁唑乙烯中的乙烯基换成萘基，则为荧光增白剂 KCB。

【应用】 本品用于聚酯纤维以及染料增白。将该增白剂与所需增白的颗粒充分混合均匀，进行成型加工即可。用量一般以被增白物质量的 0.01%~0.05% 为宜。

【生产厂家】 南京海博科技有限公司，厦门鑫东奇贸易有限公司，天津市兴染染料助剂有限公司，扬中市乐洲化工有限公司。

1602　荧光增白剂 DT

【别名】 聚酯增白剂 DT 或涤纶增白剂 DT

【英文名】 fluorescent whitening agent DT；polyester whitening agent DT or terylene whitening agent DT

【结构式】

【性质】 熔点 187℃，不溶于水，溶于乙醇、二甲基甲酰胺。DT 具有紫色荧光，有较好的牢度和耐光性能，DT 耐氧化剂和还原剂，耐氯漂，耐硬水。有较好的牢度和耐日晒性能，耐酸、耐碱、耐氧漂和耐迁移性能也很好，但升华牢度不够好。不耐强酸和强碱，最好在中性或弱酸性浴中使用。

【质量指标】 HG/T 2556—2009

指标名称	指标	指标名称	指标
外观	淡黄色分散液	色光(与标准品比)	近似至微
紫外线吸收/%	≥90	有害芳香胺含量	符合 GB 19601 要求
增白强度(与标准品比)/%	100±3	重金属元素含量	符合 GB 20814 要求

【制法】 由邻氨基对甲苯酚与 DL-苹果酸（羟基丁二酸）脱水缩合以"一锅煮"法反应而得到，即采用兰登贝格苯并噁唑合成法。

【应用】 主要用于涤纶、涤棉混纺增白，以及锦纶、醋酸纤维或合成纤维与棉毛混纺的增白。使用本品应在高温水浴中进行，并需短时间焙烘。一般焙烘温度150～160℃，时间2min，或温度180℃，时间30s。

本品还可用于涤纶、醋酸纤维和尼龙纤维的增白，适用于高温高压工艺和热熔轧染工艺，使用前搅拌均匀，采用高温高压工艺用量为1%～4%，采用热熔轧染工艺用量为25～40g/L。

【生产厂家】 通州市岸西化工厂，兰溪市诺宝化工有限公司，绍兴市嘉禾纺织助剂有限公司，济南永兴染料化工有限公司。

1603 荧光增白剂 XL（33#）

【别名】 荧光增白剂 33

【英文名】 fluorescent whitening agent XL（33#）；fluorescent whitening agent 33

【结构式】

【性质】 该产品于室温下，在水中溶解度约为0.012g/L。耐日晒，耐亚硫酸盐、双氧水；遇次氯酸钠不稳定，但与同类产品比较是最稳定的。本品微毒，但对皮肤不损伤。可与阴离子、非离子表面活性剂及硅酸盐、磷酸盐、硫酸盐、纯碱、CMC、酶制剂等良好地配伍。当与阴离子、非离子活性剂配伍时，可产生协同效应，提高增白效果；与阴离子染料配伍时，可产生增艳作用；属于阴离子型，不与阳离子染料、阳离子助剂同浴混用。

【质量指标】

指标名称	指标	指标名称	指标
外观	白色或淡黄色均匀粉末	不溶于水的杂质含量/%	≤0.5
		水分/%	≤5.0
荧光强度（与标准品比）/%	95～105	细度（通过425μm孔径筛余物含量）/%	≤5.0
色光（与标准品比）	近似至微	pH值	7～10

【制法】 三聚氯氰与DSD酸钠盐缩合后，再与含氨基化合物缩合制得。

【应用】 本品适用于各种纤维素纤维的增白和增艳。用于纤维素纤维织物增白，用量为0.05%～0.3%，元明粉用量为5～20g/L，浴比1:（10～20）；常温入染，染色温度50～90℃，保温时间20～40min，烘干、定型。该产品使用时先用少量冷水调浆，再用热水溶解冲稀。

【生产厂家】 上海金津贸易有限公司，上海经纬化工有限公司，天津市裕都科技发展有限公司。

1604 荧光增白剂 DCB

【别名】 腈纶增白剂 DCB

【英文名】 fluorescent whitening agent DCB; acrylic whitening agent DCB

【结构式】

【性质】 该产品具有微红紫色荧光,熔点218℃,不溶于水,但能迅速均匀扩散于水中形成稳定悬浮液。本品能溶于乙醇、N,N-二甲基甲酰胺、乙二醇、乙醚等有机溶剂中,1%的水分散液呈中性。荧光增白剂DCB属于非离子型,可与阴离子、阳离子、非离子型表面活性剂同浴。

【质量指标】

指标名称	指标	指标名称	指标
外观	淡黄色粉末	泛黄程度/%	≤0.9
色光	与标准品近似	细度(180μm孔径筛残余物的量)/%	≤10
荧光增白强度	与标准品相等	水分含量/%	≤7

【制法】 以对氯苯丙酮二甲基氨盐酸盐与对磺酰胺苯肼盐酸盐缩合制得。

【应用】 本品主要用作腈纶及其混纺织物加工的增白处理和浅色纤维的增艳。不宜与亚氯酸钠漂白剂同浴使用,但能耐双氧水漂白剂及含有还原剂的漂白剂。还可用于醋酸纤维及三醋酯纤维、聚酰胺纤维及聚酯纤维的增白处理。用量为1%~1.2%。

【生产厂家】 南通丽思有机化工有限公司,上虞市征康化学制品有限公司,郑州市中原区鸿海化工经营部。

1605 荧光增白剂 EBF

【别名】 涤纶增白剂 EBF

【英文名】 fluorescent whitening agent EBF; terylene whitening agent EBF

【结构式】

【性质】 熔点220℃(氯苯重结晶),不溶于水,溶于大多数有机溶剂及浓酸,具有鲜艳蓝色荧光,含有效荧光物质10%。最大吸收波长为370nm(DMF),最大发射波长为429nm。pH值呈中性,可用水以任意比例稀释分散。耐硬水、耐酸、耐碱、耐晒。氧化漂白性能稳定,能与大多数用于白色织物的树脂整理剂和染色助剂同浴混用。酸碱度为10g/L,分散液pH值为6。

【质量指标】

指标名称	指 标	指标名称	指 标
外观	浅黄色结晶粉末	溶解性	与标准品近似
色光	蓝白光	升华牢度/级	4~5
手感	不低于标准品	耐晒牢度/级	4
白度(与标准品比)/%	100±4	扩散度/级	4
增白强度(与标准品比)/%	100±1	纯度/%	≥98

【制法】 由邻氨基苯酚与氯乙酸（或 2-氯乙酰氯）在催化剂存在下生成 2-氯甲基苯并噁唑，再与硫化钠缩合，最后与乙二醛反应，即得产品。

【应用】 荧光增白剂 EBF 主要用于锦纶、涤纶、丙纶、醋酸纤维、氯纶及混纺纤维的增白处理剂，可采用高温高压浸染法或低温吸附固着法或轧染法，用前要加以充分搅拌。与荧光增白剂 DT 混用，具有明显的增效增白效果。高浓度商品 EBF 浆液对纺织品增白一般用量为 0.2%~1.0%。

【生产厂家】 兰溪市正丰化工有限公司，上虞市兴丰化工有限公司，上海裕隆精细化工厂，扬中市乐洲化工有限公司。

1606　荧光增白剂 FP

【英文名】 fluorescent whitening agent FP

【组成】 4,4-双(2-二甲氧基苯乙烯基) 联苯

【性质】 熔点 216~220℃，用量少，增白强度高，很少的用量就能产生非常好的增白效果。具有良好的耐高温性和优秀的耐晒耐候性。

【质量指标】

指标名称	指 标	指标名称	指 标
外观	浅黄色结晶粉末	细度/目	>200
含量/%	≥98		

【应用】 本品是一种高效的荧光增白剂，广泛应用于印染、洗染以及人造纤维等行业的增白增亮。推荐用量为每 100kg 物料加入增白剂 FP 10~50g。

【生产厂家】 浙江永泉化学有限公司，上海中萤化工有限公司，上海志钛化工有限公司，河北星宇化工有限公司。

1607　荧光增白剂 BCH

【英文名】 fluorescent whitening agent BCH

【组成】 苯并咪唑衍生物

【性质】 白色鲜艳，带蓝紫光，递升性和匀染性好。对酸和亚氯酸钠稳定性较好。化学性能稳定，该产品为阳离子型，不可与阴离子型助剂混合使用。

【质量指标】

指标名称	指 标	指标名称	指 标
外观	白色鲜艳,带蓝紫光	色光	色光微蓝
荧光强度(与标准品比)/%	100±2		

【应用】 适用于腈纶及其混纺织物的增白。

使用方法：①纯腈纶增白，荧光增白剂 BCH 用量为 0.2%～1.5%，工作液 pH 值 3～4（用草酸调节），浴比 1：（10～40），温度 90～98℃，保温时间 40～60min。

② 纯腈纶漂白增白同浴法，荧光增白剂 BCH 用量为 0.2%～1.5%，亚氯酸钠（80%）用量为 1～2g/L，硝酸钠用量为 1～3g/L，工作液 pH 值 3.5～4（用草酸调节），浴比 1：（10～40），温度 90～98℃，保温时间 30～40min。

【生产厂家】 佛山市纺聚科技有限公司，天津泰盛化工商品贸易有限公司，广州澳曼助剂有限公司。

1608 荧光增白剂 KSN

【英文名】 fluorescent whitening agent KSN

【组成】 苯并噁唑衍生物

【性质】 熔点高于 300℃，优秀的耐高温性和耐晒耐候性。用量少，增白强度高，很少的用量就能产生非常好的增白效果。

【质量指标】

指标名称	指 标	指标名称	指 标
外观	黄绿色粉末	含量/%	≥98
挥发分/%	≤0.5	细度/目	>300

【应用】 适用于聚酯、聚酰胺、聚丙烯腈等纤维和丝织品、毛织品的增白。推荐用量为每 100kg 物料加入增白剂 KSN 2～30g，聚酯纤维中加入量为 10～20g。

【生产厂家】 汕头市金平区伟泰塑胶染料行，上海谱振生物科技有限公司，杭州惠源科技有限公司。

1609 荧光增白剂 4BK

【别名】 增白剂 4BK

【英文名】 fluorescent whitening agent 4BK；whitening agent 4BK

【组成】 二苯乙烯嗪型

【性质】 该产品易溶于水，增白剂 4BK 是一种棉纤维用新型高直染性的荧光增白剂，它具有优良的染深性能，对纤维素纤维具有很高的亲和力，相对于氯漂更稳定，在 20～100℃范围内具有很高的增白效果，特别适用于浸染，用过氧化物漂白时，对棉纤维的增白效果更佳。荧光强，白度提升快，泛黄点高。并具有良好的耐弱酸、弱碱及耐过硼酸盐、过氧化氢等功能。增白剂 4BK 属于缓染型荧光增白剂，上色速度较慢，但匀染性良好，在低温中性染浴中，不加元明粉或精盐的条件下，对纤维有很好的亲和力，但在元明粉等助染剂的条件下染着率大幅度提升。该产品为阴离子型，不可与阳离子型助剂混合使用。

【质量指标】

指标名称	指 标	指标名称	指 标
外观	浅黄色粉状	色光	微
牢度/级	5		

【应用】 荧光增白剂 4BK 适用于棉、麻、丝、尼龙及其混纺织物的增白。

使用方法：①漂白布增白，用量为 0.15%～0.5%，H_2O_2 5%～8%，NaOH 2%～3%，有机稳定剂 1%～2%，润湿剂 1%，4BK 0.3%～1%，浴比 1:（10～30），染色温度 80～100℃，保温时间 20～30min。

②氧漂增白一浴，用量为 0.15%～0.5%，H_2O_2 10g/L，NaOH 1g/L，Na_2SiO_3 2.5g/L，净洗剂 1g/L，浴比 1:（10～30），染色温度 90～100℃，保温时间 20～30min。

【生产厂家】 佛山市禅城区鹰君化工贸易行，海安县华思表面活性剂有限公司，青山新星化工科技有限公司。

1610 荧光增白剂 BC-200

【别名】 腈纶增白剂 BC-200

【英文名】 fluorescent whitening agent BC-200；acrylic whitening agent BC-200

【性质】 本品为液状增白剂，在酸性条件下，可以任意比例溶解于水，具有吸收日光中不可见的紫外线的效果，有显著的洁白感和艳亮感。它能与腈纶产生共价键结合，因而不易产生落粉现象。在酸性条件下，本品能迅速溶于水，使用方便，不会产生黄斑。该产品为阳离子型，不可与阴离子型助剂混合使用。

【质量指标】

指标名称	指标	指标名称	指标
外观	棕色液体	饱和用量/%	按织物质量计算，最高白度用量为 3
荧光增白强度/%	100		
荧光色光	微紫	pH 值(1%水溶液)	约 4

【应用】 适用于腈纶及其混纺织物。

使用方法：染色工艺。

① 纯腈纶漂白增白同浴法

增白剂 BC-200	0.2%～1%	pH 值	3～4
	(可视织物不同而不同)	染色温度	98～100℃
亚氯酸钠(80%)	1～2g/L		(保温时间 30～40min)
硝酸钠	1～3g/L	烘干温度	60℃较适宜
浴比	1:（10～30）		

② 纯腈纶增白法

增白剂 BC-200	0.2%～1%	染色温度	98～100℃
	(可视织物不同而不同)		(保温时间 40～60min)
浴比	1:（10～30）	烘干温度	60℃较适宜
pH 值	3～4		

【生产厂家】 佛山煜旻纺织化工有限公司，上虞市征康化学制品有限公司。

1611 荧光增白剂 48K

【别名】 染棉荧光增白剂 48K

【英文名】 fluorescent whitening agent 48K；dyeing cotton fluorescent whitening agent 48K

【组成】 双苯乙烯嗪型

【性质】 荧光强，白度提升快，泛黄点高。耐碱及耐过硼酸盐、过氧化氢等。化学性质稳定。该产品为阴离子型，不可与阳离子型助剂混合使用。

【质量指标】

指标名称	指　标	指标名称	指　标
外观	粉末	荧光色光	偏红

【应用】 适用于棉、麻、丝、尼龙及其混纺织物的增白。

使用方法：①漂白布增白，用量为 0.15%～0.5%，浴比 1：(10～30)，染色温度 80～100℃，保温时间 20～30min。

② 氧漂增白一浴，用量为 0.15%～0.5%，H_2O_2 10g/L，NaOH 1g/L，Na_2SiO_3 2.5 g/L，净洗剂 1g/L，浴比 1：(10～30)，染色温度 90～100℃，保温时间 20～30min。

【生产厂家】 绍兴市晨昊化工有限公司。

1612　荧光增白剂 BN

【英文名】 fluorescent whitening agent BN

【组成】 二苯乙烯基苯衍生物

【性质】 能与冷水以任意比例混合成悬浊液，如放置太久，使用前须先搅拌均匀。对双氧水、次氯酸钠、亚氯酸钠、还原剂、酸、碱、硬水等稳定。该产品为非离子型，可与阳离子、阴离子助剂等混合使用。

【质量指标】

指标名称	指　标	指标名称	指　标
外观	淡黄色悬浮液	pH 值(1%水溶液)	约 7.5

【应用】 增白剂 BN 为聚酯纤维及其混纺织物的荧光增白剂，可高温浸染及轧染，也可采用导染剂法增白。增白剂 BN 易被涤纶表面吸收，为确保增白均匀，需严格控制升温速度，并使用分散匀染剂。如与膨化剂同浴，增白后须充分皂洗去除织物上的膨化剂残留物。用量要适当，过量使用则反射出原色光而产生消光现象，出现所谓的色花。

① 高温浸染法

参考配方：

增白剂 BN	0.1%～0.5%	起始温度	40℃
分散匀染剂	0.5g/L	温度上升速度	1～1.5℃/min
pH 值	4.5～5.5(乙酸调节)	染色温度	120～130℃
浴比	1：(10～20)	染色时间	30～45min

② 导染剂法

参考配方：

增白剂 BN	0.1%~0.5%	起始温度	40℃
膨化剂	0.5~1.0g/L	起始上升速度	1~1.5℃/min
分散匀染剂	0.5~1.0g/L	染色温度	98~105℃
pH 值	4.5~5.5(乙酸调节)	染色时间	45~60min
浴比	1∶(10~20)		

③ 参考工艺参数：增白剂 BN 1~5g/L，浸轧→120℃预烘→180~200℃焙烘 15~30s。

【生产厂家】 珠海宏河贸易发展有限公司。

1613 荧光增白剂 CBS

【别名】 荧光增白剂 CBS-X

【英文名】 fluorescent whitening agent CBS；fluorescent whitening agent CBS-X

【结构式】

【性质】 熔点 353~359℃，荧光增白剂 CBS 属于苯乙烯联苯衍生物，在蒸馏水中的最大吸收波长为 349nm，温度在 25℃时在水中的溶解度可达 25g/L，温度在 95℃时在水中的溶解度可达 300g/L，溶于醇、醚、DMF 等。对皮肤无刺激，对伤口愈合无不良影响。具有优良的耐氯漂、耐酸碱、耐日晒性能。其高浓度产品对棉布的荧光增白效果相当于二苯乙烯双三嗪类荧光增白剂的 2.7 倍，具有良好的分散性。对次氯酸钠的稳定性极高，属于耐漂白型的荧光增白剂。

【质量指标】 QB/T 2953—2008

指标名称	指 标	指标名称	指 标
外观	淡黄绿色或乳白色结晶粉末	1%消光系数	1105~1181
荧光色调	微青		

【应用】 荧光增白剂 CBS 广泛用于印染行业中，尤其是织物柔软剂和后整理剂中，它既可单独作用，也可根据不同的需要与其他品种的荧光增白剂配合使用。

【生产厂家】 招远市晨铭化工有限公司，天津市津南区利源化工厂，上海纺联增白剂厂，郑州佳德彩化工颜料有限公司，成都高施贝尔化工有限责任公司。

1614 荧光增白剂 KBS

【英文名】 fluorescent whitening agent KBS

【结构式】

【性质】 荧光增白剂 KBS 为微黄色分散液，呈鲜艳的蓝色荧光，可与水以任意比例稀释分散。耐高温，不泛黄，白度纯正，有极好的耐光牢度。

【质量指标】

指标名称	指标	指标名称	指标
外观	微黄色分散液	增白强度/%	100
色光	与标准品近似	颗粒细度/μm	>4

【制法】 由 Ar（R²）经氯化、酸析，再与 3-R¹-4-R²-6-OH 苯胺反应，精制而得。

【应用】 荧光增白剂 KBS 主要用作聚酯纤维荧光增白剂，还可用于聚己内酰胺、聚丙烯腈、醋酸纤维素的增白。由于它耐高温，也适宜于聚酯纤维纺前增白。

【生产厂家】 河南安阳助剂厂，佛山市米洛克颜料科技有限公司。

1615　荧光增白剂 31#

【别名】 挺进剂 31#

【英文名】 fluorescent whitening agent 31#；advance agent 31#

【结构式】

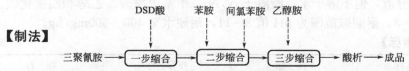

【性质】 本品能溶于 50 倍量的 100℃水中。微毒，对皮肤不会损伤。耐日晒及耐亚硫酸盐、双氧水；遇次氯酸钠不稳定。本品属于阴离子型，可与阴离子、非离子助剂、硅酸盐、CMC、纯碱、硫酸盐、酶制剂等良好地配伍，不能与阳离子染料、阳离子助剂混用。本品与阴离子、非离子助剂配伍时产生协同效应，提高增白效果，阴离子染料配伍时，可产生增艳作用。本品过量时，被染织物会泛黄。

【质量指标】

指标名称	指标	指标名称	指标
外观	淡黄色粉末	荧光强度（与标准品比）/%	100
色调	青光	细度（通过 180μm 孔径筛残余物的量）/%	≤10
色光（与标准品比）	近似至微		
白度（与标准品比）	近似至微	水不溶物/%	≤0.5
不溶于水的杂质含量/%	0.5	水分/%	≤5

【制法】

```
           DSD酸      苯胺    间氯苯胺  乙醇胺
            ↓          ↓        ↓        ↓
三聚氰胺 ──→ 一步缩合 ──→ 二步缩合 ──→ 三步缩合 ──→ 酸析 ──→ 成品
```

【应用】 本品用于棉、锦纶、人造丝等织物的增白，可使被增白物增白发亮。可用于增白纤维素纤维、聚酰胺纤维、聚乙烯醇纤维、羊毛、蚕丝等。本品用棉、麻、黏胶纤维时用量为 0.05%～0.3%；用于尼龙时用量为 0.2%～1.0%；用于维纶时用量为 0.05%～0.3%；用于洗衣粉时用量为 0.05%～0.2%。

【生产厂家】 宁波门萨化工有限责任公司，上海金山经纬化工有限公司，长沙练达化工有限公司。

1616　荧光增白剂 JD-3

【别名】　增白剂 JD-3；增白剂 MB

【英文名】　fluorescent whitening agent JD-3；whitening agent JD-3；whitening agent MB

【结构式】

【性质】　本品可溶于 80 倍量以上的水中，能溶于热水；色光偏青，有较好的耐日光和耐老化性能；荧光增白剂 JD-3 属于阴离子型，不可与阳离子型助剂混合使用。适用于中性及微碱性染料。

【质量指标】

指标名称	指标	指标名称	指标
外观	淡黄色均匀粉末	细度(过 100 目筛) /%	≤10
水分/%	≤5	水分/%	≤5
强度(与标准品比)/%	100±3		

【制法】　三聚氯氰与 DSD 酸钠盐进行第一次缩合。缩合产物与乙醇胺进行第二次缩合。第二次缩合产物与邻氯苯胺进行第三次缩合，经商品化处理后得荧光增白剂 JD-3。

【应用】　本品用于织物的增白，在中性和弱碱性条件下使用。

【生产厂家】　武汉远城科技发展有限公司远城六部，郑州市二七区鸿祥化工站。

1617　荧光增白剂 PS-1

【英文名】　fluorescent whitening agent PS-1

【性质】　耐升华性好（＞200～220℃）；白度高，荧光强，用量少；可与水任意比例稀释分散，但不溶于水，能溶于 N,N-二甲基甲酰胺、乙醇和四氯化碳。浆液 pH 值 7～8。耐酸碱范围为 pH 值 2～11，耐硬水至 400～500mg/kg。

【质量指标】

指标名称	指标	指标名称	指标
外观	黄绿色分散液	颗粒度/%	0.3～0.6μm 以下不少于 90
含量/%	20	密度/(g/cm³)	1.05±0.015
色光	蓝光红	纯度/%	20±2
pH 值(1% 水溶液)	6～7	有效物质/%	≥99

【制法】　二苯乙烯-2,2-二磺酸苯环上的氢原子被氨基化合物取代而得。

【应用】 主要用于涤纶及涤棉、涤麻、涤毛等混纺织物的增白增艳，特别适用于轧染或高温浸染工艺。用于涤纶及 T/C 织物的荧光增白，白度高，荧光强，用量少，不易沾污，稳定性好。适用于高温、常温的浸染和轧染。使用前应将增白剂摇晃均匀。

（1）轧染热熔法，PS-1 用量为 1～4 g/L。

工艺流程：一浸一轧（轧液率 70％）→预烘（100℃）→焙烘（发色）（185～200℃，20～30s）。

① 织物前处理后，务必要洗净，以防织物上带有残碱。

② 浸染工作液 pH 值用乙酸调节至 4～5 为宜。

（2）高温浸染法，PS-1 用量为 0.1％～0.4％，浴比 1：（10～30），上染温度 120～130℃，保温时间 30～60min，pH 值 5～10（酸性浴尤佳）。

【生产厂家】 北京福莱恩科技发展有限公司，济南塑邦精细化工有限公司，广州千工化工有限公司。

1618 荧光增白剂 BC

【英文名】 fluorescent whitening agent BC

【结构式】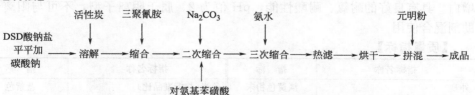

【性质】 溶于水，呈蓝色荧光。在水中溶解度较荧光增白剂 VBL 高，荧光强度比 VBL 略低，耐酸碱程度为 pH 值 5～11，染浴 pH 值以 8～9 为宜。可耐硬水至 300mg/kg，耐游离氯至 0.25％，不耐铜、铁离子，对保险粉稳定，但不耐高温烘烤。它可与阴离子、非离子表面活性剂或染料双氧水同浴使用。

【质量指标】

指标名称	指 标	指标名称	指 标
外观	淡黄色粉末	细度（通过 100 目筛残余物含量）/%	≤5
不溶于水杂质含量/%	≤0.5	泛黄点/%	≤5
强度（与标准品比）/%	100±5	水分含量/%	≤5

【制法】

DSD酸钠盐 平平加 碳酸钠 →溶解（活性炭）→缩合（三聚氰胺）→二次缩合（Na₂CO₃）（对氨基苯磺酸）→三次缩合（氨水）→热滤→烘干→拼混（元明粉）→成品

【应用】 主要用于棉纤维、人造丝、人造棉和纸浆等中性染浴增白后处理。用于造纸、洗涤剂增白；适合添加于拔白印花浆中。该品属于阴离子型，不宜与阳离子型表面活性剂、合成树脂初缩体等同浴使用。

【生产厂家】 上虞市征康化学制品有限公司，金华贝司特化工染料有限公司，浙江闰土股份有限公司。

1619　荧光增白剂 BR

【别名】　增白剂 BL

【英文名】　fluorescent whitening agent BR；whitening agent BL

【结构式】

【性质】　能溶于水（溶解度较小，2%水溶液澄清），水溶液呈紫色，对保险粉稳定，耐 0.05%硬水，不耐铜、铁等金属离子。属于阴离子型，不可与阳离子型助剂混合使用。

【质量指标】

指标名称	指标	指标名称	指标
外观 色光	淡黄色粉末,微黄红紫色 与标准品近似	细度(通过 60 目筛 残余物含量)/%	≤5

【制法】　由 DSD 酸与苯基异氰酸酯一步反应制得。

【应用】　用于棉、黏胶纤维、羊毛、蚕丝、锦纶、纸张、相纸的增白。

【生产厂家】　上海助剂厂有限公司，上海双跃化工有限公司。

1620　耐酸增白剂 VBA

【英文名】　acid-resisting whitening agent VBA

【结构式】

【性质】　本品冷水中可溶 1%，pH 值为 2 时仍稳定，能与树脂、催化剂同浴增白。具有良好的耐氯、耐酸性能，pH 值为 2。属于阴离子型，不可与阳离子型助剂混合使用。

【质量指标】

指标名称	指标	指标名称	指标
外观	淡黄色粉末	色光(与标准品比)	蓝紫色
增白强度(与标准品比)/%	95~105	溶解度	1%冷水中全溶

【制法】　三聚氯氰与 DSD 酸钠盐缩合，再与相应含氨基化合物缩合制得。

【应用】　增白剂 VBA 适宜作白色针织内衣的增白，一般用量为 0.1%～0.6%，浴比 1：(15～50)。可防汗渍泛黄。用于棉布树脂整理液中一浴增白、感光底片的增白，与含酸性的组分同浴增白，凡拉明蓝色地防白浆的增白，白地直接印花织物的增白。能用于浸染工艺，一般用量为 0.1%～0.3%（对织物质量）。对于黏胶纤维、人造丝等的增白，一般用量为 0.2%～2.0%。对于锦纶、维纶等的增白，一般用量为 0.1～0.5g/L，浴比 1:（20～30）。对于蚕丝类的增白，一般用量为 0.1～0.2g/L，浴比 1:（40～50）。

【生产厂家】 上海金津贸易有限公司，常山县鸿运化学有限公司，上虞市国泰化工有限公司。

1621 荧光增白剂 WG

【别名】 羊毛增白剂 WG

【英文名】 fluorescent whitening agent WG；wool whitening agent WG

【分子式】 $C_{21}H_{16}N_2SO_3ClNa$

【性质】 本品可溶于水（溶解度为 30 g/L），无毒，对皮肤无损伤作用。耐酸、耐硬水，对保险粉稳定，但不耐铜、铁离子。能附着在织物纤维表面，可吸收 350 nm 的紫外线，反射波长为 450 nm 的蓝色光，所以泛黄织物可利用其反射的蓝光弥补，可获得洁白悦目的增白效果。增白剂固着纤维后具有增白增艳性能，能耐次氯酸钠漂液。属于阴离子型，可与阴离子表面活性剂及染料、非离子表面活性剂共用。不宜与阳离子型染料及表面活性剂等同浴使用。

【质量指标】

指标名称	指 标	指标名称	指 标
外观	淡黄色结晶粉末	泛黄程度/%	≥0.75
色光	绿亮紫色	荧光强度（与标准品比）/%	100
增白度（与标准品比）/%	100	细度/目	60
含水量/%	≤5		

【制法】 将对磺酸基苯肼盐酸盐配成水溶液，搅拌升温至 50℃，开始滴加苯乙烯基对氯苯甲酮，并逐渐升温至 80～90℃。加料完毕保温 5 h。然后冷却、过滤、洗涤、干燥得到淡黄色粉末产品。

【应用】 主要用于羊毛纤维、羊毛织物以及羊毛与其他纤维的混纺织物的增白增艳。也可用于其他动物纤维的增白增艳，如兔毛、蚕丝等。增白处理时应在中性至弱酸性介质中进行。也可在过氧化物、过乙酸的漂白浴或树脂整理浴中使用。配成的染液不宜长期曝光，宜随配随用，或宜储存在阴暗处。单独用作增白织物时，用量为 0.01%～0.05%；与漂白剂同浴使用时，用量为 0.02%～0.10%。

【生产厂家】 北京瀚波伟业科技发展有限公司，绍兴经济开发区白天鹅物资有限公司，上海涛亿实业有限公司。

1622 增白剂 VBL

【别名】 荧光增白剂 BSL

【英文名】 whitening agent VBL；fluorescent whitening agent BSL

【结构式】

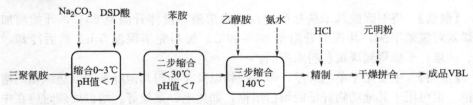

【性质】 本品可溶于软水中，开始溶解时有凝聚现象，加水（80 倍水）稀释时充分搅拌可获得透明溶液，溶解时用微碱性或中性水为宜。染浴需中性或碱性，以 pH 值为 8～9 最适宜，它能耐酸至 pH 值为 6，耐碱至 pH 值为 11，耐硬水至 300mg/kg，耐游离氯至 0.25%，但不耐铜、铁等重金属离子。用量要恰当，否则过量时反而白度降低，甚至泛黄。本品属于阴离子型，可与阴离子及非离子表面活性剂混用，也可与直接染料、酸性染料等阴离子染料及颜料混用。不能与阳离子染料、阳离子表面活性剂及合成树脂初缩体同浴混用。

【质量指标】 GB/T 10661—2004

指标名称	指 标	
	用于纺织品	用于造纸
外观	淡黄色至黄色均匀粉末	淡黄色至黄色均匀粉末
荧光强度（与标准品比）/%	100	100
相对强度（与标准品比）/%	100	—
色光（与标准品比）	近似至微	—
白度（与标准品的白度之差）/%	—	≥3
水分/%	≤5.0	≤5.0
水不溶物含量/%	≤0.5	≤0.5
细度（通过 250μm 孔径筛残余物的量）/%	≤10.0	≤10.0
23 种有害芳香胺限量	符合 GB 19601—2004 标准要求	符合 GB 19601—2004 标准要求

【制法】

```
Na₂CO₃  DSD酸        苯胺    乙醇胺  氨水      HCl    元明粉
  ↓      ↓            ↓       ↓     ↓         ↓      ↓
三聚氰胺→ 缩合0~3℃ → 二步缩合 → 三步缩合 → 精制 → 干燥拼合 → 成品VBL
         pH值<7      <30℃     140℃
                    pH值<7
```

【应用】 用于棉和黏胶纤维白色产品的增白，以及浅色或印花产品的增艳，日晒牢度一般，对纤维素纤维的亲和力好，匀染性一般，印染、轧染和印花浆中均适用。可用于维纶、锦纶产品的增白。在印染行业中，将荧光增白剂直接加入染缸，用水溶解即可使用。用量为 0.08%～0.3%，浴比 1：40，最佳染浴温度 60℃。增白剂 VBL 作棉织物增白和增艳剂使用。在表面施胶过程中，它能够与 CMC、PVA、淀粉及阴离子型和弱阳离子型的合成施胶剂一起使用。

使用方法：① 浸染增白，浴比 1：（20～40），pH 值 7～9，温度 20～40℃，时间 20～30min，烘干温度 70～80℃，VBL 用量为 0.1%～0.3%（对织物质量），无水硫酸钠用量为 0～10%（对织物质量）。

② 轧染增白，轧染增白的织物须经练漂、脱氯、烘干后再进行。荧光增白剂 VBL 用量为 0.5～3g/L，拉开粉用量为 0.25～0.5g/L，pH 值 7～9，温度 40～45℃，二浸二轧，车速 30～40m/min。

③上浆增白，漂白布或白花纹的深地色织物在整理浆中加荧光增白剂 VBL 1～2g/L，经增白、浸轧、烘干后轧光。

④ 皂浴增白，漂白或经拔白印花的毛巾在浴中增白和增艳。

用料量（每缸毛巾质量 5kg）：

	头缸	续缸
荧光增白剂 VBL	0.03～0.06g/L	0.006～0.012g/L
肥皂溶液(12%)	20g/L	4g/L

处理条件：浴比 1：(90～100)，温度 80～90℃，时间 5min。

【生产厂家】 浙江传化华洋化工有限公司，珠海宏河贸易发展有限公司，招远市东明化工有限公司，天津市兴染染料助剂有限公司。

参 考 文 献

[1] 邢凤兰，徐群，贾丽华. 印染助剂 [M]. 北京：化学工业出版社，2008.
[2] 陈荣圻. 纺织纤维用荧光增白剂的现状与发展 [J]. 印染助剂，2005，7：1-11.
[3] 茅素芬. 芳唑类和香豆素类荧光增白剂 [J]. 陕西化工，1983，3：27-34.
[4] 吕楠. 荧光增白剂及其中间体的合成与发展 [J]. 精细化工原料及中间体，2004，7：26-31.
[5] 王景国. 荧光增白剂的状况及技术发展趋势 [J]. 中小企业科技，2002，6：5.
[6] 田芳，曹成波，主沉浮，张长桥. 荧光增白剂及其应用与发展 [J]. 山东大学学报，2004，3：119-124.
[7] 竹百均，王华周，姜莉，等. 我国纺织品用荧光增白剂产品质量指标化工作的现状及展望 [J]. 印染助剂，2009，5：47-51.
[8] 袁跃华，朱永军，田茂忠. 荧光增白剂的应用及发展趋势 [J]. 山西大同大学学报：自然科学版，2010，5：40-43.
[9] 孙海洋，张健飞，巩继贤，等. 荧光增白剂的应用与发展趋势 [J]. 河北纺织，2013，1：17-25.
[10] 邓刚. 4,4′-二苯乙烯联苯类荧光增白剂及其中间体的合成研究 [D]. 湘潭：湘潭大学硕士学位论文，2002.
[11] 陈锦钊. 含醚类基团荧光增白剂的合成及性能研究 [D]. 济南：山东大学硕士学位论文，2001.
[12] 秦传香，秦志忠. 纺织用荧光染料的研究 [J]. 印染助剂，2005，9：1-3.
[13] 米勒 G D，米切尔 C E. 荧光增白剂及其制备方法 [P]. CN1890312. 2007-01-03.
[14] 易兵. 双苯并噁唑二苯乙烯荧光增白剂及其中间体合成研究 [D]. 湘潭：湘潭大学硕士学位论文，2001.
[15] 肖锦平，竹百均，石赵泉，等. 苯并噁唑类荧光增白剂 [J]. 染料与染色，2008，5：20-26.
[16] 葛广周. 双苯并噁唑二苯乙烯类荧光增白剂合成路线综述 [J]. 印染助剂，2010，1：4-8.
[17] 郭仲. 光增白剂 CBS 合成研究及300t/a 初步方案设计 [D]. 成都：四川大学硕士学位论文，2004.
[18] 季东峰，王运科. 一种高分散性荧光增白剂及其制备方法 [P]. CN101760048A. 2010-06-30.
[19] 刘静. 双三嗪氨基二苯乙烯聚合型荧光增白剂合成与光学性质研究 [D]. 西安：陕西科技大学博士学位论文，2011.
[20] 齐晶晶，张光华，解攀. 三嗪氨基二苯乙烯型荧光增白剂改性及其应用前景 [J]. 化工技术与开发，2009，7：20-24.
[21] 曹成波，韩红滨，田芳，等. 三嗪基氨基二苯乙烯型荧光增白剂研究新进展 [J]. 现代化工，2004，

9：18-21.

[22] 曹成波，朱艳丽，陶武松，等. DSD 酸-三嗪型荧光增白剂研发新进展及发展趋势 [J]. 现代化工，2007，10：25-28.

[23] 竹百均，程艺，程德文. 二苯乙烯基苯类荧光增白剂 [J]. 印染助剂，2006，2：15-18.

[24] 杨晓宇. 含对芳香氨基系列荧光增白剂的合成与性能研究 [M]. 济南：山东大学硕士学位论文，2010.

[25] 杨晓宇，曹成波，周晨，等. 两性荧光增白剂的合成及其性能 [J]. 山东大学学报：工学版，2010，8：108-102.

[26] 陈溥，王志刚. 纺织印染助剂手册 [M]. 北京：化学工业出版社，2004.

[27] 范约明，张瑞合，冯新丽，等. 棉纤维用荧光增白剂的合成方法及应用特征 [J]. 染料与染色，2010，3：42-46.

[28] 董仲生. 荧光增白剂实用技术 [M]. 上海：中国纺织出版社，2006.

第四篇

后整理助剂

第17章 防皱整理剂

17.1 概述

棉、麻、丝及黏胶纤维在服用性能上存在天然优势，被越来越多的消费者所接受，但由于这些纤维本身存在的缺陷，在纺织印染过程中，不断经受外力（牵伸、弯曲、拉宽等）的作用而变形，加工织物在洗涤过程中的湿和热的作用下，纤维的变形部分就急速复原，从而产生剧烈的收缩现象，一般称为缩水。另外，它们的纤维缺少弹性，防皱性较差，在穿着过程中容易产生褶皱，为克服以上缺点，除对织物进行机械防缩整理之外，主要是使用防缩防皱剂进行化学整理。由于防缩防皱剂主要由合成树脂的初缩体组成，故一般也称树脂整理。很多合成纤维，如涤纶、锦纶和腈纶等，都具有很好的防皱性和形状保持性，不需要进行树脂整理。而维纶的防皱性和保型性比棉还要差，合成纤维与棉或黏胶纤维的混纺织物也有缩水问题，这些都需要进行防缩防皱整理。

织物树脂整理是随着高分子化学的发展而发展起来的新型染整工艺，应用树脂对织物进行防皱整理的真正发展还是在第二次世界大战以后。树脂整理开始于棉织物，以后转向黏胶纤维织物，后来才广泛用于麻、丝等多种织物。从整理发展过程来看，树脂整理大致经历了"随便穿"、"洗可穿"和"耐久压烫"三个阶段。

早期防皱整理是用尿素和甲醛初缩体作为整理剂，半个多世纪以来，连续开发了三聚氰胺甲醛初缩体、二羟甲基乙烯脲等树脂整理剂。由于在羟甲基氨基树脂生产和使用过程中，有甲醛释放，而甲醛又是国际上公认的可疑致癌物，因此人们又开发了醚化羟甲基氨基树脂，以降低甲醛释放量。此外，树脂整理在服用方面也影响织物手感的光滑和柔软，降低了织物的透气性，同时树脂整理的防缩防皱效果难以持久。

近年来，随着科学技术的进步和人们对物质生活水平要求的提高，以及国际上对环境保护的要求日益严格，又开发了低甲醛、极低甲醛及无甲醛树脂，但它们的缺点是防皱效果不如羟甲基类树脂。目前，针对天然纤维的无甲醛防皱整理有环氧化合物整理、多元羧酸整理、液氨整理、壳聚糖整理、生物酶整理及含硫化合物整理等。

对织物进行抗皱整理的目的和作用是使纺织品具有不易产生褶皱或产生的褶皱易恢复原状，并且在使用过程中能保持平挺的外观。织物褶皱的生成主要是因为织物中的纤维在外力作用下发生了弯曲，被弯曲的纤维外层分子发生拉伸而内层分子受到压缩。当去除外力时，一部分形变得到恢复，而另一部分形变则无法恢复或属于恢复很慢的缓弹性变形和塑性变形，纤维就生成了褶皱。在外力去除恢复变形的过程中，起主要作用的力是拉伸部分的恢复力，拉伸恢复力高的，其抗皱性好。所以，织物的抗皱性与纤维性能有着密切关系。通常纤维的初始模量高，织物抗皱性就好，但麻类纤维（包括亚麻纤维）初始模量虽高，然而由于其纤维的拉伸变形恢复能力较差，所以织物一旦形成褶皱后，就不易消失，即褶皱恢复性差。同时，由于纤维基本结构单元之间发生了相对位移，导致纤维基本结构单元之间原来所形成的氢键断裂，并在新的位置重新建立起难以恢复的新的氢键。由于新形成氢键所产生的阻滞作用，纤维之间除了弹性形变外，还有高弹形变和塑性形变，而这两种形变只能很慢或极慢地恢复，这也是形成织物褶皱的主要因素之一。

根据褶皱产生原因，对织物进行化学防皱整理，其作用机理主要包括树脂固定和共价交联两种。树脂固定是将成膜性较强的高聚物包覆在纤维素分子周围或沉积在纤维分子之间，通过与纤维分子形成氢键来限制分子链的变形或分子链之间的相对位移；共价交联是采用含有两个或两个以上活性基团的化合物作为整理剂，通过化学反应与纤维中相邻分子链上的羟基形成共价桥联结合，从而减少或阻止织物纤维分子链之间产生相对位移，达到抗皱整理效果。

在使用抗皱整理剂对织物进行抗皱整理时，整理效果不仅与抗皱整理剂的种类有关，还与抗皱整理工艺条件有关。整理工艺条件主要包括整理剂的用量、焙烘温度、时间及催化剂的种类和用量等因素。

对织物整理效果的评价是指纺织品在服用过程中，经多次洗涤仍可保持令人满意的尺寸稳定性、平整性和接缝外观。抗皱纺织品是指经 5 次循环洗涤干燥后，仍具有抗皱性能的纺织品，如"洗可穿"棉织物国际市场一般要求褶皱恢复角（WRA）$\geqslant 250°$，DP 等级 3～4，抗张强度损失 $\leqslant 40\%$。整理剂对织物的抗皱整理效果可用织物的褶皱恢复角、白度、断裂强度保留率和水洗牢度等表征。

在国外，人们很早就知道纤维素大分子上富含羟基，而羟基可以与羧基发生反应，但相当长的时间内，人们没有把这一反应与织物的抗皱整理结合起来。

20 世纪 60 年代，人们才开始研究多元羧酸与棉纤维之间的酯键交联，1967 年 D. D. Gagliardi 首先提出将多元羧酸作为无甲醛防皱整理剂，并提出多元羧酸与纤维素发生酯化反应，使分子间形成酯键交联，从而达到防皱效果的作用机理。后来，S. P. Rowland 提出用碳酸钠等弱碱作为催化剂，虽然整理后的织物的强力损伤和水洗牢度有一定的改善，但仍不能达到让人满意的效果。之后的十年，在这一方面的研究几乎没有什么进展。

20 世纪 80 年代，J. A. Rippon 采用天然高聚物壳聚糖为整理剂对棉织物进行整理。达到了一定的整理效果，但是由于壳聚糖水溶性较差，使其在溶液中的应用受到了限制。此后，人们又采用壳聚糖与多元羧酸复配对棉织物进行整理，整理效果有了一定改善。

20 世纪 90 年代初，人们对酯化反应的机理有了更深入的认识，特别是 C. M.

Welch 等用磷酸盐作为多元羧酸与纤维分子酯化反应的催化剂，使得多元羧酸作为无甲醛防皱整理剂用于棉织物和丝织物，取得了突破性进展。在众多的多元羧酸整理剂中，人们从最初研究的 BTCA 到较廉价的 CA、MA，再到几种多元羧酸的复配，最后发展到某种多元羧酸的化学改性或聚合。然而，所有这些关于多元羧酸整理剂的研究多被应用在棉织物、丝织物防皱整理中，其优点是不含甲醛、不产生异味，并且手感非常柔软。丁烷四羧酸作为多元羧酸无甲醛防皱整理剂效果最好，由于其价格过高，整理后织物断裂强度保留率低，水洗牢度差，影响织物染色性能等，使用受到限制。

作为纺织工业大国，我国特别重视绿色整理技术的进步。在无醛整理方面，相继对二醛类化合物整理、环氧树脂整理、聚氨酯整理、生物整理进行了一定的研究。二醛类化合物整理虽可获得较高的干、湿弹性、DP 等级和牢度，但很容易使织物泛黄和脆损。曾有文献报道了采用环氧树脂对丝织物进行抗皱整理，整理效果不如 2D 树脂，并且手感不佳、稳定性差、成本较高。聚氨酯整理中的溶剂型整理，主要溶剂为二甲基甲酰胺、甲苯、二甲苯、丁酮等及其混合物，有一定毒性，环境污染较大，并且易燃、易爆，应用上已受到一定限制。

天然高聚物整理剂主要采用天然物质，如甲壳质、丝素蛋白等。在国内外，相关文献报道了采用壳聚糖或其复配物在棉织物及丝织物上进行抗皱整理。成本低廉，不仅对环境无污染，而且对人体有保健功能，但活性基团较少，整理效果不够理想。

在多元羧酸抗皱整理剂方面，研究较多的是采用多元羧酸及其复配物对棉织物和丝织物进行整理。其中 CA 以其良好的防皱整理效果日益受到研究者的重视。总的来说，经多元羧酸整理后织物褶皱恢复角虽有极大的提高，但强力保留率仍很低，而且不耐碱洗、不耐曲磨，并且在染色过程中，不易上染，容易造成染料色光的改变。随着我国纺织印染工业的迅速发展和纺织品出口量的增加，对树脂整理剂的质量、数量要求逐渐提高，特别是对整理剂的质量有较高的要求，大力开发和研制新型织物防皱整理剂是改进和提高防皱整理织物质量的唯一途径。因此，研究主要方向是低甲醛或无甲醛整理剂及其应用工艺，也就是探索改进 2D 树脂的缺点和寻找新型防皱整理剂，使防皱整理剂向着多品种方向发展。

17.2　主要品种介绍

1701　免烫树脂整理剂 G-EMT

【英文名】 wash-and-wear resin finishing agent G-EMT

【组成】 高浓度树脂

【性质】 可与水以任意比例互溶。能赋予整理后织物优良的免烫性能，且在不经水洗的情况下按 AATCC112 测试，整理后织物游离甲醛含量在 75mg/kg 以下。能使织物具有良好的抗氯性、平滑性、防缩性。适用于纤维素纤维及其混纺织物的洗可穿免烫整理及防缩整理。

【质量指标】

指标名称	指标	指标名称	指标
外观	无色至淡黄色液体	游离甲醛含量/%	<0.1
pH 值(1%水溶液)	3.5~4.5		

【应用】　作棉、涤棉混纺织物的防皱整理剂及混纺衬布防缩水整理剂。100%纯棉织物防缩抗皱整理一般用量为80~120g/L，厚型纯棉织物防皱整理一般用量为100~120g/L，薄型纯棉织物防皱整理一般用量为80~100g/L，麻织物防皱整理一般用量为80~120g/L，轧液率70%~80%，焙烘温度150~160℃，焙烘时间3~5min。交联反应需酸性催化剂，因此染浴需要调节为酸性。

【生产厂家】　宜兴宜澄化学有限公司。

1702　浴中防皱剂 BREVIOL CPA

【英文名】　bath anti-wrinkle lubricant BREVIOL CPA

【组成】　丙烯酸系共聚物

【性质】　可溶于水，低泡沫，化学稳定性较好，耐酸、碱及电解质。不含烷基酚聚氧乙烯醚（简称 APEO）。用于天然纤维及合成纤维防皱整理，防止皱纹及防止缩绒斑痕，并可改善锦纶的亲水性，属于非离子型表面活性剂。

【质量指标】

指标名称	指标	指标名称	指标
外观	微黄色接近不透明的液体	含固量/%	45
pH 值(1%水溶液)	8		

【制法】

$$n\ \overset{}{\diagup}\!\!\diagdown\!\text{COOH} \xrightarrow{(NH_4)_2S_2O_8} \ \{CH_2-\underset{\underset{COOH}{|}}{CH}\}_n$$

【应用】　① 作天然纤维及合成纤维染浴及湿处理浴中的防皱整理剂。一般用量为1.0~2.0g/L。

② 作 Lyocell（Tencel）织物防皱整理剂。前处理及染色一般用量为3.0~4.0g/L，第二次水洗一般用量为1.0~2.0g/L，缩绒一般用量为1%。

③ 作锦纶针织袜类产品整理剂。一般用量为2.0~4.0g/L。

【生产厂家】　科凯精细化工（上海）有限公司，郑州国宏纺织品有限公司。

1703　棉用浴中抗皱润滑剂 Raycalube ACA Cone

【英文名】　cotton with bath anti-wrinkle lubricant Raycalube ACA Cone

【组成】　磷酸酯混合物

【性质】　可溶于水，无泡沫，化学稳定性较好，耐酸、碱（300g/L NaOH）及高浓度电解质。不含致癌芳香胺化合物及游离甲醛。是一种高效的抗皱润滑剂，可用于织物的前处理、染色及后整理过程中，能消除斑痕、污点及褶皱，并防止织物再次沾污。是分散染料及活性染料有效的分散剂，能使纯涤纶织物精练-染色同浴完成，同时可在纤维素纤维织物湿处理过程中防止产生褶皱、绳状擦伤磨损及油斑。属于阴离子表面活性剂。

【质量指标】

指标名称	指标	指标名称	指标
外观	浅黄色至琥珀色黏稠液体	活性物含量/%	70.0±2.0
pH 值(1%水溶液)	7		

【应用】 ① 作纤维素纤维及其混纺织物的防皱整理剂。一般用量为 0.7~1.2g/L。

② 作纯涤纶织物精练-染色同浴助剂。一般用量为 1.0~2.5g/L,调节染浴 pH 值为 4.5~5.0,整理温度 130~135℃,时间 15~60min。

【生产厂家】 科莱恩化工(中国)有限公司,广州科美琪化工有限公司。

1704 多保灵 ACA

【别名】 浴中抗皱润滑剂/浮化剂

【英文名】 Depsolube ACA;bath in crease resistant lubricants/floating agent

【组成】 阴离子特殊磷酸酯混合物

【性质】 易溶于水,低泡沫。化学稳定性较好,耐硬水、酸、碱及电解质。兼具抗皱、润滑、浮化和分散等多种功能,避免织物产生色点、沾污或褶皱。

【质量指标】 已通过全球有机纺织品环保认证标准(简称 GOTS)

指标名称	指标	指标名称	指标
外观	浅棕色中黏度液体	活性物含量/%	70
pH 值(1%水溶液)	6~7		

【应用】 ① 作纤维素纤维及其混纺织物防皱整理剂,可用于前处理、染色及后处理阶段。一般用量为 0.5%~1.5%。

② 作各种弹性纤维(如莱卡/棉、莱卡/锦纶、莱卡)和超细纤维织物的预定型剂和精练剂。一般用量为 1%~3%。

【生产厂家】 英国禾大公司(CRODA)。

1705 平马素 Jet

【别名】 染色浴中平滑剂、防皱剂

【英文名】 Primasol Jet;smooth agents;anti-wrinkle agents in the dye bath

【组成】 高分子聚合物的水溶液

【性质】 密度(20℃)1.0 g/cm^3,能与水以任意比例互溶。不产生发泡、润湿作用。化学性质稳定,耐酸、碱、硬水及电解质,同时热稳定性较强,耐高温高压。属于非离子型,可以同阴离子型、阳离子型助剂和染料同浴使用。可用于织物前处理、染色、后整理过程中作平滑剂及防皱剂,用来防止生产过程中产生褶皱印、鸡爪印等瑕疵。

【质量指标】

指标名称	指标	指标名称	指标
外观	澄清至略浊、稍带黏性的无色液体	pH 值(1%水溶液)	7.0
		黏度/mPa·s	1100

【应用】 作织物前处理、染色、后整理的高效平滑剂及防皱剂。浸染一般用量为 1～2g/L，轧染一般用量为 5～30g/L。

【生产厂家】 巴斯夫（中国）有限公司，郑州国宏纺织品有限公司。

1706　浴中防皱剂 Albafluid A

【别名】 浴中防皱剂 BREVIOL CPA

【英文名】 BREVIOL CPA；creasing preventing agent BREVIOL CPA

【组成】 可降解的脂肪磺酸盐

【性质】 密度 1.0 g/mL，化学稳定性较好，耐硬水、酸、碱。热稳定性较好，不受冷（-4℃）或热（60℃）的影响。属于阴离子型表面活性剂，可与阴离子/非离子型表面活性剂复配使用。提高各类织物的防折痕、擦伤、纰裂、变形印及皱条性能。

【质量指标】

指标名称	指标	指标名称	指标
外观	略浊的米色高流动液体	pH 值(5%水溶液)	7.8

【应用】 作各类纤维织物的防皱整理剂。一般用量为 1.0～2.0g/L。

【生产厂家】 亨斯迈纺织染化（中国）有限公司，无锡瑞贝纺织品实业有限公司。

1707　水溶性聚氨酯 PD-842

【英文名】 water soluble polyurethane resin PD-842

【组成】 含水溶性基团的聚氨基甲酸酯树脂的水溶液

【性质】 能与任意量的水互溶。化学稳定性优良，耐酸、碱、电解质。作为多种用途的树脂整理剂，可与纤维素纤维交联或生成附着在纤维表面上的高分子膜，从而赋予织物优异的回弹性、透气性、抗静电性和抗起毛起球性。

【质量指标】

指标名称	指标	指标名称	指标
外观	淡黄色至酒红色黏稠透明液体	pH 值(1%水溶液) 含固量/%	7～7.5 68～70

【制备】 由聚醚与聚异氰酸酯、$NaHSO_4$ 反应获得。

【应用】 ① 作纯棉织物的防缩防皱整理剂。一般用量为 15～25g/L。

② 作涤棉或涤黏混纺织物的防皱整理剂。一般用量为 20 g/L，也可在染浴中使用，一般用量为 0.5%～1.0%。

【生产厂家】 常州印染科学研究所助剂工厂，江苏武进寨桥防腐材料厂。

1708　特种高浓缩防皱剂 Tebolan CP-OS

【别名】 特班兰 CP-OS 浴中防皱剂；涤纶耐久亲水整理剂 Tebolan CP-OS

【英文名】 special high concentrated anti-wrinkle agents Tebolan CP-OS；polyester fibre durable hydrophilic finishing agent Tebolan CP-OS

【组成】 共聚物

【性质】 密度（20℃）1.0g/cm³，可溶于冷水中，化学性质稳定，耐酸、碱及电解质。对聚酯纤维织物具有极佳的抗皱性，对涤氨织物染色具有拒油和抗返染能力，也能显著改善因分散染料沾污氨纶而引起的牢度问题。属于非离子型助剂。

【质量指标】

指标名称	指 标	指标名称	指 标
外观	乳白色液体	黏度(20℃)/mPa·s	100
pH 值(1%水溶液)	4.5~5.0		

【应用】 ① 作聚酯纤维织物防皱剂及润滑剂。一般用量为 0.5%～1.0%。
② 作聚酯超细纤维织物的染色拒油剂和抗返染剂。一般用量为 0.5%～1.0%，在染浴中使用。

【生产厂家】 波美（杭州）化工助剂有限公司，杭州萧山和强纺织有限公司，佛山市丰年达化工贸易有限公司。

1709 浴中防皱剂 ASULIT PA-NI

【别名】 阿苏利 PA-NI 浴中防皱剂

【英文名】 ASULIT PA-NI creasing preventing agent

【组成】 聚丙烯酰胺衍生物

【性质】 密度 1.1g/mL，无泡沫。化学性质稳定，耐硬水、酸、碱、电解质。用于各种纤维织物的前处理、染色和后整理，对减少纤维与纤维及纤维与金属之间的摩擦系数效果显著，可避免形成褶皱，不会降低染色牢度。属于非离子型助剂。

【质量指标】

指标名称	指 标	指标名称	指 标
外观	黏性无色液体	黏度/mPa·s	2000
pH 值(1%水溶液)	5~7		

【制法】 用丙烯酰胺在 $NaHSO_4$ 作用下共聚反应获得。

【应用】 作各种纤维织物的防皱剂。一般用量为 1～2g/L。

【生产厂家】 阿苏特（苏州）纺织科技有限公司。

1710 无甲醛树脂整理剂 CTA

【英文名】 polyfunctional non-formaldehydeless resin finishing agent CTA

【分子式】 $(C_6H_{11}NO_4)_n$

【结构式】

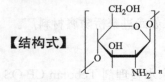

【性质】 可溶于水，适用于各种纤维织物，包括棉、毛等天然纤维和锦纶、黏

胶纤维等化学纤维纺织品的防皱整理，提高回弹性、防缩性、耐洗性、耐磨性、抗静电性，及使织物手感丰满，其应用性能达到或超过 2D 树脂指标。

【质量指标】

指标名称	指 标	指标名称	指 标
外观	淡黄色水溶液	黏度/mPa·s	≤650
pH 值(1%水溶液)	4~5		

【制法】 由甲壳除去蛋白质、无机盐、色素等而得到甲壳素，再经浓碱作用脱去分子中的乙酰基，转变为可溶性的甲壳素即壳聚糖。

【应用】 作各种织物的防皱整理剂。一般用量为 2%～6%或 20～60g/L。

【生产厂家】 深圳赫特化工有限公司。

1711 浴中防皱剂 JintexEco ACN

【英文名】 bath anti-wrinkle lubricant JintexEco ACN

【组成】 特殊高分子聚合物

【性质】 易溶于冷水中，低 COD 值，无泡沫。化学性质稳定，耐高温、高盐、高碱及硬水。用于各种聚酯、聚酰胺纤维等及其混纺织物的各种纱及针织物、机织物的浴中润滑，具有优良的防皱性能，可防止织物在浴中造成绳状皱纹或因受到擦伤而形成色斑及起毛。属于阴离子型助剂。

【质量指标】 符合 Oeko-tex 标准 100 要求

指标名称	指 标	指标名称	指 标
外观	无色黏稠液体	含固量/%	70
COD/(mg/kg)	10		

【应用】 作聚酯、聚酰胺纤维织物及其混纺织物的防皱剂。前处理或练漂染一般用量为 1～2g/L；酸性染料或分散染料染色一般用量为 1～3g/L。

【生产厂家】 福盈科技化学股份有限公司，苏州福彬新科化学有限公司。

1712 浴中防皱剂 JinsofEco CBA

【英文名】 bath anti-wrinkle lubricant JinsofEco CBA

【组成】 高级脂肪醇硫酸酯类

【性质】 易溶于温水，低泡沫。适用于纤维素纤维、包覆弹性纤维及其混纺织物，在不影响织物的白度、色度及染色坚牢度的前提条件下，可获得优良的防皱效果，并赋予织物优良的平滑性，减少织物在加工过程中所产生的色斑。属于阴离子/非离子型助剂。

【质量指标】 符合 Oeko-tex 标准 100 要求

指标名称	指 标	指标名称	指 标
外观	白色液体	pH 值(1%水溶液)	8

【制法】 由脂肪醇和 SO_3 制备脂肪醇硫酸酯，再用 NaOH 中和获得。

【应用】 作纤维素纤维、包覆弹性纤维及其混纺织物防皱整理剂。前处理一般用量为 2～3g/L；染色一般用量为 1～2g/L；荧光增白物防皱一般用量为 20～40g/L。

【生产厂家】 福盈科技化学股份有限公司。

1713　浴中防皱剂 JinsofEco PSN

【英文名】 bath anti-wrinkle lubricant JinsofEco PSN

【组成】 高级脂肪酸酯衍生物，环氧乙烷化表面活性剂

【性质】 冷水搅拌可溶解，低泡沫。化学性质较稳定，耐高硬度硬水、碱、氧化剂及还原剂。高温稳定性良好，用于合成纤维、半合成纤维及其混纺织物防皱柔软整理，在获得良好防皱整理性能的同时，可防止织物在加工过程中造成绳状皱纹或受到擦伤，避免色斑及起毛，且不会造成织物变色或变黄。

【质量指标】 符合 Oeko-tex 标准 100 要求

指标名称	指标	指标名称	指标
外观	白色液体	活性物含量/%	90
pH 值(1%水溶液)	8		

【应用】 作合成纤维及其混纺织物浴中防皱柔软剂。一般用量为 1～3g/L。

【生产厂家】 福盈科技化学股份有限公司，苏州福彬新科化学有限公司，东莞市科瑞达化工科技有限公司。

1714　无甲醛免烫整理剂 DPH

【别名】 JLSUN®无甲醛防皱整理剂 DPH

【英文名】 formaldehydeless permanent press finishing agent DPH；JLSUN® formaldehydeless press finishing agent DPH

【组成】 主要成分为 BTCA

【性质】 易溶于温水，不含甲醛。无甲醛防皱整理剂 DPH 作为反应性整理剂用于棉、麻、人造棉及其混纺织物防皱整理使用时，需要催化剂 SHN（该化合物外观为白色固体，pH 值为 12～13），经其整理后可赋予织物良好的抗皱和耐洗性能，耐磨性较好，高温下不泛黄、不变色。

【质量指标】

指标名称	指标	指标名称	指标
外观	白色固体	活性物含量/%	55～100
pH 值(1%水溶液)	1～2		

【制法】 以丁二酸和氯乙酸为起始原料，采用锂代双异丙胺使丁二酸锂代，生成 2,3-双锂代丁二酸中间体，然后再使之与氯乙酸反应，最后制得 BTCA。

【应用】 作棉、麻、人造棉及其混纺织物的防皱和耐久压烫整理剂。一般用量为 100g/L，SHN 用量为 50g/L，焙烘温度 160℃，焙烘时间 3min。

【生产厂家】 北京洁尔爽高科技有限公司，深圳市康益保健用品有限公司。

1715　水性聚氨酯树脂 WPU-F

【英文名】 water soluble polyurethane resin WPU-F

【组成】 聚酯树脂、聚氨酯树脂等

【性质】 易溶于温水，化学稳定性较强，耐硬水以及通常浓度的酸、碱。热稳定性、光稳定性较强，在通常热处理条件下不会产生黄变，为无黄变类聚氨酯树脂，日光牢度良好。属于阳离子型，可与阳离子以及非离子物质复配。提高所有纤维的回弹性、弹性和抗皱性，特别是对于一些不能含有甲醛的织物，如婴儿服装及内衣等。赋予织物耐磨性能，减少起毛起球倾向，亦可用于织物的抗起毛起球整理。能赋予各种纤维面料高弹性、柔软性，并赋予各类纤维织物优良的吸水性。不含甲醛，是非甲醛类树脂，环保安全。

【质量指标】

指标名称	指标	指标名称	指标
外观	黄色至棕色黏稠液体	含固量/%	38±2
pH 值（原液）	4.5		

【制法】 由 2,4-二甲苯二异氰酸酯和聚醚多元醇预聚后加封端剂反应而得。

【应用】 作为各种纤维织物的手感改良树脂应用。一般用量为 60～100g/L，轧液率 70%，焙烘温度 160～170℃，焙烘时间 90～120s。

【生产厂家】 上海盖普化工有限公司，常州化工研究所有限公司。

1716 整理剂 6MD

【别名】 整理剂 MD；六羟甲基三聚氰胺树脂；整理剂 CHD；Lyofix CH

【英文名】 finishing agent 6MD；finishing agent MD；hexamethylol melamine resin；finishing agent CHD

【分子式】 $C_9H_{18}N_6O_6$

【结构式】

$(CH_2OH)_2N$—三聚氰环—$N(CH_2OH)_2$
$N(CH_2OH)_2$

【性质】 易溶于冷水中，化学性质较稳定，耐碱及硬水，可与阳离子及非离子型表面活性剂复配使用，对温度敏感，在高温下由可溶变为不可溶，且一经变化则不可逆反。用于涤棉中长纤维织物整理具有手感丰满、耐洗性优良、抗皱性好的特点。用于植绒浆料整理的交联剂也有明显整理效果，具有手感丰满、耐洗性优良、弹性高、耐氯不泛黄的特点，氯损率在 5% 以下。此外，可用于涤棉织物的仿麻整理、轧花整理以及手帕、台毯的硬挺整理及耐氯整理等，还可用于树脂领衬的硬挺整理。

【质量指标】

指标名称	指标	指标名称	指标
外观	无色至微黄色稠厚液体	氮含量/%	16～17
pH 值	7.5	含固量/%	≥32

【制法】 将甲醛与三聚氰胺加热反应 1h，冷却，用水稀释至规定含量，即为

成品。

【应用】 ① 作仿麻整理剂。一般用量为 4%。

② 作轧花整理剂。一般用量为 2%～4%。

③ 作硬挺（领衬）整理剂。一般用量为 10%～15%。

【生产厂家】 东莞市科瑞达化工科技有限公司，常州旭杰纺织材料有限公司。

参 考 文 献

[1] Gagliardi D D. Influence of swelling and monosubstitution on the strength of cross-linked cotton [J]. Textile Research Journal, 1967, 37 (2): 118-128.

[2] Rowland S P, Welch C M, Brannan A F. Introduction of ester cross links into cotton cellulose by a rapid curing process [J]. Textile Res J, 1967, 37: 933-936.

[3] Montazer M, Afjeh M G. Simultaneous x-linking and antimicrobial finishing of cotton fabric [J]. Polymer Science, 2007, 103: 178-185.

[4] Keisuke K. Chitin and chitosan: Functional biopolymers from marine crustaceans [J]. Marine Biotechnology, 2006, 8: 217-221.

[5] Huang K S, Wu W J, Chen J B. Application of low- molecular-weight chitosan in durable press finishing [J]. Carbohydrate Polymers, 2008, 73 (2): 254-260.

[6] Welch C M, Andrews B A K. Catalysts and processes for formaldehyde free durable press finishing of cotton textiles with polycarboxylic acids [P]. US4820307. 1989-4-11.

[7] Xu W L. Crosslinking analysis of polycarboxylic acid durable press finishing of cotton fabrics and strength retention improvement [J]. Textile Res J, 2000, 70 (7): 588-592.

[8] 黄玲, 张亚平, 田鹏. 纤维素酶和聚羧酸在棉织物防皱整理中的应用 [J]. 印染, 2007, (3): 5-7.

[9] Yang C Q, Qian L. Mechanical strength of durable press finished cotton fabric [J]. Textile Res J, 2001, 71 (5): 543-548.

[10] Schramm C, Rinderer B, Bobleter O. Non-formaldehyde durable press finishing with BTCA—Evaluation of degree of esterification by isocratic HPLC [J]. Textile Chem Color, 1997, 29 (9): 37-41.

[11] Welch C M. Tetracarboxylic acids as formaldehyde-free durable press finishing agents [J]. Textile Res J, 1988, 58: 480-486.

[12] 邢铁玲, 陈国强. 环氧树脂对真丝绸的防皱整理研究 [J]. 印染助剂, 2002, 19 (1): 23-26.

[13] 陈美云, 袁德宏. 棉织物马来酸酐和壳聚糖的防皱整理 [J]. 印染, 2006, (1): 4-7.

[14] 蒋国川, 杨绍军. 环氧树脂 EPCT 应用于真丝绸防皱整理工艺研究 [J]. 江苏丝绸, 2000, (4): 11-13.

[15] 张济邦. 多元羧酸 BTCA 免烫整理现状及发展趋势 [J]. 印染, 1999, 5: 42-48.

[16] 邢凤兰, 徐群, 贾丽华, 等. 印染助剂 [M]. 北京: 化学工业出版社, 2008.

[17] 中国纺织信息中心, 中国纺织工程学会. 国外纺织染料助剂使用指南 [M]. 2009-2010: 177-179.

[18] 查刘生, 吴明元, 杨建军. 水溶性聚氨酯羊毛防缩剂的研制 [J]. 精细石油化工, 1995, 4: 16-19.

[19] 卢红霞, 刘福胜, 于世涛, 等. 阳离子聚丙烯酰胺制备条件研究 [J]. 化学工程, 2008, 36 (3): 72-75.

[20] 高铭, 李金奎. 无甲醛整理剂 CTA 的应用研究 [J]. 山东纺织科技, 1987, 4: 21-25.

[21] 舒晓宏, 韩伶伶, 李墨林. 甲壳素及壳聚糖制备方法的改进 [J]. 中国海洋药物杂志, 2006, 25 (4): 55-56.

[22] 刘彤, 杜娟. 多元羧酸 BTCA 免烫整理剂研制 [J]. 贵州工业大学学报: 自然科学版, 2005, 34 (4): 21-23.

[23] 刘鹏, 陆必泰. 水溶性聚氨酯的合成 [J]. 武汉科技学院学报, 2007, 20 (2): 52-55.

第18章 柔软剂

18.1 概述

18.1.1 定义及作用

在染整加工中，为了使织物具有滑爽、柔软的手感，提高成品质量，除了采用橡毯机械处理调节手感外（改善织物交织点的位移性能），往往还用柔软剂进行整理。柔软剂是一类能改变纤维的静、动摩擦系数的化学物质。当改变静摩擦系数时，手感触摸有平滑感，易于在纤维或织物上移动；当改变动摩擦系数时，纤维与纤维之间的微细结构易于相互移动，也就是纤维或者织物易于变形。两者的综合效果就是柔软。天然纤维在后整理时，采用各种树脂，虽能防缩、防皱、快干、免烫，使织物具有某些合纤的优越性能，但手感变得比较糙硬，因此必须在树脂工作液中或在后处理浴中加入柔软剂进行整理。棉型或中长化纤混纺织物，如涤棉、涤黏、涤腈等，成品都要求具有滑爽、柔软等风格特征，柔软整理更显得重要；腈纶、维纶混纺的织物，经过高热处理，手感一般都很糙硬，柔软整理成为不可缺少的工序之一。另外，毛纺、丝绸、针织等织物都需进行柔软整理。特别是最近超细纤维的不断开发，更需要相应的超级柔软剂，以满足市场的需要。柔软整理已成为纺织印染加工中提高产品质量、增加附加值必不可少的一道重要后整理加工工序。

18.1.2 主要类型

柔软剂可分为表面活性剂类柔软剂、非表面活性剂类柔软剂、反应型柔软剂和高分子聚合物乳液型柔软剂。表面活性剂类柔软剂按离子性来分有阳离子型、阴离子型、非离子型和两性季铵盐型四种；非表面活性剂类柔软剂有天然油脂、石蜡类和脂肪酸的胺盐皂类等；反应型柔软剂，也称活性柔软剂，是在分子中含有能与纤维素纤维的羟基（—OH）直接发生反应形成酯键或醚键共价结合的柔软剂。因其具有耐摩擦、耐洗涤的持久性，故又称耐久性柔软剂；高分子聚合物乳液型柔软剂主要是聚乙烯、有机硅树脂等高分子聚合物制成的乳液，用于织物整理不泛黄，不使染料变色，不仅有很好的柔软效果，而且还有一定的防皱和防水性能。在织物进行树脂整理时，如和这类柔软剂合用，既可改善织物的手感，又可防止或减轻树脂整理剂引起的纤维强度和耐摩擦性降低等弊病。但它们的摩擦牢度较差，价格较贵，故仅用于高档纺织品的整理。

18.1.3 发展趋势

随着人们生活水平的提高，消费者对纺织品的服用性能等要求越来越高，对环保性、舒适性最为重视，现在国家大力提倡绿色纺织品研究以及在印染行业节能减排。因此，柔软剂的生产必须考虑按照绿色化学的要求进行合成，首先是使用的化学品原料对环境没有污染，并且可生物降解。合成的最终产品对人体和环境无害。柔软剂将向着绿色环保、多功能性、高功能性方向发展。

18.2 主要产品介绍

1801 高效柔软剂 KN-G525

【英文名】 softening agent KN-G525

【组成】 高分子脂肪醇及油酸缩合物

【质量指标】

指标名称	指标	指标名称	指标
外观	乳白色膏体	有效成分/%	≥98
pH 值(10%溶液)	5～6	溶解性	易溶于水中

【应用】 作棉、麻、腈纶等纤维及其混纺织物的柔软整理剂。可赋予滑爽、蓬松、柔软、细腻的手感。对织物色光无影响。黄变小，操作方便。

【生产厂家】 中山市科南精细化工有限公司。

1802 氨基硅油整理剂 Si-2968

【英文名】 amino silicone finishing agent Si-2968

【组成】 氨基硅油微乳液

【质量指标】

指标名称	指标	指标名称	指标
外观	半透明高黏度膏体	有效成分/%	80
pH 值	6～7	溶解性	易溶于水中

【应用】 作涤纶、涤棉、纯棉等织物的柔软、滑爽多功能整理剂。可单独使用，亦可与其他阳离子、非离子表面活性剂同浴使用。一般用量为5～10g/L。

【生产厂家】 宁波晨光纺织助剂有限公司，宁波民光新材料有限公司。

1803 氨基硅油原油 K-651

【英文名】 amino silicone finishing agent K-651

【组成】 氨基硅油微乳液

【质量指标】

指标名称	指标	指标名称	指标
外观	微黄色透明液体	溶解性	溶于醇、醚类产品
pH 值(10%溶液)	8～9		

【应用】 作纯棉、涤棉、羊毛等各种纤维织物的柔软整理剂。

【生产厂家】 东莞市科峰纺织助剂实业有限公司，宁波晨光纺织助剂有限公司，宁波民光新材料有限公司。

1804 亲水性柔软剂 Supersoft A-30

【英文名】 hydrophilic softening agent Supersoft A-30

【组成】 脂肪酰胺类化合物

【质量指标】

指标名称	指　标	指标名称	指　标
外观	乳白色黏稠状液体	溶解性	可完全分散在温水中
pH 值(10%溶液)	5～6		

【应用】 作棉及其混纺产品柔软整理剂。能赋予整理织物优良的柔软效果和良好的亲水性，整理后手感柔软、滑爽，效果优于传统的柔软整理剂，并且同时赋予整理织物良好的亲水性和抗静电性，以及衣物舒适的穿着感，染色织物经整理后若需改染，柔软剂很容易去除，且不影响染料上染。

【生产厂家】 青岛市达茵化工有限公司。

1805 亲水平滑柔软整理剂 LCSOFT 680A

【别名】 有机硅平滑柔软整理剂 CG828、CG868

【英文名】 hydrophilic softening agent LCSOFT 680A

【组成】 阳离子特种有机硅

【性质】 该亲水型整理剂，具有优异的手感及良好的亲水性和耐洗性，产品对高剪切、强电解质、高 pH 值非常稳定，特别适合于浸渍工艺，也可用于喷雾及浸轧工艺，产品的超稳定性能赋予最终用户更多的安全优势。

【质量指标】

指标名称	指　标	指标名称	指　标
外观	透明黄色液体	离子性	阳离子
pH 值(10%溶液)	5～6	溶解性	易溶于水中

【应用】 作各种纤维的柔软整理剂。整理效果可经受 10 次以上的标准家庭洗涤；手感柔软、顺滑、丰满，自然而不油腻，具有丝质般的手感；不影响纯棉类织物的亲水性，可改善化纤类织物的亲水性；优良的弹性效果可显著改善针织织物的拉伸恢复性；能保持产品在高剪切及高 pH 值（3～12）内的稳定性能；对白色织物无黄变。

【生产厂家】 上海力创化工有限公司，宁波晨光纺织助剂有限公司，宁波民光新材料有限公司。

1806 超柔滑柔软剂软片 H-320AS

【别名】 有机硅平滑膨松整理剂 CG908、CG958

【英文名】 softening agent H-320AS

【组成】 阳离子柔软剂

【性质】 是一种亲水型整理剂，拥有优异的手感及良好的亲水性和耐洗性，产品对高剪切、强电解质、高 pH 值非常稳定，特别适合于浸渍工艺，也可用于喷雾及浸轧工艺，产品的超稳定性能赋予最终用户更多的安全优势。

【质量指标】

指标名称	指　标	指标名称	指　标
外观	淡黄色软片	有效物含量/%	100
pH 值(10%溶液)	5～6	溶解性	易溶于温水中

【应用】 ①作腈纶、涤纶、带色棉织物及其混纺织物的后整理剂。赋予纤维蓬松、厚实、柔软和滑爽手感；不影响合成纤维染色，不使染色织物发生变色。

② 作聚丙烯腈纤维阳离子染料染色浴中柔软剂。

使用方法：腈纶用量为 2%～5%；带色织物用量为 3%～10%。

稀释方法：将软片按配比加到稀释水中，边搅拌，边加热，当温度达到 50～60℃时，观察物料溶解状况，约 30min 待物料全溶后，即可停止加热，并降温，到 60℃以下出料，再用乙酸调节 pH 值，根据需要可调至 4.5±1，搅拌均匀后即可出料。配制成 10%（或 5%）浓度。

【生产厂家】 海安县华思表面活性剂有限公司，宁波晨光纺织助剂有限公司，宁波民光新材料有限公司。

1807　速溶型阳离子柔软剂软片 H-RT

【英文名】 softening agent H-RT

【组成】 阳离子柔软剂

【性质】 外观为浅黄色片状固体，熔点 55～60℃。

【质量指标】

指标名称	指　标	指标名称	指　标
外观	浅黄色片状固体	有效物含量/%	98±2
pH 值(10%溶液)	5～6	离子性	阳离子

【应用】 ①作棉、化纤制品的柔软及滑爽整理剂。

② 作针织物、梭织物、T/C 织物的柔软后整理剂。

③ 用于服装水洗的整理，亦可达到柔软、滑爽功效。

使用方法：①浸轧法，用量为 2～3g/L，最佳温度 40～50℃，二浸二轧或一浸一轧。

② 浸渍法，用量为 0.5%～0.8%，最佳温度 50～60℃，时间 15～30min。

溶解方法：①冷法化料，取 6%～10% RT 软片，逐渐加入 30℃左右的水中，搅拌均匀后，静置 1～2h，再低速搅拌均匀即可。

② 温法化料，将 6%～10% RT 软片加入水中，在搅拌下加热至 50～60℃，停止加热后，再继续搅拌成均匀浆料。

【生产厂家】 海安县华思表面活性剂有限公司。

1808　柔软剂 SG-6

【英文名】 softening agent SG-6

【组成】 脂肪酸与环氧乙烷缩合物

【质量指标】

指标名称	指 标	指标名称	指 标
外观	微黄色至乳白色膏状物	HLB 值	9～10
pH 值(10%溶液)	5～7	离子性	非离子

【应用】 ①作纤维加工中柔软整理剂。具有良好的抗静电及润滑性能。
② 作织物编织过程中柔软整理剂。减少断头现象，并改善织物手感。

【生产厂家】 宁波晨光纺织助剂有限公司，宁波民光新材料有限公司。

1809　亲水性软油 LDOB

【英文名】 softening agent LDOB

【组成】 弱阳离子化合物

【性质】 易溶于水，化学稳定性较好，耐硬水、酸、碱，对阳离子、非离子物质相容性好。

【质量指标】

指标名称	指 标	指标名称	指 标
外观	淡黄色黏稠液状	离子性	弱阳离子
pH 值(10%溶液)	5±0.5	溶解性	易溶于水

【应用】 作天然纤维及其混纺织物的亲水柔软后整理剂，浸渍和浸轧工艺皆可。如用于毛巾的亲水整理、针织面料的浸染以及筒子纱的柔软工艺，对于染色织物的回染和修色处理无妨碍。

【生产厂家】 苏州市新力达化学科技有限公司。

1810　亲水性超柔柔软剂 TK-R02

【英文名】 hydrophilic softening agent TK-R02

【组成】 氨基改性有机硅乳液

【性质】 易溶于水，对硬水、酸、碱安定，对阳离子、非离子物质相容性好。

【质量指标】

指标名称	指 标	指标名称	指 标
外观	微蓝光透明液体	离子性	阳离子/非离子
pH 值(10%溶液)	4～6	相容性	可与非离子、阳离子助剂同浴

【应用】 作纯棉、人造棉及其混纺织物亲水性超柔柔软整理剂。赋予织物耐久的超级柔软手感。适用于浸轧和浸渍工艺。

【生产厂家】 吴江市金泰克化工助剂有限公司，宁波晨光纺织助剂有限公司，宁波民光新材料有限公司。

1811 柔软剂 ZJ-RS

【英文名】 softening agent ZJ-RS

【组成】 脂肪酸酰胺缩合物

【性质】 密度（25℃）0.95～1.05g/cm³，在硬水中稳定，对氧化和还原漂白液中的电解质及稀酸、稀碱均稳定。

【质量指标】

指标名称	指标	指标名称	指标
外观	白色絮状物	离子性	两性
pH 值(10%溶液)	8.0～9.0		

【应用】 ① 作纤维素纤维、合成纤维及其混纺的纱线、梭织物和针织物的润滑柔软整理剂。

② 作羊毛织物柔顺平滑整理剂。

【生产厂家】 广州庄杰化工有限公司，宁波晨光纺织助剂有限公司，宁波民光新材料有限公司。

1812 HA-920 柔软整理剂

【英文名】 softening agent HA-920

【组成】 环氧基官能团有机硅乳液是新一代改性有机硅聚合物柔软整理剂，端基为活性羟基，侧链基为活性环氧基，具有优异的自交联活性

【性质】 密度（25℃）约 1.0g/cm³，易溶于冷、热水中。无毒、无腐蚀。

【质量指标】

指标名称	指标	指标名称	指标
外观	半透明低黏度的乳液	离子性	阳离子
pH 值	6.0～7.0	含量/%	40±2

【应用】 作各种纤维制品的柔软整理剂。能赋予织物优良的柔软、平滑效果，有光泽，白度好。不可与阴离子产品一起使用，如增白剂。

【生产厂家】 江苏省海安石油化工厂，宁波晨光纺织助剂有限公司，宁波民光新材料有限公司。

1813 高效浓缩亲水柔软剂 CSP-832

【英文名】 hydrophilic softening agent CSP-832

【组成】 季铵盐化合物

【质量指标】

指标名称	指标	指标名称	指标
外观	浅黄色到黄棕色黏稠物	离子性	阳离子
pH 值	4.0～6.0	溶解性	可完全分散在温水中

【应用】 作棉及其混纺牛仔面料柔软整理剂。赋予整理织物优良的柔软、蓬松效果和良好的亲水性。

【生产厂家】 南京栖霞山印染助剂厂。

1814 新型氨基硅酮柔软剂 YDF-2206

【英文名】 amino-silicone softening agent YDF-2206

【组成】 季铵盐化合物

【质量指标】

指标名称	指标	指标名称	指标
外观	浅黄色透明黏稠油状液体	离子性	非离子
pH值(1%水溶液)	8.0～9.0	溶解性	易溶于水

【应用】 作纯棉、涤棉、化纤等混纺织物的柔软剂。赋予这类织物柔软、爽滑、舒适的手感，加工后的织物不会引起黄变以及对加工机械的粘辊和粘缸现象。可与阴离子、非离子助剂同浴使用，可与棉增白剂同浴使用。

【生产厂家】 苏州市永德力多纺织新材料有限公司，宁波晨光纺织助剂有限公司，宁波民光新材料有限公司。

1815 亲水性有机硅氨基硅油 JM-106

【英文名】 hydrophilic amino-silicone JM-106

【组成】 聚醚及含氨基化合物改性的聚硅氧烷高聚物

【性质】 易溶于水，密度 1.020～1.035g/mL。

【质量指标】

指标名称	指标	指标名称	指标
外观	微蓝光透明液体或浅乳白色液体	含固量/%	98±1
pH值(1%水溶液)	7.0～8.0	黏度(25℃)/mPa·s	1500～8500

【应用】 ① 作各种天然纤维和化纤仿绸、仿毛、仿麻等织物的后整理剂。赋予织物柔软、滑爽、丰满的手感及抗皱性能；赋予化纤织物良好的亲水性、吸湿性和透气性。

② 作化纤油剂、毛用和毛油、染色及印花涂料添加剂。

【生产厂家】 南通金名化工有限公司，宁波晨光纺织助剂有限公司，宁波民光新材料有限公司。

1816 柔软剂 JT-2112

【英文名】 hydrophilic amino-silicone JT-2112

【组成】 弱阳离子通用型柔软剂

【质量指标】

指标名称	指标	指标名称	指标
外观	浅黄色膏体	有效物含量/%	100
pH值(1%水溶液)	7.0～8.0	离子性	弱阳离子

【应用】 作棉、麻、毛的纱线及织物的柔软整理剂。可赋予织物良好的柔软性

和弹性；对各种牛仔布、水洗布、羊毛衫、毛巾等纺织品的后整理，可达柔软、蓬松的效果。

使用方法：① 冷法化料，取 6%～10% 柔软剂，逐渐加入 30℃ 左右的水中，使其分散均匀后，静置 1～2h，再低速搅拌至浆料均匀即可。

② 温法化料，将 6%～10% 柔软剂在搅拌下加入室温水中，继续升温至 50～60℃，停止加热，搅拌成均匀浆料即可。

【生产厂家】　宜昌九天印染材料有限公司，宁波晨光纺织助剂有限公司，宁波民光新材料有限公司。

参 考 文 献

[1] 邢凤兰，徐群，贾丽华，等．印染助剂 [M]．北京：化学工业出版社，2008.
[2] 周弟，赵新，陈琳，等．织物柔软剂的研究进展 [J]．化学工程师，2009，(10)：31-35.
[3] 罗巨涛．染整助剂及其应用 [M]．北京：中国纺织工业出版社，2000.
[4] 程静环．染整助剂 [M]．北京：纺织工业出版社，1985.
[5] 丁忠传，杨新玮．纺织染整助剂 [M]．北京：化学工业出版社，1988.
[6] 黄洪周．化工产品手册（工业表面活性剂）[M]．北京：化学工业出版社，1999.
[7] 刘必武．化工产品手册（新领域精细化学品）[M]．北京：化学工业出版社，1999.
[8] 邢凤兰，刘铁民，冯俊，等．一种有机硅双子表面活性剂及其制备方法 [P]．CN102614808A．2013-11-20.

第19章　抗静电剂

19.1　概述

19.1.1　定义及作用

合成纤维在加工过程中丝束与丝束、丝束与机械部件之间相互摩擦会产生静电，若不能使静电及时逸出，在纺丝加工时会出现丝束松散，不能顺利通过卷绕，容易产生毛丝、断头等现象，在纺织加工中也会出现绕罗拉、断头等问题。将聚集的有害电荷导引或消除，使其不对生产和生活造成不便或危害的化学品称为抗静电剂。一般的抗静电剂是由表面活性剂组成的，含有亲水基团和亲油基团。由于抗静电剂和纤维材料本身并不相容，亲水基团增加纤维表面水分，使静电得以逸出，从而达到降低其表面电阻率的目的。

19.1.2　主要类型

抗静电剂按照使用方式可分为外部抗静电剂和内部抗静电剂两大类，按照作用的耐久性可分为暂时性抗静电剂和耐久性抗静电剂，按照结构特征可分为无机盐类、表面活性剂类等，化纤和纺织加工使用的抗静电剂多数都是表面活性剂类。表面活性剂类抗静电剂按照离子特征可分为阳离子型、阴离子型、两性型和非离子型。阳离子抗静电剂主要有胺盐、季铵盐；阴离子抗静电剂主要有磷酸盐、硫酸盐和磺酸盐。化纤抗静电剂主要使用的是阳离子型和阴离子型。

19.1.3　发展趋势

国外发达国家对抗静电剂的研究开发十分重视，20 世纪 90 年代德国拜耳公司和日本三洋化成公司，用 C_{20} 以上有支链的异构烃基的磷酸酯作为抗静电组分，取代了月桂醇为代表的直链醇磷酸酯，近年来，随着化纤纺丝速度的提高，具有高热稳定性的抗静电剂是发展的重点，在完善现有抗静电剂的基础上，研究高效新型、具有环保特点的抗静电剂是今后的发展趋势。

19.2　主要产品介绍

1901　抗静电剂 CT-300B

【英文名】　antistatic agent CT-300B

【组成】 阴离子表面活性剂

【性质】 易溶于水中，具有良好的热稳定性，在热蒸或热定型过程中不会影响染色牢度，亦适用于织物的抗静电整理。

【质量指标】

指标名称	指标	指标名称	指标
外观	无色或浅黄色透明液体	pH值(10%溶液)	7.0～8.0
相容性	与阴离子/非离子型产品相容		

【应用】 作合成纤维及羊毛等纤维抗静电剂。适用于消除合成纤维及羊毛等纤维在梳理加工过程中因摩擦产生的静电，从而减少绕皮辊及绕罗拉现象，减少飞毛，提高成纱质量和纺纱效率。

【生产厂家】 中国纺织科学技术有限公司。

1902 抗静电剂 P

【别名】 磷酸酯胺盐

【英文名】 antistatic agent P

【组成】 烷基磷酸酯二乙醇胺盐

【性质】 易溶于水及有机溶剂，有一定的吸湿性，具有抗静电及润滑作用。

【质量指标】

指标名称	指标	指标名称	指标
外观	棕黄色黏稠膏状物	有机磷含量/%	6.5～8.5
pH值(10%溶液)	8～9	相容性	易溶于水及有机溶剂

【制法】 脂肪醇用五氧化二磷磷酸化后，再用二乙醇胺中和而得。

工艺流程：在搪瓷反应釜中加入脂肪醇，在搅拌下于40℃以下逐渐加入五氧化二磷，然后在50～55℃保温反应3h，在70℃以下用二乙醇胺中和至pH值为7～8，出料。

【应用】 作涤纶、丙纶等合成纤维纺丝油剂组分。具有抗静电及润滑作用，其用量为油剂总量的5%～10%。

【生产厂家】 上海助剂厂，天津助剂厂，海安县国力化工有限公司，宜兴市通利化工物资有限公司。

1903 抗静电剂 1631 季铵盐

【别名】 1631（溴型）季铵盐

【英文名】 antistatic agent 1631

【组成】 十六烷基三甲基溴化铵

【性质】 易溶于异丙醇，可溶于水。与阳离子、非离子、两性表面活性剂有良好的配伍性，忌与阴离子表面活性剂同浴使用。不宜在120℃以上长时间加热。

【质量指标】

指标名称	指 标	指标名称	指 标
外观	白色或淡黄色固状物	游离胺含量/%	≤2.0
活性物含量/%	70	pH 值(10%溶液)	8~9

【制法】 十六烷基溴化物与三甲胺反应制得。

$$C_{16}H_{33}Br+N(CH_3)_3 \xrightarrow[\triangle]{H_2O} C_{16}H_{33}-\overset{CH_3}{\underset{CH_3}{\overset{|}{\underset{|}{N^+}}}}-CH_3 \cdot Br^-$$

【应用】 ① 作合成纤维、天然纤维的抗静电剂、柔软剂。

② 作涤纶真丝化助剂。

【生产厂家】 常熟市联南化学有限公司。

1904 抗静电剂 SN

【英文名】 antistatic agent SN

【别名】 十八烷基二甲基羟乙基季铵硝酸盐

【分子式】 $C_{22}H_{48}N_2O_2$

【性质】 在室温下易溶于水和丙酮、丁醇、苯、氯仿、二甲基甲酰胺、二氧六环、乙二醇等,在 50℃时可溶于四氯化碳、二氯乙烷、苯乙烯等。在 180℃以上分解,对 5%的酸、碱稳定。可与阳离子和非离子表面活性剂混合使用,不可与阴离子表面活性剂同浴使用。

【质量指标】

指标名称	指 标	指标名称	指 标
外观(25℃)	淡棕色透明黏稠液体	游离胺含量/%	≤2.0
活性物含量/%	55~60	pH 值(1%溶液,20℃)	6~8

【制法】 将十八烷基二甲基叔胺溶解于异丙醇中,加入硝酸后,密闭反应釜,抽真空除去空气,再通氮气数次除去反应釜中的空气,与 90℃下逐渐通入环氧乙烷,反应温度 90~110℃,反应结束后,冷却至 60℃,加入双氧水进行漂白,然后包装。

$$C_{18}H_{37}N\overset{CH_3}{\underset{CH_3}{\diagup}} + H_2C\overset{}{\underset{O}{-}}CH_2 + HNO_3 \longrightarrow \left[C_{18}H_{37}-\overset{CH_3}{\underset{CH_3}{\overset{|}{\underset{|}{N}}}}-CH_2CH_2OH \right]^+ NO_3^-$$

【应用】 适用于涤纶、锦纶、氯纶等合成纤维的纺丝静电消除,具有优良的抗静电效果。抗静电剂 SN 可单独使用,也可与其他不含阴离子表面活性剂的油剂、乳化剂配成水溶液,使纤维丝束在上述乳液中通过即可消除静电,用量一般为纤维质量的 0.2%~0.5%。

【生产厂家】 江苏省海安石油化工厂，广州市区祺化工有限公司，南通宏申化工有限公司，上虞市小越虞舜助剂厂。

1905 脂肪醇聚氧乙烯醚磷酸酯钾盐

【别名】 抗静电剂 PEK；CG188；MOA3PK-40；MOA-3PK

【英文名】 fatty alcohol polyoxyethylene ether phosphoric ester potassium

【组成】 脂肪醇聚氧乙烯醚磷酸酯钾盐

【性质】 具有优良的水溶性，且具有去污、乳化、润滑、净洗、分散、抗静电和防锈性能，化学性质较稳定，耐酸、耐碱、耐硬水、耐无机盐，耐高温，同时生物降解性好，刺激性低，具有优异的电解质相容性，同时具有强的脱脂力。

【质量指标】

指标名称	指标	指标名称	指标
外观(25℃)	无色至微黄色透明液体	pH 值(1%溶液,20℃)	6～8
活性物含量/%	40±2		

【制法】 以脂肪醇聚氧乙烯醚和五氧化二磷为原料，经磷酸酯化反应，再经氢氧化钾中和而成。

【应用】 ① 作涤纶、锦纶、丙纶油剂。具有优良的抗静电、热稳定、乳化及平滑等性能。

② 用于化纤浆料及印染中作助剂。起到协助抗静电作用。

【生产厂家】 宁波晨光纺织助剂有限公司，宁波民光新材料有限公司，江苏省海安石油化工厂，太仓浦峰油剂有限公司，桑达化工（南通）有限公司，海安县华思表面活性剂有限公司。

1906 抗静电剂 B

【英文名】 antistatic agent B

【组成】 烷基胺与环氧乙烷的缩合物

【性质】 一般溶于有机溶剂，在水中形成胶体。具有良好的耐热性、稳定性，无毒特性显著。

【质量指标】

指标名称	B1 双(β-羟乙基)椰油胺	B2 双(β-羟乙基)硬脂胺	B3 双(β-羟乙基)牛油胺
外观(25℃)	无色至淡黄色液体	无色至淡黄色蜡状物	无色至淡黄色固状物
活性物含量/%	≥99	≥99	≥99
胺值/(mg KOH/g)	195～220	150～165	150～165

【应用】 作纺织油剂的非离子型抗静电剂。

【生产厂家】 江苏四新界面剂科技有限公司，江苏省海安石油化工厂。

1907　抗静电剂 PK

【英文名】　fatty alcohol phosphoric ester potassium PK

【组成】　脂肪醇磷酸酯钾盐

【性质】　易溶于水，在温水中易乳化，单酯抗静电性好，双酯平滑性好，且有较好的防锈性、耐热性。易清洗，易被酸碱分解，具有优良的抗静电、乳化、平滑等性能。属于阴离子型表面活性剂。

【质量指标】

指标名称	指标	指标名称	指标
外观	乳白色至微黄色膏体	有效成分/%	50
无机磷含量/%	≤0.5	酸值/(mg KOH/g)	17~27
pH 值(1%溶液)	7~8		

【制法】

```
低碳醇 ┐
高碳醇 ├─ 酯化 ──→ 中和 ──→ 成品
五氧化二磷 ┘        ↑KOH
```

【应用】　作毛纺、麻纺、化纤织造、纺织油剂、印染碱减量、上浆织造、洗涤防锈等工业上抗静电整理剂。一般用量为 1%~3%。

【生产厂家】　宁波晨光纺织助剂有限公司，宁波民光新材料有限公司，海安县华思表面活性剂有限公司。

1908　耐久性抗静电剂 WK-TM

【英文名】　the durability of antistatic agent WK-TM

【组成】　聚酯类化合物的复配物

【性质】　耐久性抗静电剂 WK-TM 分子中含有大量的亲水基团，是良好的抗静电剂。可以吸收环境中的水分，具有优良的耐洗性、渗透性、柔软性以及防污去污性能。

【质量指标】

指标名称	指标	指标名称	指标
外观	黄棕色黏稠液体	含固量/%	13
pH 值(1%溶液)	6~7		

【应用】　① 作涤纶及其混纺产品的耐久性抗静电整理剂。

② 作锦纶、丙纶、醋酸纤维和羊毛、真丝、棉、黏胶纤维的混纺产品的抗静电整理剂。

使用方法：① 溢流染色工艺，浴比 1:(10~13)；pH 值 4.5~5；用量为 2%~4%。

② 浸轧工艺，纯涤纶织物，一般用量为 20~60g/L，轧液率 70%~80%，烘干温度 130℃，烘干时间 1.5min，焙烘温度 170℃，焙烘时间 30s。涤纶/棉织物，一般用量为 20~50g/L，轧液率 70%~80%，烘干温度 130℃，烘干时间 1.5min，焙烘温度 170℃，焙烘时间 45s。

【生产厂家】 杭州望柯印染助剂厂。

1909　YH 非离子抗静电剂

【英文名】 YH non-ionic antistatic agent

【组成】 聚氧乙烯类高分子复合物

【性质】 属于非离子型，可用水以任意比例稀释。可与防水剂并用，提高织物的抗静电性能，对防水性能基本不影响；经处理织物具有优良的吸湿导电性和防污防尘性；可提高整理后的织物的抗起毛起球性能；可与固色剂、硅油等同时使用，不影响织物的风格和手感；与常规的季铵盐类抗静电剂相比，适应性更广，且不会造成织物的落色、色变及黄变。

【质量指标】

指标名称	指标	指标名称	指标
外观	无色至淡黄色透明液体	pH 值(1%溶液)	6~8

【应用】 ① 作涤纶、腈纶、锦纶、丝、毛等及其混纺织物的抗静电整理剂。经其处理过的纤维表面具有很好的吸湿导电性和防污防尘性，并可改善织物的抗起毛起球性能。

② 作合成纤维纺丝、织造时的抗静电添加剂。

使用方法：①浸渍法，用量为 0.5%~2%。

② 浸轧法，用量为 5~30g/L。

【生产厂家】 宜兴市永和黏合材料有限公司。

1910　非硅抗静电剂 HP-100A

【英文名】 non-silicon antistatic agent HP-100A

【组成】 由非离子表面活性剂复配而成

【性质】 极易溶解于水，使用冷水稀释即可均匀分散，属于非离子型。具有极优越的静电防止功能。可润滑降低机器与纤维之间的摩擦。

【质量指标】

指标名称	指标	指标名称	指标
稀释后 pH 值	5±0.3	密度/(g/cm³)	1.2

【应用】 作聚酯纤维、尼龙纤维织物的静电防止剂。即使用大浴比方式添加，也有很好的静电防止效果，同时也使纤维平滑，有利于后续工程。一般用量为 0.5%，若要赋予纤维平滑性，则用量为 1.0%~2.0%。

【生产厂家】 石狮市绿宇化工贸易有限公司。

1911　抗静电剂 KN-N663

【英文名】 antistatic agent KN-N663

【组成】 非离子高分子聚合复配物

【质量指标】

指标名称	指 标	指标名称	指 标
外观(25℃)	无色透明液体	溶解性	易溶于水中
pH 值(1%溶液,20℃)	5～7		

【应用】 ① 作涤纶、腈纶、锦纶、毛类等及其混纺织物抗静电处理剂。

② 作合成纤维纺丝、织造时的抗静电处理剂。

使用方法：①浸轧法，漂染后的织物→浸轧抗静电剂 KN-N663 溶液（用量为 10～20g/L，抗起球处理时可用至 30g/L）→轧车脱水→定型烘干。

② 浸渍法，用量为 2～8g/L。

【生产厂家】 中山科南精细化工有限公司。

参 考 文 献

[1] 邢凤兰，徐群，贾丽华，等．印染助剂［M］．北京：化学工业出版社，2008.

[2] 许坚刚．化纤油剂发展现状概述［J］．现代纺织技术，2010,（2）：26,43.

[3] 蔡继权．我国化纤油剂的生产现状与发展趋势（上）[J]．纺织导报，2012,（6）：116-118.

[4] 蔡继权．我国化纤油剂的生产现状与发展趋势（下）[J]．纺织导报，2012,（7）：111-114.

[5] 徐国玢．合纤油剂的组成及其效果［J］．合成纤维工业，1987,4：52-58.

[6] 李蔚．季铵盐阳离子抗静电剂的概况及发展趋势［J］．国际纺织导报，2007,（11）：68-72.

[7] 李燕云，尹振晏，朱严谨．抗静电综述［J］．北京石油化工学院学报，2003,（1）：28-32.

[8] 黄洪周．化工产品手册（工业表面活性剂）[M]．北京：化学工业出版社，1999.

[9] 张武晨．化工产品手册（合成树脂与塑料·合成纤维）[M]．北京：化学工业出版社，1999.

[10] 程静环．染整助剂［M］．北京：纺织工业出版社，1985.

[11] 罗巨涛．染整助剂及其应用［M］．北京：中国纺织工业出版社，2000.

[12] 王万兴，于松华，徐群．PEK 型抗静电剂研究报告［J］．齐齐哈尔轻工学院学报，1992,（3）：1-12.

[13] 罗巨涛．染整助剂及其应用［M］．北京：中国纺织工业出版社，2000.

第20章 抗菌防臭整理剂

20.1 概述

　　微生物，即细菌、霉菌、酵母菌，几乎到处都存在。纤维制品尤其是以纤维素、胶原、角蛋白和丝素为主要成分的棉、麻、蚕丝和羊毛等非常容易受到微生物的侵害。在化学纤维中，腈纶、涤纶、人造丝、富纤、铜铵丝和氨纶等，由于聚合物主链不是由亚甲基链构成的，所以也容易受到微生物水解恶化。当人们穿用时，所有这些微生物都在它们紧靠人体的生长环境中找到理想的繁殖条件，因为人体内环境的温度及湿度是适宜微生物生长的，且人体排泄物（如汗及其他分泌物）、脂肪等可供微生物生长繁殖。微生物高速繁殖，它们会在很短的时间里，变得使人非常讨厌，产生恶臭，尤其是在人体不易渗入新鲜空气（氧）的部分。为了防止这些问题的发生，开始了纤维制品的抗菌、防臭加工整理。抗菌防臭加工是用具有抗菌、防霉能力的加工助剂处理纤维制品。目的是不仅在于抑制微生物使纤维制品产生变质，而且主要目的是在穿着衣服状态下，或在使用状态下，抑制以汗和污物为营养源而生育的微生物的繁殖，在抑制微生物产生恶臭的同时，保持了卫生状态。

　　现代抗菌防臭（又名卫生）整理剂的发展史，可追溯到 1935 年由美国 G. Domak 使用季铵盐处理的军服，以防止负伤士兵的二次感染。1947 年美国市场上出现了季铵盐处理的尿布、绷带和毛巾等商品，可预防婴儿得氨性皮炎症。1952 年英国 Engel 等用十六烷基三甲基溴化铵处理毛毯和床（坐）垫面料，但由于季铵盐活性较低，不耐水洗和皂洗。后来，曾一度使用有机汞、有机锡等高效杀菌剂作为纺织品的抗菌防臭整理剂。但是，由于这类高效杀菌剂很容易引起人体皮肤的伤害，不久就被淘汰了。以后抗菌防臭整理剂一直沿着安全、高效、广谱抗菌和耐久性的方向开发。直至 1975 年美国道康宁公司推出有机硅季铵盐（即商品名为 DC-5700），可以说是现代抗菌防臭剂中最完美的代表性品种之一。但最近十多年来，无机化合物、纤维配位结合的金属化合物和天然化合物三个方面的抗菌防臭整理剂的开发研究，其进展令人瞩目。

20.2 主要品种介绍

2001 麦克癍 9200-200

　　【英文名】 MICROBAN 9200-200

【组成】 抗菌剂及阳离子平滑剂

【性质】 清澈至微黄色液体,适用于合成纤维、纤维素纤维及其混纺织物等所有纤维的纺织品专用抗菌剂。应用于合成纤维时,可直接与染色浸渍法同浴进行。具有优异的抗菌性能及长效的吸味性能,可长期保持布面无异味。可采用浸轧或浸渍工艺,耐洗性优良。通过 AATCC100 抑菌测试及 Oeko-tex 标准 100 认证。属于非离子型助剂,能与其他非离子、阳离子型柔软剂、非离子型后整理添加剂、交联剂和常规树脂整理的催化剂复配使用。

【应用】 ① 作纤维素纤维及其混纺织物的织物专用抗菌剂。一般用量为 0.4%~1.0%,适用 pH 值 5~6,过高会影响产品耐久性。

稀释方法:用前搅拌,稀释于冷水。

焙烘方法:预烘干后在焙烘温度 130℃下有效焙烘 1min,焙烘温度不能超过 170℃。避免快速高温焙烘。

轧染工艺:有效用量为 0.5%,轧余率 80%。

浸渍工艺:用量为 0.4%~1.0%,轧余率 80%,适用 pH 值 5~6,焙烘温度 130℃,焙烘时间 1min,焙烘温度不能超过 170℃。

② 作涤棉织物的抗起球及抗菌剂。一般用量为 7.0g/L,pH 值 5~6,压余率 80%,焙烘温度 130℃。

③ 作棉府绸衬衫的洗可穿及抗菌剂。一般用量为 7.0g/L,pH 值<5.5,压余率 80%,焙烘温度 150℃,焙烘时间 3min。

④ 作涤纶染色织物抗菌剂。一般用量为 0.5%~0.7%。

【生产厂家】 科凯精细化工(上海)有限公司,无锡瑞贝纺织品实业有限公司,兰鑫化工有限公司,郑州国宏纺织品有限公司。

2002 麦克癍 9206-400

【英文名】 MICROBAN 9206-400

【组成】 抗菌剂及阳离子平滑剂

【性质】 属于阳离子型助剂,能与其他非离子、阳离子型柔软剂相容。适用于纤维素纤维、羊毛及其混纺织物的纺织品专用抗菌剂,抗菌性能优异,具有长效的吸味性能,可长期保持布面无异味。适于采用浸染或喷洒工艺,耐洗性优良。通过 AATCC100 抑菌测试及通过 Oeko-tex 标准 100 认证。

【质量指标】

指标名称	指 标	指标名称	指 标
外观	清澈至微黄色液体	pH 值(1%水溶液)	6~8

【应用】 ① 作纤维素纤维、羊毛及其混纺织物的专用抗菌剂。用量为 1%~2%,适用 pH 值 5~6。用前搅拌,稀释于冷水。预烘干后在 130℃下有效焙烘 1min。焙烘温度不能超过 160℃,避免快速高温焙烘。

② 作棉针织物的柔软及抗菌剂。一般用量为 1.5%,用乙酸调节 pH 值 5~6,焙烘温度 130℃,焙烘时间 3min。

③ 作棉纱的柔软及抗菌剂。一般用量为 1.5％，用乙酸调节 pH 值 5～6，焙烘温度 130℃，焙烘时间 3min。

【生产厂家】 无锡宜澄化学有限公司，科凯精细化工（上海）有限公司，兰鑫化工有限公司，郑州国宏纺织品有限公司。

2003 抗菌加工整理剂 TASTEX® MIGU

【别名】 抗菌防蛀整理剂 TASTEX® MIGU

【英文名】 antibacterial finishing agent TASTEX® MIGU；antibacterial agent moth-proofing finishing agent TASTEX® MIGU

【组成】 十一碳烯酸单甘油酯

【性质】 密度 1.0g/cm³，溶于任何比例冷水中。用于各种纤维抗菌整理，抗菌效果极佳，手感柔软。TASTEX® MIGU 中含有阳离子表面活性剂，处理荧光增白剂处理过的产品前应检查是否会有泛黄现象。

【质量指标】 符合 Oeko-tex 标准 100

指标名称	指 标	指标名称	指 标
外观	白色液体	pH 值(1％水溶液)	6～7

【制法】 由十一碳烯酸和异丙醇在负载磷酸的介孔分子筛 SBA-1 催化作用下酯化反应制备。

【应用】 作各种纤维抗菌整理剂。浸轧法一般用量为 5～10g/L；浸渍法一般用量为 0.5％～1％，pH 值 4～5，浴比 1∶15。

【生产厂家】 拓纳贸易（上海）有限公司，苏州市莱德纺化有限公司。

2004 抑菌除臭剂 Permalose PAM

【英文名】 antibacterial deodorant finishing agent Permalose PAM

【组成】 独特的阳离子表面活性剂

【性质】 易溶于水，与整理浴中的阳离子或非离子型助剂相容。是拥有美国专利技术的新一代抑菌除臭剂，用于与人体皮肤及相关表面接触的各类天然纤维、合成纤维及其成衣的后整理。具有显著的抑菌、防臭、除臭效果，可抑制革兰阳性菌、阴性菌、霉菌、真菌等菌类。对人体皮肤的正常菌丛是安全的，已通过了国际检测机构对皮肤的安全测试标准。对颜色和牢度无不良影响，洗涤耐久性优异。

【质量指标】

指标名称	指 标	指标名称	指 标
外观	棕色的轻微黏稠液体	pH 值(1％水溶液)	6～7

【应用】 作各类天然纤维、合成纤维及其成衣的抑菌、防臭整理剂。浸染一般用量为 1％～2％，轧染一般用量为 10～20g/L。

【生产厂家】 英国禾大公司（CRODA），广州道盛化学品有限公司。

2005 抗菌除臭剂 SENSIL 555

【英文名】 antibacterial deodorant finishing agent SENSIL 555

【组成】 高分子聚合物

【性质】 易溶于水，属于阳离子型。不含甲醛，不含 APEO。对棉织物的水洗加工具有永久抗菌效果。它对革兰阳性细菌和革兰阴性细菌都有优异的阻杀作用，可以有效去除便装、袜子、内衣、被单等与人体直接接触的织物上的细菌，并能防止细菌再生。

【质量指标】

指标名称	指 标	指标名称	指 标
外观	淡黄色液体	pH 值(1%水溶液)	7

【应用】 作棉及其混纺织物的抗菌防臭整理剂。用量为 5～10g/L。

【生产厂家】 上海大祥化学工业有限公司，杭州森格化工有限公司。

2006 抗菌整理剂 ZSM NANOSILBER

【英文名】 antibacterial finishing agent ZSM NANOSILBER

【组成】 银胶体

【性质】 属于阴离子、非离子型，用于织物抗菌整理。对手感无影响。可防止运动服和内衣、袜子等因抗菌而产生的气味，防止织物产生腐败细菌和霉菌，从而延长织物寿命。可用于医用织物如医用服装、清洁布及其包装材料，以防止细菌的传播。

【质量指标】

指标名称	指 标	指标名称	指 标
外观	黑色液体	pH 值(1%水溶液)	6～7

【应用】 ① 作织物抗菌整理剂。

② 作运动服和内衣、袜子等抗菌整理剂。

③ 作医用织物如医用服装、清洁布及其包装材料等抗菌整理剂。

【生产厂家】 德国司马化学有限公司。

2007 抗菌防蛀整理剂 Sanitized® T99-19

【英文名】 antimicrobial mothproof finishing agent Sanitized® T99-19

【组成】 含硅官能团的四烷基季铵化合物的高沸点乙二醇醚

【性质】 密度（20℃）1.0～1.04g/cm³，闪点 65℃，水中最高溶解度为 57%。不含有机卤素（AOX），容易生物降解。属于弱阳离子助剂，可与纺织助剂如氟碳化合物、阻燃剂、柔软剂、黏合剂和交联剂等活性成分同浴使用，但与荧光增白剂和阴离子纺织助剂同浴使用必须经过预先测试。与皮肤直接接触各类纤维纺织品的抗菌卫生整理剂，同样也适用于皮革。具有可靠和耐久的抗菌效果，如大多数革兰阴性细菌和革兰阳性细菌以及假丝酵母类所代表的某些酵母菌。还具有持久的卫生清新和穿着舒适性，防止因细菌引起的气味，杰出的洗涤牢度、日耐牢度和汗渍牢度。

【质量指标】

指标名称	指标	指标名称	指标
外观	黄色的带有氨味的清澈液体	黏度(20℃)/mPa•s	2000~5000
pH 值(5%水溶液)	6.7~8.7		

【应用】 ①作与皮肤直接接触的纺织品的抗菌卫生整理剂。一般用量为0.4%~1.2%。处理后织物只需烘干即可,不需焙烘,温度最高可至180℃。

② 作纯棉、棉混纺和羊毛抗菌卫生整理剂。用乙酸或柠檬酸调节 pH 值为4.5~5,用量为0.6%,可获得最佳的抗菌效果。

【生产厂家】 科莱恩化工(中国)有限公司。

2008 科莱恩抗菌卫生整理剂 Sanitized® T96-21

【英文名】 Clariant antibacterial finishing agent Sanitized® T96-21

【组成】 卤化苯氧基化合物

【性质】 密度 (20℃)1.06~1.11g/cm³,在搅拌的情况下,可以和水混合,并形成白色分散液。原则上与其他产品如树脂、黏合剂、氟碳化合物和其他的整理化学品相容性好。热稳定性较好,染浴温度最高可至130℃,烘干和焙烘温度最高可至160℃。用于与皮肤直接接触纺织品的抗菌卫生整理剂。适用于除聚烯烃以外的所有通常的纺织纤维以及它们的混纺纤维。具有可靠和耐久的抗革兰阴性细菌和革兰阳性细菌的效果,杰出的水洗牢度、日晒牢度、干洗牢度、熨烫牢度和汗渍牢度。属于非离子型助剂。

【质量指标】

指标名称	指标	指标名称	指标
外观	无色至淡黄色液体	pH 值(5%水溶液)	6.3~8.3

【应用】 作除聚烯烃以外的所有通常的纺织纤维及其混纺纤维类与皮肤直接接触的纺织品的抗菌卫生整理剂。一般用量为 0.7%~1%。处理后织物只需烘干即可,温度最高可至160℃。

【生产厂家】 科莱恩化工(中国)有限公司。

2009 科莱恩抗菌卫生整理剂 Sanitized® AM21-16

【英文名】 Clariant antibacterial finishing agent Sanitized® AM21-16

【组成】 卤化的苯氧基化合物和氯菊酯衍生物

【性质】 密度 (20℃) 1.06~1.10g/cm³,闪点65℃,属于非离子型助剂,可分散在水中。适于家用纺织品(包含纬编织物,可用于所有常规的纤维及织物,除聚丙烯纤维以外)、床上纺织品(如床垫、床罩、枕头、床单、枕套)、窗帘、墙布以及室内纺织装饰品和家具纬编织物。具有值得信赖的抗细菌(如大量的格兰阴性细菌、阳性细菌)以及抗螨虫效果,使细菌和螨虫因不能获得营养物而不能存活。处理过的织物具有杰出的皮肤耐受性(OECD406 和 RIPT 测试),对人类和环境安全。

【质量指标】

指标名称	指 标	指标名称	指 标
外观	淡黄色液体	pH 值(5%水溶液)	6.5～8.5

【应用】 作家用纺织品的抗螨虫保护剂。一般用量为 0.5%～1.0%。

【生产厂家】 科莱恩化工(中国)有限公司。

2010 科莱恩抗菌卫生整理剂 Sanitized® T25-25 Silver

【英文名】 Clariant antibacterial finishing agent Sanitized® T25-25 Silver

【组成】 氯化银的分散液

【性质】 密度(20℃)0.98～1.02g/cm³,属于非离子型助剂,可分散在水中。不含有机卤素(AOX),通常与其他的纺织助剂如黏合剂、氟碳化合物、柔软剂和其他整理产品相容。适用于各种纤维(除了含缩氨酸类的纤维),尤其推荐用于合成纤维。可有效抑制细菌和气味的形成。因此经过处理的织物具有防螨虫的效果。有出色的水洗牢度、日晒牢度、干洗牢度、熨烫牢度以及汗渍牢度。温度稳定性较好,烘干固着温度可至 190℃。

【质量指标】

指标名称	指 标	指标名称	指 标
外观	黄绿色分散液	pH 值(5%水溶液)	6.5～7.5

【应用】 作接触皮肤的纺织品的卫生整理剂。用量为 0.3%～1.1%。采用浸轧法时,为获得优异的耐久性,推荐使用 Appretan N92111,用量为 4%～6%。处理后织物只需烘干即可,不需焙烘,可耐温度最高至 190℃。处理后的残液须经特别处理后才能排放至污水处理厂。

【生产厂家】 科莱恩化工(中国)有限公司。

2011 科莱恩抗菌整理剂 Sanitized® T25-25

【别名】 Silver Sanitized® T25-25

【英文名】 Clariant antibacterial finishing agent Sanitized® T25-25

【组成】 氯化银和二氧化铁及银盐的分散液

【性质】 密度(20℃)0.98～1.02g/cm³,在水中可分散。属于非离子、弱阴离子型,有出色的耐水洗性和温度稳定性,烘干和焙烘温度可至 190℃。其日晒牢度、干洗牢度、熨烫牢度以及汗渍牢度较高。

【质量指标】 满足 Oeko-tex 标准 100 中Ⅰ～Ⅳ分类

指标名称	指 标	指标名称	指 标
外观	黄绿色分散液	pH 值(5%水溶液)	5.8～7.8

【应用】 作运动衣、休闲服、工作服、内衣、袜子、衬衫、浴室纺织品、女式

和男式流行服饰、床单及内饰纺织品等与皮肤接触（除含缩氨酸类纤维）的各种纤维纺织织品的卫生防护整理剂。涤纶、棉以及其混纺织物一般用量为 0.3%～1.1%，可采用浸渍法和浸轧法，处理后织物只需烘干即可，不需焙烘，温度最高可耐至190℃。处理后的残液须经特别处理后才能排放至污水处理厂。

【生产厂家】 科莱恩化工（中国）有限公司。

2012 抗菌整理剂 NICCANON NS-30

【英文名】 antibacterial finishing agent NICCANON NS-30

【组成】 阳离子、阴离子表面活性剂

【性质】 属于阳离子/阴离子型助剂，易溶解于水，起泡性低。对 JAFET 中规定的用作试验的 5 种菌种具有良好的抗菌效果。不使用甲醛类交联剂就能赋予织物良好的洗涤耐久性。达到 JAFET 规定的特定抑菌加工的洗涤要求。白度降低少，可用于白色织物。

【质量指标】

指标名称	指标	指标名称	指标
外观	淡黄色透明液状	pH 值(原液)	7.5

【应用】 作纯棉和棉混纺织物抗菌防臭、抑菌整理剂。浸轧法，棉抗菌除臭一般用量为 1%～2%，棉抑菌加工一般用量为 2%～4%，涤棉抗菌除臭一般用量为 1%～2%，涤棉抑菌加工一般用量为 2%～3%；浸渍法一般用量为 3.0%～4.0%，浸渍温度 40～50℃，浸渍时间 15～20min。

【生产厂家】 浙江日华化学有限公司。

2013 抗菌整理剂 NICCANON RB

【英文名】 antibacterial finishing agent NICCANON RB

【组成】 特殊两性化合物

【性质】 属于两性离子型助剂，易溶解于冷水。能赋予天然纤维、合成纤维等优良的抗菌性，尤其是对金黄色葡萄球菌能发挥优良的作用。抗菌效果的耐久性随纤维的不同而有差异。

【质量指标】

指标名称	指标	指标名称	指标
外观	无色或微黄色透明液状	pH 值(原液)	6.5

【应用】 作天然纤维、合成纤维等织物的抗菌整理剂。浸轧一般用量为 1%～2%；浸渍一般用量为 2%～4%，浸渍温度 40～50℃，浸渍时间 15～20min；喷雾一般用量为 1%～2%。对荧光染料（尤其是阴离子型）染色织物，有时会引起荧光白度降低；对分散染料染色的涤纶，有时会引起染色牢度降低。

【生产厂家】 浙江日华化学有限公司。

2014 SILVADURTM ET 抗菌剂

【英文名】 antibacterial finishing agent SILVADURTM ET

【组成】 以银为活性成分

【性质】 易溶于水，不含颗粒物。化学性质稳定，与许多化学品如柔软剂、抗皱剂、抗污剂等整理剂兼容，并且对它们的性能无任何影响，其中包括乳液树脂[如聚乙烯醇（PVA）、丁苯橡胶（SBR）、乙烯-乙酸乙烯共聚物（EVA）]和整理助剂（如防皱树脂、氟碳化合物等）。可用于聚酯、棉、尼龙、玻璃纤维等材质的制品，如服装、无纺布、卫生用品、医疗用品、过滤器材等，为制品提供优异的卫生性能。经过 ET 抗菌整理剂纳米银胶处理，可以控制细菌的生长，抑制异味的产生，获得卫生、安全、无味的性能。具有很好的耐洗性。还具有广谱抗菌性能，对大肠杆菌、金黄色葡萄球菌、肺炎杆菌、绿脓杆菌、表皮葡萄球菌、白色念珠菌等产生显著的抑杀效果。也适合于抗 MRSA（耐甲氧西林金葡菌），对霉菌也有良好的抑制效果。具有耐久的抗菌性能，可耐洗涤 50 次以上。

【质量指标】

指标名称	指标	指标名称	指标
外观	透明黄色至淡琥珀色液体	黏度/mPa·s	150
pH 值(1%水溶液)	10.2～11.2	银含量/(mg/kg)	1000±50
含固量/%	25～28		

【应用】 ①作聚酯、棉、尼龙、玻璃纤维等织物抗菌剂。浸渍一般用量为 1%～5%；浸轧一般用量为 10～50g/L，轧液率 100%。

②作家用纺织品和非织造布（如床上用品、服装、鞋袜、壁毯和铺地织物、地毯、帷幔、抹布、刷子、过滤器、保温层、帐篷、遮阳篷和防水帆布）抗菌剂。一般用量为 0.0015%～0.5% 的银。

③作染色织物抗菌剂。一般用量为 2%～6%，80～100℃保温 30min。

④作鞋垫抗菌剂。用量按 1∶10 稀释后直接喷洒，然后自然晾干。

⑤用于辊涂、发泡、刮刀涂布、喷洒等工艺抗菌整理剂。

【生产厂家】 上海环谷新材料科技发展有限公司。

2015 SNOBIO BY 抗菌整理剂

【英文名】 antibacterial finishing agent SNOBIO BY

【组成】 特殊有机硅化合物

【性质】 属于弱阴离子型助剂，易溶于冷水。用于内衣、袜子等纺织品后整理时，赋予其优良的抗菌性能。该产品是通过抑制引起臭味的细菌的繁殖而达到抗菌除臭效果，与其他抗菌除臭整理剂的把各种腐败物质所发出的恶臭物质即含氮类及含硫类化合物通过物理吸附或化学反应进行中和不同。该产品耐洗涤性好，经多次洗涤后仍能保持持续的抗菌效果。

【质量指标】

指标名称	指标	指标名称	指标
外观	乳白色液体	pH 值(1%水溶液)	7±0.5

【应用】 作各种纤维用抗菌除臭整理剂。

【生产厂家】 韩荣油化（天津）有限公司。

2016 纳米光催化剂 YIMANANO PL-LC

【英文名】 nano light catalyst agent YIMANANO PL-LC

【组成】 纳米二氧化钛、氧化锌等

【性质】 密度 1.798g/cm³，均匀分散于水中。热稳定性好，高温下不变色、不分解、不变质。具有很强的氧化能力，能赋予产品优异的杀菌、抑菌性能，以及优异的防臭、脱臭性能，可有效杀灭和抑制金黄色葡萄球菌、克氏肺炎杆菌、绿脓杆菌、大肠杆菌、沙门菌、芽枝菌、黄曲霉菌等，使产品具有防止霉变的性能。抗菌效果明显而持久。具有良好的光吸收性能，吸收紫外线能力强，也是优良的紫外线屏蔽和吸收剂。可广泛应用于纤维、涂料、塑料、清洁剂、环保、医疗、日用化工等各个领域。该产品对人体无毒、无害，对皮肤无刺激性。如沾染到手上或身体其他部位，用水洗净即可。

【质量指标】

指标名称	指 标	指标名称	指 标
外观	米白色浆状体	平均粒径/nm	30～70
pH 值(1%水溶液)	8		

【应用】 作纤维后整理纳米光催化杀菌剂。浸渍一般用量为 2%；浸轧一般用量为 4.5%～5.0%，轧余率 75%～90%，二浸二轧，焙烘温度 140℃，焙烘时间 1min。

【生产厂家】 成大（上海）化工有限公司。

2017 纤维除臭加工整理剂 YIMANANO PL-VL

【英文名】 fiber deodorant processing and finishing agent YIMANANO PL-VL

【组成】 特殊纳米复合材料分散液

【性质】 密度 1.798g/cm³，可溶于水。化学稳定性好，高温下不变色、不分解、不变质。能赋予织物优异的除臭、抗菌、抑菌效果。对于织物纤维无损伤。适用于浸渍或浸轧工艺，是具有纳米级的纤维除臭加工整理剂，主要应用于任何织物的卫生整理。具有优异的耐洗性，可达 20 次以上。不影响色光及日光牢度。非常安全，无毒、无味，对皮肤没有刺激性。使用简便，成本低廉。

【质量指标】

指标名称	指 标	指标名称	指 标
外观	米白色液体	pH 值(1%水溶液)	8

【应用】 作纺织品除臭加工整理剂。一般用量为 2%～3%或 20～30g/L，烘干温度 150～170℃。

【生产厂家】 成大（上海）化工有限公司。

2018　广谱工业杀菌剂 PROXEL LV

【别名】　Alain Langerock

【英文名】　the antibacterial finishing agent PROXEL LV

【组成】　1,2-苯并异噻唑啉-3-酮（BIT）的二丙二醇溶液

【性质】　密度（25℃）1.13g/cm³，可按任意比例在水中溶解。热稳定性较佳，在−10℃以上稳定。有长效杀菌力，不含甲醛，pH 值适应范围较广，低毒性，不挥发。化学稳定性较差，与一些氧化剂和还原剂如过硫酸盐、亚硫酸盐等不相容。用于生产各种酶制剂产品，可以延长储存期，或作为各种织物涂层的防霉处理。

【质量指标】

指标名称	指　标	指标名称	指　标
外观	棕色液体	含固量/%	20
pH 值(20%水溶液)	9.5	黏度/mPa·s	750/150

【应用】　作各种织物涂层的防霉处理剂。一般用量为 0.05%～0.15%。

【生产厂家】　奥麒化工有限公司，威来惠南集团（中国）有限公司。

2019　广谱抗菌防霉剂 ZOE

【英文名】　the antibacterial finishing agent ZOE

【组成】　锌奥咪啶

【性质】　密度 1.45g/cm³，在水中能够分散，溶解度 0.0008%。蒸气压强（25℃）23mmHg，沸点约为 100℃。美国环境保护署注册的产品，注册号为 1258-1235。毒性很低，对一般生物体不易产生耐药性。适用于各种织物涂层的防霉处理。

【质量指标】

指标名称	指　标	指标名称	指　标
外观	白色至棕褐色分散体	含固量/%	48(水分散)
pH 值(5%水溶液)	7		

【应用】　作地毯的抗菌防霉处理剂。建议添加量为 0.2%～0.5%。

【生产厂家】　奥麒化工有限公司。

2020　广谱抗菌防霉剂 VANQUISH SL10

【英文名】　the antibacterial finishing agent VANQUISH SL10

【组成】　4.75% BBIT、4.75% ZPT 混合物

【性质】　密度 0.97g/mL，可分散于水中，无味、无毒，对人体安全。对于各种家居生活用品（各种涂层织物、雨衣、帐篷、鞋垫等）进行抗菌防霉处理、防菌除味处理。

【质量指标】

指标名称	指　标	指标名称	指　标
外观	白色至棕褐色非水溶性分散体	pH 值(浆状)	6.5～9

【应用】 适用于各种家居生活用品的抗菌防霉处理（各种涂层织物、雨衣、帐篷、鞋垫等）。建议添加量为 0.3%～3.0%。

【生产厂家】 奥麒化工有限公司，广州申悦贸易有限公司。

2021 广谱抗菌整理剂 REPUTEX 20

【英文名】 the antibacterial finishing agent REPUTEX 20

【组成】 聚六亚甲基胍盐酸盐（PHMB）

【性质】 易溶于水，对人体安全。对皮肤无刺激，无毒，无潜在危险。具有优良的耐久抗菌性，其特点为高效抗菌灭菌。广泛应用于衣物、毛巾、床上用品等领域，以及用于纯棉、混纺及人造纤维织物的抗菌处理。在 50℃下，最少耐 50 次洗涤，使用方便。对棉织物的服用性能无不良影响。

【质量指标】

指标名称	指标	指标名称	指标
外观	无色液体	pH 值(1%水溶液)	3～4

【制法】 由己二胺与二氰胺的盐反应制得六亚甲基二胺的二氰胺盐，再用己二胺及盐酸处理制得。

【应用】 作纯棉、混纺及人造纤维的抗菌整理剂。浸渍一般用量为 1%～2%，浴比 1：10，温度 40℃，时间 30min；浸轧一般用量为 0.5%～2%，轧余率 70%。

【生产厂家】 奥麒化工有限公司，武穴市祥泰化工有限公司。

2022 杀菌防腐剂 Vantocil IB

【英文名】 germicide anticorrosive agent Vantocil IB

【组成】 聚六亚甲基双胍盐酸盐（PHMB）

【性质】 可溶于水，能有效杀灭多种细菌、真菌和酵母菌，抑制微生物的滋生。pH 值适用范围宽，在 4～10 之间均有杀菌效果。广泛用于医院、公共机构、消毒洗手液、兽医院、乳品场、挤奶场、家禽孵化场、食品加工厂、酿酒厂、罐头和饮料瓶的巴氏消毒，以及酸奶发酵、空调设施、奶酪发酵、啤酒瓶清洗。在纺织染整方面，适用于非织造布水处理系统，可防止循环水的细菌繁殖，可改善工艺、延长生产周期。

【质量指标】

指标名称	指标	指标名称	指标
外观	半透明无色到淡黄色液体	活性物含量/%	19～21
pH 值(1%水溶液)	4.0～5.0		

【制法】 由己二胺和盐酸胍在高温下通过热缩聚反应制备。

【应用】 作织物杀菌防腐剂。一般用量为 0.01%～0.03%。

【生产厂家】 北京亚太化工科技有限公司，武穴市祥泰化工有限公司。

2023 抗菌防臭整理剂 MAICHUANG MC-01M

【英文名】 MAICHUANG MC-01M

【组成】 阳离子、阴离子表面活性剂

【性质】 易溶解于水，低起泡性。具有良好的抗菌效果，可获得耐久洗涤的抗菌防臭性和抑菌性，白度降低少，可用于白色织物，不需使用甲醛类交联剂。属于阳离子/阴离子型助剂。

【质量指标】

指标名称	指 标	指标名称	指 标
外观	淡黄色透明液状	pH 值（原液）	6.5

【应用】 作纯棉、涤棉混纺织物的抗菌防臭整理剂。一般用量为 3.0%～4.0%。

【生产厂家】 苏州劢创精细化工有限公司。

参 考 文 献

[1] 张昌辉，谢瑜，徐旋．抗菌剂的研究进展 [J]．化工进展，2007，9：1237-1242.

[2] 孙洪，夏英，陈莉，等．国内外抗菌剂的研究现状及发展趋势 [J]．塑料工业，2006，9：1-4，17.

[3] 张葵花，林松柏，谭绍早．有机抗菌剂研究现状及发展趋势 [J]．涂料工业，2005，5：45-49，63.

[4] 武宝萍，袁兴东，亓玉台，等．介孔分子筛 P-SBA-15 催化合成十一碳烯酸异丙酯 [J]．石油化工，2003，11：937-940.

[5] 周贯宇．复合银系无机抗菌剂的制备及应用 [D]．杭州：浙江大学硕士学位论文，2003.

[6] 李蓓，赵铱民，杨聚才，董智伟．银型无机抗菌剂的发展及其应用 [J]．材料导报，1998，2：1-3.

[7] 冯乃谦，严建华．比较纳米载银抗菌剂与纳米二氧化钛抗菌剂抗白色念珠菌性能的实验研究 [J]．临床口腔医学杂志，2008，2：70-72.

[8] 刘瑞云．亲水抗菌柔软整理剂的制备与应用．第六届全国印染后整理学术研讨会论文集 [C]．中国纺织工程学会染整专业委员会，2005：4.

[9] 隆泉，郑保忠，周应揆，等．新型纳米无机抗菌剂的抗菌性能研究．1. 对金黄色葡萄球菌和白色念珠菌的抗菌作用 [J]．功能材料，2006，2：274-276.

[10] 李杨，李付刚．聚六亚甲基双胍盐酸盐的合成及应用 [J]．精细化工原料及中间体，2011，2：27-29.

[11] 兰芳，栾安博，杨伟和．盐酸聚六亚甲基胍的合成及抑菌性能测试 [J]．广东化工，2008，4：92-93，112.

[12] 刘静，朱华君，王强，等．聚六亚甲基双胍盐酸盐在棉织物上的静电自组装及其抗菌性能 [J]．纺织学报，2012，4：86-90.

[13] 逄春华．涤纶织物的环保型抗菌阻燃多功能整理 [J]．印染，2013，14：30-32.

第21章　防污整理剂

21.1　概述

防污整理，在国外称为 SR 整理。加工对象主要是合纤织物，合成纤维（如涤纶）疏水性强，因此，需提高整理织物在水中的亲水性。天然纤维（如棉）尽管是亲水性纤维，但经树脂整理后，其亲水基团被封闭，亲水性下降。基于这些原因，合纤织物及天然纤维与合纤的混纺织物易于沾污，沾污后又难以去除，同时在反复洗涤过程中易于再污染（被洗下来的污垢重新沉淀到织物上去的现象）。为解决这一问题，必须对织物进行防污整理。防污整理包括防油污（不易沾油污），沾污后易洗除（易去污），洗涤时不发生再污染（防再污）和防止产生静电，不易吸尘（抗静电）。为使织物达到防污目的，必须通过三个途径来完成，即防油污整理、易去污整理和抗静电整理。防油污整理和抗静电整理可见其他章节的有关论述，不再重复。这里主要介绍易去污整理。

油污是一个十分笼统的概念，实际上可以认为是油溶性污物、水溶性污物和其他污物的总称。但就其来源来说，不外乎人体的皮肤分泌物和外界侵入物两种。

为使织物具有防污性能，概括起来有三种方法。

a. 上浆法　在织物表面形成浆料的防护层。这种防护层在洗涤时全部或部分松开，促使吸附的污垢除去，达到容易清洗的目的。这种防污作用不耐久，所以是暂时性防污整理剂。

b. 薄膜法　使用高分子化合物在纤维表面生成耐洗、亲水性的薄膜，促进纤维在洗涤时的润湿性，有助于清除附着的污垢。这种方法在实践中越来越受到重视。

c. 纤维化学改性法　将棉和合成纤维进行化学改性以改善防污性能。例如，将棉进行接枝引入阴离子型支链化合物或非离子型疏水性物质（如苯乙烯等），在锦纶、涤纶表面接上非离子型亲水性聚氧乙烯基，都能促使防污性能有显著改善。

一般来说，防污整理并不特别困难，只须在树脂整理时加入合适的添加剂即可达到目的，这种具有防污性能的添加剂就称为防污整理剂。

21.2　主要品种介绍

2101　地毯织物的防污和拒水拒油剂 BAYGARD® FCS

【英文名】carpet fabric antifouling and refuse to water and oil BAYGARD®

FCS

【组成】 氟烷丙烯酸盐共聚物

【结构式】 $\left[\begin{array}{c} H_2 \\ C \end{array} \overset{R^2}{\underset{COOR^1}{\vert}} \right]_n$

【性质】 密度 $1.1g/cm^3$，能与水以任意比例互溶，该助剂包含双重防护功能组分。使其不仅具有显著的防水、拒油性能，而且也有很好的防污性能，不易污染，保持清洁，耐洗涤，不会改变织物的外观及颜色。

【质量指标】 符合 Oeko-tex 标准 100

指标名称	指 标	指标名称	指 标
外观	白色乳液	pH 值(1%水溶液)	4~5

【制法】 在 N_2 保护下按计量投入溶剂环己酮、MMA 单体、氟化甲基丙烯酸酯单体（FMA）和引发剂过氧化二苯甲酰（BPO），然后在 70℃下反应 12h 左右即可获得。

【应用】 作地毯织物防污和拒水拒油剂。一般用量为 20~50g/L，pH 值控制在 4.5~5.5，轧液率 70%~80%，焙烘温度 150~180℃。

【生产厂家】 拓纳贸易（上海）有限公司，吴江市金泰克化工助剂有限公司。

2102 防油防水整理剂 MIROFIN WOR

【英文名】 oil and water repellent finishing agent MIROFIN WOR

【组成】 氟烷丙烯酸盐共聚物

【性质】 可溶于冷水，化学稳定性较好，与荧光增白剂、树脂、催化剂均有良好的相容性。用于需要高级防污防水的织物上，具有对皂煮和化学洗涤剂好的牢度和稳定性，给予织物丰满、柔软和滑爽的手感。

【质量指标】 符合 Oeko-tex 标准 100

指标名称	指 标	指标名称	指 标
外观	白色乳液	pH 值(1%水溶液)	5

【制法】 由 MMA 单体、氟化甲基丙烯酸酯单体（FMA），在环己酮为溶剂、过氧化二苯甲酰（BPO）为引发剂条件下获得。

【应用】 作织物防油防水整理剂。棉一般用量为 20~40g/L，涤纶/锦纶一般用量为 10~25g/L，涤棉一般用量为 10~30g/L，丝绸一般用量为 10~30g/L，轧液率 80%，用乙酸调节 pH 值 5.5，焙烘温度 145℃，焙烘时间 3min，或焙烘温度 170~180℃，焙烘时间 30~40s。

【生产厂家】 南通涓瑞贸易有限公司，上海涓瑞化工有限公司。

参 考 文 献

[1] 倪华钢. 氟化丙烯酸酯共聚物表面结构的形成与构建 [D]. 杭州：浙江大学硕士学位论文，2008.
[2] 杨乘程. 含氟丙烯酸酯乳胶粒子的可控合成与成膜研究 [D]. 上海：上海交通大学硕士学位论文，2012.

第22章　拒油整理剂

22.1　概述

当织物通过油类液体而不被油润湿时，即称此织物具有防油性或拒油性，为使织物具有这种防止油类沾污的特殊性能所使用的助剂称为拒油整理剂。加工对象是棉、羊毛和合纤织物，主要是使整理织物的表面性能转化为疏油性。

人们在日常生活中常常遇到的油类以及某些容易引起油污的物质主要包括以下几种。

a. 低黏度液体油脂　例如机械油、润滑油、发油、色拉油、橄榄油以及其他食用油等。

b. 高黏度半固体油脂　例如人体分泌的脂肪、动物脂、凡士林等。

c. 油/水分散乳液　例如肉汤、酱油、调味汁等。它们的黏度比较低，固体含量少。

d. 水性物质　例如污水、墨水、咖啡、果汁、酒类等。

一些衣着用品（如油田工作服）、家庭用的纺织品（如家具布和桌布等、汽车椅套布）、部分军用织物以及其他特殊用途的纺织品，往往要求具有一定的防油性能，都是防油剂使用的对象。到目前为止，有机氟聚合物是唯一、有名的防油剂。

22.2　主要品种介绍

2201　拒水拒油整理剂 BAYGARD® AFF300%01

【英文名】　water-and oil-repellent finishing agent BAYGARD® AFF300%01

【组成】　氟烷丙烯酸盐共聚物

【性质】　密度（23℃）1.10g/cm³，易溶于水，化学性质较稳定，耐硬水、盐及稀酸，但耐碱、重金属盐及大量电解质稳定性较差。不含 APEO，属于非离子/弱阳离子整理剂。对于提高尼龙/涤纶、亚克力纤维、纤维素纤维及其混纺织物等各类织物的拒油、拒水效果极佳，且无闪点，耐水洗及干洗。

【质量指标】

指标名称	指标	指标名称	指标
外观	白色到淡黄色液体	pH 值(1%水溶液)	3.0～5.0

【制法】 由 MMA 单体、氟化甲基丙烯酸酯单体（FMA），在环己酮为溶剂、过氧化二苯甲酰（BPO）为引发剂条件下获得。

【应用】 作尼龙/涤纶、亚克力纤维、纤维素纤维及其混纺织物等各类织物的拒油拒水整理剂。尼龙/涤纶混纺一般用量为 3～15g/L，轧余率 40%～50%；亚克力帐篷布及帆布纤维一般用量为 7～10g/L，轧余率 50%～60%；纤维素纤维混纺一般用量为 7～20g/L，轧余率 55%～65%；纤维素纤维织物一般用量为 10～20g/L，轧余率 60%～70%；合成纤维一般用量为 7～15g/L，可与抗静电整理剂合并使用。

【生产厂家】 拓纳贸易（上海）有限公司，苏州市莱德纺化有限公司。

2202 碳氟类产品增强剂 BAYGARD® EDW

【英文名】 fluorocarbon products enhance BAYGARD® EDW

【组成】 聚氨酯分散液

【性质】 密度（23℃）1.0g/cm³，易溶于水，化学稳定性较好，耐硬水及弱酸、弱碱。与碳氟类产品并用，可增强织物拒水拒油性和耐水洗性。

【质量指标】

指标名称	指 标	指标名称	指 标
外观	白色至微黄色分散液	黏度(20℃)/mPa·s	50
pH 值(1%水溶液)	6.0～7.0		

【应用】 ① 作合成纤维织物拒油拒水剂。聚酯与聚酰胺纤维一般用量为 5～10g/L，轧余率 40%。

② 作天然纤维及其混纺织物拒油拒水剂。棉与黏胶纤维一般用量为 10～15g/L，轧余率 70%；聚酯与棉纤维一般用量为 10～15g/L，轧余率 60%。

【生产厂家】 拓纳贸易（上海）有限公司，苏州市莱德纺化有限公司。

2203 高浓度氟素拒水拒油剂 BAYGARD® UFC01

【英文名】 high concentration of fluorine element from water and oil BAYGARD® UFC01

【组成】 氟烷丙烯酸共聚物

【性质】 密度（23℃）1.20g/cm³，极易溶解于水，不含 APEO，织物表面易成膜，耐水洗及干洗效果佳。对于纤维素纤维或纤维素/合成纤维混纺织物具有极佳的拒水、拒油效果。

【质量指标】

指标名称	指 标	指标名称	指 标
外观	淡黄色液体	活性物含量/%	100
pH 值(1%水溶液)	2～4		

【制法】 由 MMA 单体、氟化甲基丙烯酸酯单体（FMA），在环己酮为溶剂、过氧化二苯甲酰（BPO）为引发剂条件下获得。

【应用】 ① 作纤维素纤维织物拒水、拒油整理剂。一般用量为 10～30g/L，pH 值 4～5，焙烘温度 150～160℃，焙烘时间 15～60s，轧液率 60%～70%。

② 作合成纤维及其混纺织物拒水、拒油整理剂。聚酯纤维一般用量为 5～15g/L，尼龙一般用量为 10～20g/L，聚酯/棉一般用量为 10～20g/L，轧液率 60%～70%。

【生产厂家】 石狮市绿宇化工贸易有限公司。

2204 有机氟拔水拔油剂 FCB004

【英文名】 organic fluoride pull out water and oil FCB004

【组成】 氟表面活性剂与水的乳化液

【性质】 密度（25℃）1.04g/mL，易溶于凉水，不含 APEO 的环保型产品，是有机氟类的拔水拔油剂。对于棉纤维织物、涤纶/棉混纺织物、涤纶织物和尼龙纤维织物具有较佳的拒水、拒油效果，并可维持面料原有的触感。

【质量指标】

指标名称	指标	指标名称	指标
外观	白色乳液	pH 值	2～4

【应用】 ① 作棉及其混纺织物拔水拔油剂。棉一般用量为 15～25g/L，涤纶/棉一般用量为 5～10g/L，轧余率 40%～70%，焙烘温度 150～160℃，焙烘时间 30～60s。棉、棉/涤纶混纺耐久性整理用量为 18～50g/L，轧余率 50%～70%，焙烘温度 150～160℃，焙烘时间 30～60s。

② 作合成纤维织物拔水拔油剂。涤纶一般用量为 3～10g/L，尼龙一般用量为 10～15g/L，轧余率 40%～70%，焙烘温度 150～160℃，焙烘时间 30～60s。涤纶、尼龙耐久性整理用量为 15～30g/L，轧余率 40%～70%，焙烘温度 150～160℃，焙烘时间 30～120s。

【生产厂家】 广州联庄科技有限公司，德国司马化学有限公司（Zschimmer & Schwarz）。

2205 ANTHYDRIN NK

【别名】 拒水拒油整理剂 ANTHYDRIN NK

【英文名】 water-and oil-repellent finishing agent ANTHYDRIN NK

【组成】 乳化氟碳树脂

【性质】 能以任意比例溶于冷水或温水中，低泡沫，无黄变。对温度敏感，储存温度不能低于 2℃。永久型拒水防油整理剂，不含溶剂，在 100～110℃下焙烘，即可产生效果，不影响织物手感，耐水洗、干洗。属于弱阳离子型助剂。

【质量指标】

指标名称	指标	指标名称	指标
外观	淡棕色流动乳液	pH 值(10%水溶液)	4

【应用】 作各种纤维织物永久型拒水防油整理剂。无需高温焙烘。

【生产厂家】 德国司马化学有限公司（Zschimmer & Schwarz），骏业化工有限公司。

2206 Nuva® 1541 liq

【别名】 防水拒油整理剂 Nuva® 1541 liq

【英文名】 water-and oil-repellent finishing agent Nuva® 1541 liq

【组成】 含氟分散液

【性质】 闪点高于100℃，能以任意比例与水混溶。化学稳定性较好，能与大多数交联剂、催化剂、柔软剂及其他纺织整理助剂相容。用于各种纤维织物防水防油整理，具有优良的初始防水防油性，特别适用于涤纶、锦纶等化纤织物。属于弱阳离子型助剂。

【质量指标】

指标名称	指 标	指标名称	指 标
外观	乳白色分散液	pH值（5%水溶液）	4.5

【应用】 作涤纶、锦纶等化纤织物的防水防油整理剂。一般用量为15～70g/L，烘干温度110～130℃，焙烘温度170～180℃，焙烘时间30～40s。浸轧后的织物在使用工艺中防水防油的效果可能会受织物上残留的杂质（如纤维油剂、浆料、表面活性剂或染色助剂）及含硅的整理油剂或柔软剂的影响，因此推荐预先用1mL/L乙酸（60%）中和。

【生产厂家】 科莱恩化工（中国）有限公司（Clariant），广州亿码科技有限公司。

2207 Nuva® 2110 liq

【别名】 防水拒油整理剂 Nuva® 2110 liq

【英文名】 water-and oil-repellent finishing agent Nuva® 2110 liq

【组成】 含氟化合物分散液

【性质】 闪点高于100℃，能以任意比例与水互溶。化学稳定性较好，能与大多数交联剂、催化剂、柔软剂及其他纺织整理助剂相容。用于各种纤维织物的低温三防整理剂，具有极佳的拒水拒油性，对织物整理过程中残留的杂质不敏感，适于化纤和纤维素纤维，特别适用于棉、涤纶以及它们的混纺织物。属于弱阳离子型助剂。

【质量指标】

指标名称	指 标	指标名称	指 标
外观	乳白色分散液	pH值（5%水溶液）	3.5

【应用】 作棉、涤纶以及它们的混纺织物防水防油整理剂。浸轧法一般用量为15～70g/L，用0.5～1.0mL/L乙酸（60%）调节整理液的pH值4～5，烘干温度110～130℃，焙烘温度150℃或170～180℃，焙烘时间3min或30～40s；浸渍法一般用量为1.5%～7%，用0.5～1.0mL/L乙酸（60%）调节整理液的pH值

4~5。

　　【生产厂家】　科莱恩化工（中国）有限公司（Clariant）。

2208　Nuva® TTC liq

　　【别名】　防水拒油整理剂 Nuva® TTC liq

　　【英文名】　water-and oil-repellent finishing agent Nuva® TTC liq

　　【组成】　含氟分散液

　　【性质】　闪点高于100℃，能以任意比例与水互溶。化学稳定性较好，能与大多数交联剂、催化剂、柔软剂及其他纺织整理助剂相容。用于棉及其混纺织物防水防油整理，具有优良的耐久防油防水效果，对织物整理过程中残留的杂质不敏感，特别适合于与洗可穿整理剂同浴使用。属于弱阳离子型助剂。

　　【质量指标】

指标名称	指　标	指标名称	指　标
外观	乳白色分散液	pH值(5%水溶液)	3.5

　　【应用】　作棉及其混纺织物防水防油整理剂。一般用量为15~70g/L。整理液的 pH 值 4~5，烘干温度 110~130℃，焙烘温度 150℃或 170~180℃，焙烘时间 3min 或 30~40s。

　　【生产厂家】　科莱恩化工（中国）有限公司（Clariant），无锡宜澄化学有限公司。

2209　Nuva® N2114 liq

　　【别名】　防水拒油整理剂 Nuva® N2114 liq

　　【英文名】　water-and oil-repellent finishing agent Nuva® N2114 liq

　　【组成】　氟化合物分散液

　　【性质】　闪点高于100℃，能以任意比例与水混溶。化学稳定性较好，能与大多数交联剂、催化剂、柔软剂及其他纺织整理助剂相容。用于各种纤维以及它们的混纺织物，赋予织物极佳的耐久拒水拒油性，不含 PFOA。属于弱阳离子型助剂。

　　【质量指标】

指标名称	指　标	指标名称	指　标
外观	乳白色分散液	pH值(5%水溶液)	4

　　【应用】　作各种纤维以及它们的混纺织物防水防油整理剂。一般用量为15~70g/L。整理液的 pH 值 4~5，烘干温度 110~130℃，焙烘温度 150℃或 170~180℃，焙烘时间 3min 或 30~40s。

　　【生产厂家】　科莱恩化工（中国）有限公司（Clariant），无锡宜澄化学有限公司。

2210　Nuva® N4200 liq

　　【别名】　防水拒油整理剂 Nuva® N4200 liq

【英文名】 water-and oil-repellent finishing agent Nuva® N4200 liq

【组成】 含氟分散液

【性质】 闪点高于100℃，能以任意比例与水混溶。化学稳定性较好，能与大多数交联剂、催化剂、柔软剂及其他纺织整理助剂相容。用于各种纤维织物的易去污整理，可防止水性污渍和油性污渍的沾污，对残留的杂质不敏感。属于弱阳离子型助剂。

【质量指标】

指标名称	指　标	指标名称	指　标
外观	乳白色分散液	pH值（5％水溶液）	5

【应用】 作各种纤维织物带有防水防油性的易去污整理剂。一般用量为25～120g/L，用0.5～1mL/L乙酸（60％）调节整理液的pH值4～5，烘干温度110～130℃，焙烘温度150℃或170～180℃，焙烘时间3min或30～40s。

【生产厂家】 科莱恩化工（中国）有限公司（Clariant）。

2211　防水防油剂 NK GUARD NDN-7

【英文名】 water-and oil-repellent finishing agent NK GUARD NDN-7

【组成】 氟素类高分子聚合体

【性质】 可以任意比例乳化分散于冷水中。赋予涤纶或尼龙的合成纤维和其混纺交织品优良的耐久防水防油性及耐洗涤性。使用时处理浴的渗透性良好，可获得稳定的各项性能，操作问题少。作为涂层树脂的前处理剂使用时，可获得良好的涂层剥落强度，手感下降少。属于微弱阳离子型助剂。

【质量指标】

指标名称	指　标	指标名称	指　标
外观	白色液状	pH值（原液）	3

【应用】 ① 作合成纤维织物用氟素类防水防油剂。涤纶、锦纶一般用量为0.1％～0.3％，涤纶、锦纶耐久整理用量为3％～6％。

② 作纤维素纤维、羊毛织物用氟素类防水防油剂。一般用量为0.3％～1.0％。

【生产厂家】 浙江日华化学有限公司，杭州威尔迅贸易有限公司。

2212　NK GUARD SCH-02

【别名】 防水拒油整理剂 NK GUARD SCH-02

【英文名】 water-and oil-repellent finishing agent NK GUARD SCH-02

【组成】 氟素类树脂化合物

【性质】 易溶于水。赋予各种机织物、针织物优良的防水防油性及耐洗涤性。不含影响环境的PFOA、甲醛及其诱导体，加工时对人和环境都无不良影响，为环保产品。加工稳定性优良，不易受前道工序中的助剂及并用助剂的影响。能赋予各种织物柔软的手感。属于弱阳离子型助剂。

【质量指标】

指标名称	指 标	指标名称	指 标
外观	白色至淡黄白色液状	pH 值（原液）	3

【应用】 ① 作合成纤维织物氟素类防水防油剂。一般用量为 4%。

② 作天然纤维及混纺织物氟素类防水防油剂。一般用量为 6%。

【生产厂家】 浙江日华化学有限公司。

2213 防水剂 PF

【别名】 氯化硬脂酰胺甲基吡啶；4-氯-*N*-(硬脂酰胺甲基)吡啶

【英文名】 water-proofing agent PF；stearic acid methyl pyridine chloride；4-chloro-*N*-(stearic acid methyl) pyridine

【分子式】 $C_{24}H_{43}ClN_2O$

【性质】 在热水中能溶成胶体状溶液，有类似吡啶气味。化学性质较稳定，耐酸和硬水，但对碱、硫酸盐、磺酸盐、硼酸、硼砂或磷酸盐以及某些润湿剂和渗透剂不稳定。热稳定性较差，不耐 100℃以上的高温。属于阳离子表面活性剂，不能与阴离子及非离子表面活性剂及染料复配使用，可与阳离子及非离子表面活性剂共用。对纤维素和蛋白质纤维均有亲和力，用于棉、麻、黏胶纤维等织物的防水整理和柔软整理，使织物具有柔软、透气、耐久防水的性能及耐洗涤性，并赋予织物柔软的手感。

【质量指标】

指标名称	指 标	指标名称	指 标
外观	浅棕色或灰白色浆状物	pH 值(1%水溶液)	5～6

【制法】 将三聚甲醛投入反应釜中，再加入硬脂酰胺、吡啶、盐酸，在搅拌下升温反应一定时间后将物料冷却，缓慢加入乙酸酐，再保温反应一定时间，即得成品。

【应用】 作棉、麻、黏胶纤维等织物的防水整理剂和柔软整理剂。一般用量为 2%。

【生产厂家】 武汉远城科技发展有限公司。

2214 防水剂 CR

【英文名】 water-proofing agent CR

【组成】 硬脂酰氯化铬的醇溶液

【性质】 可与水以任意比例混溶，化学稳定性较差，耐一般无机酸（pH 值 4），除蚁酸外不耐其他有机酸，会引起碱逐步水解，不耐大量 SO_4^{2-}、PO_4^{3-}、CrO_7^{2-}。热稳定性较差，不耐高温，受热时溶剂易挥发。属于阳离子表面活性剂，可与阳离子、非离子表面活性剂、合成树脂初缩体等复配使用，但不能与阴离子表面活性剂共用。用于棉、麻、黏胶、醋酯、蚕丝、羊毛和锦纶、腈纶等合成纤维及其混纺织物防水整理，除具有防水效果外，还兼有柔软、透气、防霉、防污、耐水洗、耐干洗物性。

【质量指标】

指标名称	指 标	指标名称	指 标
外观	暗绿色黏稠液体	pH 值（1％水溶液）	5～6

【应用】 ① 作棉、麻等织物的防水整理剂。

② 作羊毛织物的防水柔软剂。浸轧法一般用量为 5～25g/L，浸渍法一般用量为 4％～6％，焙烘温度 110℃，焙烘时间 5～10min。

【生产厂家】 武汉远城科技发展有限公司。

参 考 文 献

［1］ 倪华钢. 氟化丙烯酸酯共聚物表面结构的形成与构建［D］. 杭州：浙江大学硕士学位论文，2008.

［2］ 叶金兴. 纺织物整理技术的新发展（上）［J］. 中国现代纺织技术，2008，4：54-57.

［3］ 中国纺织信息中心，中国纺织工程学会. 国外纺织染料助剂使用指南［M］. 2009-2010：207.

第23章　纺织品防紫外线整理剂

23.1　概述

在正常情况下，人们日常生活中的紫外线主要来源于太阳光。到达地球表面的太阳光由紫外线（5%）、可见光（50%）和红外线（45%）组成。紫外线是波长180～400nm的电磁波。它可分为近紫外线、远紫外线和超短紫外线。近紫外线（UV-A）波长315～400nm，远紫外线（UV-B）波长280～315nm，超短紫外线（UV-C）波长100～280nm。

太阳光的波长在300nm以下的电磁波几乎都被大气层中的二氧化碳吸收，所以紫外线的防护主要讨论对近紫外线的吸收或反射。紫外线能使有机化合物中C—H键、C—C键以及具有相同键能的物质产生破坏作用，这可能就是它对生物会造成不良影响的根源。另外，这三种紫外线对人体皮肤的渗透程度也是不同的，UV-C基本上可以被外表皮和真皮组织完全吸收，UV-B透射能力则比UV-A差，只有UV-A才可以透射到真皮组织下面。

由此可看出，对皮肤的作用主要是UV-A，它会和真皮组织反应，并加速它的老化。UV-B由于光子能量较高，也有一定的透射深度，故也有一定的老化作用。20世纪20年代以来，由于碳氟系溶剂和氟利昂的大量使用，地球大气层中对紫外线具有吸收作用的臭氧层遭到严重的破坏，使到达地球表面的紫外线不断增加。适量的紫外线辐射具有抑制病菌、消毒和杀菌作用，并能促进维生素D的合成，有利于人体健康。但在烈日持续照射下，人体皮肤会失去抵御功能，易发生灼伤，出现红斑或水疱。过量的紫外线照射还会诱发皮肤病（如皮炎、色素干皮症），甚至皮肤癌，促进白内障的生成，并降低人体的免疫功能。因此，为了保护人体避免过量紫外线辐射，纺织品防紫外线整理已刻不容缓。紫外线屏蔽整理纺织品是90年代新开发的功能性产品。

各种纺织品本身有一定程度的屏蔽紫外线能力，紫外线屏蔽整理可提高它们的屏蔽功能，达到保护人体的目的。

棉纤维本身对紫外线屏蔽率最差，而夏天穿着纯棉纺织品是最理想的，因此，提高夏天纯棉纺织品对紫外线屏蔽能力是一个重要课题。紫外线屏蔽整理工艺技术的发展趋势是提高整理效果的耐久性；途径是采用微胶囊技术和制成大分子紫外线吸收剂，与其他功能性合并，开发多功能的新产品，主要包括以下几种。

a. 二苯甲酮类　具有共轭结构，吸收紫外线后发生氢键的互变异构，使光能转变成热能或（且）放出荧光、磷光而消耗吸收的能量，达到防紫外线的目的。含有多个羟基，对纤维的吸附能力较好，适宜纤维素纤维织物的整理。

b. 苯并三唑类　与二苯甲酮类相似，具有内在氢键，形成螯合环。当吸收紫外线后，氢键破坏或变为互变异构体，把紫外线的能量转化为热能或光能而释放。分子结构与分散染料很相近，可以采用高温高压法与分散染料染色同浴进行，主要应用于涤纶的抗紫外线整理。

c. 水杨酸酯类吸收剂　分子有内在氢键，在紫外线照射下发生分子重排，形成了紫外线吸收能力强的二苯甲酮结构，从而强化其紫外线吸收作用。

d. 金属离子螯合物类　适用于可形成螯合物的染色纤维，例如锦纶的装饰材料常用这类化合物处理，目的是提高染色品的耐光牢度。

e. 反应型抗紫外线整理剂　在紫外线吸收剂的母体上接上活性基团，被称为活性紫外线吸收剂。根据连接的基团制成适用于涤纶和纤维素、蛋白质纤维的助剂。

23.2　主要品种介绍

2301　紫外线吸收剂 TANUVAL® UVL

【别名】　抗紫外线整理剂 TANUVAL® UVL

【英文名】　uvioresistant agent TANUVAL® UVL

【组成】　表面活性剂及添加剂溶液

【性质】　密度 $1.1g/cm^3$，易溶于水，低泡沫。化学性质较稳定，耐硬水及电解液、弱酸与弱碱。热稳定性较高，在高、低温储存环境下稳定。特殊紫外线吸收剂，对聚酯纤维有非常高的亲和力，提高聚酯纤维染色后的耐光牢度，并具有分散匀染的特性。不会影响染色色相，对分散染料具有良好的分散性，可以和阴离子及非离子产品复配使用。对聚酯纤维有非常高的亲和力，不影响染色色泽。

【质量指标】　符合 Oeko-tex 标准 100

指标名称	指　标	指标名称	指　标
外观	清澈黄色液体	pH 值(1%水溶液)	3～5

【应用】　作涤纶分散染料高温染色时抗紫外线整理剂。一般用量为 2%～4%。

【生产厂家】　拓纳贸易（上海）有限公司，苏州市莱德纺化有限公司。

2302　日晒牢度增进剂/抗紫外线整理剂 Edunine UVA-EP

【英文名】　ultraviolet radiation prevent and sunlight fastness improver finishing agent Edunine UVA-EP

【性质】　易溶于水，不含 APEO，无泡沫，耐碱，在高温下稳定（可高于 180℃）。与阴离子及非离子助剂可以复配使用，不能与阳离子助剂同浴。具有杰出的紫外线吸收能力，能赋予长期暴露在太阳光下的涤纶和锦纶织物、汽车内部装饰织物、家庭室内装潢织物等较高的日晒牢度。能吸收大量的 300~400nm 范围内的紫外线，从而阻止了织物上染料的光化学降解反应。其离子直径在 1.0μm 以下，因此具有良好的渗透性能。不会引起浮垢等问题。用于棉织物的抗紫外线整理剂，对手感无影响。适用于不耐日晒的活性染料染色棉织物，对色光影响较小。具有优异的日晒牢度功能。经该助剂处理后的织物，不降低摩擦牢度和水洗牢度。

【质量指标】

指标名称	指 标	指标名称	指 标
外观	浅黄色黏稠液体	pH 值(1%水溶液)	8

【应用】 ① 作涤纶和锦纶织物、汽车内部装饰织物、家庭室内装潢织物等日晒牢度增进剂。一般用量为 1%~3%，与分散染料同浴染色。

② 作棉织物的抗紫外线整理剂。浸染一般用量为 1%~4%，与活性染料同浴，焙烘温度 110~150℃，焙烘时间 2min；轧染一般用量为 20~40g/L，焙烘温度 110~150℃或180℃，焙烘时间 2min 或 1min。

【生产厂家】 英国禾大公司（CRODA）。

2303 抗紫外线整理剂 W-51

【别名】 耐日光色牢度增进剂 W-51

【英文名】 ultraviolet radiation prevent finishing agent W-51；the fastness to sunlight to improve finishing agent W-51

【组成】 苯并三唑

【性质】 易溶于水，属于弱阳离子型，不含甲醛，不含 APEO。提高纺织品的日晒牢度。主要适用于由酸性染料染色的真丝、羊毛和由活性染料染色的棉、尼龙面料。适用于各种天然纤维和合成纤维，可有效提高织物的光照牢度，对光稳定。作紫外线防止剂使用时，具有很好的持久性。

【质量指标】

指标名称	指 标	指标名称	指 标
外观	淡黄色液体	活性物含量/%	42
pH 值(1%水溶液)	7		

【应用】 作各种天然纤维日光牢度增进剂。浸染一般用量为 3%~5%，浴比 1：(15~20)，浸渍温度 40~45℃，浸渍时间 30~45min；轧染一般用量为 30~50g/L，烘干温度 100℃。

【生产厂家】 上海大祥化学工业有限公司，东莞市古川纺织助剂有限公司。

2304 抗紫外线整理剂 Fadex ECS liq

【英文名】 ultraviolet radiation prevent finishing agent Fadex ECS liq

【组成】 苯甲酮的衍生物

【性质】 密度（20℃）1.12g/cm³，可以与冷水以任意比例互溶，低起泡性，化学稳定性较好，对酸和硬水中的金属离子的稳定性良好。属于阴离子型助剂，与阴离子和非离子产品相容性好，与涤纶染色时常用的产品相容性好。具有非常高的升华牢度。在汽车工业中涤纶织物采用分散染料（具有好的日光牢度）染色时，可提高其高温日晒牢度。适用于浸染、连续染色和印花工艺。在接连进行后道热处理后，仍然可保持其功能。该助剂无色，对染色色光无影响。

【质量指标】

指标名称	指标	指标名称	指标
外观	白色分散水溶液	黏度/mPa·s	<100
pH 值(1%水溶液)	6~7		

【应用】 作涤纶织物分散染料紫外线吸收剂。浸染一般用量为 2%～4%，染浴 pH 值 4.5～5.0；浸轧一般用量为 30～60g/L，染浴 pH 值 4.5～5.0，轧液率 60%～80%；印花一般用量为 30～60g/L。

【生产厂家】 科莱恩化工（中国）有限公司（Clariant），杭州利德进出口有限公司。

2305 雷奥山 C

【别名】 抗紫外线整理剂 Rayosan® C paste

【英文名】 Rayosan C；ultraviolet radiation prevent finishing agent Rayosan® C paste

【组成】 杂环化合物

【性质】 密度（20℃）1.25g/cm³，可溶于水，化学性质较稳定，对硬水、软水和酸、碱的稳定性好。属于阴离子型助剂，与非离子、阴离子助剂相容性好，遇阳离子助剂可能沉淀，无泡沫。纤维反应性紫外线吸收剂，用于各种纤维素纤维和锦纶织物。产生对紫外线的吸收效果，日晒牢度和水洗牢度优良。

【质量指标】

指标名称	指 标	指标名称	指 标
外观	白色黏稠液体	pH 值(1%水溶液)	6

【应用】 作纤维素纤维和锦纶织物抗紫外线整理剂。一般用量为 1%～4%。

【生产厂家】 科莱恩化工（中国）有限公司（Clariant），常州旭泰纺织助剂有限公司，吴江市金泰克化工助剂有限公司。

2306 抗紫外线整理剂 Rayosan® PES paste

【英文名】 ultraviolet radiation prevent finishing agent Rayosan® PES paste

【组成】 苯系衍生物

【性质】 密度（20℃）1.12g/cm³，能用冷水稀释到任意比例，低泡沫。化学性质较稳定，耐硬水、酸。与涤纶染色中通常用的产品相容，用于涤纶的抗紫外线整理。

【质量指标】

指标名称	指 标	指标名称	指 标
外观	黄色分散液	pH值(1%水溶液)	6~7

【应用】 作紫外线吸收剂。适用于浸渍法和浸轧法。一般用量为 3%～5%，可与染色同浴，浸渍法或热熔法使用，也可单独使用。对染色织物的色光无影响。采用热熔法时，如单独使用，则在 190℃焙烘 30s 即可。

【生产厂家】 科莱恩化工（中国）有限公司（Clariant）。

2307 紫外线吸收剂 SUNLIFE LPX-3

【别名】 抗紫外线整理剂 SUNLIFE LPX-3

【英文名】 ultraviolet radiation prevent finishing agent

【组成】 特殊芳香族有机化合物的特殊阴离子活性剂

【性质】 易稀释于冷水。为高度微粒子化分散型产品。均匀附着性优良，特别适用于筒子纱染色机、卷装染色机，内外附着量的差异很小。在筒子纱染色机或卷装染色机的内层也基本上无粉末产生，可进行再现性非常良好的加工。属于阴离子型，与染料（分散染料）并用不会产生问题，其耐光性良好。

【质量指标】

指标名称	指 标	指标名称	指 标
外观	白色分散液状	pH值(原液)	10

【应用】 作涤纶用日光牢度提高剂。一般用量为 1%～3%。

【生产厂家】 浙江日华化学有限公司。

2308 紫外线吸收剂 SUNLIFE LPX-80

【别名】 抗紫外线整理剂 SUNLIFE LPX-80

【英文名】 ultraviolet radiation prevent finishing agent

【组成】 芳香族化合物、阴离子活性剂

【性质】 易溶于水。与染色同浴时的分散性良好，高浓度使用也不易产生浮渣等分离物。为高度分散的微粒子化状态，均匀附着性优良。用于筒子纱染色机、卷装染色机，内外层附着量差异很小。在涤纶及 CD 涤纶上的吸附性良好，能长久性地提升分散染料及阳离子染料染色织物的日光牢度。

【质量指标】

指标名称	指 标	指标名称	指 标
外观	微黄白色黏液状	pH值(5%水溶液)	7

【应用】 作涤纶用日光牢度提高剂。染浴同浴处理一般用量为 1%～2%。长时间放置，可能会发生分离。充分搅拌均匀后使用，不影响性能。加入染浴之前，先用水稀释 3～4 倍。与常用助剂的相容性良好，但使用前应先确认药品相容性。使用前还应详细阅读产品安全性技术资料。

【生产厂家】 浙江日华化学有限公司。

参 考 文 献

[1] 高妍，谢孔良. 纺织品防紫外线整理剂发展综述（一）[J]. 染整技术，2010，12：11-14.
[2] 高妍，谢孔良. 纺织品防紫外线整理剂发展综述（二）[J]. 染整技术，2011，1：18-20.
[3] 杜艳芳，裴重华. 防紫外线纺织品的研究进展 [J]. 针织工业，2007，9：23-27.
[4] 陈茹，田舒刚，余和兵. 涤纶织物的阻燃、防紫外线整理工艺 [J]. 印染，2006，1：34-35.
[5] 王艳昌，许海育. 反应性防紫外线整理剂 DHUV-1 的应用 [J]. 印染助剂，2005，7：42-44.
[6] 周立祥，邢建伟，苏开弟. 棉织物防紫外线整理剂的制备及应用 [J]. 北京纺织，2005，1：36-38.

第24章 阻燃整理剂

24.1 概述

阻燃是指降低材料在火焰中的可燃性，减慢火焰蔓延速度，当火焰移去后能很快自熄，不再阴燃。阻燃整理是通过吸附沉积、化学键合、非极性范德华力结合及黏合等作用使阻燃剂固着在织物或纱线上，而获得阻燃效果的加工过程。随着社会的进步，城市建设的发展，高层建筑林立，公共设施增多，交通工具增加，各类民用和产业用纺织品的消费量迅速增长。尤其是各种室内、舱内铺饰织物，如窗帘、帷幕、墙布、地毯、家具布和床上用品（睡衣、床罩、床单、枕芯、絮棉）的需求量与日俱增。但与此同时，由纺织品着火引起的火灾也不断增加，造成了巨大的损失。据美国、英国、日本对现代火灾起因的调查，由纺织品引起的火灾约占火灾总数的一半，在纺织品中以床上用品和室内铺饰织物为起火的主要原因。

各种纤维由于化学结构的不同，其燃烧性能也不同，按燃烧时引燃的难易程度、燃烧速度、自熄性等燃烧特征，可定性地将纤维分为阻燃纤维和非阻燃纤维。阻燃纤维包括不燃纤维和难燃纤维；非阻燃纤维包括可燃纤维和易燃纤维。

大多数民用纺织纤维都属于易燃纤维或可燃纤维。天然纤维中羊毛、蚕丝属于可燃纤维，而棉属于易燃纤维。在涤纶、锦纶和腈纶三大合成纤维中，腈纶的闪点、燃烧温度和限氧指数最低，而燃烧热最高，相对而言，最易引燃，但腈纶燃烧后残渣达 58.5%，即燃烧不到一半可燃性就有所降低。为了减少火灾事故可能造成的巨大损失，对纤维织物进行防火整理就更显得重要。世界各发达国家早在 20 世纪 60 年代就对纺织品提出了阻燃要求，并制定了各类纺织品的阻燃标准和消防法规，从纺织品的种类和使用场所来限制使用非阻燃纺织品。

24.2 主要品种介绍

2401 阻燃整理剂 SAF8078

【英文名】 flame retardant finishing agent SAF8078

【组成】 有机磷衍生物

【性质】 密度 $1.2 g/cm^3$，可溶于水。不含卤素，不含 APEO、PFOS、PFOA、DMF、重金属和芳香胺等物质，符合生态环保要求。对织物的手感、色泽和吸湿透气性无影响，不降低织物的强度，无需使用 NaOH 调节阻燃剂的 pH 值。

适用于涤纶和锦纶织物的耐久阻燃整理，耐洗次数达 50 次以上。属于弱阳离子型助剂。

【质量指标】

指标名称	指标	指标名称	指标
外观 pH 值(1%水溶液)	无色至浅黄色透明黏液 2～4	活性物含量/%	86

【制法】 将混合油醇解后与磷酸反应制得。

【应用】 作涤纶和锦纶织物的耐久阻燃剂。一般用量为 2%～5%或 40～80g/L，焙烘温度 170～190℃，焙烘时间 1～3min，轧液率 60%～70%。

【生产厂家】 上海赫泰化工有限公司，香港赫美化工有限公司，上海赫特化工有限公司。

2402 涤纶织物阻燃整理剂 FRC-1

【英文名】 polyester fabric flame retardant finishing agent FRC-1

【组成】 环状膦酸酯

【性质】 可溶于水。只需较低的用量，就能达到高的阻燃效果，耐洗性好，经 30 次洗涤仍能保持优良的阻燃效果，经整理后的织物其强力、手感基本不受影响，基本无变色、渗色及沾色现象，使用方便，可在常规定型设备上应用，低挥发性，无毒，可安全使用。

【质量指标】

指标名称	指标	指标名称	指标
外观 pH 值(1%水溶液)	无色至浅黄色透明黏液 1.5～3.0	含固量/% 磷含量/%	93 18.5～20.5

【制法】 以甲基磷酸二甲酯和季戊四醇反应制备。

【应用】 作涤纶织物阻燃剂。一般用量为 150～180g/L，调 pH 值至 6.5，焙烘温度 190～195℃，焙烘时间 1～2min。加入其他助剂时应进行必要的小样试验；对于某些染料可能会有轻度影响，应在生产前进行色光变化预试验；焙烘温度及时间对阻燃剂的固着率起决定作用，温度过低将影响耐洗性及阻燃效果。

【生产厂家】 常州化工研究所。

2403 阻燃剂 THPC

【别名】 瑞士汽巴-嘉基公司 Pyrovatex 3762；英国 Albrigh Wilson 公司 Probancc

【英文名】 flame retardant finishing agent tetra hydroxymethyl phosphonium chloride（THPC）；tetramethylolphosphonium chloride；fire-retardant THPC

【组成】 四羟甲基磷氯化物

【分子式】 $(HOCH_2)_4PCl$

【性质】 相对密度（25℃）1.320～1.350g/cm³，有刺激性气味和腐蚀性，易溶于水，具有吸湿性，易于生物降解。铁含量小于10mg/kg。对纯棉织物有较好的阻燃效果，用于防护服、床单、装饰布、帐篷的阻燃整理，同时用作塑料、纸品等添加型阻燃剂。

【质量指标】

指标名称	指 标	指标名称	指 标
外观 pH 值（1%水溶液）	无色透明液体 3～5	活性物含量/%	80

【制法】 由磷化氢、甲醛、盐酸在室温下反应而制得。

【应用】 ①作纯棉服装阻燃整理剂。一般用量为165～180g/L。

② 作帐篷布的阻燃防水整理剂。一般用量为165～180g/L。

【生产厂家】 上海应广实业有限公司，常州化工研究所，江苏南京助剂厂。

2404 阻燃剂 SPN IGNISAL SPN

【英文名】 flame retardant finishing agent SPN IGNISAL SPN

【组成】 有机、无机氮盐

【性质】 密度（20℃）1.20g/cm³，稳定性较高，耐30℃的硬水。专用于天然纤维、合成纤维的阻燃整理，不改变所处理织物的特性，整理后织物不产生"盐花"。不耐水洗，耐干洗。无需特定烘干温度。

【质量指标】

指标名称	指 标	指标名称	指 标
外观	无色透明液体	pH 值（1%水溶液）	3～8

【应用】 作天然纤维、合成纤维的阻燃剂。一般用量为200～400g/L。

【生产厂家】 卜赛特（宁波）化工有限公司。

2405 阻燃剂 TBC

【别名】 三（2,3-二溴丙基）异三聚氰酸酯

【英文名】 flame retardant finishing agent TBC；three（2,3-two bromine propyl）cyanuric acid ester

【结构式】

$$BrH_2CBrHCH_2C-N \overset{\overset{\displaystyle O}{\|}}{\underset{}{C}} N-CH_2CHBrCH_2Br$$

（结构式：异三聚氰酸酯环，三个氮上分别连接 $CH_2CHBrCH_2Br$ 基团）

【性质】 熔点105～115℃，能以任意比例与水互溶。化学性质稳定，耐久、耐光、耐硬水。具有阻燃效果好、挥发性低、相容性好和无毒等特性，适用于棉、化纤及棉/化纤混纺织物的阻燃整理，不影响手感和颜色。也可用于聚烯烃、PVC、发泡聚氨酯、聚苯乙烯、ABS、不饱和聚酯、多种合成橡胶和合成纤维等制品中。

【质量指标】

指标名称	指 标	指标名称	指 标
外观	无色清澈液体	溴含量/%	65
pH 值(1%水溶液)	3.5~4.5		

【应用】 作棉织物及棉/化纤混纺织物阻燃剂。一般用量为 200~250g/L，轧余率 100%，浸轧后的织物在 110~130℃烘干。

【生产厂家】 科莱恩化工（中国）有限公司（Clariant），湖南以翔科技有限公司，浏阳三基化工有限公司，山东莱州捷成化工有限公司。

2406　阻燃剂 NICCA Fi-NONE TS-88

【别名】 六溴环十二烷；NICCA Fi-NONE CG 1；NICCA Fi-NONE TS 1；NICCA Fi-NONE TS 3

【英文名】 flame retardant finishing agent NICCA Fi-NONE TS-88；hexabromocyclododecane

【分子式】 $C_{12}H_{18}Br_6$

【结构式】

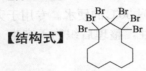

【性质】 熔点 175~185℃，热分解温度 200~220℃，易在冷水中分散。适用于织物、丁苯橡胶、黏合剂和涂料以及不饱和聚酯树脂进行阻燃处理。也可用作 EPS（发泡聚苯乙烯）、聚丙烯纤维、苯乙烯树脂的阻燃剂，还可以作为聚乙烯、聚碳酸酯、不饱和聚酯等塑料的阻燃添加剂。

【质量指标】

指标名称	指 标	指标名称	指 标
外观	白色黏状液	溴含量/%	73.0~75.0
pH 值(原液)	8	活性物含量/%	99

【制法】

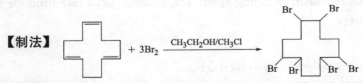

【应用】 作涤纶、阳离子可染涤纶（CD-涤纶）/普通涤纶混纺或交织织物阻燃剂。一般用量为 5%~8%，阻燃处理后进行皂洗处理，皂洗剂 ESKUDO FZ 用量为 1~2g/L，纯碱用量为 0~2g/L，保险粉用量为 0~2g/L。

【生产厂家】 浙江日华化学有限公司，广州琪原新材料有限公司。

2407　阻燃整理剂 SNOTEXAF

【英文名】 flame retardant finishing agent SNOTEXAF

【组成】 环状膦酸衍生物

【性质】 易溶于冷水，赋予各种纤维永久性阻燃效果。适用于儿童服装、窗帘、汽车座椅布等纺织品。经干洗后仍能保持优良的阻燃性能。处理前后织物没有手感变化，不影响染色物颜色。属于阴离子型助剂。

【质量指标】

指标名称	指标	指标名称	指标
外观 pH 值(1%水溶液)	淡黄色液体 2～3	黏度/mPa·s	200

【应用】 作各种纤维织物永久性阻燃剂。如用于儿童服装、窗帘、汽车座椅布等纺织品。

【生产厂家】 韩荣油化（天津）有限公司。

2408 阻燃剂 Pekoflam DPN.CN liq conc

【英文名】 flame retardant finishing agent Pekoflan DPN. CN liq conc

【组成】 有机磷酸盐

【性质】 能以任意比例与水混溶。属于非离子型助剂。用于纤维素纤维及其富含纤维素纤维的混纺织物，具有耐久的阻燃效果。

【质量指标】

指标名称	指标	指标名称	指标
外观	无色至浅黄色清澈液体	pH 值(1%水溶液)	4.5～6.5

【应用】 适用于棉及富含棉的混纺（85%以上棉）织物的耐久阻燃整理。阻燃效果耐多次反复水洗。需采用磷酸作为催化剂，同时与反应性树脂 Arkofix® 一起使用，才能得到较好的阻燃效果。对 100%棉织物，标准用量为 200～400g/L，轧余率 70%～100%。浸轧后的织物在 110～130℃烘干，在 150～165℃下焙烘 90～120s。处理后需进行碱洗，使布面呈中性。

【生产厂家】 科莱恩化工（中国）有限公司（Clariant），无锡宜澄化学有限公司。

2409 阻燃剂 Pekoflam PES.CN liq conc

【英文名】 flame retardant finishing agent Pekoflan PES. CN liq conc

【组成】 有机磷酸盐

【性质】 以任意比例与水混溶。适用于涤纶织物的高效耐久阻燃整理，并可用于很多聚合物乳液系统，具有极佳的对紫外线的稳定性。阻燃效果耐多次水洗（50次，40℃）。可与其他助剂（如防水防油助剂）一起使用。属于非离子型助剂。

【质量指标】

指标名称	指标	指标名称	指标
外观	无色至浅黄色清澈液体	pH 值(1%水溶液)	1～3

【应用】 作涤纶织物的耐久阻燃整理剂。100%涤纶织物一般用量为 50～

200g/L，轧余率 50%～60%，烘干温度 110～130℃，焙烘温度 185～205℃，焙烘时间 60～120s。

【生产厂家】 科莱恩化工（中国）有限公司（Clariant）。

2410　阻燃剂 NICCA Fi-NONE HFT-3

【英文名】 flame retardant finishing agent NICCA Fi-NONE HFT-3

【性质】 易分散于水中。具有优良的耐久阻燃性，对 CD-涤纶及消光深色窗帘也具有稳定的阻燃作用。不含卤素类阻燃剂，对环境损害小。与原有卤素类阻燃剂同样，可进行染色同浴处理和浸轧处理。染色同浴处理时能够得到较高吸附性。与原有磷类阻燃剂相比，织物的摩擦牢度好，手感变化较小。与阳离子类物质混合使用时容易发生凝聚，要充分确认后使用。随保存时间的延长有可能发生分离，使用前要充分混合均匀。属于阴离子型助剂。

【质量指标】

指标名称	指　标	指标名称	指　标
外观	白色黏状液	pH 值(原液)	6～9

【应用】 作涤纶用耐久阻燃剂。一般用量为 10%～20%，轧余率 10%～20%。

【生产厂家】 浙江日华化学有限公司。

2411　阻燃剂 NICCA Fi-NONE P-207S

【英文名】 flame retardant finishing agent NICCA Fi-NONE P-207S

【组成】 脂肪族化合物

【性质】 与水以任意比例互溶。适用于 FMV-302，赋予织物优良的非永久阻燃性，最适用于汽车坐席。降低因面料润湿而引起的水痕，改善外观。可与防水剂、抗静电剂并用，在复合加工中基本不会影响性能。能提高树脂的相容性，可进行树脂加工。不存在因热和紫外线而引起的黄变。可进行火焰层加工，最适用于汽车。摩擦牢度和日光牢度良好，不影响染色质量。

【质量指标】

指标名称	指　标	指标名称	指　标
外观	无色或透明微浊液体	pH 值(原液)	4.5

【应用】 作涤纶用非永久性阻燃剂。一般用量为 6%～8%。该助剂已经充分考虑了与其他助剂（防水剂、抗静电剂）的并用性，但使用前必须预先测试相容性。

【生产厂家】 浙江日华化学有限公司。

2412　阻燃剂 FR-NP

【英文名】 flame retardant finishing agent FR-NP

【组成】 聚磷酸三聚氰胺

【分子式】 $(C_3H_7N_6O_3P)_n$

【性质】 热稳定性较好，分解温度≥350℃，特别适用于玻璃纤维增强 PA66 的阻燃；无卤低毒，是一种环保型阻燃剂，符合欧洲绿色环保要求，对设备和模具无腐蚀性；是一种膨胀型阻燃剂，既可单独作为阻燃剂，也可与其他阻燃剂复配使用。

【质量指标】

指标名称	指　　标	指标名称	指　　标
外观	15.0±1.0	水分/%	≤0.2
磷含量/%	4.5	平均粒径/μm	≤6
分解温度/℃	≥350		

【应用】 作涤纶用非永久性阻燃剂。特别适用于玻璃纤维增强 PA66 的阻燃。

【生产厂家】 寿光卫东化工有限公司阻燃剂厂。

参 考 文 献

[1] 刘元美. 棉用膦酸酯类阻燃整理剂的制备及应用性能研究 [D]. 上海：东华大学硕士学位论文，2009.

[2] 范铁明，杨冬云. 磷酸酯阻燃整理剂的合成与应用 [J]. 毛纺科技，2010，8：25-28.

[3] 曲媛，朱新军，彭治汉. 一种环状膦酸酯的合成及其结构表征 [J]. 化学试剂，2010，7：637-638.

[4] 曲媛，朱新军，彭治汉. 一种环状膦酸酯的合成及其在阻燃 ABS 中的应用研究. 2009 年中国阻燃学术年会论文集 [C]. 中国阻燃学会，2009：7.

[5] 魏斌，严密林，白真权，等. 四羟甲基季鏻盐：一种新型多功能油田化学剂 [J]. 油田化学，2006，2：115，184-187.

[6] 孔庆池，尹丽娟. 六溴环十二烷的合成研究 [J]. 山东化工，2012，5：1-3.

[7] 中国纺织信息中心，中国纺织工程学会. 国外纺织染料助剂使用指南 [M]. 2009-2010：209.

第25章 防水整理剂

25.1 概述

防水整理是赋予织物拒水和耐水压两个方面的性能,即一方面使织物经整理后,改变了织物的表面性能,使亲水性变为疏水性,水滴在织物上犹如滴在荷叶上一样,能滚动而不能润湿,能达到这种目的的整理方法称为拒水整理;另一方面是在织物的表面涂上一层不透水的连续薄膜,阻塞织物的组织孔隙,阻碍水滴通过织物,这种整理方法也称涂层整理。

防水整理的方法是将疏水性物质固着于织物或纤维表面,或浸透于纤维内部,甚至进而与纤维进行化学结合,或在纤维内部聚合而固着,从而增强织物表面的防水性,所使用的物质称为防水整理剂(water-proofing agent)。

如从防水整理后织物的透气性来分类,可分为透气性防水整理和不透气性防水整理。

不透气性防水整理,是在织物表面使用疏水性物质形成连续的薄膜,能防止水的浸透,并可经受长时间的雨淋和一定的水压。不透气性的防水加工织物,常用于防水帆布、帐篷及包装,不用于衣料的织物加工。作为防水剂的材料有沥青、干性油、纤维素衍生物、各种乙烯系树脂、各类橡胶、聚氨酯树脂等。

透气性防水整理,是将疏水性物质固着于织物的表面或内部,从而增强织物或纤维表面的拒水性,由于不是形成连续的薄膜,所以对织物的透气性没有影响,因此防水能力一般,较前者差,经长期的淋雨,水能渗透到织物内部,这里使用的防水剂为了与不透气性防水剂相区别,又称拒水剂。由于透气性整理织物穿着舒适、轻便、无味,并有柔软的手感,所以发展很快、应用较广。

优良的透气性防水剂,除应具有优良的拒水性能外,还应不影响织物的手感、色泽,不降低织物的透气量,不明显地增加织物的重量,与其他整理剂有很好的相容性,并能耐折叠和摩擦,耐水洗与干洗,且无毒,无异味,此外,还应价格便宜、原料易得。

25.2 主要品种介绍

2501 防水剂 YS-501

【别名】 Perlit Si-Sw/VK

【英文名】 waterproof agent YS-501

【组成】 硅醇官能硅烷交联剂、胺化环氧树脂和端羟基聚硅氧烷乳液混合物

【性质】 易溶于水。能有效地提高织物的防水性，并能改善织物的手感，提高织物的柔软性、滑爽性及丰满程度，透气性也好。属于弱阳离子型表面活性剂，非氟素含硅类防水剂，赋予各种织物优良的耐久防水性。

【质量指标】

指标名称	指标	指标名称	指标
外观	白色均匀乳状液	pH 值(原液)	4

【制法】 由硅醇官能硅烷交联剂、胺化环氧树脂和端羟基聚硅氧烷乳液按一定质量比混合而成。

【应用】 ①作棉、毛、丝、合成纤维混纺织物的防水剂。一般用量为 1%～6%。

②作耐酸劳保工作服、雨衣、风衣、雨伞、滑雪衣防水层。

【生产厂家】 浙江日华化学有限公司。

2502 防水剂 PF

【别名】 4-氯-N-(硬脂酰胺甲基) 吡啶

【英文名】 water-proofing agent PF

【分子式】 $C_{24}H_{43}ClN_2O$

【性质】 易溶于冷水，在 40℃的水中形成胶体状溶液。热稳定性较差，不耐 100℃以上的高温。化学稳定性较高，能耐酸和硬水，但不耐碱及硫酸盐、磷酸盐、磺酸盐、硼酸、硼砂等。属于阳离子/非离子型表面活性剂，可与阳离子及非离子表面活性剂复配使用，一般不能与阴离子及非离子表面活性剂及染料复配使用。

【质量指标】 符合 Oeko-tex 标准 100 要求

指标名称	指标	指标名称	指标
外观	浅棕色或灰白色浆状物	pH 值(10～50g/L)	4.5～7.0

【制法】 先由硬脂酸、氨水和甲醛等反应生成羟甲基硬脂酰胺，然后与盐酸吡啶反应制得。

【应用】 作棉、麻、黏胶纤维等织物或合成纤维及其混纺织物的拒水拒油整理剂。一般用量为 10～50g/L，焙烘温度 160～190℃，焙烘时间 20～40s。该整理剂可以与 JingaurdEco CS-841 复配使用，可增进柔软效果，也可以与树脂整理剂及抗静电剂复配使用。

【生产厂家】 福盈科技化学股份有限公司。

2503 氟系拔水拔油剂 EX-910E 浓缩品

【别名】 TUCGUARD EX-910E CONC；EX-910E CONC

【英文名】 fluorin-contained water oil pull pull series EX-910E concentration

【组成】 氟系高分子聚合物

【结构式】

$$-(CH_2-C)_p-CH_2-C)_q-(CH_2-C)_r-$$

X, R^1, R^2=烷基等
R^3=全氟烷基

【性质】 易溶于水，粒径约 90nm，稀释后使用，稀释品标准浓度 21%。不含甲醛类物质，不含 APEO。对织物无选择性吸附，拔水拔油效能高，可保持织物的柔软性。属于阳离子型表面活性剂。

【质量指标】

指标名称	指标	指标名称	指标
外观	浅黄色半透明乳液	含固量/%	≥35
pH 值	弱酸性		

【应用】 ①作纯棉织物的拒水拒油剂。一般用量为 10～30g/L，轧余率60%～80%，焙烘温度 180℃，焙烘时间 2min。

② 作涤纶、锦纶织物的拒水拒油剂。一般用量为 10～30g/L，轧余率 30%～50%。焙烘温度 160℃，焙烘时间 2min。

【生产厂家】 天津达一琦精细化工有限公司。

2504 拔水拔油加工剂 JingaurdEco FPU

【英文名】 pull out water and oil JingaurdEco FPU

【组成】 特殊氟素高分子衍生物

【性质】 易以冷水稀释分散。乳化稳定性较佳。用于棉、黏胶、麻等纤维素纤维及其混纺织物的高效能拒水、拒油整理，具有优良的拒水拒油性能。属于阳离子/非离子型助剂。

【质量指标】 符合 Oeko-tex 标准 100 要求

指标名称	指标	指标名称	指标
外观	白色液体	pH 值(20～40g/L)	4.5～7.0

【应用】 ①作棉、黏胶、麻等纤维素纤维及其混纺织物的高效能拒水、拒油整理剂。一般拒水用量为 20～40g/L，焙烘温度 160～180℃，焙烘时间 1～2min；拒水、拒油用量为 60～100g/L，焙烘温度 170～180℃，焙烘时间 90～120s；特殊耐洗拒水拒油用量为 6～10g/L。

② 作家居服、工作服、家饰、帐篷及特殊要求的工业或休闲运动使用的拒水

拒油整理剂。

【生产厂家】 福盈科技化学股份有限公司。

2505 拔水剂 YIMANOL AG-630 conc

【英文名】 pull out water YIMANOL AG-630 conc

【性质】 密度1.05g/cm³，易溶解分散于冷水中。能赋予锦纶、聚酯纤维等合成纤维、棉等天然纤维及聚酯纤维/棉等混纺交织品高度的拒水、拒油性。有良好的抗静电效果。与AC-2000并用后有优良的拒水拒油及抗静电效果。特别是使聚酯纤维具有优良的手感及耐久的防水、防油性。对于染色或印花成品几乎不影响其摩擦牢度、洗涤牢度，也不影响色相变化。属于弱阳离子型助剂。

【质量指标】

指标名称	指 标	指标名称	指 标
外观	白色至微黄色乳液状	pH值（30%水溶液）	2.0～4.0

【应用】 作锦纶、聚酯纤维等合成纤维、棉等天然纤维及聚酯纤维/棉等混纺织物拔水剂。一般用量为2～10g/L。

【生产厂家】 成大（上海）化工有限公司。

2506 织物防水剂 JYF-01

【英文名】 water proof agent for textile JYF-01

【组成】 A、B两种阳离子型有机硅乳液和无机金属催化剂的混合物

【性质】 易以冷水稀释。乳化稳定性较佳。用作纯棉、涤棉、涤黏、锦纶、尼丝纺等织物的防水整理，具有优良的拒水性能，不影响透气性，同时赋予织物优良的回弹性、柔软性。

【质量指标】

组分A

指标名称	指 标	指标名称	指 标
外观	白色至微红色乳液	含固量/%	18～20
pH值	5～7		

组分B

指标名称	指 标	指标名称	指 标
外观	白色乳液	含固量/%	18～20
pH值	3～5		

【制法】 A、B两组分及金属催化剂按给定比例混配而得。

【应用】 作纯棉、涤棉、涤黏、锦纶、尼丝纺等织物的防水整理剂。一般拒水用量为20～40g/L，焙烘温度160～180℃，焙烘时间1～2min。

【生产厂家】 武汉大华伟业医药化工（集团）有限公司。

参 考 文 献

[1] 黄亚珊，钮东声．硅防水剂 YS501——在尼纶绸防水整理中的应用 [J]．丝绸，1983，2：52.
[2] 中国纺织信息中心，中国纺织工程学会．国外纺织染料助剂使用指南 [M]．2009-2010：203-207.

助剂名称索引